Karsten Rau

Management von IT-Agilität: Entwicklung eines Kennzahlensystems zur Messung der Agilität im Handlungsfeld IT Personal

Ilmenauer Schriften zur
WIRTSCHAFTSINFORMATIK

Herausgegeben von
Prof. Dr. Volker Nissen,
Fachgebiet Wirtschaftsinformatik für Dienstleistungen
an der Technischen Universität Ilmenau.

Band 4

Management von IT-Agilität: Entwicklung eines Kennzahlensystems zur Messung der Agilität im Handlungsfeld IT Personal

Karsten Rau

Universitätsverlag Ilmenau

2021

Impressum

Bibliografische Information der Deutschen Nationalbibliothek
Die Deutsche Nationalbibliothek verzeichnet diese Publikation in der Deutschen Nationalbibliografie; detaillierte bibliografische Angaben sind im Internet über http://dnb.d-nb.de abrufbar.

Diese Arbeit hat der Fakultät für Wirtschaftswissenschaften der Technischen Universität Ilmenau als Dissertation vorgelegen.

Tag der Einreichung:	29. Oktober 2020
1. Gutachter:	Univ.-Prof. Dr. Volker Nissen (Technische Universität Ilmenau)
2. Gutachter:	Univ.-Prof. Dr. Stelzer, Dirk (Technische Universität Ilmenau)
Tag der Verteidigung:	21. Juli 2021

Technische Universität Ilmenau/Universitätsbibliothek
Universitätsverlag Ilmenau
Postfach 10 05 65
98684 Ilmenau
http://www.tu-ilmenau.de/universitaetsverlag

readbox unipress
in der readbox publishing GmbH
Rheinische Str. 171
44147 Dortmund
https://www.readbox.net/unipress/

ISSN 2199-2096
ISBN 978-3-86360-249-9 (Druckausgabe)
DOI 10.22032/dbt.50038
URN urn:nbn:de:gbv:ilm1-2021000243

Titelfoto: photocase.com | Nortys

Inhaltsverzeichnis

Abbildungsverzeichnis

Tabellenverzeichnis

Abkürzungsverzeichnis

ANÜ	Arbeitnehmerüberlassung
AVE	Average Variance Extracted
CIO	Chief Information Officer
DB	Datenbank
DDI	Disruptive digitale Innovation
DEV	Durchschnittlich erfasste Varianz
DMS	Dokumentenmanagementsystem
DSR	Design-Science Research
F&E	Forschung und Entwicklung
FF	Forschungsfrage
FG	Fachgebiet
FMA	First Mover Advantage
HCM	Hierarchisches Komponentenmodell
HKS	Hierarchisches Kennzahlensystem
HOC	Higher-Order Component
HR	Human Resources
HTMT	Heterotrait-Monotrait
IS	Informationssystem
ISR	Information Systems Research
IT	Informationstechnologie
KI	Künstliche Intelligenz
LM	Learning Management
LOC	Lower-Order Component
LVS	Latent Variable Scores
MA	Mitarbeiter
MGA	Multigruppenanalyse
MS	Microsoft
OLS	Ordinary Least Squares
PLS	Partial Least Squares
RBV	Resource-based View
RFID	Radio Frequency Identification
SEM	Structural equation modeling
SGM	Strukturgleichungsmodell
SIM	Society for Information Management
TOL	Toleranz
VBA	Visual Basic for Applications
VIF	Varianzinflationsfaktor
WFM	Workforce Management
WI	Wirtschaftsinformatik
WID	Wirtschaftsinformatik für Dienstleistungen
WM	Wissensmanagement

1 Einleitung

1.1 Forschungsinteresse

Immer mehr Unternehmen stehen heute vor neuen wettbewerblichen Herausforderungen in einem turbulenten, dynamischen und globalisierten Geschäftsumfeld (Tallon und Pinsonneault 2011, S. 464). Sie müssen auf zahlreiche sich immer rascher ändernde Wettbewerbsbedingungen reagieren (Bühner 2005, S. 1). Die Geschwindigkeit der Anpassung an die verändernden Rahmenbedingungen und neuen Marktsituationen ist dabei eine der wichtigsten Herausforderungen für Unternehmen (Hanschke 2010, S. 19). Schon vor einigen Jahren lieferte eine Studie der Capgemini[1] (2007) den empirischen Nachweis, dass sich das allgemeine geschäftliche Umfeld mit immer höherer Intensität ändert und damit Auswirkungen auf alle Ebenen eines Unternehmens hat. Die technologischen Innovationen vollziehen sich in immer kürzeren Abständen bei gleichzeitigem Anstieg der Komplexität von Prozessen und Produkten. Dies führt zur Notwendigkeit der Einführung von neuen Technologien, um dadurch dauerhaft wettbewerbsfähig zu bleiben (Bühner 2005, S. 1).

Es stellt sich daher die Frage, wie ein Unternehmen die neuen Marktsituationen vorausahnen und sich ihnen anpassen kann. Michael Wade[2] beantwortet die Frage dahingehend, dass natürlich niemand die Zukunft genau vorhersehen kann und es deshalb auch nichts nütze, einen Plan B, C oder D in der Schublade liegen zu haben. Denn welcher Fall letztendlich eintritt, könne schließlich niemand genau wissen und deshalb müssen Unternehmen bereit sein, jederzeit auf Veränderungen zu reagieren, wobei das ‚Zauberwort' hier

---

1 Die Ergebnisse basieren auf einer Befragung von 301 CIOs und IT-Entscheidungsträgern von Unternehmen aus 21 Ländern. Die befragten Unternehmen haben Ihren Sitz in Europa, Nordamerika sowie Asien und sind über ein breites Spektrum von Branchen verteilt.

2 Michael Wade ist Professor für Innovation und Strategie an der Schweizer Business School IMD und Leiter des Global Center for Digital Business Transformation.

Agilität[3] heißt (Wirtschaftswoche 2016). Trotz aller Anstrengungen kann die Zukunft nicht exakt vorhergesagt werden, es wird immer eine gewisse Unsicherheit hinsichtlich der tatsächlichen Entwicklung geben (Ansoff 1975, S. 22). Agilität zielt darauf ab, auch bei unerwarteten Ereignissen handlungsfähig zu bleiben (Brown und Yarberry, 2010, S. 4). Das langfristige Überleben in einem turbulenten Umfeld ist nur für hinreichend agile Unternehmen möglich (Ashrafi et al. 2006). Agilität stellt auf diese Weise einen strategischen Erfolgsfaktor für Unternehmen dar (Meffert 1985, S. 137).

Wissenschaftliche Abhandlungen bezüglich Agilität und Flexibilität von Unternehmen sind kein Phänomen der letzten Jahre. Bereits Voigt (2007, S. 597) stellt in seiner empirischen Analyse fest, dass die Flexibilitätsdiskussion in der Wissenschaft gerade in wirtschaftlich schlechten Zeiten immer wieder an Dynamik gewonnen hat, betont oder ausgelöst von wirtschaftlichen Diskontinuitäten. In den letzten Jahrzehnten ist eine hohe Frequenz dieser Art von Veränderungen zu beobachten, weshalb Drucker (1996) es auch als Zeitalter der Diskontinuität („Age of Discontinuity") bezeichnet, klassifiziert in vier Dimensionen, darunter die zunehmende Globalisierung der Weltwirtschaft und der rasante technologische Wandel. In den jüngsten Finanz- und Wirtschaftskrisen erwies sich die von Voigt ermittelte negative Korrelation zwischen Wirtschaftswachstum und Veröffentlichungen zum Thema unternehmerische Flexibilität als nach wie vor zutreffend.

Gesamtwirtschaftliche Diskontinuität ist dabei aber nur eine Triebfeder für Unternehmen, um agil zu sein. Die Ergebnisse von Capgemini (2007, S. 6) machen zudem deutlich, dass Unternehmen, die proaktiv agieren, vorausschauend planen und die Fähigkeit besitzen, sich an das turbulente Geschäftsumfeld anzupassen, dazu in der Lage sind, die potenziellen Bedrohungen in eigene Wettbewerbsvorteile zu transformieren. Hier wird insbesondere auf

---

3 Der Terminus Agilität beschreibt im Allgemeinen „how an actor senses and responds to change" (Zhou et al. 2018, S. 696). Geschäftsagilität wird definiert als „the ability to survive and prosper in a competitive environment by sensing and reacting to external changes rapidly and effectively" (Zhou et al. 2018, S. 696). Eine detaillierte begriffliche Auseinandersetzung erfolgt in Kapitel 2.2.

die allgemeine Geschäftsagilität (Business-Agilität) von Unternehmen abgehoben, konkret auf die geschäftliche Veränderungsfähigkeit im Kontext des globalen Wettbewerbs und des technologischen Wandels. Davon ist die IT-Agilität zu unterscheiden, welche auf die Veränderungsfähigkeit der Unternehmens-IT abhebt. Aufgrund der stetig zunehmenden Automatisierung von Geschäftsprozessen sowie der anwachsenden Unterstützung personeller Aufgabenträger durch IS steigt die Bedeutung der IT für das gesamte Unternehmen. Die Wichtigkeit der Unternehmens-IT hängt davon ab, in welchem Ausmaß die IT für das fachliche Geschäft die notwendigen Grundvoraussetzungen schafft (Tiemeyer 2013, S. 12ff.). Gleichzeitig haben Veränderungen in Produkten, Prozessen und Geschäftsmodellen fast immer Auswirkungen auf die IT des Unternehmens, wobei insbesondere die IT-Durchdringung der Kerngeschäftsprozesse von Unternehmen in den letzten Jahrzehnten kontinuierlich zugenommen hat. Arbeitsstrukturen und gesamte Arbeitsmärkte erfahren zunehmend eine Digitalisierung (Picot und Neuburger 2013). In der Wirtschaft wird hier schon von einem „Digitalen Darwinismus" gesprochen, denn wenn sich Technologie und Gesellschaft schneller verändern als Unternehmen in der Lage sind, sich daran anzupassen, kommt es ähnlich wie in der Evolution zum Aussterben von Unternehmen (Gensheimer 2016; Andenmatten 2017, S. 262). Damit wird offensichtlich, dass die Veränderungsfähigkeit von Unternehmen in zunehmendem Maße von der Veränderungsfähigkeit ihrer IT abhängt. Die empirische Studie[4] von Ravichandran et al. (2005) zeigt diesbezüglich einen direkten positiven Zusammenhang zwischen dem IT-Durchdringungsgrad einer Organisation und deren Wettbewerbsfähigkeit. Aufgrund der strategischen Bedeutung für das Geschäft wird die Unternehmens-IT selbst zum Wettbewerbsfaktor und zu einer Grundlage für die Anpassungsfähigkeit von Unternehmen (Nissen und Mladin 2009, S. 43). Die Business-Agilität hängt daher verstärkt von der Veränderungsfähigkeit der IT ab, was auch eine Umfrage der IDC Research unter IT-Managern bestätigt,

---

[4] Grundgesamtheit der schriftlichen Befragung bilden hier IT-Entscheidungsträger der 1.000 umsatzstärksten Unternehmen der Vereinigten Staaten (Fortune 1000), dabei wurde eine Stichprobengröße von 119 erreicht.

welche die IT-Agilität als den wichtigsten Faktor für die Generierung von Wettbewerbsvorteilen hervorhebt (Haberstroh, 2012).

Die IT-Agilität drängt somit die Industrialisierung der IT in den Hintergrund (Capgemini 2014[5], S. 19). Diese ist mittlerweile in den Unternehmen sehr weit fortgeschritten, und demzufolge haben sich die Modularisierungs-, Standardisierungs- und Automatisierungsgrade der IT-Landschaften und der IT-Prozesse in den letzten Jahren nur noch marginal verändert (ebd.). Im Kontext der IT-Agilität muss eine Unternehmens-IT in der Lage sein, schnell auf Veränderungen im Geschäftsumfeld zu reagieren und sich rasch an wechselnde Anforderungen der Fachabteilungen anzupassen. Die Kernaufgabe der IT-Leitung ist es, die Unternehmens-IT so aufzustellen, dass eine höhere inhärente Flexibilität zu erreichen ist und dadurch Diskontinuitäten im betrieblichen Kontext schneller zu bewältigen sind (Patten et al. 2009). In diesem Zusammenhang wird auf die Wichtigkeit einer Unternehmens-IT abgehoben, auf Änderungen im betrieblichen Umfeld schnell reagieren zu können, getrieben von funktionalen Änderungswünschen der Fachbereiche und der Innovationsgeschwindigkeit der IT-Technologien (Luftman und Kempaiah 2008, S. 103). Bestätigt werden die Erkenntnisse auch durch eine weitere Umfrage[6] der Capgemini (2012), welche die Veränderungsfähigkeit der Unternehmens-IT als wichtige Einflussgröße für die Punkte „Verbesserung der Geschäftsprozesse“ und „Unterstützung des Unternehmens beim Wandel“ identifiziert hat. Fachabteilungen verlangen ein immer höheres Tempo bei der Entwicklung neuer und der Anpassung vorhandener Anwendungen, wo-

---

[5] Die Ergebnisse basieren auf einer Befragung von 141 Entscheidungsträgern, von denen 96 in deutschen, 27 in österreichischen und 18 in schweizerischen Unternehmen arbeiten. Die Zielgruppe sind Großunternehmen mit einem Mindest-Jahresumsatz von 250 Mio. Euro. Die Unternehmen sind über ein breites Spektrum von Branchen verteilt.

[6] Die Ergebnisse basieren auf einer Befragung von 156 Entscheidungsträgern, von denen 90 in deutschen, 32 in österreichischen und 34 in schweizerischen Unternehmen arbeiten. Die Zielgruppe sind Großunternehmen mit einem Mindest-Jahresumsatz von 250 Mio. Euro. Die Unternehmen sind über ein breites Spektrum von Branchen verteilt.

bei neben der Schnelligkeit auch die Qualität eine wichtige Determinante darstellt (Capgemini 2014, S. 15). Eine SIM Umfrage[7] von 2018 bestätigt die Bedeutsamkeit einer agilen Unternehmens-IT. IT-Agilität wurde von den an der Umfrage beteiligten Organisationen auf Platz fünf der Top-10-Prioritätenliste der wichtigsten IT-Themen gesetzt (Kappelman et al. 2019, S. 3).

Aufgrund der bisherigen Ausführungen lässt sich feststellen, dass IT-Agilität eine der wichtigsten Eigenschaften für eine Unternehmens-IT in einem dynamischen und innovativen Umfeld darstellt. Was sind aber die Handlungsfelder und Hebel, mit denen eine IT-Organisation ihre Agilität signifikant beeinflussen kann? Eine Antwort darauf geben die empirischen Befunde der Capgemini-Studie von 2007. In der Umfrage sollten von den Teilnehmern die wichtigsten organisatorischen Elemente genannt werden, mit denen IT-Agilität am besten erreicht werden kann. Die Ergebnisse sind in nachstehender Abbildung visualisiert:

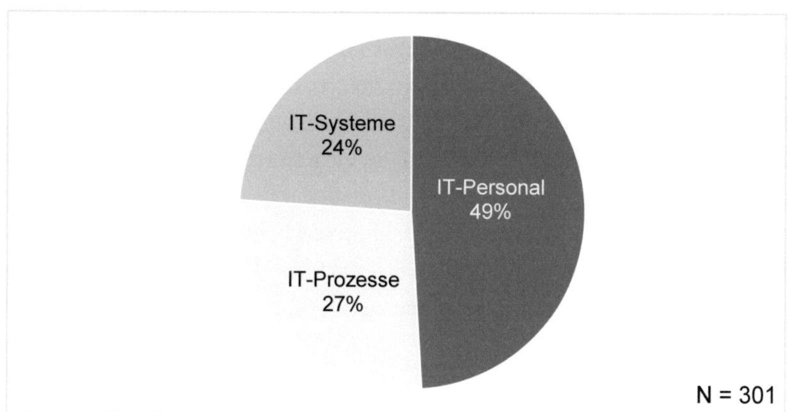

Abbildung 1: Handlungsfelder

Quelle: Eigene Darstellung in Anlehnung an Capgemini (2007, S. 16)

7 793 Organisationen beteiligten sich an der Umfrage.

Knapp die Hälfte der an der Umfrage teilnehmenden CIOs und Mitglieder des Top Managements bewerten das IT-Personal[8] als das wichtigste organisatorische Element, um IT-Agilität zu erreichen. Das IT-Personal umfasst alle Personen, die bei der Informationsproduktion und -verteilung beteiligt sind. Die Signifikanz wurde doppelt so hoch gewichtet, verglichen mit den anderen Handlungsfeldern IT-Systeme und IT-Prozesse. Die besonderen Fähigkeiten und Verhaltensweisen hochqualifizierter IT-Mitarbeiter sind also der ausschlaggebende Faktor, um auf Änderungen in einem dynamischen Umfeld schnell und effizient reagieren zu können. Personalressourcen werden auch in der Flexibilitätsforschung als flexibelste aller Ressourcen eines Unternehmens angesehen (Aggarwal 1997, S. 28). Die Ergebnisse der Beraterstudie von Capgemini werden durch mehrere wissenschaftliche Quellen[9] grundlegend bestätigt, wie etwa durch die Studie von Termer (2015), die den Nachweis liefert, dass die humanen IT-Ressourcen einer Unternehmens-IT im Vergleich zu den anderen Handlungsfeldern den stärksten Einfluss auf die IT-Agilität eines Unternehmens ausüben, was die empirischen Daten einer im Rahmen der Arbeit durchgeführten CIO-Umfrage[10] eindeutig belegen. Gerade die persönlichen Eigenschaften von personellen Aufgabenträgern haben einen positiven Einfluss auf das erfolgreiche Handeln eines Unternehmens (Byrd und Turner 2001b, S. 43). Im Gegensatz zu maschinellen Aufgabenträgern verfügen personelle Ressourcen über die erforderliche Intelligenz, um sich mit ihren analytischen und kognitiven Fähigkeiten auf immer neue Situationen adäquat einzustellen und vorhandene Qualifikationen auch auf neue bzw. noch unbekannte Aufgaben zu übertragen (Aggarwal 1997, S. 28;

---

8 Eine begriffliche Abgrenzung erfolgt in Kapitel 2.2.2.4.
Die Bezeichnungen IT-Workforce, IT-Belegschaft sowie IT-Mitarbeiter werden in der vorliegenden Arbeit synonym zum Begriff IT-Personal verwendet.

9 Tabelle 2 enthält eine Auflistung der diesbezüglich relevanten wissenschaftlichen Quellen.

10 Grundgesamtheit der schriftlichen Befragung bilden Großunternehmen in Deutschland mit einem Mindest-Jahresumsatz von 125 Mio. Euro sowie Banken und Versicherungen unter Einbezug der jeweiligen Bilanzsummen. Zusätzlich wurden auch die CIO der Bundesländer der BRD sowie großer Städte und Kommunen befragt. Es wurde eine Stichprobengröße von 216 Datensätzen erzielt.

Breu et al. 2002, S. 27). Dennoch basiert IT-Agilität auf einem ausgewogenen Dreieck der drei organisatorischen Elemente IT-Prozesse, IT-Personal und IT-Systeme. Wenn nur eines davon unzureichend ausgeprägt ist, kann keine hohe IT-Agilität erzielt werden (Capgemini 2007, S. 18).

Aus den bisherigen Ausführungen lässt sich schlussfolgern, dass die IT-Agilität, insbesondere im Handlungsfeld IT-Personal, eine aktuelle und relevante Thematik in der Wirtschaftsinformatik darstellt.

1.2 Forschungsmethodische Einordnung

1.2.1 Interdisziplinäre Forschungsarbeit

Gegenstand der Wirtschaftsinformatik sind Informationssysteme in Wirtschaft und Verwaltung (Ferstl und Sinz 2001, S. 1). In der Wirtschaftsinformatik werden zum einen Sachziele verfolgt, welche auf Methoden zum Entwurf und zur Konstruktion von IS abzielen und zum anderen Formalziele, welche auf die effiziente und effektive Nutzung von IS abheben (Hess 2010, S. 9). Demgemäß wird zwischen zwei grundlegenden Paradigmen unterschieden, dem verhaltenswissenschaftlichen Paradigma (Behavioral Science) und dem Design-Science als konstruktivistischem Ansatz (Wilde und Hess 2007, S. 281). In der vorliegenden Arbeit werden spezifische Elemente aus beiden Paradigmen kombiniert. In der angelsächsischen IS-Literatur dominiert in der Forschung das Konzept des Behaviorismus. Die Verfahren sind gekennzeichnet durch die strikte, transparente und somit intersubjektiv nachvollziehbare Verwendung von wissenschaftlich anerkannten methodischen Vorgehensweisen. Im Zentrum stehen sowohl erklärende als auch prognostizierende Phänomene hinsichtlich der Ausgestaltung und Wirkung von IS auf Organisationen. Dagegen ist es das allgemeine Ziel des Design-Science, IT-Artefakte zu entwickeln und zu evaluieren, die konkrete Problemstellungen einer Organisation lösen. Damit wird vor allem auf die Nützlichkeit des Artefakts in der Realwelt abgehoben. Die gestaltungsorientierte Wirtschaftsinformatik im deutschsprachigen Raum interpretiert sich selbst als konstruktionsorientierte Forschungsdisziplin mit dem Fokus der Gestaltung von IS (Gericke und Winter 2009, S. 195), allerdings nur, solange es um das Erschaffen von Konstrukten, darauf aufbauende Modelle und wiederum darauf aufbauende Methoden bzw. deren Instanziierung für konkrete Fälle geht (Hess 2010, S. 10). Die Konstruktion eines Artefakts und die Gewinnung theoretischer Erkenntnisse werden dabei in einem Forschungsprozess integriert (Riege et al. 2009, S. 70). Es werden Theorien entwickelt und evaluiert, auf deren Basis IT-Artefakte geschaffen werden (Becker und Pfeiffer 2006, S. 2), wobei insbesondere hier die Schnittstelle zwischen den gestaltungsorientierten und den verhaltensorientierten Methoden ersichtlich wird (Hess 2010, S. 10).

Ein Schwerpunkt der vorliegenden Arbeit liegt auf der Beschreibung des Phänomens der IT-Agilität im Handlungsfeld IT-Personal. Die Problemstellung der Forschungsfrage 1 (vgl. Kapitel 1.4) wird aus verhaltenswissenschaftlichen Perspektiven betrachtet und soll somit einen Beitrag zur Theorieentwicklung leisten. Dabei liegt die Annahme zugrunde, dass die objektive Realität außerhalb eines Individuums tatsächlich existiert und durch die empirische Untersuchung lediglich entdeckt werden muss.[11] Auf den Ergebnissen der Empirie aufbauend, wird ein Kennzahlensystem vorgeschlagen, welches auch praktisch über Fallstudien angewendet und ansatzweise evaluiert wird. Die Lösung der Problemstellung aus Forschungsfrage 2 (vgl. Kapitel 1.4) wird aus der gestaltungsorientierten Sichtweise beleuchtet, konkret an dem Prozessmodell des Design-Science-Methodenframeworks von Peffers et al. (2007), welches die Prinzipien der gestaltungsorientierten WI ausprägt und sich stark an qualitativen Methoden wissenschaftlicher Forschung orientiert. Aus der Perspektive des Design-Science ist die Schaffung der theoretischen Grundlagen im Hinblick auf FF 1 dem Schritt „Entwicklung" im Methodenframework von Peffers et al. (2007) zuzuordnen (vgl. Kapitel 6.1).

1.2.2 Methodendarstellung

Das folgende Kapitel verdeutlicht die methodische Grundlage der im Rahmen der vorliegenden Arbeit durchgeführten Literaturrecherche. Dieser liegt

---

[11] Grundlage der verhaltensorientierten Strömung ist zum einen der Positivismus und zum anderen die weiterentwickelte Form des kritischen Rationalismus nach Popper.

das Vorgehensmodell zur wissenschaftlichen Literaturrecherche nach Levy und Ellis (2006) sowie Webster und Watson (2002) zugrunde. Die Ergebnisse der Literaturanalyse werden an mehreren Stellen im Forschungsprozess verwendet, insbesondere bei

- der Darstellung der praktischen Relevanz und Problemstellung (Kapitel 1),
- der Interpretation der konzeptionellen Grundlagen (Kapitel 2),
- der Wahl des theoretischen Ansatzes (Kapitel 3) und
- der Entwicklung des Untersuchungsmodells (Kapitel 4).

Ziel einer Literaturstudie ist es, die gewählte Vorgehensweise zum Thema, die eingesetzten Methoden und die Erweiterung des aktuellen Forschungsstands bzw. die vorhandene Forschungslücke zu begründen (Hart 1998, S. 1) und zudem darzustellen, wie die konkret bearbeitete Fragestellung auf dem aktuellen Forschungsstand aufbaut (Shaw 1995, S. 326). Es ist deshalb wesentlich, zunächst den aktuellen Stand der Forschung zu rekonstruieren und zu diskutieren (Karmasin und Ribing, 2009, S. 79) auf Basis einer systematischen Analyse wissenschaftlich relevanter Literatur (Levy und Ellis 2006, S. 181). Eine effiziente Literaturrecherche bildet also die Grundlage für die eigene Forschungsarbeit, indem auf Basis der Literaturstudie noch weiße Flecken auf der Forschungslandkarte identifiziert und somit gleichzeitig die Beiträge der eigenen Forschungsarbeit zur Weiterentwicklung der bestehenden Theorie begründet werden (Webster und Watson 2002, S. 13). Die Auswahl einer angemessenen Theorie ist dabei eine wichtige Teilaufgabe (Stelzer 2008, S. 21) und wird in Kapitel 3 beleuchtet. Eine effektive Literaturrecherche sollte alle für das Thema relevanten Artikel der Literatur berücksichtigen, wobei in erster Linie nur qualitativ hochwertige Literatur auszuwerten ist (Levy und Ellis 2006, S. 185). Ferner führt die Verwendung qualitativ niedriger bzw. thematisch irrelevanter Beiträge zu wissenschaftlich unzulänglichen Ergebnissen (Levy und Ellis 2006, S. 183). Webster und Watson (2002, S. 16) empfehlen, eine Literaturrecherche mit den führenden Journalen der jeweiligen Forschungsdisziplin zu starten, zusammen mit qualitativ hochwertigen Konferenzveröffentlichungen. Im Kontext der vorliegenden Arbeit wurden deshalb für die Recherche vorwiegend Top-Journals der Kategorie A und B und wichtige Konferenzveröffentlichungen nach der Rangliste der Wissenschaftlichen Kommission für Wirtschaftsinformatik (WKWI-Empfehlungslisten[12]) gewählt. Aufgrund des interdisziplinären Charakters des Forschungsthemas wurde auch HR-Literatur entsprechend dem VHB-Journal Rankings JOURQUAL 3[13] verwendet. Aus der deutschsprachigen Literatur wurden bei der Literaturstudie die beiden bekanntesten Journale „Wirtschaftsinformatik" und „HMD Praxis der Wirtschaftsinformatik" berücksichtigt, in Einklang mit der „WI-Journalliste 2008" (Heinzl et al. 2008, S. 160). In Übereinstimmung mit Webster und Watson (2002, S. 16) wurden bei der Recherche systematisch verschiedene Suchstrategien angewendet, mit dem Ziel einer möglichst umfassenden Erhebung des aktuellen Stands der Forschung. Im ersten Schritt wurde eine Schlagwortsuche durchgeführt. Levy und Ellis (2006, S. 190) betonen, dass die alleinige Anwendung einer Schlagwortsuche für eine fundierte Literaturanalyse nicht ausreichend ist, da durch die ausschließliche Nutzung „naiver" Suchbegriffe lediglich eine begrenzte Abdeckung erreicht wird. Schlagwörter zu bestimmten Themen ändern sich über die Zeit, während die darunterliegenden Konzepte und theoretischen Konstrukte stabil bleiben (Levy und Ellis 2006, S. 190; zitiert mit Bezug auf Robey et al. 2000). Als Konsequenz wurden im Rahmen der durchgeführten Literaturanalyse zusätzlich die Strategien der Vorwärts- und Rückwärtssuche eingesetzt. Eine Rückwärtssuche erfolgt mit Hilfe der Literaturverzeichnisse der zuvor identifizierten Beiträge. Die Vorwärtssuche erfolgt dagegen über wissenschaftliche Datenbanken, die über einen entsprechenden Service der chronologischen Vorwärtsnavigation verfügen. Dabei werden auch Journale erreicht, die nicht den Top-Journals zuzuordnen, jedoch thematisch relevant

---

[12] http://gcc.uni-paderborn.de/WWW/WI/WI2/wi2_lit.nsf/ac81c1a6a57ffce8c1256f3c003fea01/549991b84925b9d5c12573d200360077/$FILE/Orientierungslisten_WKWI_GIFB5_ds41.pdf

[13] http://vhbonline.org/service/jourqual/vhb-jourqual-3/

sind. Initial wurden relevante Beiträge in englisch- und deutschsprachigen Datenbanken anhand von Schlagwortbegriffen gesucht, limitiert auf die Journale der verwendeten Empfehlungslisten.

Tabelle 1 zeigt die genutzten Begriffe der initialen Suche.

SCHLAGWORT DEUTSCH	SCHLAGWORT ENGLISCH
Agilität	Agility
Flexibilität	Flexibility
agil	agile
flexibel	flexible

Tabelle 1: Schlagworte für die Datenbanksuche

In den verwendeten Datenbanken können die logischen Verknüpfungen meist in den erweiterten Suchkriterien spezifiziert werden, auch die Einschränkung auf bestimmte Journale ist an dieser Stelle möglich. Die Treffer wurden auf Relevanz zur Problemstellung hin geprüft. Der Titel der Beiträge und die Analyse der dazugehörigen Zusammenfassungen dienten dabei als Filterkriterien, um die für die Problemstellung relevanten Publikationen zu identifizieren, bei gleichzeitiger Reduktion der Treffermenge. Alle Beiträge aus den Journalen der verwendeten Empfehlungslisten, die bezüglich der Problemstellung als relevant eingestuft worden sind, können dem Anhang A entnommen werden. Um einen ausreichenden Grad an Vollständigkeit zu erzielen, wurde neben der auf spezifische Journale eingegrenzten Suche zusätzlich eine Suche mit den breiter ausgerichteten Suchmaschinen EBSCOhost und Google Scholar durchgeführt. Analog zur Vorwärts- und Rückwärtssuche wurden hier für das Thema relevante Artikel identifiziert, die nicht den A- und B-Journalen der Empfehlungslisten zuzuordnen sind. Die gefundenen Quellen werden an diesem Punkt nicht explizit im Anhang A aufgelistet, sondern später bei Verwendung zitiert.

Die Literaturrecherche als wissenschaftliche Methode hat auch Schwachstellen. Die Gewährleistung, dass alle für die Problemstellung relevanten wissenschaftlichen Beiträge mit der Literaturanalyse identifiziert werden, ist faktisch nur sehr schwer sicherzustellen. Dafür ist die Anzahl potenzieller Quellen in vielen Fällen einfach zu hoch, und zudem können bei der Filterung der Treffermengen Artikel wegfallen, da die Relevanz in der Vorprüfung aus verfahrenstechnischen Gründen nicht immer adäquat einzuschätzen ist. Deshalb kann es nur das Ziel sein, einen akzeptablen Grad an Abdeckung zu erreichen. In Übereinstimmung mit Levy und Ellis (2006) wurde die Literatursuche abgeschlossen, wenn festgestellt wurde, dass neue Artikel nur noch bekannte Argumente, Methoden und Ergebnisse beschreiben und auf bereits bekannte Autoren und Studien verweisen. Mit dieser Vorgehensweise wurde ein aus wissenschaftlicher Perspektive ausreichender Grad an Vollständigkeit und Repräsentativität erreicht.

Die Darstellung der zusätzlich eingesetzten wissenschaftlichen Methoden erfolgt an den jeweiligen Textstellen, wo anschließend deren Anwendung stattfindet.[14]

1.3 Praktische Relevanz und Problemstellung

Die Ergebnisse der im Rahmen der vorliegenden Arbeit durchgeführten Literaturrecherche heben ebenfalls die Relevanz des IT-Personals für die IT-Agilität eines Unternehmens hervor. In Tabelle 2 werden dazu grundlegende Erkenntnisse der Forschung aufgeführt.

IT-Personal als zentrales Element für IT-Agilität	Quelle
Flexibilität ist die Fähigkeit eines Unternehmens, auf verschiedene Anforderungen im dynamischen Wettbewerbsumfeld zu reagieren. Forscher betonen dabei, dass die Flexibilität des IT-Personals hier von besonderer Bedeutung ist.	(Bhattacharya et al. 2005, S. 622; zitiert mit Bezug auf MacDuffie, 1995; Milliman, Von Glinow, und Nathan, 1991; Wright & Boswell, 2002; Wright & Snell 1998)

[14] Vgl. insbesondere Kapitel 5.2.1, Kapitel 5.3.1, Kapitel 5.5.1, Kapitel 6.1, Kapitel 7.1.

IT-PERSONAL ALS ZENTRALES ELEMENT FÜR IT-AGILITÄT	QUELLE
Immer mehr Unternehmen fordern, dass die Unternehmens-IT die Rolle eines strategischen Enablers ausfüllt. In einem derartigen Umfeld spielen die Fähigkeiten des IT-Personals eine wesentliche Rolle. Führungskräfte haben erkannt, dass gerade das IT-Personal für den Erfolg dieser Strategie das größte Risiko bzw. die größte Chance darstellt, im Gegensatz zu Informationen, Technologien und IS. Die Literatur betont, dass das Humankapital das wichtigste strategische Gut darstellt und deshalb auch adäquat gefördert werden muss.	(Roepke et al. 2000, S. 327f.)
Die empirische Studie[15] von Byrd und Turner zeigt, dass sowohl die technischen als auch die personellen Faktoren einer Unternehmens-IT einen starken positiven Zusammenhang mit der Effizienz der primären Aktivitäten einer Organisation haben, wobei die des IT-Personals, als unabhängige Variable, einen stärkeren positiven Zusammenhang aufweist, im Vergleich zu den technischen Faktoren.	(Byrd und Turner 2000)
Tallon betont die Wichtigkeit des IT-Personals für die Erreichung hoher Agilität. Um flexibel konstruierte Informationssysteme adäquat auszunutzen, muss das IT-Personal auch die Fähigkeiten besitzen, wie man diese konfiguriert und effizient anwenden kann. Die durchgeführte empirische Studie belegt, dass flexibles IT-Personal in einem volatilen Umfeld eine größere Bedeutung hat im Vergleich zur flexiblen technischen IT-Infrastruktur.	(Tallon 2008)
The most valuable of all capital is that invested in human beings. Diese Erkenntnis gilt insbesondere innerhalb der wissensintensiven Informationsfunktion. Es besteht Konsens, dass IT-Berufe sehr komplex sind und abstraktes Denkvermögen erfordern, was eine besondere Herausforderung für das IT-Personal darstellt. Dies wird begründet zum einen mit der Innovationsgeschwindigkeit und den damit verbundenen Verschiebungen bezüglich der erforderlichen Qualifikationen und zum anderen mit der schnellen Obsoleszenz der bestehenden Fähigkeiten.	(Ang et al. 2011; zitiert aus Aggarwal und Ferratt 2002; Marshal 1920)
Viele Forschungsarbeiten, die sich mit Konzeptualisierungen des IT-Personals beschäftigen, liefern Erkenntnisse, dass das IT-Personal eine Schlüsselkomponente innerhalb der Unternehmens-IT darstellt. Das Wissen und die Fähigkeiten der IT-Mitarbeiter sind selten, unnachahmlich und heterogen verteilt und ein effizientes Management dieser Ressourcen ist deshalb von signifikanter Bedeutung.	(Ferratt et al. 2005, S. 237f., zitiert aus Mata et al. 1995; Agarwal und Sambamurthy 2002)

15 Grundgesamtheit der schriftlichen Befragung waren IT-Entscheidungsträger der 1000 umsatzstärksten Unternehmen der Vereinigten Staaten (Fortune 1000), dabei wurde eine Stichprobengröße von 207 erreicht.

IT-PERSONAL ALS ZENTRALES ELEMENT FÜR IT-AGILITÄT	QUELLE
Sowohl die reaktive, als auch die proaktive Agilität benötigen vielfältig einsetzbares IT-Personal mit den entsprechenden Fähigkeiten.	(Nissen und Mladin 2009, S. 43)

Tabelle 2: IT-Personal als zentrales Element der IT-Agilität

Die konkrete Problemstellung leitet sich aus der Fragestellung ab, wie IT-Agilität als strategische Ressource aufgebaut, gemessen und gesteuert werden kann. Was kann ein Unternehmen tun, um den Zielzustand hoher IT-Agilität zu erreichen? Um IT-Agilität aktiv steuern zu können, muss diese messbar gemacht werden, denn was man nicht messen kann, kann man auch nicht managen (Liebowitz und Suen 2000, S. 54). Management impliziert das Zusammenwirken von Planung, Steuerung und Kontrolle auf der Grundlage von Vorgaben und den daraus resultierenden qualitativen und quantitativen Plangrößen. Ohne eine Messung von Ist-Werten aus dem Kontext des betrieblichen Systems ist keine Steuerung und damit auch kein Management von IT-Agilität möglich. Messen ist also eine wichtige Basis für einen effizienten Managementkreislauf. Bei vielen Problemstellungen sind aber Phänomene von Interesse, die sich einer direkten Beobachtung auf der empirischen Ebene entziehen, weshalb sie auch als hypothetische Konstrukte, theoretische Begriffe oder latente Variablen bezeichnet werden (Backhaus et al. 2013, S. 120). Das Phänomen der Agilität repräsentiert ein derartiges hypothetisches Konstrukt und ist deshalb nicht direkt messbar, stattdessen deren Komponenten bzw. Determinanten, welche die agilen Fähigkeiten repräsentieren (Overby et al. 2006, S. 128).

Der Begriff der Agilität wird in der Wirtschaft unterschiedlich interpretiert, abhängig von Standpunkt und Sichtweise der Personen, insbesondere auch, mit welchen Strategien und Maßnahmen Agilität erzielt werden kann (Schrage 2004). Auch in der wissenschaftlichen Literatur wird der theoretische Begriff der Agilität vieldeutig verwendet (Wadhwa und Rao 2003, S. 111; Gong und Janssen 2010, S. 173), und es existiert eine Vielzahl von Vorschlägen und Meinungen dazu (Sherehiy et al. 2007, S. 459). Neben der Unschärfe des gesamten Konzeptes (Tsourveloudis et al. 2002, S. 329) sind Indikatoren zur Messung von Agilität oft nicht ausreichend qualifiziert und relativ vage (Lin et al. 2006, S. 353) oder in vielen Bereichen noch nicht vollständig identifiziert.

Eine einheitliche und allgemein anerkannte Definition des Begriffes der IT-Agilität liegt in der wissenschaftlichen Literatur bis heute noch nicht vor (Nissen und von Rennenkampff 2013, S. 59; Termer und Nissen 2014, S. 1). Das breite Spektrum der Verwendung des Agilitätsbegriffs und die Vielseitigkeit der ihm zugeschriebenen Bedeutung führen zu einer unzureichend greifbaren Bestimmung davon, was Agilität tatsächlich bedeutet, und deshalb ist die Festlegung einer definitorischen Basis eine unabdingbare Grundlage der Forschungstätigkeit (Termer und Nissen 2014, S. 3). Kapitel 2 beschäftigt sich mit der Festlegung der Begriffsdeutung. IT-Agilität setzt sich zudem aus verschiedenen Handlungsfeldern zusammen (Nissen und Mladin 2009, S. 44). Diese Multidimensionalität, kombiniert mit fehlenden bzw. unscharfen Determinanten, erschwert die Konstruktion eines Instrumentariums zur Steuerung von IT-Agilität, mit dem Anspruch auf eine wissenschaftlich fundierte Reliabilität und Validität. Es existiert bis dato wenig wissenschaftliche Erkenntnis darüber, wie die Informationsfunktion eines Unternehmens auf Unsicherheit und unerwartete Änderungen reagieren soll. Studien empfehlen den IT-Führungskräften, ihre IT-Organisation flexibler aufzustellen, geben aber keine Auskunft darüber, wie dieses Ziel erreicht werden kann (Patten et al. 2009; Paschke und Molla 2011). Es existieren keine allgemein anerkannten Operationalisierungen[16] des theoretischen Konstrukts der IT-Agilität, was es schwierig macht, das Potenzial einer agilen IT zu verstehen, um Unternehmen bei der Reaktion auf unerwartete Änderungen zu unterstützen (Paschke und Molla 2011). Sowohl in der Praxis als auch in der Literatur wird die Bedeutung der IT-Agilität für Unternehmen zwar explizit hervorgehoben,

---

[16] Eine Operationalisierung umfasst die notwendigen Schritte einer Zuordnung von empirisch erfassbaren zu beobachtbaren oder zu erfragenden Indikatoren zu einem theoretischen Begriff, der nicht direkt messbar ist, so dass Messungen der durch den Begriff bezeichneten empirischen Erscheinungen dadurch möglich werden (Atteslander 2010, S. 46).

aber dennoch existiert bisher kein Kennzahlensystem, mit dem die IT-Agilität holistisch gemessen werden kann (von Rennenkampff 2015, S. 27). In der Literatur existieren bis dato nur wenige Methoden zur Messung der IT-Agilität. Die Modelle von Sambamurthy et al. (2003) und Byrd und Turner (2000, 2001) weisen einen sehr umfangreichen Interpretationsspielraum bei der Definition bestimmter Variablen auf, was zu einer relativen Unschärfe und Unvollständigkeit führt (Termer et al. 2014, S. 2279).

Die im Kontext der vorliegenden Arbeit durchgeführte Literaturanalyse zeigt speziell für das thematisierte Handlungsfeld IT-Personal ein ähnliches Bild. Die Modelle von Fink und Neumann (2007, S. 45ff) und Byrd et al. (2004, S. 56) liefern Hinweise darauf, dass die Fähigkeiten und das Wissen des IT-Personals die Agilität einer Unternehmens-IT positiv beeinflussen und dadurch auch einen Wertbeitrag für die Wettbewerbsfähigkeit eines Unternehmens generieren. Aber sie decken bei der Definition der unabhängigen Variablen nicht alle relevanten Facetten des Handlungsfeldes[17] ab, was deshalb ebenso zu einer Unvollständigkeit führt. Die empirische Studie von Breu et al. (2002) schlägt spezifische Indikatoren vor, mit der die Agilität einer Belegschaft (engl. „workforce agility") determiniert werden kann, jedoch mit dem expliziten Hinweis, dass noch weitere Indikatoren zu erforschen sind, um eine vollständige Konzeptualisierung der Agilität einer Belegschaft zu erfassen. Ferner zielt der Beitrag nicht direkt auf das IT-Personal mit dessen spezifischen Rahmenbedingungen in diesem Umfeld ab, sondern referenziert allgemein auf „Wissensarbeiter", in Anlehnung an Drucker (1959).

Als Fazit aus der Literaturrecherche lässt sich konstatieren, dass in keiner der Studien eine holistische Konzeptualisierung der IT-Agilität für das Handlungsfeld IT-Personal vorgenommen wurde, und zudem liegt auch keine allgemein anerkannte definitorische Basis für den zu untersuchenden Bereich vor. Die untersuchten Beiträge haben keinen konstruktivistischen Ansatz,

---

[17] Die charakteristischen Eigenschaften und Merkmale des Handlungsfeldes werden in Kapitel 2.2.2.3 dargestellt.

also kein Artefakt gestaltenden Charakter als Ergebnis, mit dem es für Unternehmen möglich wäre, die Agilität im Bereich IT-Personal aktiv messen und steuern zu können. Es werden spezifische Vorgehensmodelle oder Handlungsanweisungen vorgeschlagen, auf deren Basis eine höhere IT-Agilität erreicht werden könnte. Hier liegen eine relative Unschärfe und Unvollständigkeit vor, da bei der Definition der unabhängigen Variablen nicht alle Facetten des Handlungsfeldes abgedeckt werden.

Nach Bortz und Döring (2002, S. 54) ist nach Abschluss einer Literaturrecherche zunächst zu entscheiden, ob der Stand der Forschung die ableitende Prüfung gut begründeter Hypothesen zulässt (explanative Untersuchung) oder ob mit der Forschungsthematik eher wissenschaftliches Neuland betreten wird, welches zunächst eine explorative Orientierung bzw. gezielte Hypothesensuche erfordert (explorative Untersuchung). Für den Bereich IT-Personal existieren, wie dargestellt, bisher wenig wissenschaftliche Erkenntnisse, so dass ein weißer Fleck auf der Forschungslandkarte vorliegt. In dem relativ unerforschten Untersuchungsbereich ist es zunächst notwendig, Neuhypothesen zu entwickeln und/oder theoretische bzw. begriffliche Voraussetzungen zu schaffen, um erste Hypothesen formulieren zu können (Bortz und Döring 2002, S. 54). Auf der Basis der validierten Ergebnisse ist es dann auch möglich, im Sinne eines konstruktivistischen Ansatzes ein Artefakt zu entwickeln, welches das Problem der fehlenden Steuerbarkeit in der betrieblichen Praxis zu lösen vermag und damit auch einen konkreten Nutzen für die Anspruchsgruppe erbringt.

1.4 Zielsetzungen und Forschungsfragen

Das Ziel der Arbeit ist die Entwicklung eines Kennzahlensystems zur Messung der Agilität im Handlungsfeld IT-Personal. Damit soll eine Grundlage geschaffen werden, um IT-Agilität im Bereich IT-Personal messbar zu machen. Auf einer empirischen Grundlage wird diesbezüglich ein Artefakt entwickelt. Innerhalb eines theoretischen Rahmens werden zuvor belastbare Ursache-Wirkungsketten aufgebaut, die die Varianz der Zielgröße IT-Agilität so gut wie möglich erklären. Auf der Grundlage der empirischen Ergebnisse wird dann ein Kennzahlensystem entwickelt, das anschließend einer Demonstration und ansatzweise einer Evaluation des stiftenden Nutzens unterzogen wird. Die vorliegende Arbeit kombiniert aufgrund der avisierten Vorgehensweise die Paradigmen der verhaltenswissenschaftlichen und der gestaltungsorientierten Forschung. Der erste Teil thematisiert zunächst die Möglichkeit einer konsistenten definitorischen Basis für den Begriff der IT-Agilität im Handlungsfeld IT-Personal, um damit die begrifflichen Voraussetzungen für die weitere wissenschaftliche Bearbeitung des Phänomens zu schaffen. Im Anschluss erfolgt eine gezielte Hypothesensuche im Rahmen der Konzeptualisierung[18] des zu untersuchenden Phänomens, welches eine Erweiterung einer bestehenden Theorie impliziert. Empirische Theorien sind systematisch zusammenhängende Aussagen über die Realität, die empirisch überprüfbare Gesetzmäßigkeiten enthalten (Kuss 2013, S. 87). Die Theorieentwicklung erfolgt mittels Forschung, welche vor allem die Erkenntnisgewinnung als Ziel hat (Riesenhuber 2009, S. 4f.). Dahingehend ist das theoretische Konstrukt der IT-Agilität im Bereich IT-Personal gesamtheitlich zu konzeptualisieren und dessen Bestandteile zu operationalisieren. Dazu müssen Ursache-Wirkungsbeziehungen zwischen potenziellen Determinanten und dem multidimensionalen Konstrukt der IT-Agilität im Handlungsfeld IT-Personal deduktiv-argumentativ hergeleitet und begründet werden. Mit der empirischen Überprüfung des theoretisch zusammengeführten Untersuchungsmodells erfolgt eine Evaluation gegen die Realwelt. Die Qualität und Belastbarkeit der aufgestellten Hypothesen werden über Wirkungszusammenhänge empirisch belegt. Hier werden in erster Linie Erkenntnisziele innerhalb der Forschung angesprochen. Die Zielsetzungen sind der Beschrei-

---

[18] Im Rahmen einer Konzeptualisierung werden Phänomene der realen Welt auf eine abstrakte Art und Weise dargestellt. Konkret wird im Kontext der vorliegenden Arbeit ein mehrfaktorielles und mehrdimensionales Konstrukt der IT-Agilität im Bereich IT-Personal entwickelt. Für die einzelnen Bestandteile werden jeweils die inhaltlich-semantischen Bereiche abgegrenzt und die wesentlichen Bedeutungsinhalte erklärt. Für jedes Teilkonstrukt werden dazu die notwendigen charakteristischen Eigenschaften und Merkmale exakt beschrieben.

bungs- und Erklärungsaufgabe innerhalb der Wirtschaftsinformatik zuzuordnen (Heinrich 2005, S. 111). Daraus leitet sich die nachstehende erste Forschungsfrage ab.

Forschungsfrage 1:

Wie kann das Konstrukt der IT-Agilität im Handlungsfeld IT-Personal konzeptualisiert, operationalisiert und plausibilisiert[19] werden, um das Phänomen so gut wie möglich aufzuklären?

Der zweite Teil der vorliegenden Arbeit thematisiert die Gestaltungsaufgabe der Forschungstätigkeit, die ebenso im Bereich der WI verankert ist (Heinrich 2005, S. 111), unter Berücksichtigung der logischen Sequenz, dass das Erkenntnisziel dem Gestaltungsziel vorausgeht (Riege et al. S. 75). Dabei wird im Rahmen eines konstruktivistischen Ansatzes ein Artefakt im Sinne der gestaltungsorientierten WI entwickelt, welches das Realweltproblem der fehlenden Steuerbarkeit der IT-Agilität im Handlungsfeld IT-Personal löst. Bei der ansatzweisen Evaluation gegenüber der Realwelt wird das Artefakt unter Realweltbedingungen eingesetzt, um zu prüfen, ob die Problemlösung tatsächlich den erwarteten Nutzen zu erbringen vermag (Riege et al. S. 75). Hierbei steht die folgende Forschungsfrage im Fokus:

Forschungsfrage 2:

Wie kann ein kennzahlenbasiertes Messinstrumentarium konstruiert werden, um eine den Praxisanforderungen entsprechende Steuerung und Kontrolle der IT-Agilität im Bereich IT-Personal zu ermöglichen und damit auch den Managementkreislauf zu schließen?

Die vorliegende Arbeit hat demnach zwei zentrale Ziele, zum einen die bestehende Theorie zu erweitern und zum anderen eine konkrete Lösung für das Realweltproblem zu finden. Mit der vorliegenden Arbeit sollen erste Grundlagen geschaffen werden, um IT-Agilität im Handlungsfeld IT-Personal mit

---

19 Im Rahmen einer Plausibilisierung werden Ergebnisse/Aussagen dahingehend beurteilt, ob diese eigentlich einleuchtend, begreiflich und intersubjektiv nachvollziehbar sind.

einer beherrschbaren Anzahl von objektiv ermittelbaren Indikatoren/Kennzahlen messbar zu gestalten.

Die Arbeit umfasst einen Teilbereich der Forschung zum Phänomen der IT-Agilität, welche insbesondere am Fachgebiet „Wirtschaftsinformatik für Dienstleistungen“ der Technischen Universität Ilmenau seit mehreren Jahren innerhalb eines Forschungsclusters durchgeführt wird. Termer (2015) verfolgt in seiner Arbeit das übergeordnete Ziel, das Phänomen der IT-Agilität zu beschreiben und zu erklären, um damit einen Beitrag zur Theorieentwicklung der IT-Agilität zu leisten. Im Zuge der Konzeptualisierung werden Einflussfaktoren zur Steuerung der IT-Agilität benannt und deren Auswirkungen bezüglich der Ausgestaltung aufgezeigt. Hier wurde kein Artefakt im Sinne der gestaltungsorientierten WI konstruiert. Von Rennenkampff (2015) verfolgt dagegen das Ziel, im Handlungsfeld IT-Architektur konkrete Kennzahlen zur Messung der IT-Agilität von Anwendungslandschaften konstruktivistisch zu entwickeln, die in einem hierarchischen Kennzahlensystem als Artefakt integriert werden. Ziel des Forschungsclusters ist es, die geschaffenen kennzahlenbasierten Artefakte der einzelnen Handlungsfelder in einem globalen Messinstrumentarium zu aggregieren, um idealerweise die inhärente IT-Agilität einer Unternehmens-IT umfassend (als Spitzenkennzahl) messbar zu gestalten.

Um den Umfang der vorliegenden Arbeit in einem (aus wissenschaftlichen Gesichtspunkten) sinnvollen Rahmen zu halten, wird der Gegenstandsbereich wie folgt abgegrenzt: Die Untersuchungen beziehen sich auf die Informationsfunktion eines Unternehmens. Die Informationsfunktion eines Unternehmens umfasst alle Aufgaben einer Organisation, die sich auf Information und Kommunikation beziehen und zu einer betrieblichen Funktion zusammengefasst sind (Heinrich et al. 2014, S. 19). Als Synonym wird in der vorliegenden Untersuchung der Begriff Unternehmens-IT verwendet. In der Literatur hat sich hierfür auch die Verwendung des Akronyms „IT“ durchgesetzt, worunter die Informationstechnik, die Funktionen, die Institutionen, die Personen sowie die relevanten Methoden und Arbeitsgebiete der Informationsfunktion eines Unternehmens subsumiert werden (Termer 2015, S. 13).

Wechselwirkungen zwischen der IT und anderen betrieblichen Funktionen werden allgemein nicht berücksichtigt. Eine Ausnahme stellt der HR-Bereich einer Unternehmung dar, weil verschiedene funktionsübergreifende HR-Strategien und Verfahren in einem Unternehmen auch signifikante Auswirkungen auf die Agilität einer IT-Workforce ausüben. Kausalbeziehungen zwischen IT-Agilität und Geschäftsagilität werden nicht untersucht. Ferner wird keine Differenzierung des Kennzahlensystems bezogen auf Branchenaspekte und spezifische funktionale Schwerpunkte einer Unternehmens-IT (z. B. Support- vs. Projektorganisation) vorgenommen. Die Komplexität und Mächtigkeit des Kennzahlensystems wäre so zu hoch und nicht mehr beherrschbar. Es sollen lediglich grundlegende Kennzahlen entwickelt werden, und deshalb ist eine entsprechende Abstraktion folgerichtig. Durch eine Berücksichtigung von Kalibrierungsmöglichkeiten im Messinstrumentarium ist es für Unternehmen aber dennoch möglich, bei der Anwendung Schwerpunkte zu setzen, falls spezifische Kennzahlen als besonders erstrebenswert erachtet werden, abhängig vom Umfeld und spezifischen strategischen Ausrichtungen im Hinblick auf personelle IT-Ressourcen. Die Ableitung einer optimalen IT-Agilität ist im Rahmen der vorliegenden Arbeit ebenfalls nicht vorgesehen. Wechselwirkungen zwischen den einzelnen Handlungsfeldern der IT-Agilität werden ebenfalls nicht thematisiert. Gesetzliche, juristische oder arbeitsrechtliche Restriktionen, die gerade bei der Ermittlung von Messgrößen im HR-Bereich unternehmensspezifisch gegeben sein könnten, werden im konstruierten Artefakt nicht mit einbezogen. Die Ableitung konkreter Handlungsempfehlungen, basierend auf den Ergebnissen von Messungen, gehört ebensowenig zu den Zielsetzungen, sondern lediglich die Erzeugung von Messergebnissen, auf Basis von objektiv eruierbaren Kennzahlen.

1.5 Aufbau und Vorgehensweise der Arbeit

Die vorliegende Arbeit unterteilt sich in acht Kapitel, die den Forschungsprozess umfassen. Der Forschungsprozess setzt sich aus vier Prozessphasen zusammen. Dies sind erstens die theoretische Phase, zweitens die empirische Phase, drittens die Auswertungsphase und viertens die praktische Phase (Stein 2019, S. 125).

Einleitend wurden bereits die untersuchte Problemstellung und die praktische Relevanz der Forschungsarbeit erläutert, sowie Ziele und Forschungsfragen formuliert. Danach folgen in **Kapitel 2** die konzeptionellen Grundlagen. Hier wird u. a. der aktuelle Stand der Forschung bezüglich des Agilitätsphänomens reflektiert mit dem Ziel der abschließenden Spezifikation einer eindeutigen definitorischen Basis für den Begriff der IT-Agilität im Handlungsfeld IT-Personal. Dabei werden die begrifflichen Voraussetzungen für die anschließenden Forschungsaktivitäten geschaffen, um dadurch eine weitere Bearbeitung des Agilitätsphänomens zu ermöglichen. Die Schaffung des begrifflichen Rahmens ist eine notwendige Voraussetzung, um anschließend auf dieser Grundlage Hypothesen formulieren zu können (Bortz und Döring 2002, S. 54). Es werden dabei die Grenzen des untersuchten Phänomens festgelegt sowie denkbare Prämissen und Konsequenzen der Überlegungen berücksichtigt.

Gegenstand von **Kapitel 3** ist die Vorstellung der theoretischen Bezugspunkte, die den Rahmen der Untersuchung bilden. Der gewählte theoretische Rahmen bildet eine fundierte Grundlage für die Verknüpfung wissenschaftlicher Aussagen in Form konsistenter und lückenloser Argumentationsketten, konkret ausgeprägt in einer argumentativ-deduktiven Analyse. Bei einer deduktiven Vorgehensweise bilden Hypothesen die theoretische Grundlage für empirische Analysen. Die Bezeichnung „Argumentation“ bedeutet dabei, dass wissenschaftliche Aussagen derart verknüpft werden, dass eine konsistente Argumentationskette von der Forschungsfrage bis zur Beantwortung derselben gebildet wird, wobei die wissenschaftlichen Aussagen durch überprüfbare Tatsachen (empirische Daten) bzw. Zitate aus der Literatur zu belegen sind (Karmasin und Ribing, 2009, S. 81). Gemäß Wilde und Hess (2007) handelt es sich dabei um die meistverbreitete Methode innerhalb der Wirtschaftsinformatik. Auf Grundlage der durchgeführten Literaturrecherche sowie weiteren theoretischen und sachlogischen Überlegungen sind im ersten Schritt passende Strategien im Kontext des theoretischen Rahmens zu identifizieren, mit deren Umsetzung ein Unternehmen potenziell eine hohe IT-Agilität im Bereich IT-Personal erzielen kann. Darauf aufbauend werden dann strategische Ressourcen hergeleitet, die in einem Unternehmen im Kontext der IT-Agilität im Bereich IT-Personal aufzubauen wären, um die zuvor identifizierten Strategien umzusetzen. Abschließend wird auf Basis der abgeleiteten Ressourcen das mehrdimensionale Konstrukt IT-Agilität im Bereich IT-Personal konzeptualisiert.

Kapitel 4 umfasst die Entwicklung des Untersuchungsmodells in Bezugnahme auf die konzeptionellen Grundlagen und die theoretische Fundierung. Aufbauend auf den Ergebnissen des Kapitels 3 werden dann für jede der identifizierten Dimensionen des mehrdimensionalen Konstrukts die jeweiligen Determinanten (Aktivitäten, Strukturen und Systeme) hergeleitet und ein Hypothesensystem vorgestellt. Die jeweiligen Konstrukte werden eindeutig und unmissverständlich spezifiziert, da die begriffliche Definition die fundierte Grundlage für die spätere Beurteilung und Rechtfertigung der Indikatoren darstellt. Als Ergebnis wird am Ende des Kapitels ein theoretisch-konzeptionelles Modell in der Ausprägung eines mehrfaktoriellen und mehrdimensionalen Konstrukts postuliert.

Kapitel 5 umfasst die empirische Überprüfung der postulierten Wirkbeziehungen des Untersuchungsmodells. Im ersten Schritt wird der Kontext der Untersuchung beschrieben und die Wahl eines spezifischen Analyseverfahrens für die empirische Untersuchung begründet. Anschließend werden die Ergebnisse der durchgeführten explorativen Vorstudie vorgestellt. Dann werden die theoretischen Konstrukte des entwickelten Untersuchungsmodells operationalisiert. Eine Überprüfung kausaler Abhängigkeiten zwischen hypothetischen Konstrukten ist nämlich nur möglich, wenn die hypothetischen Konstrukte durch empirisch beobachtbare Indikatoren[20] rationalisiert werden können, und daher ist es notwendig, dass alle in einem Hypothesensystem enthaltenen hypothetischen Konstrukte durch eine oder mehrere Indikatorvariablen beschrieben werden. Ein Indikator stellt eine direkt beobachtbare

---

[20] Indikatoren werden auch als Items bezeichnet. Items stellen in dem Zusammenhang erfragbare Indikatoren dar.

(manifeste) Variable dar, die die Messwerte eines realen Sachverhaltes beinhaltet (Backhaus et al. 2013, S. 73). Indikatoren bilden dabei die verbalisierten Attribute eines Konstrukts, mit deren Hilfe das betreffende Konstrukt gemessen bzw. beobachtet werden kann (Fantapié Altobelli 2011, S. 168 und 292; Homburg und Giering 1996, S. 6). Indikatoren beschreiben also durch ihre Messung die nicht direkt messbaren Variablen (Boßow-Thies und Panten 2009, S. 365; Christophersen und Grape 2009, S. 103f.). Im nächsten Schritt werden zum einen die Grundlagen für die Entwicklung eines Erhebungsinstrumentes für eine schriftliche Befragung diskutiert und zum anderen die prinzipielle Vorgehensweise der Datenerhebung und Datenanalyse dargelegt. In der anschließend durchgeführten empirischen Untersuchung wird dann eine Datenerhebung mittels des zuvor entwickelten Fragebogens durchgeführt. Mit spezifischen Gütekriterien wird dann beurteilt, in welchem Grad die empirischen Daten die zuvor postulierten Wirkbeziehungen bestätigen. Konkret wird zur Evaluation des Hypothesensystems die Kausalanalyse als multivariates Verfahren genutzt. Da Beziehungen zwischen hypothetischen Konstrukten zu überprüfen sind, wird die Strukturgleichungsmodellierung als Verfahren gewählt (Backhaus et al. 2013, S. 65). Bei der empirischen Überprüfung des Kausalmodells wird die Forschungslücke gegenüber der Realwelt evaluiert. Hier werden in erster Linie Erkenntnisziele innerhalb der Forschung angesprochen, konkret die Frage, ob die postulierten Wirkbeziehungen substanziell sind. Das Kapitel wird mit der Interpretation der Ergebnisse abgeschlossen.

Kapitel 6 widmet sich der Entwicklung eines konkreten Artefakts im Sinne eines konstruktivistischen Ansatzes. Für das konkrete Messinstrumentarium wird ein Kennzahlensystem als direkte Fortentwicklung des empirisch validierten konzeptionellen Modells entwickelt. Die spezifischen Kennzahlen werden aus den substanziellsten Determinanten abgeleitet. Die einzelnen Kennzahlen werden im Rahmen der Umfrage auf praktische Relevanz im Kontext der IT-Agilitätsmessung hin überprüft. Grundlage für die Ableitung sind die Indikatoren, die das jeweilige Konstrukt am besten reflektieren und deren korrespondierende Kennzahlen eine hohe praktische Relevanz zugesprochen bekommen haben. Die Kennzahlen werden dann zu einem hierarchischen Kennzahlensystem zusammengeführt. Die Aggregation der Kennzahlen erfolgt streng nach den empirisch bestätigten Ursache-Wirkungs-Beziehungen. Als Ergebnistyp der Forschungsarbeit wird ein Artefakt in der Erscheinungsform einer Software geschaffen. Um eine relativ hohe Praktikabilität zu ermöglichen, wird das Messinstrumentarium in einer MS Access Datenbank erstellt, damit das Artefakt im betrieblichen Kontext auch ohne Installationsaufwand genutzt werden kann. Um die Heterogenität und die Vielfältigkeit der unternehmerischen Praxis zu berücksichtigen, wird ein flexibles Messinstrumentarium gestaltet mit individuellen Möglichkeiten der Konfiguration. Die Anforderungen an die Anpassungsfähigkeit einer Unternehmens-IT sind nämlich nicht in allen Unternehmen gleich. Denn je nach prozess-, unternehmens- und branchenspezifischen Aspekten oder auch geografischen Besonderheiten können Bedürfnisse hinsichtlich des Umfangs und der Schwerpunkte der IT-Agilität eines Unternehmens stark differieren (Nissen, 2008).

Kapitel 7 thematisiert die Demonstration und ansatzweise Evaluation des Nutzens des Messinstrumentariums. Das konstruierte Artefakt wird dabei im betrieblichen Kontext zum Einsatz gebracht. Es wird überprüft, ob die Problemlösung tatsächlich den ihr zugedachten Nutzen zu stiften vermag. Konkret wird überprüft, ob das Realweltproblem der fehlenden Steuerbarkeit der IT-Agilität im Handlungsfeld IT-Personal durch das geschaffene Artefakt gelöst werden kann. Zu diesem Zweck werden zwei qualitative Methoden der Wirtschaftsinformatik kombiniert, nämlich die Fallstudie (Demonstration) mit einem flankierenden Experteninterview (Evaluation). Die gewählte Kombination wird oft in praxisrelevanten Arbeiten verwendet, wenn keine vergleichbaren Modelle existieren (Maske 2012, S. 798). Der Einsatz von Experteninterviews zur Evaluation ist insbesondere dort sinnvoll, wo eine „gehaltvolle Theorie" fehlt (Frank 2010, S. 42). Wissenschaftliche Rigorosität verlangt eine Überprüfung der geschaffenen Artefakte gegen die anfangs definierten Ziele und mittels der im Forschungsplan gewählten Methoden. Dabei ist auch zu argumentieren, welcher Nutzen durch das neue Artefakt auf Anbieter- oder Anwenderseite entsteht, weil die Schaffung von Artefakten kein Selbstzweck ist (Becker 2010, S. 16). Da mit dem Messinstrumentarium ein konkretes Artefakt entwickelt wird, kann die Methode „Anwendung eines Prototyps“ zur Evaluation verwendet werden (Riege et al. 2009, S. 79f.).

Das abschließende **Kapitel 8** beinhaltet die Zusammenfassung und Diskussion der Arbeit. Die hergeleiteten Ergebnisse werden erneut zusammengefasst und einer kritischen Würdigung unterzogen. Die aufgestellten Forschungsfragen werden reflektiert und der theoretische und praktische Erkenntnisbeitrag diskutiert. Die Arbeit wird mit der Herleitung von Implikationen für die Forschung und Praxis abgeschlossen.

Im **Anhang** sind ergänzende Inhalte aufgeführt, um die in der vorliegenden Arbeit verwendeten wissenschaftlich anerkannten Methoden und Vorgehensweisen transparent zu gestalten. Wissenschaft strebt nach Objektivität, und das bedeutet, dass die Verfahren der Erkenntnisgewinnung intersubjektiv nachvollziehbar sein müssen (Mieg und Näf 2005, S. 3). Die Objektivität hängt von der Auswahl und der Offenlegung der verwendeten Evaluationsmethode sowie der genutzten Evaluationsmerkmale ab (Riege et al. 2009, S. 74). In der vorliegenden Arbeit werden u. a. die eingesetzten Fragebögen aufgeführt. Der Leser soll jederzeit ableiten können, in welchem Umfang die eruierten Erkenntnisse direkt mit den Fragestellungen verbunden sind und wie die Fragen gestellt wurden (Pratt 2009, S. 858ff.). Die Diskussion der Forschungsmethoden, insbesondere deren Auswahl, die angemessene Anwendung und deren Begrenzungen werden in den jeweiligen Kapiteln durchgeführt, wo diese zur Anwendung kommen. In nachstehender Abbildung ist der strukturelle Aufbau der Arbeit nochmals im Überblick dargestellt.

KAPITEL 1: EINLEITUNG
- Relevanz und Problem- und Zielstellung
- Forschungsfragen und forschungsmethodische Einordnung
- Gang der Arbeit

KAPITEL 2: KONZEPTIONELLE GRUNDLAGEN
- Rolle und Wertbeitrag
- Begriffsbestimmung und Konzeptualisierung
- Management und Steuerung

KAPITEL 3: THEORETISCHE FUNDIERUNG
- Wahl des theoretischen Ansatzes
- Strategien im Kontext der Agilität
- Strategische Ressourcen und Determinanten
- Modellierung des theoretisch-konzeptionellen Bezugsrahmens

KAPITEL 4: ENTWICKLUNG DES UNTERSUCHUNGSMODELLS
- Konzeptualisierung
- Hypothesenentwicklung
- Darstellung des Strukturmodells

KAPITEL 5: EMPIRISCHE UNTERSUCHUNG
- Kontext der Untersuchung und explorative Vorstudie
- Entwicklung des Erhebungsinstruments für Befragung
- Datenerhebung und Datenanalyse
- Darstellung der Ergebnisse der Untersuchung

KAPITEL 6: ENTWICKLUNG DES ARTEFAKTS
- Design Kennzahlensystem

KAPITEL 7: DEMONSTRATION UND EVALUATION
- Fallstudie und Experteninterview

KAPITEL 8: DISKUSSION UND AUSBLICK
- Zusammenfassung und kritische Würdigung der Ergebnisse
- Implikaionen für Forschung und Praxis

Abbildung 2: Gang der Arbeit

2 Konzeptionelle Grundlagen

Kernelemente dieses Kapitels sind zum einen, den aktuellen Stand der Forschung zum Phänomen der Agilität mit deren spezifischen Ausprägungen und Facetten zu rekonstruieren und zum anderen begriffliche Zusammenhänge zu klären, um damit auch die Voraussetzungen für die weitere Forschungsarbeit zu schaffen, insbesondere die Ableitung einer Nominaldefinition für die IT-Agilität im Handlungsfeld IT-Personal als Übereinkunft über den Verwendungszweck des Begriffes (Mayer 2008, S. 12). Der aktuelle Forschungsstand wird auf Basis der durchgeführten Literaturrecherche dargestellt, und zudem wird erläutert, wie die in der vorliegenden Arbeit bearbeiteten Forschungsfragen darauf aufsetzen und damit Beiträge zur bestehenden Forschung liefern. Dabei wird wesentlich auf den Forschungsergebnissen zum Phänomen der IT-Agilität des Fachgebiets Wirtschaftsinformatik für Dienstleistungen der TU Ilmenau aufgebaut, besonders auf den Arbeiten von Termer (2015) und von Rennenkampff (2015), die die Endpunkte dieser umfangreichen Vorgängerforschung darstellen. Die vorliegende Arbeit beleuchtet auf der Grundlage das Handlungsfeld IT-Personal.

2.1 Rolle und Wertbeitrag einer Unternehmens-IT

Der potenzielle Wertbeitrag der IT wird generell definiert als „the contribution of IT to firm performance“ (Tallon et al. 2000, S. 146). Dabei werden durch die IT Mehrwerte generiert, die auf der Grundlage der zielgerichteten Ausrichtung des IT-Einsatzes auf die Unternehmensstrategie und die Geschäftsprozesse entstehen können (Wigand et al. 1997). In diesem Kontext werden in der WI- und IS-Literatur häufig spezifische IT-Ressourcen genannt, die die kausale Abhängigkeit zwischen einer Unternehmens-IT und dem Unternehmenserfolg herstellen. Dazu gehören insbesondere IT-Architektur, IT-Personal und IT-Prozesse (Bharadwaj 2000, S. 171ff.; Kim et al. 2011, S. 491ff.; Wade und Hulland 2004, S. 113). Dabei führt der reine Besitz von IKT nicht automatisch zum Unternehmenserfolg, sondern nur durch deren innovativen und kreativen Einsatz (Wu et al. 2006, S. 667). Die Unternehmens-IT wird als sozio-technisches System betrachtet. Auch die Agilität einer Unternehmens-IT kann zum Unternehmenserfolg beitragen (Amberg und Lang 2012). Wie schon einleitend dargestellt, müssen Unternehmen sich heutzutage an die dynamischen Änderungen der Märkte schnell und flexibel anpassen. Durch die zunehmende IT-Durchdringung nimmt diese dadurch eine Schlüsselrolle ein. Durch den flexiblen bzw. agilen Einsatz von IT werden neue Geschäftserfolge erreicht (Jost 2012, S. 66). Dabei ist klarzustellen, dass nur die Ganzheitlichkeit einer IT als sozio-technisches System Agilität auf operativer und strategischer Ebene bereitstellen kann, um damit zu einer gesteigerten Unternehmensleistung beizutragen (Wu et al. 2006, S. 668ff.). Die möglichen Beiträge einer Informationsfunktion zum Erfolg eines Unternehmens werden nachstehend diskutiert. Abhängig vom IT-Durchdringungsgrad und der Rolle, die der IT im Unternehmen zugedacht ist, können sich die potenziell erreichbaren Mehrwerte unterscheiden. Es wird plausibilisiert, wie die IT direkt bzw. indirekt über den moderierenden Effekt der IT-Agilität die Geschäftsagilität eines Unternehmens positiv beeinflussen kann, um infolgedessen die Wettbewerbsfähigkeit als übergeordnetes Ziel zu erhöhen.

Es existiert allgemeiner Konsens darüber, dass die Unternehmen immer mehr von ihrer Informationstechnologie abhängen, um die Vielzahl der operativen, taktischen und strategischen Prozesse abzuwickeln (Applegate et al. 2003). Dabei haben sich die Anforderungen an die IT und die damit einhergehende strategische Rolle in vielen Bereichen über die letzten Jahrzehnte geändert. Die Veränderung wurde getrieben von technischen Innovationen und die dadurch wachsende Anzahl von möglichen Handlungsspielräumen für die Unternehmen. Diese Evolution zeigt Abbildung 3.

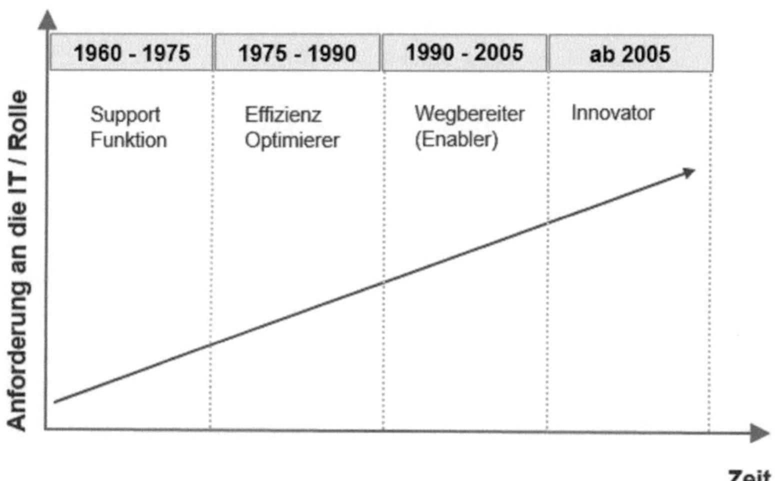

Abbildung 3: Rolle der IT im Zeitverlauf
Quelle: In Anlehnung an Kießling (2012)

In den Anfängen der elektronischen Datenverarbeitung (EDV) unterstützte die IT verschiedene transaktionale Prozesse in Unternehmen. Die verwendeten Anwendungssysteme hatten bei weitem nicht den Funktionsumfang und den Komfort im Vergleich zu heutigen Anwendungen. Beispielsweise wurden Mainframe Rechner eingesetzt mit „einfachen" Terminals für die Endnutzer ohne grafische Benutzeroberfläche. Die IT wurde deshalb nur unterstützend für relativ wenige Tätigkeiten eingesetzt (Zeitraum 1960 – 1975). Durch den weiteren technischen Fortschritt haben sich die Aufgabenbereiche der IT aber zunehmend verändert. Informationssysteme wurden in immer mehr Bereichen der Unternehmen eingesetzt mit dem Ziel der Effizienzsteigerung von Geschäftsprozessen, realisiert durch die Erhöhung des Automatisierungsgrades und der zunehmenden Digitalisierung von Geschäftsobjekten (Zeitraum 1975 –1990). Der Grund für die Implementierung von Informationssystemen in einer Organisation ist die Verbesserung ihrer Effektivität und Effizienz (Hevner et al. 2004, S. 27). Dabei repräsentiert der Geschäftsprozess die Kernkompetenz, und die IT wird eingesetzt, um ihn zu automatisieren und zu standardisieren (Ravichandran und Lertwongsatien 2005). In der dritten Evolutionsstufe (Zeitraum 1990 – 2005) wandelte sich die Rolle der IT von der bisher eher unterstützenden Funktion hin zu einem strategischen Partner für das fachliche Geschäft. Zur Erreichung der Unternehmensziele wurden zwischen den Fachbereichen und der Unternehmens-IT im Rahmen eines IT-Business-Alignments abgestimmte Strategien entwickelt. Die Informationstechnologie wurde u. a. dazu genutzt, um Geschäftsmodelle zu verbessern oder neue Absatzmärkte zu erschließen. In der bis dato letzten Stufe (Zeitraum 2005 –heute) werden Innovationen der IT-Technologie häufig dazu genutzt, um Produkt- und Prozessinnovationen zu generieren. Innovation ist einer der vier Faktoren, um in einem hoch kompetitiven System einen nachhaltigen Wettbewerbsvorteil zu erwirtschaften (Byrd und Turner 2001a). Wegen der strategischen Bedeutung für das Geschäft wird die IT dann oft selbst zum Wettbewerbsfaktor (Nissen und Mladin 2009, S. 43), wie etwa durch die Gestaltung von Alleinstellungsmerkmalen aufgrund von IT-spezifischen Innovationen. Wie einleitend dargestellt, müssen Unternehmen auch schnell auf sich verändernde Wettbewerbsbedingungen reagieren und hängen durch die starke IT-Durchdringung stark von der Veränderungsfähigkeit ihrer IT ab. IT-Agilität ist deshalb auch ein integraler Bestandteil der vierten Evaluationsstufe. Aber auch hier können sich die Signifikanz und damit die Rolle der IT von Unternehmen zu Unternehmen unterscheiden, denn die Anforderungen an die Anpassungsfähigkeit der IT sind unterschiedlich, je nach prozess-, unternehmens- und branchenspezifischen Aspekten (Nissen, 2008).

Die durchgeführte Literaturanalyse zeigt, dass mehrere Erklärungsansätze existieren, die eine Verbindung zwischen IT und Unternehmenserfolg herstellen. Ein erster Ansatz besagt, dass ein kausaler Zusammenhang in Form einer indirekten Beziehung über die Unternehmensagilität existiert. IT-Ressourcen werden dabei als Schlüsselelemente (eng. „enabler“) angesehen, um die Geschäftsagilität zu erhöhen, wie etwa durch globale Datenverfügbarkeit (Goodhue et al. 2009, S. 73). Aufgrund der Innovationen in der IT-Technologie ergeben sich auch neue digitale Möglichkeiten (eng. „digital options“), um die Geschäftsagilität und damit den Unternehmenserfolg nachhaltig positiv zu beeinflussen (van Oosterhout et al. 2007, S. 52ff.; Sambamurthy et al. 2003, S. 246ff.). Eine Studie[21] von Panda und Rath (2017, S.815) zeigt, dass insbesondere die Fach- und Metakompetenzen der IT-Mitarbeiter einen positiven Einfluss auf die Geschäftsagilität ausüben. Auch Informationssysteme sind branchenübergreifend erforderlich, um wettbewerbsfähig zu sein, insbesondere in einem globalen und dynamischen Geschäftsumfeld (Broadbent und Weill 1997, S. 77). Seo et al. (2006) sehen die positiven Effekte der IT auf die Geschäftsagilität eines Unternehmens als erwiesen an, akzentuieren aber auch, dass sich IT-Systeme ebenso kontraproduktiv auf die Agilität auswirken können. Die Autoren sehen hier Gefahren wie Inflexibilität, unzureichende Konfigurationseigenschaften oder ungenügende Implementierungen. Auch können Informationssysteme als Kreativitätsbremse bezogen auf die personellen Aufgabenträger wirken. Es besteht aber grundsätzlich Konsens in der Literatur, dass die Unternehmens-IT organisatorische Änderungen signifikant positiv beeinflussen kann (Piccoli und Ives 2005). Der strategische Wert der IT ist allgemein anerkannt (Paschke und Molla 2011). Die Fähigkeit des Unternehmens, Marktänderungen proaktiv aufzuspüren, wird dabei ebenfalls unterstützt. Der CIO in einem Unternehmen ist dafür verantwortlich, einen Mehrwert zu realisieren, also die IT in die Lage zu versetzen, die Geschäftsagilität adäquat zu fördern. Hier stehen Aufgaben im Mittelpunkt, wie etwa das IT-Business-Alignment aktiv zu steuern und damit in Fachbereichen Möglichkeiten zu identifizieren, so dass die IT einen zusätzlichen Mehrwert schaffen kann (Melarkode 2004, S. 45ff.). In diesem ersten Erklärungsansatz werden die IT-Ressourcen direkt als Enabler für Geschäftsagilität verstanden, aber nicht ihr flexibler Einsatz.

Im Gegensatz dazu stellen andere Forschungsbeiträge den Zusammenhang zwischen Unternehmens-IT und Unternehmenserfolg als indirekte Wirkbeziehung über die IT-Agilität dar. Byrd und Turner (2001a S. 49f.) belegen in

[21] Die Ergebnisse basieren auf einer Befragung von 300 IT-Entscheidungsträgern aus der Bankenbranche in Indien.

ihrer empirischen Studie[22] den positiven Zusammenhang zwischen einer flexiblen IT und dem daraus resultierenden geschäftlichen Vorteil. Dabei setzt sich das Konstrukt der IT-Flexibilität aus den technischen Komponenten Integration, Modularität und einem flexiblen IT-Personal zusammen. Der Wertbeitrag einer agilen Unternehmens-IT besteht vor allem darin, dass zum einen auf geschäftlicher Ebene die Anzahl möglicher Handlungsalternativen erhöht wird (Sambamurthy et al. 2003, S. 255) und zum anderen Veränderungen antizipiert werden, auf die schnell reagiert werden kann (Byrd und Turner 2000, S. 170ff.; Duncan 2015, S. 44; Fitzgerald 1990, S. 5ff.). In einem turbulenten Geschäftsumfeld sind Fusionen und Firmenübernahmen (engl. „Mergers & Acquisitions”) ein probates Mittel, um nachhaltigen Unternehmenserfolg zu erzielen, wobei eine flexible Unternehmens-IT ein wichtiges Kriterium darstellt, damit ein Unternehmen die wirtschaftlichen Vorteile daraus auch nutzen kann (Byrd and Turner 2001a, S. 21ff.). Diesbezüglich wird insbesondere auf die Bedeutung des IT-Personals abgehoben, dessen Aufgabe es ist, die IT-Infrastrukturen und -Prozesse der Unternehmen schnell und effizient zu integrieren, damit die gewünschten Synergieeffekte und monetären Vorteile zügig erzielt werden können. Die Ergebnisse der Studie[23] von Benitez et al. (2018, S. 39) bestätigen den positiven Kausalzusammenhang zwischen der inhärenten Flexibilität des IT-Personals und einer effizienten IT-Integrationsfähigkeit nach Fusionen und Unternehmensübernahmen.

Ein dritter Erklärungsansatz sieht primär keine direkte kausale Wirkbeziehung zwischen IT-Agilität und Unternehmenserfolg, sondern indirekt über die Geschäftsagilität. Beispielsweise betonen Tallon und Pinsonneault (2011, S. 470) den moderierenden Effekt der IT-Agilität. IT-Agilität ist ein wesentlicher Enabler für die Geschäftsagilität, wobei diese wiederum positive Beiträge auf den Unternehmenserfolg bewirkt (Fink und Neumann 2007,

---

[22] Grundgesamtheit der schriftlichen Befragung waren IT-Entscheidungsträger der 1.000 umsatzstärksten Unternehmen der Vereinigten Staaten (Fortune 1000). Dabei wurde eine Stichprobengröße von 207 erreicht.

[23] Die Ergebnisse basieren auf einer Befragung von 100 Entscheidungsträgern (IT und Management) aus mehreren spanischen mittelständischen Unternehmen.

S. 440ff.; Kim et al. 2011, S. 487ff.; Paschke et al. 2012, S. 731ff.; Tallon und Pinsonneault 2011, S. 463). Die enge Verzahnung beruht auf dem stetig zunehmenden IT-Durchdringungsgrad (Luftman und Kempaiah 2008, S. 102f.). Die besonders leistungsfähigen Unternehmen kombinieren beide Formen der Agilität in einer engen Abstimmung (Capgemini 2007, S. 14). Die Schnelligkeit, mit der Geschäftsstrategien und Geschäftsprozesse angepasst werden können, wird also signifikant durch die Agilität der IT-Ressourcen determiniert (Fink und Neumann 2009, S. 90; Gallagher und Worrel, 2008; Paschke und Molla 2011, S. 3). Ferner ist zu beachten, dass die Unternehmensagilität nicht nur durch IT-Agilität beeinflusst wird, sondern auch von anderen Faktoren (Seo und La Paz 2008, S. 136ff.). Die besonders starke Wirkung von flexiblen IT-Ressourcen wurde in empirischen Studien wie etwa in der von Palanisamy und Sushil[24] (2004) nachgewiesen.

2.2 Begriffsbestimmung und Konzeptualisierung

Die Bestimmung des definitorischen Umfelds für die IT-Agilität im avisierten Handlungsfeld ist dabei von besonderer Bedeutung für die vorliegende Forschungsarbeit, da u. a. die anschließende Konzeptualisierung und Operationalisierung des theoretischen Konstruktes auf Basis dieser Begriffsdefinition erfolgt. Die Schaffung eines theoretischen und begrifflichen Rahmens ist eine weitere Voraussetzung, um Hypothesen formulieren zu können (Bortz und Döring 2002, S. 54). Die Grundlage für die Konstruktion von Messmodellen ist die Spezifikation des jeweiligen Konstrukts, sonst gebe es keine Möglichkeit, die Angemessenheit des Messmodells adäquat zu prüfen (MacKenzie et al. 2011, S. 295). Der Forscher muss dabei exakt beschreiben und abgrenzen, was in der Definition inkludiert und was exkludiert ist (Churchill 1979, S. 67). Die wesentlichen Aspekte eines Konstruktes müssen bei der Operationalisierung durch spezifische Fragestellungen abgedeckt werden, weshalb die Notwendigkeit besteht, die spezifischen Bedeutungsinhalte des

---

[24] Die Ergebnisse basieren auf einer schriftlichen Befragung von 296 IT-Entscheidungsträgern aus 42 Unternehmen, verteilt auf acht Branchen.

Konstruktes aus dem begrifflichen Umfeld abzuleiten (Kuss 2009, S. 118). Diese Form der Inhaltsvalidität ist auch ein wichtiges Gütekriterium für die Determinanten, die im Untersuchungsmodell kausal auf die Dimensionen der IT-Agilität wirken. Auch hier sollten alle Aspekte des endogenen Konstruktes umfasst werden. Das zu konstruierende Artefakt muss nämlich eine breite Abdeckung der IT-Agilität im Handlungsfeld IT-Personal gewährleisten, um das Realweltproblem der fehlenden Steuerbarkeit zu lösen. Neben der Identifikation, was ein Konstrukt konzeptuell repräsentiert oder umfasst, ist es ferner notwendig, die Abgrenzungen bzw. Unterschiede zu anderen in enger Beziehung stehenden Konstrukten zu diskutieren (Nunnally und Bernstein 1994, S. 85). MacKenzie et al. (2011, S. 299) beschreiben mehrere Faktoren, die bei der Konzeptualisierung von Konstrukten beachtet werden sollten:

Spezifizierung des konzeptionellen Rahmens eines Konstruktes. Hierbei müssen die notwendigen charakteristischen Eigenschaften und Merkmale hinreichend und möglichst exakt beschrieben werden. Darunter gemeinsame und einzigartige Eigenschaften mit deren Umfang und Inklusivität.

Eindeutige bzw. unmissverständliche Definition des Konstruktes. Das Konstrukt muss so beschrieben werden, dass unterschiedliche Auslegungen per se vermieden werden. Ferner sollten die Definitionen nicht überwiegend aus Fachbegriffen mit begrenzter Bedeutung bestehen, positiv formuliert werden und nicht doppeldeutig oder selbstreferentiell sein.

Um die genannten Voraussetzungen angemessen zu berücksichtigen, werden diese im nachfolgenden Kapitel im Kontext der Fragestellung untersucht. Zu Beginn wird der aktuelle Forschungsstand in der Literatur hinsichtlich des Agilitätsbegriffs diskutiert. Hier steht die Agilität auf der unternehmerischen Ebene (Geschäftsagilität) im Fokus. Diese Geschäftsagilität kann, wie bereits erläutert, stark von der Veränderungsfähigkeit der IT abhängen. Aufgrund dieses Zusammenhangs wird der aktuelle Forschungsstand der Geschäftsagilität skizziert, da spezifische Facetten in transformierter Form auch für die IT-Agilität von Relevanz sind. Anschließend erfolgt ein Vergleich zwischen den Begriffen der Agilität und der Flexibilität, und es wird erläutert, welche Implikationen sich daraus für die Forschungsarbeit ergeben. Im Anschluss an die Ausführungen zur Geschäftsagilität wird der aktuelle Forschungsstand zum Phänomen der IT-Agilität beschrieben und auf dieser fundierten Grundlage das definitorische Umfeld für den Bereich IT-Personal abgeleitet. Die Darstellung der Grundlagen von Managementkreisläufen schließt das Kapitel ab.

2.2.1 Agilität in ISR und Wirtschaftsinformatik

2.2.1.1 Diskontinuitäten dynamischer Märkte

Die von Drucker (1996) spezifizierten und klassifizierten Diskontinuitäten im betrieblichen Geschäftsumfeld sind mögliche Auslöser für Unternehmen, auf diese adäquat reagieren zu müssen. Diese Diskontinuitäten werden von Fischer (2005, S. 324) als externe Überraschungen des Marktes charakterisiert. Immer mehr Unternehmen stehen heute vor neuen wettbewerblichen Herausforderungen in einem turbulenten, dynamischen und kompetitiven Geschäftsumfeld (Seethamraju und Seethamraju 2009, S. 1; Tallon und Pinsonneault 2011, S. 464). Sie müssen deshalb auf zahlreiche, sich immer rascher ändernde Wettbewerbsbedingungen reagieren (Bühner 2005, S. 1). Ursachen sind dabei die stetig wachsende Globalisierung (Alexopoulou et al. 2008, S. 1) und die zunehmende Dynamik der Märkte, forciert durch die rasante Entwicklung der Informations- und Kommunikationtechnologien, die konventionelle Produkte revolutioniert, Wirtschaftszweige zusammenwachsen sowie räumliche und zeitliche Grenzen verschwinden lässt (Fischer 2005, S. 324). Die dynamische Evolution der Technologie im Allgemeinen (Meffert 1985, S. 122) ist ein Stimulus für Diskontinuitäten und die daraus implizierten Herausforderungen für die Unternehmen (Dyer und Ericksen 2008, S. 3; Patten et al. 2005). Um auf die zunehmende Vielfalt des Marktes entsprechend reagieren zu können, muss die Varianz des betrieblichen Systems steigen (Meffert 1985, S. 122). Aus Sicht eines Unternehmens sollten die Unsicherheiten und Änderungen nicht nur negativ bewertet werden, denn Überraschungen können neben Risiken auch Chancen darstellen, je nachdem, ob das resultierende Handeln eine positive oder negative Erfolgswirkung für das

Unternehmen auslöst (Fischer, 2005). Dynamische und turbulente Absatzmärkte entstehen zum einen durch die Marktfragmentierung (Goldman et al. 1995, S. 9) und zum anderen aufgrund der Unvorhersehbarkeit der Marktentwicklung sowie der schnellen Marktsättigung (Meffert 1985, S. 121). Weitere Ursachen sind das sich stetig wandelnde Marktumfeld und die hyperkompetitive Umgebung (Dyer und Ericksen 2008, S. 3). Verkürzte Produktlebenszyklen (Meffert 1985, S. 122) und die Bündelung bzw. Konvergenz von Produkten und Services (Goldman et al. 1995, S. 21), sprich die Veredelung von Produkten durch flankierende Dienstleistungen, sind weitere Determinanten dynamischer Märkte. Die in den letzten Jahrzenten entstandene digitale Informationsökonomie hat ebenso einen signifikanten Einfluss auf die zunehmende Dynamisierung der Märkte. Digitale Produkte nutzen sich nicht ab und sind gekennzeichnet durch marginale Grenzkosten. Die Produktion einer zusätzlichen Einheit besteht lediglich aus einer Kopie der relevanten Daten, und auch die Distributionskosten über Netzwerke sind minimal. Weitere Merkmale sind die unbegrenzte Reichweite durch Netzwerke wie das Internet oder den Mobilfunk und der dadurch erreichbare potenzielle Kundenkreis. Lokale Anbieter verlieren deshalb ihre Standortvorteile bezüglich Lieferzeit und Lieferkosten im Vergleich zum Handel mit physischen Produkten. Die Anzahl der potenziellen Wettbewerber steigt und damit die Kompetitivität und Dynamik im Markt. Weitere Stimuli für dynamische Märkte sind die Aggressivität der Konkurrenz (Meffert 1985, S. 121), Überraschungen in Form neuer Wettbewerber (Fischer 2005, S. 330) und durch Konkurrenten neu generierte Märkte und Konsumenten (Goldman et al. 1995, S. 43). Diskontinuitäten werden aber nicht nur von Veränderungen des externen Marktes ausgelöst, sondern auch durch unternehmensinterne Aktivitäten. Dazu zählen u. a. Akquisitionen und Standortentscheidungen, innovative Produkt- und Verfahrenstechnologien, neue Organisationsprozesse oder Logistikkanäle (Fischer 2005, S. 330), innovative Infrastruktur für kundenindividuelle Massenproduktion sowie andere Formen der Reorganisation (Goldman et al. 1995, S. 9). Die aufgeführten Diskontinuitäten betonen die Notwendigkeit und die Wichtigkeit von Agilität auf unternehmerischer Ebene, was auch Ergebnisse von empirischen Umfragen[25] bestätigen.

2.2.1.2 Geschäftsagilität als Antwort

In der wissenschaftlichen Literatur besteht ein allgemeiner Konsens, das Agilität auf unternehmerischer Ebene die Fähigkeit darstellt, „to sense and respond with a relative degree of speed to environmental changes and to take advantage of new opportunities" (Chan et al. 2019, S. 436). Goldman et al. (1995, S. 42f.) interpretieren Geschäftsagilität als eine umfassende Antwort auf die Herausforderungen einer Geschäftswelt, die durch Änderungen und Unsicherheit dominiert werden. Hierbei wird auf die Fähigkeit eines Unternehmens abgehoben, in einem Marktumfeld, das geprägt ist von stetigen und sprunghaften Änderungen der Kundenbedürfnisse, profitabel zu operieren. Die Autoren betonen, dass Agilität nicht nur eine schnelle Antwort auf relevante Diskontinuitäten impliziert, also reaktives Verhalten, sondern insbesondere der proaktive Anteil darin bedeutsam ist, ausgedrückt als Fertigkeit, sowohl wechselnde Kundenbedürfnisse als auch das Entstehen neuer und innovativer Märkte früh zu antizipieren und mit dem dadurch entstehenden Vorteil eigenes Wachstum zu generieren. Dieser proaktive Charakter ist für das Agilitätsphänomen wesentlich (Zobel 2015, S. 160). Die Anpassungen des betrieblichen Systems sind demnach reaktiv und präventiv zu bewerkstelligen, um seine Lebensfähigkeit zu erhalten (Hillmer 1987, S. 19f.). Sambamurthy et al. (2003, S. 238) konkretisieren Geschäftsagilität als die Fähigkeit eines Unternehmens, mit stetigen Innovationen seine betriebliche Wertschöpfungskette fortlaufend zu erweitern und anzupassen und somit die Konkurrenzfähigkeit zu stärken. Hier wird in Analogie mit Goldman et al. (1995) der Fokus auf die Proaktivität gelegt, gekennzeichnet durch eine aggressive

---

25 In einer SIM-Umfrage von 2009 sind von den Teilnehmern die Themen Unternehmensagilität und Schnelligkeit in der Markteinführung auf Platz 3 der Prioritätenliste gesetzt worden, was eine erhöhte Signifikanz impliziert (Luftman und Ben-Zvi 2009, S. 52). Ähnliche Erkenntnisse lieferte auch schon die Studie der Capgemini (2007).

Generierung von Marktanteilen in dynamischen Märkten auf der Basis von stetigen Innovationen. Agilität kommt im Besonderen bei unerwarteten Veränderungen zum Tragen (Zobel 2015, S. 159). Overby et al. (2006, S. 121) heben hervor, dass Unternehmensagilität nur die betrieblichen Prozesse umfasst, welche die Relevanz für das proaktive Aufspüren und das reaktive Antworten auf Änderungen im Geschäftsumfeld besitzen und damit lediglich eine Untermenge der dynamischen Fähigkeiten einer Organisation darstellen. Dove (2001, S. 10) interpretiert Geschäftsagilität als ein Zusammenwirken zweier Komponenten, nämlich des physikalischen Handelns als Reaktion auf unerwartete Änderungen (engl. „response ability") und eines effizienten Wissensmanagements (engl. „knowledge management"). Van Oosterhout (2010, S. 207) bestätigt die Signifikanz des Wissensmanagements mittels empirischer Fallstudien, mit dem Ergebnis, dass eine Kombination von drei Komponenten erforderlich ist, nämlich der „sensing, responding and learning capabilities", um dadurch alle Dimensionen der Geschäftsagilität zu verbessern. Der Begriff der Geschäftsagilität wird in der Literatur teilweise auch in einer etwas engeren Sichtweise ausgelegt, eingeschränkt auf reaktive Fähigkeiten, mit dem Ziel, die Geschäftsprozesse schnell und einfach zu transformieren, um sich an neue Gegebenheiten der Umwelt anzupassen (Raschke und Smith 2005, S. 356; Moitra und Ganesh 2005, S. 921f.). Im Sinne einer Aktionsflexibilität sollte dabei eine Menge an Handlungsalternativen zur Verfügung stehen (Meffert 1969, S. 790). Die Reaktion auf die unvorhergesehenen Zustände der Systemumwelt sollte dabei „rechtzeitig erfolgen" (Meffert 1969, S. 793). Ferner wird in der Literatur darauf hingewiesen, dass diese Art der Adaption kosteneffizient (Alexopoulou et al. 2008, S. 379) und ohne negative Beeinträchtigung von Qualitätsmaßstäben (Seethamraju 2006, S. 2) erfolgen muss. Außerdem wird die Geschwindigkeit als ein wichtiger Aspekt der Geschäftsagilität identifiziert (Seethamraju und Seethamraju 2009, S. 1). Ein Unternehmen ist nur dann agil, wenn es in der Lage ist, rechtzeitig und schnell zu reagieren (Strohmaier und Rollett 2005, S. 110). Der Einfluss der IT-Systeme auf die Wertschöpfungskette wird immer größer. Deshalb wird, auch auf Basis der Literaturanalyse, unterstellt, dass ein positiver Zusammenhang zwischen der IT-Agilität und der übergeordneten Geschäftsagilität existiert.

Zusammenfassend lässt sich sagen, dass Geschäftsagilität auf die Fähigkeiten eines Unternehmens abhebt, einerseits Veränderungen in einer dynamischen Unternehmensumwelt wahrzunehmen und entsprechend einzuschätzen und zum anderen schnelle reaktive bzw. proaktive Antworten auf diese Veränderungen zu finden, um am Markt wettbewerbsfähig zu bleiben.

2.2.1.3 Agilität und Flexibilität im Vergleich

Bis dato existieren keine dominanten allgemein akzeptierten Definitionen von Flexibilität und Agilität in der Wirtschafsinformatik und IS-Forschung (Golden und Powell 2000, S. 373; Nissen und von Rennenkampff 2013, S. 59; Patten et al. 2009; Spoor und Boogaard 1993, S. 6; Wagner et al. 2011, S. 808). Beiden Begriffen werden teilweise die gleichen charakteristischen Eigenschaften und Attribute zugeschrieben bzw. existieren große Überschneidungen (Termer 2015, S. 37ff.). In der Wissenschaftsdisziplin der Betriebswirtschaftslehre ist eine ähnliche Situation anzutreffen. Nicht nur die Abgrenzung zur Agilität wird kontrovers diskutiert, auch besteht kein Konsens in Bezug auf eine einheitliche Definition des Flexibilitätsbegriffes selbst (Voigt und Schorr 2007, S. 42). Eine Vielzahl von Begriffen (z. B. Elastizität, Anpassung, Adaptivität etc.) wird synonym verwendet, wodurch eine zunehmende begriffliche Unschärfe zu konstatieren ist (Termer 2015, S. 29). In der HR-Literatur dominiert der Begriff der Flexibilität; eine Abgrenzung zur Agilität findet dabei in den seltensten Fällen statt. Die Beziehungen zwischen Flexibilität und Agilität werden in der Literatur differenziert ausgelegt. Termer (2015, S. 37ff.) klassifiziert die unterschiedlichen Sichtweisen in spezifische Kategorien, die aus Tabelle 3 entnommen werden können, wobei anzumerken ist, dass bis heute nur wenige Publikationen eine explizite Gegenüberstellung der Begriffe vorgenommen haben.

Sichtweise	Beschreibung	Quellen (Auszug)
A = F	Flexibilität und Agilität werden als synonyme Begriffe angesehen.	(MacKinnon et al. 2008)
$A \subseteq F$	Agilität wird als eine spezielle Form der Flexibilität angesehen und diese kann somit als Teilmenge aufgefasst werden.	(Golden und Powell 2000; Patten et al. 2005)
$F \subseteq A$	Flexibilität stellt eine spezielle Form der Agilität dar bzw. wird als operativer Anteil der Agilität angesehen.	(Breu et al. 2002; Dove 2001)
$A \cap F$	Flexibilität und Agilität überlagern sich und bilden eine Schnittmenge.	(Wadhwa und Rao 2003; Gong und Jansen 2010)
$A \neq F$	Flexibilität und Agilität sind eindeutig zu trennen.	(Raschke und Smith 2005; van Oosterhout 2010)

Tabelle 3: Beziehung zwischen Agilität und Flexibilität
Quelle: Eigene Darstellung in Anlehnung an Termer (2015)

Eine umfassende Recherche der vorhandenen WI- und IS-Forschungsliteratur ergab, dass die Mehrzahl der Autoren den Unterschied zwischen IT-Agilität und IT-Flexibilität in der Proaktivität verorten, die häufig als zentraler Teil der IT-Agilität angesehen wird, während der Flexibilität ausschließlich reaktive Eigenschaften zugeschrieben werden (von Rennenkampff 2015, S. 106). Dabei verwenden einige Beiträge das Kriterium des Antizipierens von Veränderungen zur Abgrenzung von reaktivem und proaktivem Verhalten (von Rennenkampff 2015, S. 61). Auch in der BWL bewerten verschiedene Autoren dieses Kriterium als das führende Differenzierungsmerkmal, wie etwa Zobel (2015, S. 160), der Agilität zum Begriff der Flexibilität dadurch abgrenzt, dass Flexibilität in erster Linie bei vorhersehbaren bzw. erwarteten Veränderungen anzutreffen ist und damit einen inhärenten Teil der Agilität darstellt. Außerdem wird die aktive Gestaltung des unternehmerischen Spielfeldes durch gezielte Veränderungen einem proaktiven Verhalten zugeschrieben. Agilität erweitert demnach die Flexibilität um proaktive Eigenschaften (Nissen und von Rennenkampff 2013, S. 60; van Oosterhout et al. 2007, S. 53; Schelp und Winter 2007, S. 135).

Als Fazit lässt sich konstatieren, dass sich eine von der Flexibilitätsdiskussion losgelöste Betrachtung des Agilitätsphänomens als wenig sinnvoll darstellt (Termer 2015, S. 29). Somit ist zu schlussfolgern, dass die synonyme Verwendung der Begriffe Flexibilität und Agilität bei der Schlagwortsuche im Rahmen der durchgeführten Literaturrecherche gerechtfertigt war, um möglichst alle relevanten Beiträge zur konkreten Problemstellung identifizieren zu können.

2.2.2 IT-Agilität

Das Kapitel widmet sich in erster Linie der Spezifizierung des konzeptionellen Rahmens der IT-Agilität sowie den von MacKenzie et al. (2011, S. 299) genannten Faktoren, die eine zwingende Voraussetzung für die Konzeptualisierung der IT-Agilität im Bereich IT-Personal darstellen. Zu Beginn wird im Rahmen einer tieferen theoretischen Erschließung IT-Agilität als mehrdimensionales Konstrukt konzeptualisiert. Im Folgenden werden die charakteristischen Eigenschaften und Merkmale der IT-Agilität auf Basis einer Literaturanalyse beschrieben. Darauf aufbauend wird eine eindeutige Begriffsdefinition für das Phänomen der IT-Agilität, als höchste Ebene empirischer Abstraktion, abgeleitet und abschließend für den Bereich IT-Personal weiter konkretisiert.

2.2.2.1 Theoretische Grundlagen mehrdimensionaler Konstrukte

Mehrdimensionale Konstrukte finden in der wirtschaftswissenschaftlichen Forschung verbreitet Anwendung, um komplexe theoretische Konzepte abzubilden (Giere et al. 2006, S. 678). Bei mehrdimensionalen Konstrukten spielen Dimensionen eine bedeutende Rolle (Albers und Götz 2006, S. 669f.), die konzeptionell unterschiedlich sind, jedoch verwandt und als ein einheitliches Konstrukt aufgefasst werden können (Law et al. 1998, S. 741). Dagegen umfassen eindimensionale Konstrukte lediglich einzelne Facetten eines Sachverhalts (Hattie 1985, S. 140ff). Die Art der Konzeptualisierung hängt zuletzt davon ab, wie differenziert ein Sachverhalt im Rahmen einer Forschungsarbeit zu erfassen ist (Giere et al. 2006, S. 679). Die Sichtweise, ob das zu untersuchende Konstrukt holistisch abgebildet werden soll oder nur ein spezifischer Aspekt im Fokus steht, ist eines der Hauptkriterien für die Entscheidung (MacKenzie et al. 2005, S. 713f.). Für eine holistische Abbildung komplexer Phänomene ist die Nutzung mehrdimensionaler Konstrukte besonders geeignet, und oft werden dabei Fortschritte in der Theorieentwicklung erzielt (Edwards 2001, S. 148). Dabei ist zu beachten, dass ein mehrdimensionales Konstrukt nicht unabhängig von seinen Dimensionen bzw. Komponenten existieren kann, da es über diese Dimensionen konzeptionalisiert ist (Giere et al. 2006, S. 680). Zu Beginn der Entwicklung eines mehrdimensionalen Konstrukts muss eine klare Definition des Konstrukts mit all seinen Dimensionen erfolgen (Giere et al. 2006; S. 681). Die Korrespondenzregeln zwischen den Dimensionen und dem übergelagerten Konstrukt können reflektiv oder formativ ausgeprägt sein. Bei einer reflektiven Ausprägung stellen die Dimensionen Realisationen des übergelagerten Konstrukts dar (Giere et al. 2006, S. 682). Das formative mehrdimensionale Konstrukt kann dagegen als eine Zusammensetzung seiner Dimensionen verstanden werden, wobei keine der Dimensionen allein das übergeordnete Konstrukt repräsentieren kann, denn das Konstrukt existiert nur als Gesamtheit seiner Dimensionen (Giere et al. 2006, S. 681). In der Literatur werden spezifische Entscheidungsregeln genannt, um formative und reflektive Zuordnungen differenzieren zu können. Hier wird zum einen die kausale Richtung zwischen Konstrukt und seinen Dimensionen als Kriterium empfohlen, zum anderen die Austauschbarkeit der Dimensionen (Jarvis et al. 2003, S. 203). In der Forschung werden oft formative mehrdimensionale Konstrukte zweiter Ordnung eingesetzt, welche aus mehreren unkorrelierten Dimensionen (Konstrukte erster Ordnung) bestehen, die abermals mit beobachtbaren Variablen gemessen werden können (Albers und Götz 2006, S. 670). Der gewünschte Grad an Abstraktion bestimmt dabei die Ordnungsziffer eines Konstrukts (Albers und Götz 2006; S. 672).

Abbildung 4 zeigt den schematischen Aufbau eines mehrdimensionalen Konstrukts zweiter Ordnung.[26]

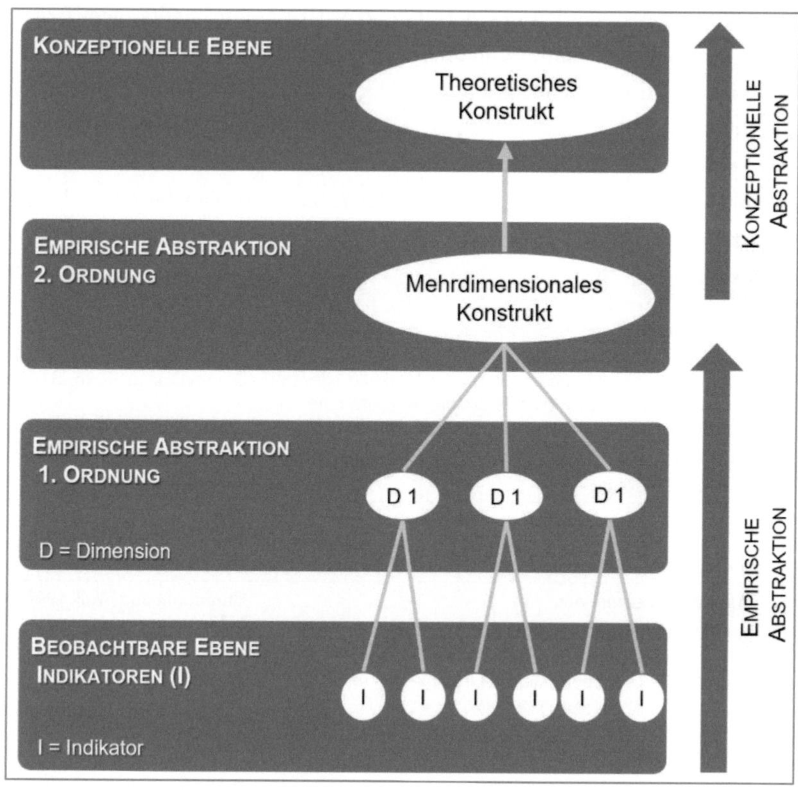

Abbildung 4: Mögliche Konzeptualisierung theoretischer Konstrukte
Quelle: In Anlehnung an Giere et al. (2006, S. 679)

---

[26] Im Kontext der PLS-SEM wird hier von hierarchischen Komponentenmodellen (HCM) gesprochen. Ein HCM besteht aus zwei Elementen, zum einen aus der Komponente höherer Ordnung (HOC), welche die abstrakte Ebene erfasst und aus der Komponente niedrigerer Ordnung (LOC), welche die Subdimensionen der höheren Komponenten umfasst (Hair et al. 2017, S. 239).

2.2.2.2 IT-Agilität als mehrdimensionales Konstrukt

Das theoretische Konstrukt der IT-Agilität wird als mehrdimensionales Konstrukt abgebildet, um den Sachverhalt möglichst vollumfänglich zu erfassen. Die Dimensionen werden in der ISR- und WI-Literatur bereits identifiziert, wenn auch teilweise unterschiedliche Begrifflichkeiten verwendet werden. Bei Nissen und von Rennenkampff (2013, S. 69f.) werden die Dimensionen als Handlungsfelder bezeichnet, in anderen Forschungsarbeiten als (Sub-)Komponenten (Patten et al. 2009; Broadbent und Weill 1997 S. 78f.) oder organisatorische Elemente (Capgemini 2007, S. 16). In Tabelle 4 sind die aus der Literatur identifizierten Dimensionen der IT-Agilität zusammenfassend dargestellt.

DIMENSIONEN / KOMPONENTEN AGILER IT	QUELLEN
Agilität ist nicht einfach eine Frage der Technologie oder der Organisationsstruktur oder des Personals, sondern eine Kombination daraus.	(Goldman et al. 1995, S. 41)
Agilität ist ein ausgewogenes Dreieck aus Technologie, Prozess und Personal.	(Capgemini 2007, S. 6)
Nissen und von Rennenkampff schlagen eine Differenzierung in die Handlungsfelder IT-Architektur, IT-Organisation und IT-Prozesse sowie IT-Personal vor.	(Nissen und von Rennenkampff 2013, S. 69f.)
IT-Infrastruktur besteht aus (1) IT-Komponenten wie Server Kommunikationstechnologien, Hardware, Software usw. (2) Menschliche IT-Infrastruktur, mit Fähigkeiten und Erfahrungen, die IT-Komponenten zu einem IT-Infrastrukturservice formen. (3) IT Shared Service	(Broadbent und Weill 1997, S. 78f.)
Subkomponenten flexibler/agiler IT: (1) Flexible Software (2) Flexible Architekturen (3) Flexible Prozesse (4) Flexibles IT-Personal	(Patten et al. 2009 zitiert aus Sushil 2001; Goldman, Nagle, und Preiss 1995; Ross 2003; Byrd und Turner 2000; Duncan 2015; Knoll und Jarvenpaa 1994; Meade und Rogers 1998; Byrd, Lewis, und Turner 2004)
Flexible IT-Infrastruktur referenziert auf technische IT-Infrastruktur und IT-Personal.	(Paschke und Molla 2011; zitiert aus Byrd und Turner 2000; Tallon und Kraemer 2004)

DIMENSIONEN / KOMPONENTEN AGILER IT	QUELLEN
Das theoretisch-konzeptionelle Modell der IT-Agilität umfasst technologische IT-Ressourcen (TIR), humane IT-Ressourcen (HIR), organisatorische IT-Ressource (OIR) und prozessuale IT-Ressourcen (PIR)	(Termer 2015, S. 77ff.)

Tabelle 4: Komponenten agiler IT

Aus der Gesamtheit der analysierten Quellen lassen sich die relevanten Dimensionen ableiten. Das theoretische Konstrukt wird durch die Dimensionen IT-Architektur, IT-Organisation/IT-Prozesse und IT-Personal geformt. Aufgrund der engen Verzahnung werden dabei die Elemente IT-Prozesse und IT-Organisation über eine Dimension konzeptualisiert. Die Dimension IT-Architektur umfasst auch die im Beitrag von Patten et al. (2009) als eigenständige Komponente aufgeführte Software. Die Beziehungen zwischen den Dimensionen und dem übergelagerten Konstrukt sind formativ ausgeprägt. IT-Agilität existiert nur als Gesamtheit seiner Dimensionen; wenn nur eine davon unzureichend ausgeprägt ist, kann keine hohe IT-Agilität erzielt werden (Capgemini 2007, S. 18). Dadurch ist keine Austauschbarkeit gegeben, was eindeutig für eine formative Spezifikation spricht. Die kausale Richtung zeigt jeweils von der Dimension zum überlagerten Konstrukt, was eine formative Beziehung unterstreicht.

2.2.2.3 Charakteristische Eigenschaften und Merkmale

Im Fokus des folgenden Abschnitts steht die Spezifizierung der dominantesten charakteristischen Eigenschaften und Merkmale der IT-Agilität. Diese Definition repräsentiert ein erstes wichtiges Kriterium, welches bei der Konzeptualisierung von Konstrukten zwingend zu beachten ist (MacKenzie et al. 2011, S. 299). Das definitorische Umfeld sollte die wesentlichen Eigenschaften mit deren Umfang und Inklusivität abbilden. Im Kapitel 2.2.1 wurden bereits die grundlegenden Eigenschaften von Agilität und Flexibilität auf Basis der Literaturanalyse erläutert. Die eruierten Merkmale können für die Konzeptualisierung der IT-Agilität weitgehend übernommen werden. IT-Agilität umfasst im Wesentlichen zwei Fähigkeiten einer Unternehmens-IT, zum einen IT-relevante Veränderungen in der Unternehmensumwelt wahrzunehmen und adäquat zu bewerten (sensing) und andererseits eine schnelle reaktive bzw. proaktive Antwort in funktionaler oder kapazitiver Form (responding) darauf zu finden (Overby et al. 2006, S. 120ff.; Nissen und Mladin 2009, S. 42ff.). Die Studie[27] von Leonhardt et al. (2017, S. 979) belegt, dass beide Fähigkeiten einen etwa gleich starken Effekt auf das Konstrukt der IT-Agilität ausüben.

Tabelle 5 zeigt die relevantesten charakteristischen Eigenschaften der IT-Agilität mit zusätzlichen Hinweisen aus der ISR- und WI-Literatur.

Eigenschaft	Hinweise aus der Literatur	Quellen
Reaktionsfähigkeit (engl. „responding")	Fähigkeit der Unternehmens-IT, auf Änderungen eine reaktive bzw. proaktive Antwort in funktionaler oder kapazitiver Form zu generieren. Prinzipiell existieren immer mehrere Handlungsalternativen dazu.	(Nissen und Mladin 2009; Nissen und von Rennenkampff 2013, S. 60; Oosterhout et al. 2007, S. 53; Overby et al. 2006; Sambamurthy et al. 2003; Schelp und Winter 2007, S. 135; Seo und La Paz 2008; Tallon und Pinsonneault 2011, S. 473; von Rennenkampff 2015, S. 60f.; Weill et al. 2002).
Fähigkeit, relevante Änderungen wahrzunehmen (engl. „sensing")	Fähigkeit der Unternehmens-IT, relevante Veränderungen in der Unternehmensumwelt wahrzunehmen und zu bewerten. Je besser die Antizipation ausgeprägt ist, desto wirksamer können eigene agile Handlungen gestaltet werden.	(Hanschke 2010, S. 14f.; Nissen und Mladin 2009; Piccoli und Ives 2005, S. 762; Sambamurthy et al. 2003, S. 243; Termer und Nissen 2014, S. 33)

[27] Grundgesamtheit der schriftlichen Befragung waren IT-Entscheidungsträger von Unternehmen aus den Vereinigten Staaten und Großbritannien, dabei wurde eine Stichprobengröße von 258 erreicht.

Eigenschaft	Hinweise aus der Literatur	Quellen
Schnelligkeit	Eine wesentliche Einflussgröße für Agilität ist die Geschwindigkeit. Dabei stellt sich die Zeit als praktikable Dimension dar.	(Breu et al. 2002, S. 22; Gong und Janssen 2010, S. 174f.; Hoek et al. 2001, S. 127f.; Lorenz 2012, S. 49; Mathiassen und Pries-Heje 2006, S. 116; Nissen 2008, S. 5f.; Patten et al. 2005, S. 279; Seo und La Paz 2008, S. 136f.; Termer und Nissen 2014, S. 32)
Qualität	Die Einhaltung von Qualitätsmaßstäben ist ein weiterer wichtiger Faktor für Agilität.	(Capgemini 2014, S. 15; Seethamraju 2009, S. 1)
Zielgerichtetheit/ Wirksamkeit	Agiles Verhalten ist stets zielgerichtet. Um den gewünschten Zielzustand zu erreichen, gilt es, diejenige Handlungsalternative auszuwählen, die diesen Zielzustand am „wirksamsten" erreichbar werden lässt.	(Termer und Nissen 2014, S. 33)
Innovation	Die Fähigkeit der Unternehmens-IT, von innen heraus proaktiv Veränderungen durch Innovation zu treiben. Die Fähigkeit IT-gestützte Innovationen aufzuspüren und unterstützen zu können. Dabei ist reine Innovationsfähigkeit nicht ausreichend, um von Agilität zu sprechen, es muss ein tatsächliches Anwenden der Fähigkeiten vorliegen.	(Piccoli und Ives 2005, S. 762; Sambamurthy et al. 2003, S. 238ff.; Siegler 1999, S. 39; Tallon und Pinsonneault 2011, S. 473)

Tabelle 5: Charakteristische Eigenschaften der IT-Agilität

2.2.2.4 Begriffsabgrenzung für Handlungsfeld IT-Personal

Aufbauend auf den abgeleiteten charakteristischen Merkmalen wird nun eine Begriffsbestimmung des Konstrukts der IT-Agilität im Bereich IT-Personal entwickelt. Diese Definition verkörpert das zweite wichtige Kriterium, welches bei der Konzeptualisierung von Konstrukten zwingend zu beachten ist (MacKenzie et al. 2011, S. 299). Eine allgemein anerkannte Definition des Begriffes Agilität ist derzeit in der Literatur nicht auszumachen (Termer und Nissen 2014, S. 3). Es existieren aber viele Empfehlungen und Vorschläge dazu (Sherehiy et al. 2007, S. 459). Eine gemeinsame inhaltliche Basis zur begrifflichen Verwendung ist aber eine unabdingbare Grundlage jeder kumulativen Forschung (Termer und Nissen 2014, S. 2). Interpretationsspielräume hinsichtlich der Begriffsabgrenzungen sollten dabei per se vermieden werden (MacKenzie et al. 2011, S. 299). Wie in Kapitel 2.2.2.2 erläutert, wird das komplexe theoretische Konzept der IT-Agilität als ein mehrdimensionales Konstrukt abgebildet, mit dem IT-Personal als eine der formativ wirkenden Dimensionen, welches spezifische Facetten des übergeordneten Konstrukts abdeckt. Die Begriffsabgrenzung für die Komponente IT-Personal orientiert sich an einer in der Literatur verwendeten Definition des überlagerten Konstrukts der IT-Agilität.

Das überlagerte theoretische Konstrukt der IT-Agilität wird definiert als die Fähigkeit der Informationsverarbeitungsfunktion einer Organisation, auf wechselnde Kapazitätsansprüche sowie veränderte funktionale Anforderungen sehr schnell (möglichst in Echtzeit) zu reagieren sowie die Möglichkeiten der Informationstechnologie derart nutzen zu können, dass der fachliche Handlungsspielraum des Unternehmens erweitert oder sogar neu gestaltet wird (Nissen und Mladin 2009, S. 42; Nissen et al. 2011, S. 1; Nissen und Rennenkampff 2013, S. 59; von Rennenkampff 2015, S. 51). Die aus der Literaturrecherche abgeleiteten und in Tabelle 5 aufgeführten charakteristischen Eigenschaften der Agilität werden durch die gewählte Definition weitgehend abgedeckt. Neben den reaktiven und proaktiven Antwortverhalten auf kapazitive und funktionale Änderungen wird auch der Geschwindigkeitsaspekt adäquat berücksichtigt. Die Einhaltung von Qualitätsmaßstäben wurde in dieser Definition aber nicht berücksichtigt. Im Vergleich dazu setzt sich z. B. der Agilitätsindex der Beratungsgesellschaft Capgemini aus den zwei Dimensionen Flexibilität und Qualität zusammen (Capgemini 2014, S. 19), was wiederum ein starkes Indiz für die Signifikanz des Qualitätskriteriums darstellt. Im Rahmen der vorliegenden Arbeit wird die IT-Agilität im Bereich IT-Personal wie folgt definiert:

IT-Agilität im Handlungsfeld IT-Personal[28] wird definiert als die Fähigkeit der Unternehmens-IT, auf veränderte personalbezogene kapazitive und funktionale Anforderungen der Fachbereiche eine sehr schnelle reaktive bzw. proaktive Antwort zu finden, indem die richtige Anzahl von IT-Mitarbeitern mit den richtigen Qualifikationen zum richtigen Zeitpunkt am richtigen Ort über ein hohes Maß an Koordinationsflexibilität im Rahmen eines Workforce Managements sehr schnell verfügbar gemacht werden, um die IT-spezifischen Aufgaben im Leistungssystem des Unternehmens in den erwarteten Qualitätsmaßstäben zu bewältigen und das fachliche Geschäft mit IT-spezifischen Innovationen voranzutreiben.

Die Begriffsabgrenzung deckt damit im Wesentlichen die personellen Aspekte des übergelagerten Konstrukts der IT-Agilität ab. Grundsätzlich wird auf die Fähigkeit der IT-Workforce und deren Management eines Unternehmens abgehoben, um auf veränderte personalbezogene funktionale und kapazitive Anforderungen sehr schnell reagieren zu können. Neben dem reaktiven und proaktiven Antwortverhalten setzt eine hohe Reaktionsgeschwindigkeit auch ein gewisses Maß an antizipativem Verhalten voraus, um relevante Veränderungen möglichst umfassend und präzise prognostizieren zu können. Ansonsten wäre eine hohe Reaktionsgeschwindigkeit schwer realisierbar. Zielgerichtetheit und Innovationsfähigkeit sind ebenso in der Definition inkludiert. Unterschiedliche Auslegungen werden durch die Definition vermieden. Die Definition ist positiv formuliert und nicht doppeldeutig oder selbstreferentiell und erfüllt somit die wissenschaftlichen Voraussetzungen nach

---

[28] Der Begriff IT-Personal umfasst alle Mitarbeiter einer Unternehmens-IT,

- die in einem Normalarbeitsverhältnis stehen (Interne Mitarbeiter),
- die ihre Arbeiten im Rahmen von Werkverträgen, selbstständigen Dienst- oder Dienstverschaffungsverträgen sowie Geschäftsbesorgungsverträgen verrichten (Freiberufler),
- die über Arbeitnehmerüberlassung (ANÜ) von anderen Unternehmen bezogen werden.

Die beiden zuletzt genannten Gruppen werden in der vorliegenden Arbeit unter dem Begriff „externe Mitarbeiter" subsumiert. Die Begriffe IT-Workforce, IT-Belegschaft sowie IT-Mitarbeiter werden synonym zum Begriff IT-Personal verwendet.

MacKenzie et al. (2011, S. 299). Die weitere Konzeptualisierung des Konstrukts orientiert sich folgerichtig an der Begriffsdefinition. Die Konzeptualisierung schafft dann wiederum die Voraussetzung, um das im Untersuchungsmodell abgebildete Hypothesensystem zu entwickeln sowie zur Spezifizierung der Messmodelle für die im Anschluss stattfindende Validierung per Kausalanalyse. Nunnally und Bernstein (1994, S. 88) betonen, dass die Spezifizierung des Konstrukts hier von besonderer Bedeutung ist, weil sonst keine Möglichkeit besteht, die Eignung einer Messung zu überprüfen (MacKenzie et al. 2011, S. 294f.). Der Forscher muss also exakt beschreiben und abgrenzen, was in diesem definitorischen Umfeld enthalten ist und was nicht (Churchill 1979, S. 67). Gerade bei formativen Konstrukten erfasst jeder Indikator einen spezifischen Aspekt des Konstrukts und bestimmt somit in Summe dessen Bedeutung, um eine breite Abdeckung garantieren zu können, so dass die Hauptaspekte des Konstrukts tatsächlich umfasst werden (Hair et al. 2014, S. 41).

2.2.3 Management und Steuerung

Eine Zielstellung der vorliegenden Arbeit ist es, das Realweltproblem der fehlenden Steuerbarkeit der IT-Agilität im Bereich IT-Personal zu lösen und damit den Managementkreislauf in diesem Bereich zu schließen. Deshalb werden in diesem Kapitel zunächst die Grundlagen von Management und Steuerung diskutiert, um damit die spezifischen Anforderungen sowie Auswirkungen für das zu konstruierende Artefakt vollständig zu erfassen.

Die grundlegenden Prinzipien des Managements von IT-Agilität unterscheiden sich nicht signifikant von anderen Managementdisziplinen. Der Begriff Management umfasst einerseits Führungskräfte als Gruppe von Personen und impliziert andererseits die Aufgaben und Funktionen, die diese Personen ausüben, wie etwa Ziele setzen, planen, entscheiden, realisieren und kontrollieren, also den dispositiven Faktor einer Unternehmung (Wöhe 1993, S. 99). Management wird auch definiert als die Zusammenwirkung von Planung, Steuerung und Kontrolle auf der Grundlage von Unternehmenszielen und den daraus resultierenden Planwerten, wobei Steuerung die Realisierung auf der

Basis von Entscheidungen umfasst (Mensch, 2008). Auch der Planungsaspekt wird unter dem Begriff der Steuerung subsumiert, als eine Planung von Maßnahmen zur Realisierung der definierten Planwerte. Unter diesen Gesichtspunkten lässt sich Management abstrakt definieren: als Steuerung und Kontrolle auf der Grundlage von Unternehmenszielen. Steuerung ist nach DIN 19226 der Vorgang in einem System, bei dem eine oder mehrere Größen als Eingangsgrößen andere Größen als Ausgangsgrößen aufgrund der dem System eigentümlichen Gesetzmäßigkeiten beeinflussen. Steuern ist gekennzeichnet durch einen offenen oder geschlossenen Wirkungsweg, bei dem die Ausgangsgrößen nicht wieder über dieselben Eingangsgrößen auf sich selbst wirken (Fraaß, 2003). Im Gegensatz dazu ist die Regelung ein Vorgang im System, bei der fortlaufend die Regelgröße erfasst und mit der Führungsgröße verglichen sowie im Sinne einer Angleichung an diese beeinflusst wird. Kennzeichen für das Regeln ist der geschlossene Wirkungsablauf, bei dem die Regelgröße im Wirkungskreis des Regelkreises fortlaufend sich selbst beeinflusst (Fraaß, 2003), also eine Rückkopplung besteht. Der Managementkreislauf für die Agilitätssteuerung sollte die genannten Prinzipien der Regelung umfassen, da eine Rückkopplung zur permanenten Anpassung der Anpassungsfähigkeit der IT als sinnvoll erscheint. Die IT-Agilität kann dann als Regelgröße abhängig von den (sich ggf. ändernden) Bedürfnissen hinsichtlich des Umfangs und der Schwerpunkte aktiv gesteuert werden. Das in der DIN-Norm beschriebene System entspricht im Kontext der IT-Agilität den relevanten Komponenten und Zuständen des betrieblichen Systems, die direkt oder indirekt IT-Agilität beeinflussen. Oft ist es zielführend, die Regelung mithilfe von Modellen zu bewerkstelligen, um eine adäquate Beherrschbarkeit durch Komplexitätsreduzierung zu erreichen (Ferstl und Sinz 2001, S. 27). Aus kybernetischer Sicht wird dabei die Implementierung einer Hilfsregelstrecke empfohlen, was im Kontext der vorliegenden Arbeit das zu konstruierende Artefakt darstellt.

Die Regelstrecke (beeinflusste Systemkomponente) wird dabei als Modell abgebildet, die sogenannte Hilfsregelstrecke, welche der Regler (die beeinflussende Systemkomponente) dann direkt steuert und kontrolliert, wobei ein permanenter Abgleich erforderlich ist (Ferstl und Sinz 2001, S. 27). Abbildung 5 zeigt den schematischen Aufbau eines Regelkreises mit Hilfsregelstrecke.

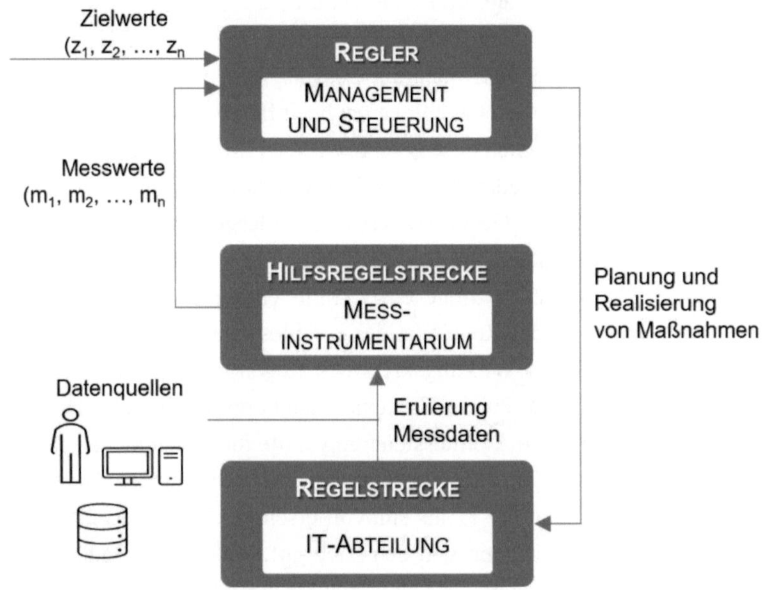

Abbildung 5: Regelkreis mit Hilfsregelstrecke
Quelle: In Anlehnung an Ferstl und Sinz (2001, S. 28)

Das Messinstrumentarium als Artefakt bildet die Eingangs- und Ausgangsgrößen ab. Die Messung der Eingangsgrößen sollte so automatisiert wie möglich erfolgen, da dann eine schnelle Rückkopplung möglich wäre, um die tatsächliche Effektivität von eingeleiteten Maßnahmen zeitnah überprüfen zu können.

Die so genannten Managementkreisläufe implementieren i. d. R. die dargelegten Grundprinzipien des Regelkreises in spezifischen Ausprägungen. Zielstellung eines Managementkreislaufes ist es, bestimmte Vorgaben zu setzen, den Erfüllungsgrad zu messen und auf Basis der Ergebnisse notwendige Korrekturmaßnahmen zu veranlassen. Der Prozess der kontinuierlichen Service-Optimierung nach ITIL[29] ist ein bekannter und in vielen Unternehmen genutzter Managementkreislauf. Die einzelnen Schritte des in Abbildung 6 skizzierten Prozesses werden zunächst im ITIL Kontext beschrieben und gleichzeitig auf das Management der IT-Agilität abstrahiert.

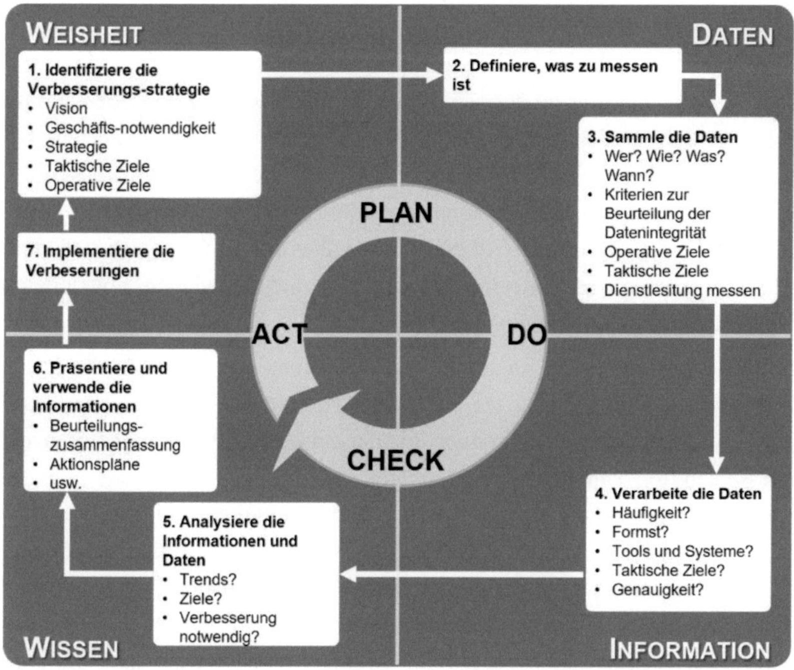

Abbildung 6: Regelprozess Continual Service Improvement nach ITIL
Quelle: http://os.itil.org

---

[29] Quelle: http://os.itil.org/de/vomkennen/itil/serviceimprovement/csiprozesse/siebenstufen.php (Abruf: 20.02.2016)

Der Verbesserungsprozess setzt sich dabei aus sieben Schritten zusammen, die sukzessive durchlaufen werden (ITIL 2007, S. 55):

Im ersten Schritt muss zunächst definiert werden, welche zu steuernden Zielgrößen von Interesse sind und gemessen werden sollen („Define what you should measure“). Im ITIL-Kontext umfasst der Punkt die Identifikation der Geschäftsstrategie in Form von taktischen und operativen Zielen. Im Rahmen der vorliegenden Arbeit ist es der Agilitätsgrad des IT-Personals, der indirekt über Kennzahlen gemessen werden soll. Auf dieser Grundlage werden eine adäquate Steuerung und Kontrolle ermöglicht.

Im nächsten Schritt ist zu definieren, welche spezifischen Kenngrößen konkret gemessen werden sollen („What can be measured?“). Was sind die betrieblichen Zustände, die die IT-Agilität beeinflussen und wie können diese operationalisiert und damit möglichst objektiv quantifiziert werden? Im Rahmen der Forschungsarbeit wird diese Frage über die Konzeptualisierung und Plausibilisierung des Untersuchungsmodells und den daraus abgeleiteten Kennzahlensystemen beantwortet.

Schritt 3 beinhaltet das Sammeln und die eigentliche Messung der Daten („Measurement of the data"). Dabei wird definiert, wie die einzelnen Kennzahlen quantifiziert werden können. Idealerweise besteht die Möglichkeit, die Messdaten (teil-)automatisiert aus operativen IS des Unternehmens zu extrahieren und damit auch eine gewisse Objektivität und Genauigkeit der Messung zu erzielen. In einigen Fällen ist die automatisierte Ermittlung von Daten aber nicht möglich, einerseits weil diese nicht persistiert als Stamm- und Bewegungsdaten in IS zur Verfügung stehen und andererseits wegen unzureichender Praktikabilität bei der Datenbeschaffung. In derartigen Situationen sind andere Möglichkeiten der Messung in Erwägung zu ziehen, wie etwa in Form von subjektiven Einschätzungen relevanter Personenkreise über Bewertungsskalen.

Im nächsten Schritt ist zu klären, wie die gesammelten Daten verarbeitet werden können, damit eine Analyse durchgeführt werden kann. Das Ziel besteht darin, die Vergleichbarkeit der Daten herzustellen, welche aus verschiedenen

Quellen bezogen werden. Deshalb ist bei der Konstruktion des Messinstrumentariums als Artefakt sicherzustellen, dass die Eingangsdaten in einer Art und Weise transformiert werden, wodurch diese vergleichbar und aggregierbar sind, um auch ggf. eine Spitzenkennzahl zu bilden.

Im fünften Schritt werden Daten in Informationen umgewandelt, d. h. die Messdaten werden ausgewertet und interpretiert, um daraus Erkenntnisse zu ziehen. Welche Schwachstellen existieren und wie ist deren Einfluss auf die IT-Agilität? Welche Trends sind zu beobachten? Um letztgenanntes zu verifizieren, sollte ein praktikables Messinstrumentarium die historischen Messungen vorhalten.

Die Ergebnisse aus dem vorherigen Schritt werden nun aufbereitet und den Interessenvertretern präsentiert, damit auf der Basis Aktionspläne und Entscheidungsvorlagen erstellt werden können.

Der letzte Schritt im Regelkreis beinhaltet die konkrete Umsetzung der vereinbarten Maßnahmenpakete.

Die Verwendung des beschriebenen Managementkreislaufs ermöglicht somit eine adäquate Steuerung der IT-Agilität in einem Unternehmen. In der vorliegenden Arbeit werden insbesondere die Schritte sechs und sieben nicht berücksichtigt, da die primäre Zielstellung die Erzeugung von Messergebnissen darstellt, nicht die Ableitung konkreter Handlungsempfehlungen basierend auf den Ergebnissen der Messungen.

3 Theoretische Fundierung

Die Schaffung von Beiträgen zur Theorieentwicklung ist eine zentrale Zielstellung der vorliegenden Arbeit. Dazu muss die Forschungsarbeit in eine bestehende Theorie eingebettet werden. Eine solche bildet somit das Fundament für die konsistente Verknüpfung wissenschaftlicher Aussagen. Das folgende Kapitel befasst sich im Anschluss an die theoretische Fundierung mit der weiteren Konzeptualisierung und Plausibilisierung des Konstrukts der IT-Agilität im Bereich IT-Personal. Diese orientieren sich zum einen an dieser Fundierung und zum anderen an der in Kapitel 2.2.2 dargelegten Begriffsdefinition und überdies an den eruierten charakteristischen Merkmalen. Konkret wird im Rahmen der Konzeptualisierung ein mehrdimensionales Konstrukt modelliert. Die Festlegung und Plausibilisierung der Dimensionalität gehören zu den Kriterien, die bei der Konzeptualisierung von Konstrukten zwingend beachtet werden müssen (MacKenzie et al. 2011, S. 299).

3.1 Wahl des theoretischen Ansatzes

Der WI als Forschungsdisziplin ist es bis dato noch nicht gelungen, eigene Theorien zu entwickeln (Termer 2015, S. 67), und deshalb wird die theoretische Fundierung aus einer benachbarten Domäne abgeleitet. Aufgrund der Interdisziplinarität der vorliegenden Arbeit wird eine Theorie aus der Betriebswirtschaftslehre gewählt und zugleich plausibilisiert. Agile Handlungen werden vollzogen, um gegenüber Wettbewerbern einen Vorteil zu erlangen (Termer und Nissen 2014, S. 33) bzw. um einen Wertbeitrag am Unternehmenserfolg zu generieren. Man kann also zu dem Schluss kommen, dass es zweckmäßig ist, eine Theorie auszuwählen, die sich primär mit der Erklärung des Unternehmenserfolgs beschäftigt. Wie die Wertbeitragsdiskussion in Kapitel 2.1 darlegt, existieren in der Literatur mehrere Erklärungsansätze, die eine Verbindung zwischen einer agilen Unternehmens-IT als interne Ressource und dem Unternehmenserfolg herstellen. Der ressourcenorientierte Ansatz (engl. „Resource-based View“ [RBV]) dient wesentlich zur Erklärung von Unternehmenserfolg und hat seinen Ursprung in der strategischen Managementforschung, wobei er sich aber mittlerweile auch in der WI durchgesetzt hat (Melville et al. 2004, S. 291; Wade und Hulland 2004, S. 109). Der RBV betrachtet ein Unternehmen als ein Bündel von internen Ressourcen, die in der richtigen Kombination einem Unternehmen einen Wettbewerbsvorteil verschaffen können, da diese zwischen den konkurrierenden Unternehmen heterogen verteilt sind. Es existieren aber noch weitere Theorien für die Erklärung von Unternehmenserfolg, wie etwa der Market Based View (MBV) und der Beziehungstheorie (engl. „Relational View“ [RV]). Aus der Perspektive des MBV werden Unternehmen als nahezu homogen angesehen. Wettbewerbsvorteile werden vorwiegend durch Markenbildung und Positionierung am Markt erzielt (Madhani 2009). Der MBV analysiert außerdem die potenzielle Wirksamkeit von branchenspezifischen Wettbewerbsstrategien und beleuchtet Chancen und Risiken, die Unternehmen beeinflussen. Aus Sicht des Relational View werden Unternehmenserfolge auf der Grundlage von Unternehmensnetzwerken bedeutsam positiv beeinflusst (Dyer und Singh 1998, S. 660). Dabei werden Gewinne auf Basis von Austauschbeziehungen gemeinsam erwirtschaftet, die von den beiden Unternehmen allein nicht generiert werden könnten (Dyer und Singh 1998, S. 660; Weber et al. 2016, S. 275). Der Begriff Netzwerk beschreibt die Kooperation zwischen vergleichsweise autonomen, gleichwohl in ein Netz von Beziehungen eingebundenen Unternehmungen oder Organisationseinheiten, wobei diese Netzwerkorganisation ein erhebliches Maß an strategischer Flexibilität einbringen soll (Sydow 2010, S. 1). Im Gegensatz zum RBV werden Unternehmenserfolge also nicht nur allein von den internen Ressourcen eines Unternehmens beeinflusst. MBV und RV fokussieren also hauptsächlich externe Einflussgrößen, um den Unternehmenserfolg zu erklären. Der RBV sieht dagegen diese externen Einflussgrößen als gegeben an und richtet den Blick auf mögliche Determinanten, die sich innerhalb eines Unternehmens befinden. Im Kontext eines volatilen Geschäftsumfelds bilden aber die internen Ressourcen und Fähigkeiten eines Unternehmens die primären Faktoren für unternehmerischen Erfolg (Grant 1991, S. 133). Diese These wird unterstützt von den Ergebnissen einer empirischen Studie[30] von Makhija (2003). In der Untersuchung wurden die Effektstärken der Determinanten des MBV und RBV für die Generierung von nachhaltigen Unternehmenserfolgen innerhalb eines hyperkompetitiven Marktes miteinander verglichen, mit dem Ergbnis, dass die Faktoren des RBV eine erheblich stärkere Wirkbeziehung ausüben (Makhija 2003, S. 433).

In Übereinstimmung mit Termer (2015, S. 67f.) scheidet die Grundlegung zur Erklärung des Agilitätsphänomens mittels MBV und RV faktisch aus, da der IT-Bereich eindeutig als interne Ressource eines Unternehmens zu betrachten ist. Es muss dennoch überprüft werden, ob das IT-Personal als inhärente Komponente des IT-Bereichs eine potenzielle Quelle von Wettbewerbsvorteilen darstellt und damit die Einbettung in den RBV als theoretischer Rahmen tatsächlich gerechtfertigt ist.

3.2 Der Resource-based View

Die Theorie des RBV wurde maßgeblich von Penrose (1959), Wernerfelt (1984) und Barney (1991) entwickelt. Kernelement der Theorie ist die These, dass der Einsatz interner Ressourcen unter bestimmten Voraussetzungen zu strategischen Vorteilen führen kann (Barney 1991, S. 99). Aus dieser Perspektive wird die Wettbewerbsfähigkeit eines Unternehmens also nicht durch externe Faktoren determiniert. Dabei müssen die Ressourcen zwischen konkurrierenden Unternehmen heterogen verteilt sein, um als potenzielle Determinanten für (nachhaltige) Wettbewerbsvorteile zu gelten. Wenn viele Unternehmen ähnlich wertvolle Ressourcen besitzen, können keine nachhaltigen Vorteile generiert werden. Allein der Besitz von wertvollen Ressourcen ist kein ausreichendes Kriterium, um Wettbewerbsvorteile zu erzielen, vielmehr muss ein Unternehmen auch in der Lage sein, die Ressourcen im Leistungssystem entsprechend zu verwerten (Bharadwaj 2000, S. 171).

---

30 Die Ergebnisse wurden auf der Grundlage einer Querschnittsstudie mit 988 tschechischen Firmen ermittelt.

Barney betont weiter, dass nachhaltige Wettbewerbsvorteile nur dann entstehen können, wenn ein Unternehmen eine wertschöpfende Strategie implementiert, die bis dato noch von keinem anderen Wettbewerber implementiert wurde (Barney 1991, S. 102; Lippman und Rumelt 1982). Folglich kann ein Wettbewerbsvorteil solange nicht als nachhaltig bewertet werden, bis alle Mitbewerber ihre Bemühungen eingestellt haben, die implementierte Strategie zu kopieren (Wright et al. 1994, S. 303f.).

Bharadwaj (2000, S. 171) unterteilt interne Ressourcen in spezifische Kategorien: materielle, immaterielle und personalbezogene Ressourcen. Dabei ist klarzustellen, dass nicht alle Ressourcen eines Unternehmens von strategischer Relevanz sind, um nachhaltige Wettbewerbsvorteile zu erzielen (Barney 1991, S. 102). Eine Ressource muss dazu folgende vier Kriterien erfüllen: 1) die Ressource muss einen positiven Wertbeitrag für das Unternehmen leisten, also wertvoll sein; 2) die Ressource muss bezogen auf den Wettbewerb einzigartig oder knapp bzw. selten sein; 3) die Ressource muss unnachahmlich bzw. nicht imitierbar sein; und 4) die Ressource kann von Konkurrenten nicht durch eine andere Ressource ersetzt werden (Barney 1991, S. 105f.). Die ersten beiden Kriterien bilden die grundlegende Voraussetzung, um als Unternehmen überhaupt in der Lage zu sein, Wettbewerbsvorteile zu generieren oder Pionierstrategien zu implementieren, während nachhaltige Wettbewerbsvorteile erst durch die beiden letzten Kriterien ermöglicht werden (Wade und Hulland 2004, S. 115). Die Unnachahmlichkeit von Ressourcen wird beeinflusst durch Konzepte wie Historizität, kausale Mehrdeutigkeit und soziale Komplexität (Barney, 1991; Dierickx und Cool 1989; Reed und DeFillippi, 1990). Wenn nur eine der Bedingungen erfüllt wird, gilt eine Ressource als unnachahmlich (Barney 1991, S. 107).

Da das Personal im Allgemeinen als kritische interne Ressource betrachtet werden kann, bietet der RBV grundsätzlich ein interessantes Framework, um deren Flexibilität zu erforschen (Wright und Snell 1998; Dyer und Shafer 1999; Bhattacharya et al. 2005). Aus diesem Grunde wurde der Ansatz auch als Basis für eine Vielzahl von Forschungsarbeiten im HR-Management im letzten Jahrzehnt verwendet (Beltrán-Martín et al. 2009, S. 1580f.).

3.3 Prüfung auf Passfähigkeit

Im Kontext der vorliegenden Arbeit wird nun geprüft, ob die Anwendung des RBV als theoretischer Bezugsrahmen für das multidimensionale Konstrukt der IT-Agilität gerechtfertigt ist. Die Zweckmäßigkeit wird zunächst für das übergelagerte Konstrukt und anschließend für die Dimension IT-Personal beleuchtet. Die Prüfung auf Passfähigkeit erfolgt anhand der im Kapitel 3.2 aufgeführten vier Kriterien, die eine Ressource im Sinne des Resource-based View erfüllen muss. Die Argumentation lehnt sich an der prinzipiellen Vorgehensweise von Nissen et al. (2012, S. 24f.) an. In deren Arbeit wird nachgewiesen, dass agile IT-Anwendungslandschaften eine strategische Ressource im Sinne des RBV darstellen, da alle notwendigen Kriterien erfüllt sind.

3.3.1 Gesamtkonstrukt IT-Agilität

Um die Anwendung des ressourcenorientierten Ansatzes zu rechtfertigen, muss die Unternehmens-IT aus der Ressourcenperspektive untersucht werden. Die Wertbeitragsdiskussion in Kapitel 2.1 hat gezeigt, dass eine Unternehmens-IT über die Agilität als IT-Agilität wesentlich zum Unternehmenserfolg beitragen kann. Insbesondere die IT-Architektur, das IT-Personal und die IT-Prozesse wurden dabei als potenzielle Ressourcen identifiziert (Bharadwaj 2000, S. 171ff.; Kim et al. 2011, S. 491ff.; Wade und Hulland 2004, S. 113), die insgesamt den Handlungsfeldern der IT-Agilität entsprechen. Dabei wurde differenziert zwischen drei konkreten Ausprägungen kausaler Wirkbeziehungen zwischen Unternehmens-IT und Unternehmenserfolg, nämlich: 1) IT indirekt über die Geschäftsagilität (Broadbent und Weill 1997, S. 77; van Oosterhout et al. 2007, S. 52ff.; Park et al. 2017, S. 670; Ravichandran 2018, S. 22ff.; Sambamurthy et al. 2003, S. 246ff.); 2) IT indirekt über die IT-Agilität (Sambamurthy et al. 2003, S. 255; Byrd und Turner 2000, S. 170ff.; Duncan 2015, S. 44; Fitzgerald 1990, S. 5ff.); und 3) IT indirekt über IT-Agilität und Geschäftsagilität (Fink und Neumann 2007, S. 440ff.; Kim et al. 2011, S. 487ff.; Paschke et al. 2012, S. 731ff.; Tallon und Pinsonneault 2011, S. 463). In Abbildung 7 sind die drei Erklärungsansätze grafisch illustriert.

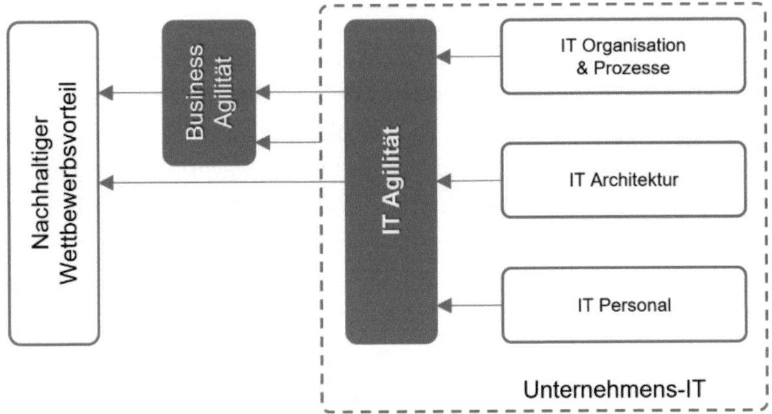

Abbildung 7: Erklärungsansätze zwischen Unternehmens-IT und Unternehmenserfolg

Damit ist das Kriterium, dass der IT-Bereich als Ressource wertvoll ist, erfüllt. Der IT-Bereich als Ressource erfüllt ebenfalls das Kriterium der Knappheit, da zum einen in der breiten Definition lediglich ein IT-Bereich für ein Unternehmen existiert, und zum anderen steht die Gesamtheit des IT-Bereichs eines Unternehmens einem anderen Unternehmen nicht in gleicher Weise zur Verfügung, was vor allem durch die inhärente Komponente des IT-Personals begründet wird (Termer 2015, S. 75f.). Bezüglich der Unnachahmlichkeit kann mit der evolutionären Entwicklung des IT-Bereichs in einem Unternehmen argumentiert werden. Die IT-Architektur, die Prozesse und das IT-Personal haben sich über Jahre entwickelt, wesentlich beeinflusst durch eine Vielzahl von Einflussgrößen wie etwa Fusions- und Übernahmeaktivitäten, strategische Entscheidungen bei der Systemauswahl, organisationsspezifische Weiterentwicklungen und spezifische Anforderungen bezüglich der IT-Durchdringung und Rechenzentrumsinfrastruktur. Auch das vierte Kriterium der Nicht-Substituierbarkeit wird erfüllt, da es keine andere Ressource gibt, welche die Gesamtheit des IT-Bereichs vollständig ersetzen kann (Termer 2015, S. 75f.), was aber nicht zwingend für die einzelnen Bestandteile gilt. Aus dem Blickwinkel des ressourcenorientierten Ansatzes ist eine Organisation als „Kollektion von produktiven Ressourcen“ zu verstehen (Penrose 1959, S. 24). Aufgrund der IT-Durchdringung ist eine vollständige Herauslösung grundsätzlich nicht möglich (Termer 2015, S. 75f.). Eine agile Unternehmens-IT als Gesamtkonstrukt erfüllt also alle Kriterien, um als wertvolle Ressource im Sinne des RBV zu gelten, und deshalb ist der Ansatz als theoretische Grundlage gerechtfertigt.

3.3.2 Dimension IT-Personal

Das Untersuchungsobjekt der vorliegenden Arbeit ist das Handlungsfeld IT-Personal, welches eine der Dimensionen des übergelagerten Konstrukts darstellt. Es wird nun geprüft, ob und unter welchen Umständen die Personalressourcen eines Unternehmens als Bestandteil einer Unternehmens-IT die Kriterien des RBV erfüllen. Dazu werden zunächst Ergebnisse, basierend auf einer Analyse der relevanten HR-Literatur, diskutiert. Anschließend wird überprüft, ob die Kriterien speziell auch im IT-Kontext erfüllt werden, unter adäquater Berücksichtigung der IT-spezifischen Rahmenbedingungen.

Wright et al. (1994) leiten aus ihrer theoretischen Diskussion ab, unter welchen Umständen das Personal eines Unternehmens eine Quelle von nachhaltigen Wettbewerbsvorteilen darstellen und welche Rolle dabei das Personalmanagement einnehmen kann. Die Autoren definieren „Personal“ als einen Pool an Humankapital, der alle Arbeitskräfte umfasst, die in einem direkten Beschäftigungsverhältnis mit dem Unternehmen stehen.[31] Grundlage der nachfolgenden Aussagen bildet die Arbeit von Wright et al. (1994, S. 305ff.). Dabei werden spezifische Konstellationen beschrieben, in welcher Art und Weise bzw. unter welchen Umständen Personalressourcen die Kriterien des RBV erfüllen:

Personal ist dann wertvoll, wenn es einen Nutzen für das Unternehmen generieren kann. Im Rahmen der firmenspezifischen Humankapitaltheorie werden

[31] Die Begriffsabgrenzung von Wright et al. (1994) ist damit unscharfer im Vergleich zur Abgrenzung in Kapitel 2.2.2.4.

spezifische Bedingungen begründet, unter welchen Umständen Personalressourcen einen ökonomischen Mehrwert für ein Unternehmen schaffen und unter welchen Umständen das nicht möglich ist. Nach dieser Theorie besteht keine Varianz zwischen den individuellen Beiträgen zur Wertschöpfung im Unternehmen, wenn Angebot und Nachfrage nach Arbeitskräften homogen sind. Die Homogenität bezieht sich beispielsweise darauf, dass Mitarbeiter vollständig substituierbar oder alle (potenziellen) Mitarbeiter äquivalent bezüglich ihrer Produktivität wären. In diesem Fall könnte kein Mehrwert durch Investitionen in das Humankapital geschaffen werden. In der Realwelt sind Angebot und Nachfrage nach Arbeitskräften aber überwiegend heterogen, d. h., dass zum einen Unternehmen über vielfältige Arbeitsplätze mit unterschiedlichen Qualifikationsanforderungen verfügen und zum anderen Bewerber sich nach Art und Level ihrer vorhandenen Kompetenzen unterscheiden (Steffy und Maurer 1988). Dadurch kann der individuelle Beitrag der einzelnen Mitarbeiter variieren und dadurch können ökonomische Mehrwerte für ein Unternehmen erzielt werden.

Personal wäre nicht selten, wenn alle Arbeitsstellen in einem Unternehmen durch Ressourcen mit nur sehr geringen Qualifikationen besetzt werden könnten, solange eine adäquate Anzahl von Arbeitssuchenden existiert. Je mehr die Arbeitsstellen in einer Art und Weise konzipiert werden, dass nur sehr wenige spezifische Kenntnisse notwendig sind, werden Qualifikationen von Arbeitnehmern nahezu irrelevant und Personalressourcen sind dann mehr als Gebrauchsgut zu charakterisieren, weniger als eine knappe Ressource. Die Qualität von Personalressourcen hängt wesentlich von deren kognitiven Fähigkeiten (z. B. der Wahrnehmung, der Aufmerksamkeit, der Erinnerung, dem Lernen, dem Problemlösen oder der Kreativität) ab (Hunter und Hunter 1984; Schmidt et al. 1979) und ist der wesentliche Bestimmungsfaktor für die Leistungsfähigkeit einer Arbeitsorganisation (Hunter und Hunter 1984). Kognitive Fähigkeiten sind in der Bevölkerung normalverteilt; deshalb sind Personalressourcen mit sehr hohen kognitiven Fähigkeiten eo ipso selten. Da kein unbegrenzter Pool von Talenten existiert, können Unternehmen, die eine

Vielzahl von Mitarbeitern mit hohen kognitiven Fähigkeiten besitzen, dadurch Vorteile gegenüber den Konkurrenten erlangen.

Damit eine Ressource, die einen nachhaltigen Wettbewerbsvorteil generiert, von Konkurrenten imitiert werden kann, muss diese Ressource zunächst einmal als Quelle identifiziert und dann dupliziert werden. Beim Personal wären hier die relevanten Personen, verbunden mit deren Arbeitskontext, zu identifizieren. Um die Imitierbarkeit von hoch qualifizierten Arbeitskräften zu bewerten, müssen beeinflussende Konzepte wie Historizität, kausale Mehrdeutigkeit und soziale Komplexität berücksichtigt werden (Barney 1991; Dierickx und Cool 1989; Reed und DeFillippi 1990). Aus der Sicht des RBV hängt die Fähigkeit eines Unternehmens, bestimmte Ressourcen zu akquirieren und zu verwerten, wesentlich von der Historizität des Unternehmens ab. Ein Unternehmen hat dabei eine einzigartige Historie, aus der sich spezifische Kulturen und Normen über die Zeit entwickelt haben (Sathe 1985). Innerhalb dieser Kulturen und Normen wachsen Mitarbeiter zu Teams zusammen, die im Rahmen einer synergetischen Arbeitskultur im Sinne der Unternehmensziele kooperieren. Die Historizität eines Unternehmens kann faktisch nicht dupliziert werden. Wenn mit Personalressourcen verbundene Wettbewerbsvorteile wesentlich von der Historizität abhängen, kann dieser Wettbewerbsvorteil also von Konkurrenten nicht kopiert werden. Kausale Mehrdeutigkeit besteht dann, wenn Verbindungen zwischen Ressourcen und Wettbewerbsvorteil nicht identifizierbar sind (Reed und DeFillippi 1990), was insbesondere dann zutrifft, wenn der Wettbewerbsvorteil durch Teamarbeit generiert wird. Es ist unwahrscheinlich, dass ein Wettbewerber ein gesamtes Team mit den exakt gleichen praktischen Eigenschaften aufbauen kann. Ferner ist die Mobilität von Personalressourcen eingeschränkt. Wettbewerber sind oft nicht in der Lage, relevantes Personal einfach abzuwerben, da ein potenzieller Wechsel des Arbeitsplatzes von vielen Determinanten abhängt und mit hohen Kosten verbunden sein kann. Wettbewerbsvorteile, die aufgrund von sozialer Komplexität entstehen, sind de facto nicht imitierbar. Zusammenfassend lässt sich konstatieren, dass die Historizität, die kausale

Mehrdeutigkeit und die soziale Komplexität die Imitierbarkeit von Personalressourcen signifikant beeinflussen.

Personalressourcen besitzen als eine der wenigen Ressourcen eines Unternehmens das Potenzial, nicht obsolet zu werden und, über eine Vielfalt von Technologien, Produkten und Märkten transferabel zu sein. Die Möglichkeit des Transfers basiert vor allem auf den kognitiven Fähigkeiten der Arbeitskräfte. Beispielsweise kann berufliche Obsoleszenz aufgrund der Innovationsgeschwindigkeit im betrieblichen Umfeld mit regelmäßigen Weiterbildungen vermieden werden. Dagegen wird bereits implementierte Technologie aufgrund von Innovationen ab einem gewissen Zeitpunkt obsolet und kann durch eine neue und bessere Technologie ersetzt werden. Personal mit hohen kognitiven Fähigkeiten kann wiederum diese neuen Technologien für ein Unternehmen weiter verbessern und somit Wettbewerbsvorteile im Sinne des RBV generieren.

Als Ergebnis der Analyse lässt sich unterstreichen, dass das intellektuelle Humankapital eines Unternehmens eine Quelle für nachhaltigen Wettbewerbsvorteil darstellen kann, da es sich bei flexiblen und hoch qualifizierten Arbeitskräften um wertvolle, knappe, unnachahmliche und nicht ersetzbare Ressourcen handelt (Beltrán-Martín und Roca-Puig 2013, S. 645f.). Deshalb nutzen viele wissenschaftliche Autoren den RBV als theoretischen Rahmen, um die Rolle der HR in einer Organisation zu erklären (Barney und Wright 1998, S. 4). Wright et al. (1994, S. 31ff.) betonen, dass nachhaltige Wettbewerbsvorteile nicht nur von wenigen Top-Managern erzielt werden, sondern vielmehr vom gesamten Personal, aufgrund der direkten Beteiligung am Leistungserstellungsprozess, der geringeren Visibilität und Mobilität und vor allem durch potenziell nachhaltige Vorteile, die aufgrund sozialer Komplexität (z. B. Vertrauen, gutes Betriebsklima) entstehen und nicht imitierbar sind. Die Autoren weisen zusätzlich darauf hin, dass Unternehmen mit einem hohen Personalanteil eine bessere Fähigkeit besitzen, in einem dynamischen Umfeld auf Änderungen zu reagieren. Dies geschieht durch das rasche Erkennen der Notwendigkeit einer relevanten Änderung, die Entwicklung von effektiven Strategien, um diesen Änderungen zu begegnen und deren schnelle und effiziente Umsetzung. Hier wird also explizit auf die Wichtigkeit des Personals für die Agilität eines Unternehmens aus Sicht des RBV abgehoben. Auch Snow und Snell (1992) argumentieren, dass diese Art von Herausforderungen einen hohen Grad an Flexibilität und Anpassungsfähigkeit der gesamten Workforce implizieren. Insbesondere kann es notwendig sein, neue Qualifikationen und Kompetenzen schnell zu erlernen, neue Technologien zu implementieren und/oder neue Arbeitsabläufe einzuführen.

Zusammenfassend kann festgehalten werden, dass der RBV einerseits eine exzellente Plattform darstellt, um die Wichtigkeit des Personals zur Generierung nachhaltiger Wettbewerbsvorteile hervorzuheben (Wright et al. 2001, S. 711). Andererseits hat sich der RBV als theoretischer Bezugsrahmen bewährt, für konzeptuelle und theoretische Weiterentwicklungen innerhalb der HR-Forschungsdisziplin (Wright et al. 2001, S. 706).

Nachfolgend wird untersucht, ob insbesondere das Personal einer Unternehmens-IT die zuvor diskutierten Kriterien des ressourcenorientierten Ansatzes erfüllt und damit eine wesentliche Quelle für nachhaltige Wettbewerbsvorteile darstellt. Im IT-Arbeitsumfeld existieren spezifische Rahmenbedingungen, die wiederum signifikante Auswirkungen aus dem Blickwinkel des RBV implizieren.

In vielen Industrienationen ist seit Jahren ein Fachkräftemangel im Bereich der Informationstechnologien zu beobachten. Wie etwa in Deutschland, wo der Anteil der ITK-Firmen mit Fachkräftemangel nach Angaben des Branchenverbandes BITKOM zufolge im zweiten Quartal 2011 bei 60 % lag.[32] Auch eine aktuelle Statistik der Bundesanstalt für Arbeit (2019) zeigt bei den folgenden Berufsgruppen einen aktuellen Fachkräftemangel:

- Hochqualifizierte Experten in der IT-Anwendungsberatung
- Hochqualifizierte Experten Softwareentwicklung und Programmierung

[32] http://de.statista.com/statistik/daten/studie/183288/umfrage/anteil-der-itk-firmen-in-deutschland-mit-fachkraeftemangel/ (Abruf 21.07.2014)

Wie aus der Studie ersichtlich ist, betrifft der Mangel vor allem hoch qualifizierte Experten, also Personen mit hohen kognitiven Fähigkeiten, die im Sinne des RBV eine potenzielle Quelle von nachhaltigen Wettbewerbsvorteilen darstellen. Dabei wird die allgemeine Knappheit von IT-Spezialisten dadurch begünstigt, dass aufgrund der rasanten Entwicklung der Informationstechnologie eine wirklich hohe Qualifikation auf diesem Gebiet kontinuierlich neu erworben werden muss (Henkel und Kaiser 2002, S. 4). Und der Bedarf an hochqualifizierten IT-Experten wird stetig weiter steigen (Ang und Slaughter 2004, S. 11). Das Amt für Arbeitsmarktstatistik in den USA zeigt beispielsweise, dass die IT-Branche eine der sehr schnell wachsenden Sektoren ist und deshalb ein weiterer Anstieg der Nachfrage nach IT-Experten zu erwarten sei (Agrawal et al. 2011, S. 23; Luftman und Kempaiah 2007, S. 132). Konkrete Ursachen der steigenden Nachfrage im IT-Sektor sind u. a. die hohe Innovationsgeschwindigkeit (Ang und Slaughter 2004, S. 11; Pipoli und Fuchs 2011, S. 130; Luftman und Kempaiah 2007, S. 129), das Wirtschaftswachstum (Luftman und Kempaiah 2007, S. 133) sowie die stark wachsende Informationsökonomie (Ang und Slaughter 2004, S. 11). Ein weiterer wichtiger Faktor ist die IT-Durchdringung. Der steigende Bedarf an IT-Experten kann auch dahingehend interpretiert werden, dass die IT die Geschäftstätigkeit von Organisationen aus Wirtschaft und Verwaltung zunehmend beeinflusst hat und damit einhergehend immer mehr IT-Fachkräfte am Arbeitsmarkt nachgefragt wurden. Aktuell gibt es keine Hinweise darauf, dass dieser Trend in Zukunft unterbrochen wird (Riedl und Zwettler 2010, S. 85). Aufgrund der höheren IT-Durchdringung benötigen IT-Experten auch ein immer höheres Maß an organisationsspezifischem Wissen. Das macht es für Wettbewerber schwerer, die Ressource zu imitieren. Verschärft wird die Situation auf dem IT-Arbeitsmarkt aufgrund des anhaltenden Rückgangs von IT-Absolventen, die wiederum oft nicht die nachgefragten Qualifikationen besitzen (Bullen et al. 2009, S. 129) und des demografischen Wandels, wenn die geburtenstarken Jahrgänge (Baby-Boomer) das Rentenalter erreicht haben (Joseph et al. 2007, S. 548; Luftman und Kempaiah 2007, S. 133; Pipoli und Fuchs 2011, S. 130; Schneidermeyer 2011, S. 44). In Deutschland wird gemäß einer Studie[33] des Statistischen Bundesamts zur Bevölkerungsvorausberechnung für Deutschland bis 2060 die Bevölkerung im erwerbsfähigen Alter besonders stark schrumpfen. Je nach Stärke der Nettozuwanderung wird sich die Anzahl zwischen 23 und 30 % verringern. Auch die Wachstumsrate der Arbeitskräfte in den USA sinkt stetig (Ryan 2000, S. 18f.). Für die IT-Funktion eines Unternehmens wird es dadurch immer schwieriger, den konkreten Bedarf an qualifizierten IT-Experten zu decken; ausgeschriebene Stellen bleiben länger offen oder können nur unvorteilhaft besetzt werden. Aufgrund des Fachkräftemangels sind aus Sicht des RBV hochqualifizierte IT-Experten als eine knappe Ressource zu charakterisieren.

Hohe Innovationsgeschwindigkeit ist ein weiteres Merkmal der IT-Branche, und deshalb spielen Innovationen eine wichtige Rolle bei strategischen Entscheidungen in den Unternehmen, was sich auch in den hohen Summen widerspiegelt, die in den Bereich investiert werden. Im Jahr 2012 investierten Unternehmen im Durchschnitt knapp 22 % des IT-Budgets in Innovationen (Capgemini 2012, S. 8). Die Menge an technischem Wissen verdoppelt sich alle zwei Jahre und es ist zu erwarten, dass die Wachstumsrate weiter zunehmen wird (Gilder 2002). Die Informations- und Kommunikationstechnologien haben sich in den letzten Jahren in einem besonders rasanten Tempo weiterentwickelt (Shipps und Zahedi 1999, S. 417; Riedl und Zwettler 2010, S. 81). Der Trend wird weiter fortschreiten, was zu neuen Herausforderungen in der Praxis führen wird (Mertens 2006). Die Qualifikationsanforderungen der IT-Mitarbeiter ändern sich ständig und werden zum kritischen Erfolgsfaktor (Shipps und Zahedi 1999, S. 417), insbesondere deshalb, weil der Faktor „Mensch“ eine zentrale Komponente im betrieblichen System bei der Realisierung von Wettbewerbsvorteilen durch den Einsatz von IT darstellt (Gallivan et al. 2004). Das IT-Personal stellt damit eine wertvolle Ressource im Sinne des RBV dar. Das schnelle Erlernen neuer Qualifikationen setzt auch

---

[33] https://www.destatis.de/DE/PresseService/Presse/Pressemitteilungen/2015/04/PD15_153_12421.html;jsessionid=AB08559A0884BAA2D50787C7F0B0D537.cae4 (Abruf 12.06.2015)

hohe kognitive Fähigkeiten des IT-Personals voraus, was ein wesentliches Merkmal wertvoller Personalressourcen darstellt.

Die zunehmende Spezialisierung und Vielfalt der Berufe sind weitere prägende Merkmale des IT-Arbeitsumfelds, verursacht durch das schnelle Wachstum des technologischen Wissens. Das Wissen wächst so schnell, dass niemand mehr alle Änderungen in seinem Berufsfeld erfassen kann, was zu einer stetig ansteigenden Spezialisierung führt (De George, 2003, S. 3). Diese Veränderungen beeinflussen auch den IT-Arbeitsmarkt. Viele neue Berufsbilder haben sich im letzten Jahrzehnt in der IT etabliert, wodurch die Berufslandschaft zunehmend differenzierter wurde (Riedl und Zwettler 2010, S. 81). Folge ist eine schwere Substituierbarkeit von IT-Experten. Diese Eigenschaft erfüllt ein weiteres RBV-Kriterium: Die Fähigkeiten von Mitarbeitern sind aufgrund der Spezialisierung nicht leicht übertragbar (Agrawal et al. 2011, S. 23), was auch die Agilität im Bereich IT-Personal negativ beeinflusst. Verschärft wird die schwere Substituierbarkeit durch den zunehmenden IT-Durchdringungsgrad und der daraus resultierenden steigenden Signifikanz organisationsspezifischen Wissens.

Die Diskussion hat gezeigt, dass gerade flexible, hochqualifizierte IT-Experten als strategisch relevante Ressourcen im Sinne des RBV einzuordnen sind. Wie auch von Ferratt et al. (2005, S. 237f.) argumentieren, sind IT-Mitarbeiter mit ihren Qualifikationen wertvoll, selten, unnachahmlich und nicht ersetzbar. Der RBV ist daher als Bezugsrahmen geeignet, um als theoretische Basis für die nachfolgenden Forschungstätigkeiten zu dienen.

3.4 Strategien im Kontext der Agilität

Die Implementierung wertschöpfender Strategien ist im Rahmen des RBV eine Voraussetzung, um nachhaltige Wettbewerbsvorteile zu erzielen (Barney 1991, S. 102). In den Kapiteln 2.1 und 3.3 wurde über den an Ressourcen orientierten Ansatz die Bedeutung der IT-Agilität für den Unternehmenserfolg dargestellt. Im nächsten Schritt sind Strategien im Kontext des RBV zu identifizieren, die es einem Unternehmen ermöglichen, den Zielzustand hoher IT-Agilität zu erreichen. Es ist zu klären, welche Strategien hierbei eine hohe Passfähigkeit besitzen, auf deren Grundlage dann bestimmte strategische Ressourcen aufgebaut werden können. Die ausgewählten Strategien müssen dabei die Aspekte und Facetten des Konstrukts der IT-Agilität umfassen.

3.4.1 Strategische Flexibilität

Um eine hohe Agilität zu realisieren, müssen Strategien entwickelt und umgesetzt werden, die es einer Organisation ermöglichen, aus einer Menge von Handlungsalternativen schneller als die Konkurrenz auf unerwartete Änderungen im Geschäftsumfeld zu reagieren und damit nachhaltige Wettbewerbsvorteile zu generieren. Sanchez (1995, 1997) definiert diesen Handlungsspielraum als eine Form der strategischen Flexibilität (engl. „strategic flexibility"), wobei die einer Organisation zur Verfügung stehenden strategischen Handlungsalternativen auf Basis einer Koordinationsflexibilität in der Akquirierung und Nutzung flexibler Ressourcen entstehen (Sanchez 1997, S. 71f.) und somit eine Organisation in die Lage versetzt, schnell und effektiv auf verschiedene Aspekte eines dynamischen Geschäftsumfelds zu reagieren (ebd., S. 72f.; Sanchez 1995, S. 138). Der Zugriff auf flexible Ressourcen und die Fähigkeit, diese Ressourcen für unterschiedliche Zwecke flexibel zu koordinieren, sind die Hauptaspekte der strategischen Flexibilität. Sanchez (1995, 1997) entwickelte die Konzepte der Ressourcenflexibilität und Koordinationsflexibilität aus der Perspektive des RBV. Die theoretische Diskussion zielt in erster Linie auf allgemeine Ressourcen von Produktionsbetrieben ab und stützt sich auf die Erkenntnisse von Edith Penrose (1959), mit der Auffassung, dass ein Unternehmen aus einer „Kollektion von produktiven Ressourcen" besteht (ebd., S. 24), ohne dass diese Ressourcen selbst einen direkten Beitrag zum Wertschöpfungsprozess leisten, sondern indirekt über die erbrachten Services (ebd., S. 25). Die Services werden durch die Nutzung und die Koordination von Ressourcen erbracht, weshalb die strategische Flexibilität einer Organisation wesentlich von dem Zusammenwirken zweier Aspekte abhängt: zum einen von der inhärenten Flexibilität der zur Verfügung stehenden Ressourcen und zum anderen von der Flexibilität einer Organisation, diese Ressourcen für unterschiedliche Handlungsoptionen zu orchestrieren (Sanchez 1995, S. 138). In der Literatur wird in diesem Zusammenhang explizit zwischen „Ressourcen“ und „Fähigkeiten“ eines Unternehmens differenziert (Finney et al. 2007, S. 926). Ressourcen stellen dabei materielle und immaterielle Werte dar (eng. „assets“), zu denen auch die individuellen Fähigkeiten der Mitarbeiter zählen (Hoopes et al. 2003; Lieberman und Montgomery 1998). Ressourcen werden dann über bestimmte Mechanismen in Produkte und Services „konvertiert“, wobei hier die Fähigkeit eines Unternehmens darin besteht, die verfügbaren Ressourcen so einzusetzen, dass die gewünschte Wirkung erzielt werden kann (Amit und Schoemaker 1993, S. 35). Diese Fähigkeit wird über ein Ressourcenmanagement innerhalb einer Organisation realisiert, um damit nachhaltige Wettbewerbsvorteile zu erzielen (Mahoney und Pandian 1992; Penrose 1959), denn Unternehmenswerte entstehen über Ressourcen und deren Management (Morgan 2000, S. 496). Im Kontext der strategischen Flexibilität werden die beiden Aspekte in Anlehnung an Sanchez (1997, S. 73ff.; 1995, S. 139f.) nachfolgend konkretisiert:

Der Grad der Flexibilität von Ressourcen bezüglich des potenziellen Nutzens wird wesentlich über drei Dimensionen bestimmt. Die Flexibilität einer Ressource ist umso beträchtlicher, je höher die Anzahl möglicher Handlungsoptionen ist, je geringer der Aufwand und die Kosten sind, die Ressource alternativ einzusetzen und je kürzer der benötigte Zeitraum dafür ist. Die aufgeführten Dimensionen der Flexibilität stellen dabei die inhärenten Eigenschaften einer Ressource dar. Das Verständnis einer Organisation, wie ausgeprägt die spezifizierten Eigenschaften bei den einzelnen Ressourcen tatsächlich sind und wie diese am effizientesten genutzt werden können, stellen Aspekte der Koordinationsflexibilität als inhärentem Bestandteil des Ressourcenmanagements dar.

Das Wesen der Koordination liegt in der Art und Weise, wie aufgegliederte Funktionen und Interessen neu gestaltet werden können (Andrews 1980, S. 121) und zielt auf die kreative Seite einer Organisation ab (Banard 1938,

S. 256). Aus dem Blickwinkel der strategischen Flexibilität wird die Höhe der Koordinationsflexibilität einer Organisation von drei wesentlichen Merkmalen determiniert: 1) Definition der Verwendungsmöglichkeiten von Ressourcen; 2) die Fähigkeit der Identifikation und Strukturierung von Ressourcen, um diese zielführend im Wertschöpfungsprozess einzusetzen, und 3) die Bereitstellung der Ressourcen über organisationsspezifische Systeme und Prozesse, um diese für den avisierten Zweck zu verwenden. Je stärker die genannten Merkmale ausgeprägt sind, desto größer sind die Handlungsoptionen und desto geringer sind Aufwand, Kosten und benötigte Zeit. Diese Koordinationsflexibilität ist ein wesentlicher Bestandteil des Ressourcenmanagements gemäß der Konzeptualisierung von Finney et al. (2007, S. 926). Die Autoren gliedern das Ressourcenmanagement in einen mehrstufigen Prozess, wobei die erste Stufe die effiziente Bereitstellung bzw. Akquisition (engl. „efficient acquisition EA“) darstellt und die nächste Stufe deren Bündelung und Kombination für den effektiven Einsatz (engl. „bundling/combining BC“).

Die strategische Flexibilität wird aufgrund der hohen Passfähigkeit als eine der strategischen Ausrichtungen verwendet, um auf dieser Basis das Konstrukt der IT-Agilität im Bereich IT-Personal zu konzeptualisieren und das Untersuchungsmodell zu plausibilisieren. Die grundlegenden Konzepte von Sanchez (1995) wurden teilweise auch schon in der allgemeinen HR-Literatur im Rahmen von Flexibilitätsdiskussionen genutzt, wie etwa in den Arbeiten von Beltrán-Martín et al. (2009, 2013) und Wright und Snell (1998). Die gewählte Strategie umfasst aber nicht alle Aspekte der IT-Agilität im vollen Umfang. Die strategische Flexibilität hebt wesentlich auf die reaktiven Aspekte der IT-Agilität ab. Eine reaktive Anpassung erfolgt erst nach Eintreten eines Ereignisses, wenn es schon begonnen hat, sich negativ auf das Unternehmen auszuwirken (Thielen 1993, S. 54f). Die strategische Flexibilität umfasst aber auch proaktive Facetten, insbesondere bei der Generierung von einer Menge an Handlungsalternativen auf Grundlage der von innen heraus proaktiv antizipierten Veränderungen im betrieblichen Umfeld und der damit einhergehenden schnelleren Reaktionsgeschwindigkeit. Die proaktive Anpassung hat zum Ziel, zukünftige Anpassungsbedarfe vorwegzunehmen und dabei den abhängigen Unternehmenswandel selbst auszulösen und herbeizuführen (Thielen 1993, S. 54f). Die Fähigkeit einer Unternehmens-IT, von innen heraus Innovation zu treiben, wird aber nicht adäquat berücksichtigt. Da Innovation ein wesentliches proaktives Merkmal der IT-Agilität darstellt, muss deshalb noch eine weitere Strategie im Bezugsrahmen des RBV berücksichtigt werden, um eine holistische Konzeptualisierung des Konstrukts zu ermöglichen.

3.4.2 First-Mover-Strategie

Wer in einem turbulenten Geschäftsumfeld überleben will, darf sich nicht auf monatealten Lorbeeren ausruhen, sondern muss sich aufgrund der angezogenen globalen Innovationsgeschwindigkeit kontinuierlich verändern, sagt beispielsweise Thomas Malnight, Professor für Strategie und Management bei IMD (Wirtschaftswoche 2016). Insbesondere disruptive digitale Innovationen (DDI) generieren hyperkompetitive Märkte und zwingen damit Unternehmen zur Agilität, um weiterhin handlungs- und wettbewerbsfähig zu bleiben (Chan et al. 2019, S. 436). DDI beruhen auf digitalen Technologien, die stetig neu entwickelt werden. Die Innovationen entstehen häufig auf Grundlage der Kombination dieser digitalen Technologien (Christensen und Rosenbloom 1995; Teoh et al. 2016). DDI ersetzen etablierte Technologien und drängen diese letztendlich vollständig vom Markt. In der Literatur besteht Konsens darüber, dass Innovationen für agile Unternehmen kennzeichnend sind (Sambamurthy et al. 2003, S. 238) und mit der Innovationsfähigkeit direkt die proaktive Komponente agilen Verhaltens angesprochen wird (Goldman et al. 1996, S. 35). Gerade im IT-Umfeld ist die Innovationsgeschwindigkeit besonders hoch (Ang und Slaughter 2004, S. 11), und die Innovationsfähigkeit ist deshalb ein strategischer Erfolgsfaktor für ein Unternehmen. Dabei ist es nicht ausreichend, die grundsätzliche Fähigkeit zum Hervorbringen von Innovationen lediglich zu besitzen, diese Fähigkeit muss auch tatsächlich von innen heraus eingesetzt werden (Siegler 1999, S. 39) – über Eigeninitiative des verantwortlichen Personals (Dove 2001, S. 92f.). Dabei werden durch die Anwendung neuen Wissens neue Werte bzw. neuartige Vorgehensweisen hervorgebracht und damit die Spielregeln für alle Marktteilnehmer verändert (ebd.). Diese werden zu einer Reaktion gezwungen, um auf die unerwartete Änderung zu reagieren. Innovationen tragen wesentlich zum Unternehmenserfolg bei, wenn neue Technologien effektiv und effizient eingesetzt werden (Heinrich et al. 2014, S. 150). Unternehmen im technologischen Umfeld nehmen dann die Rolle eines „Leaders“ oder „First-Movers“ ein, bezogen auf die Nutzung innovativer Technologien und andererseits auf das Hervorbringen von Technologieinnovationen. Die Gruppe der „Follower“ oder „Late-Mover“ hingegen legt strategisch keinen besonderen Schwerpunkt auf die internen Fähigkeiten, technologische Innovationen hervorzubringen oder Technologie innovativ zu nutzen (Lu und Ramamurthy 2010, S. 603). Das Hervorbringen von Innovationen als Pionier ist wesentlicher Bestandteil der sogenannten First-Mover-Strategie. Pionierunternehmen können mit der Nutzung dieser Strategie unter bestimmten Umständen Erstanbietervorteile (engl. „First-Mover Advantage“) generieren. Lieberman und Montgomery (1988, S. 41) definieren FMA als die Fähigkeit von Pionierunternehmen, ökonomische Wettbewerbsvorteile zu generieren. Die Erträge (engl. „profits“) beruhen auf den Initiatorvorteilen des zuerst Handelnden bzw. hängen vom Zeitpunkt des Markteintritts ab. Die Autoren identifizieren drei wesentliche Mechanismen bzw. Faktoren, die zu Erstanbietervorteilen führen (Lieberman und Montgomery 1988, S. 41f.):

Technologieführerschaft auf Grundlage von Lernprozessen und Erfahrungen sowie Erfolgen im Bereich Forschung und Entwicklung (F&E).

In der Akquisition von seltenen bzw. begrenzten Werten (engl. „assets“) den Konkurrenten zuvorkommen.

Umstellungskosten für die Konsumenten bei Anbieterwechsel. Je höher diese Kosten (Zeit, Geld) für den Kunden sind, desto wahrscheinlicher müssen die Late-Mover günstigere Preise oder ein besseres Leistungspaket anbieten, um die Konsumenten zu überzeugen, sich von ihren bisherigen Anbietern (First-Mover) zu trennen.

Neben Wettbewerbsvorteilen existieren aber auch Gefahren und Risiken, die sich für Unternehmen mit einer First-Mover-Strategie ergeben. Late-Mover können sowohl eventuell von den Investitionen des Pionierunternehmens profitieren und quasi zum Nulltarif (engl. „Free-rider effects") an den Innovationen partizipieren als auch die gemachten Fehler des First-Movers für sich nutzen (Lieberman und Montgomery 1988, S. 47).

Die First-Mover-Strategie hat eine hohe Passfähigkeit, bezogen auf den theoretischen Bezugsrahmen des RBV, da wichtige Verbindungen existieren (Lieberman und Montgomery 1998, S. 1114). Die Kriterien des RBV bilden die grundlegende Voraussetzung, um als Unternehmen Pionierstrategien zu implementieren (Wade und Hulland 2004, S. 115). Ein Unternehmen, das ein Set von wertvollen Ressourcen akquiriert und diese dann einzigartig bündelt und kombiniert (engl. „bundles/combines"), kann auf diese Weise zu einem Pionierunternehmen werden (Finney et al. 2007, S. 927). Die Aussage zielt damit direkt auf Aspekte des Ressourcenmanagements ab, nämlich der Bündelung und Kombination von Ressourcen für den effektiven Einsatz. Im Kontext der Konzeptualisierung wären das hochqualifizierte Personalressourcen, die mit ihren innovativen Kompetenzen und kognitiven Fähigkeiten einen maßgeblichen Beitrag leisten, das fachliche Geschäft mit IT-spezifischen Innovationen voranzutreiben. An dieser Stelle ist noch anzumerken, dass nicht jedes Unternehmen eine gleich hohe IT-Agilität beansprucht. Insbesondere der benötigte Grad an Innovationsfähigkeit kann aufgrund von spezifischen Aspekten (z. B. denen der Branche) unterschiedlich stark ausgeprägt sein. Das wäre beispielsweise der Fall, wenn die Auswirkungen der Digitalisierung auf bestehende Geschäftsmodelle und -prozesse relativ gering sind und IT-spezifische Produktveredelungen oder datenbasierte digitale Dienstleistungen um das Produkt eine eher geringe Rolle spielten. Dann wäre es für das Unternehmen wenig sinnvoll, eine First-Mover-Strategie, bezogen auf IT-spezifische Innovationen, zu verfolgen. Dieser Umstand muss spätestens bei der Konstruktion des Messinstrumentariums berücksichtigt werden. Hier muss die Möglichkeit für ein Unternehmen bestehen, individuelle Schwerpunkte zu setzen und ggf. die Innovationsfähigkeit relativ schwach zu gewichten.

3.5 Strategische Ressourcen

Im vorherigen Kapitel wurden zwei Strategien im Kontext des RBV dargelegt, mit deren konsequenter Umsetzung ein Unternehmen eine hohe IT-Agilität und damit Wettbewerbsvorteile erzielen kann. Die Zielsetzungen der beiden vorgestellten Strategien korrespondieren weitgehend mit denen der IT-Agilität. Die Strategien umfassen die in Kapitel 2.2.2.3 genannten Aspekte der IT-Agilität, und somit lässt sich eine hohe Passfähigkeit feststellen. Nachfolgend wird hergeleitet, welche individuellen strategischen Ressourcen in einem Unternehmen im Kontext der IT-Agilität im Bereich IT-Personal aufzubauen wären, um die in Kapitel 3.4 identifizierten Strategien umzusetzen. Anschließend wird auf Basis der abgeleiteten Ressourcen das mehrdimensionale Konstrukt IT-Agilität im Bereich IT-Personal konzeptualisiert.

3.5.1 Flexible IT-Mitarbeiter

Wie in Kapitel 3.4.1 dargestellt, bildet die Ressourcenflexibilität eine der beiden zentralen Aspekte der strategischen Flexibilität. Die Ressourcenflexibilität hebt in Verbindung mit der IT-Agilität im Handlungsfeld IT-Personal auf die inhärente Flexibilität der IT-Mitarbeiter einer Unternehmens-IT ab. In der HR-Literatur existieren bis dato nur wenige Studien, die sich mit der Konzeptualisierung und Operationalisierung des Phänomens der Mitarbeiterflexibilität auseinandersetzen, insbesondere auch mit deren empirische Validierung (Beltrán-Martín et al. 2009, S. 1577ff.). Auch in der ISR-Literatur gibt es nur wenige Ansätze, die das Forschungsfeld im Kontext des IT-Personals beleuchten, d. h. mit einem besonderen Blick auf die flankierenden Rahmenbedingungen im IT-Bereich.

Die Konzeptualisierung der Mitarbeiterflexibilität aus Sicht des RBV beruht auf den flexibilitätsgenerierenden Eigenschaften der Mitarbeiter mit deren kognitiven und emotionalen Aspekten (Beltrán-Martín und Roca-Puig 2013,

S. 648). Wright und Snell (1998) gliedern die individuelle Mitarbeiterflexibilität in zwei wesentliche Komponenten, nämlich in die funktionale Flexibilität (engl. „employee skill flexibility"[34]) und die Verhaltensflexibilität (engl. „employee behavioral flexibility"). Die funktionale Flexibilität wird definiert als die Anzahl der möglichen Einsatzbereiche, die ein Mitarbeiter mit seinen Kompetenzen einnehmen kann (Mesu 2013, S. 122; Wright und Snell, 1998, S. 764). Beltrán-Martín et al. (2009, S. 1580ff) erweitern diese Definition noch um den Zusatz „ohne Anpassung der Qualifikationen" (engl. „without being modified"). Verhaltensflexibilität wird definiert als die Fähigkeit eines Menschen, sein persönliches Verhalten an veränderte Situationen im Sinne des Unternehmens anzupassen (Bhattacharya 2005, S. 625). Forschungsarbeiten belegen, dass diese Fähigkeit bei verschiedenen Individuen unterschiedlich stark ausgeprägt ist, abhängig von spezifischen Persönlichkeitsmerkmalen (Lepine et al. 2000). Einige Mitarbeiter besitzen etwa eine bessere Teamfähigkeit als andere, indem sie ihre Rolle in verschiedenen Gruppen oder Situationen korrekt interpretieren und geeignete Fähigkeiten besitzen im Hinblick auf die Interaktion mit anderen Mitarbeitern (Li und Zhang 2002). Die Fähigkeiten referieren stark auf Metakompetenzen, insbesondere auf die so genannten Soft Skills. Dabei ist es das Ziel, die potenzielle Anzahl der Handlungsalternativen bei den Mitarbeitern zu maximieren.

Eine flexible IT-Workforce mit ihren vielfältigen Qualifikationen ist aus Sicht des RBV eine mögliche Quelle für nachhaltige Wettbewerbsvorteile (Wright et al. 2001, S. 703; Wright et al. 1994). Die HR-Literatur betont, dass die Flexibilität von Mitarbeitern für Organisationen in einem volatilen Geschäftsumfeld, ausgerichtet auf die Generierung von schnellen und vielfältigen Reaktionen, von besonders großer Bedeutung sei (Beltrán-Martín et al. 2009, S. 1576f.; Bhattacharya 2005, S. 622). Vielseitig qualifizierte Arbeitskräfte werden in der ISR-Literatur explizit als Enabler für Agilität angesehen

---

[34] Die Terminologie ist in der englischen Literatur nicht eindeutig. Beltrán-Martín et al. (2009) beispielsweise definieren diese Art der Flexibilität als "intrinsic flexibility", Mesu (2013) als "functional flexibility".

(Hoyt et al. 2007, S. 1577; Melarkode 2004, S. 45ff.; Tsourveloudis et al. 2002). Die sich anhaltend ändernden Anforderungen an die Mitarbeiter einer IT sind eine der Top 3 Herausforderungen für Unternehmen im Kontext der Agilität, was die Ergebnisse einer Umfrage unter 400 Führungskräften und 800 regulären Mitarbeitern bestätigen (Wirtschaftswoche 2016). Dies gilt insbesondere für eine Unternehmens-IT, da gerade im IT-Umfeld die Innovationsgeschwindigkeit und der technologische Wandel besonders stark ausgeprägt sind, was wiederum schnelle Reaktionen bezüglich sich ändernder Qualifikationsanforderungen der IT-Mitarbeiter impliziert.

Die inhärente Flexibilität des IT-Personals kann organisationsintern aufgebaut werden. Außerdem besteht die Möglichkeit, Flexibilität auch mit Hilfe von externen Anbietern zu erzielen, durch die temporäre Fremdvergabe von IT-Leistungen. Eine Vielzahl von Studien empfiehlt, verstärkt auf die Strategie der internen Arbeitsflexibilität zu setzen, da davon ausgegangen werden kann, dass dadurch komplementäre Zielsetzungen erfüllt werden, einerseits für die Organisationen und andererseits für ihre Mitarbeiter (Valverde et al. 2000, S. 650; Kalleberg 2001, S. 482). Der Grad der Flexibilität eines IT-Mitarbeiters wird von der Anzahl seiner möglichen Einsatzbereiche im Leistungssystem des Unternehmens bestimmt, die mit dem derzeitigen Spektrum an Qualifikationen besetzt werden können. Je höher die Anzahl der Einsatzbereiche, desto größer ist die Menge an Handlungsalternativen im Sinne einer strategischen Flexibilität im RBV-Kontext. Hier wird insbesondere auch die Reaktionsfähigkeit auf funktionale und kapazitive Änderungen als wichtiger Aspekt der IT-Agilität berücksichtigt.

3.5.2 Agiles IT-Workforce Management

Die flexible Koordination in der Akquirierung und Nutzung flexibler Ressourcen ist ein weiterer zentraler Aspekt der strategischen Flexibilität. Aus einer Menge an Handlungsalternativen muss schneller als der Wettbewerb auf unerwartete Änderungen im Geschäftsumfeld reagiert werden können, um damit nachhaltige Vorteile zu erzielen. Diese Art der Koordinationsflexibilität hebt in Verbindung mit der IT-Agilität im Bereich IT-Personal auf ein agiles IT-Workforce Management ab. Personalressourcen stellen aus Sicht des RBV nämlich nur dann eine potenzielle Quelle nachhaltiger Wettbewerbsvorteile dar, wenn Unternehmen organisatorisch jederzeit in der Lage sind, das hohe Potential flexibler Personalressourcen im Leistungserstellungsprozess adäquat auszunutzen, unterstützt durch die effektive Anwendung von implementierten Systematiken und Verfahren (Barney und Wright 1998, S. 9). Damit verbessert eine Organisation die Fähigkeit, schnell und effektiv auf die verschiedenen Aspekte eines dynamischen Umfelds zu reagieren. Die Geschwindigkeit und Einfachheit, wie Mitarbeiter dabei adaptiert und zwischen verschiedenen Arbeitsumgebungen transferiert werden können, sind wichtige Gütekriterien (Breu et al. 2002, S. 24).

Neben der Reaktionsschnelligkeit ist es notwendig, die richtige „strategische Balance“ zu finden, zwischen der Generierung von innovativen Kompetenzen, die dann in neue strategische Handlungsoptionen eingehen, und dem wirksamen Einsatz der schon vorhandenen Optionen (Sanchez 1997, S. 71). Dazu müssen die Verwendungsmöglichkeiten der IT-Mitarbeiter definiert werden. Außerdem sollten die potenziellen Einsatzbereiche der MA im Leistungssystem des Unternehmens transparent und jederzeit abrufbar sein (ebd., S. 73). Die Fähigkeiten der Identifikation und Strukturierung von Personalressourcen sind in diesem Zusammenhang kritische Erfolgsfaktoren und zählen zu den wesentlichen Aufgaben eines agilen IT-Workforce Managements. Eine Unternehmens-IT muss jederzeit in der Lage sein, die erforderliche Anzahl von IT-Spezialisten mit den richtigen Qualifikationen zum richtigen Zeitpunkt am richtigen Ort bereitzustellen, um die verbundenen Aufgaben im Leistungssystem des Unternehmens in den erwarteten Qualitätsmaßstäben zu bewältigen (Barney und Wright 1998, S. 9; Sanchez 1997, S. 73). Während die Dimension „Flexibilität von IT-Mitarbeitern“ auf das Individuum abzielt, werden hier grundlegend organisatorische Facetten einer Unternehmens-IT angesprochen.

3.5.3 Innovatives IT-Personal

Der proaktive Teil der in Kapitel 2.2.2.4 spezifizierten IT-Agilitätsdefinition für das Handlungsfeld IT-Personal zielt vor allem auf Innovationen aus der IT ab. Informationstechnologie stellt aufgrund ihrer hohen Innovationsgeschwindigkeit und sehr starken Innovationskraft einen wesentlichen Innovationsmotor in einem Unternehmen dar (Lang und Amberg 2012). Neben der Ausschöpfung von Effizienzvorteilen und Verbesserungen im Leistungserstellungsprozess, ausgelöst durch die Nutzung innovativer IS, sind es auch IT-basierte Produktinnovationen, die im Sinne der First-Mover-Strategie zu Erstanbietervorteilen führen können. Dabei werden existierende Produkte bzw. Geschäftsprozesse verbessert und durch bestimmte Services veredelt oder gar neu entwickelt. Durch den Einsatz neuer Technologien wird die Neugestaltung von Geschäftsmodellen z. T. überhaupt erst ermöglicht (Hanschke 2010, S. 14f.).

Die Schaffung und Nutzung IT-spezifischer Innovationen wird vor allem durch die kognitiven Fähigkeiten der IT-Mitarbeiter und deren Bereitschaft zur Innovation positiv beeinflusst. Innovatives Handeln setzt immer einen gewissen Grad an Proaktivität voraus. Diese zielt in die Zukunft und impliziert im Kontext eines innovativen IT-Personals die allgemeine Fähigkeit, das Nutzenpotenzial neuer Technologien zu erkennen und dieses für das Unternehmen wertschöpfend umzusetzen (Heinrich et al. 2014, S. 196), was wiederum eine adäquate Antizipation und Prognosefähigkeit voraussetzt (Termer 2015, S. 98).

Die Erhebung von Informationen über die zukünftig wegweisenden technologischen Trends wird im Rahmen einer Technologiefrühaufklärung durchgeführt (Specht et al. 2005, S. 298). Von besonderem Interesse sind hierbei – neben dem Erfassen und Beurteilen zukünftiger relevanter Technologien – die Einschätzung der Leistungsfähigkeit, Verfügbarkeit, Akzeptanz und eventueller Risiken oder Nebeneffekte (Termer 2015, S. 99). Die Technologiefrühaufklärung unterstützt damit neben der Innovationsfähigkeit auch die Prognosefähigkeit als proaktive Komponente der IT-Agilität. Im Zusammenhang mit einer First-Mover-Strategie müssen dabei die relevanten IT-spezifischen Innovationen frühzeitig umgesetzt werden, um auf der Grundlage Erstanbietervorteile im Wettbewerb generieren zu können. Die Innovationsbereitschaft setzt eine sehr hohe Aufgeschlossenheit der IT-Mitarbeiter gegenüber innovativen IT-basierten Technologien voraus. Eine hohe Anzahl der IT-Mitarbeiter sollten sich mit Freude an Maßnahmen zur Innovationsgestaltung beteiligen und sich generell mit innovativen Technologien auseinandersetzen.

3.6 Konzeptualisierung des Konstrukts

Das folgende Kapitel beschäftigt sich mit der Konzeptualisierung des Phänomens der IT-Agilität im Bereich IT-Personal. In diesem Zusammenhang wird außerdem die Entscheidung begründet, warum der Sachverhalt als ein mehrdimensionales Konstrukt konzipiert wird. Dabei bietet der RBV den grundlegenden theoretischen Ansatz und die in Kapitel 3.5 hergeleiteten strategischen Ressourcen die Basis, um eine angemessene Modellierung des theoretisch-konzeptionellen Bezugsrahmens sicherzustellen.

Die Festlegung, ob ein Konstrukt ein- oder mehrdimensional ausgeprägt wird, ist ein inhärenter Bestandteil der Konzeptualisierung (MacKenzie et al. 2011, S. 299). Die Entscheidung hängt im Wesentlichen davon ab, wie differenziert ein Phänomen im Rahmen der Forschungstätigkeit erfasst werden soll, d. h. ob das betreffende Konstrukt (bzw. das dahinterstehende Konzept) holistisch erfasst oder lediglich ein Nebenaspekt abgebildet werden soll (Giere et al. 2006, S. 679). Eine Untersuchung der IT-Agilität ist nur dann zielführend, wenn diese in einem ganzheitlichen Ansatz erfolgt (Lui und Piccoli 2007, S. 125). Diese These korrespondiert mit der Zielstellung der vorliegenden Arbeit, die gesamte Varianz der Zielgröße so gut wie möglich aufzuklären. Damit wäre ein Hauptkriterium der Entscheidungsfindung gesetzt. Zusätzlich muss noch zwingend eine Prüfung erfolgen, ob das Konstrukt überhaupt multidimensional ist. Zu diesem Zweck haben MacKenzie et al. (2011, S. 301) bestimmte Kriterien bzw. Fragestellungen für eine Evaluation definiert:

- Umfasst das Konstrukt mehrere konzeptionell unterscheidbare Eigenschaften?
- Unterscheiden sich die Merkmale wesentlich von einander und bilden somit einzigartige Aspekte des Konstrukts ab (abgesehen von der gemeinsamen Thematik)?
- Würde die Beseitigung eines der Merkmale das abgebildete Gesamtkonzept wesentlich einschränken?

Wenn alle Fragen positiv beantwortet werden können, dann handelt es sich aus einer konzeptionellen Perspektive um ein mehrdimensionales Konstrukt, wobei die Dimensionen die wesentlichen Merkmale repräsentieren. Wie in Kapitel 3.5 aufgezeigt, werden die wesentlichen Merkmale der IT-Agilität im Bereich IT-Personal über die abgeleiteten strategischen Ressourcen abgebildet und stellen folglich die Dimensionen des mehrdimensionalen Konstrukts dar. Das überlagerte Konstrukt umfasst mehrere konzeptionell unterscheidbare Eigenschaften: zum einen die Innovation als dominierender proaktiver Aspekt und zum anderen die schnelle Reaktionsfähigkeit auf individueller und organisatorischer Ebene. Würde eine der Dimensionen entfernt werden, dann wäre der konzeptuelle Rahmen des Gesamtkonstrukts stark eingeschränkt. Man kann also zu dem Schluss kommen, dass die Konzeptualisierung als multidimensionales Konstrukt gerechtfertigt ist. Aus konzeptueller Perspektive ist im nächsten Schritt zu prüfen, ob die Beziehungen zwischen den Dimensionen und dem übergelagerten Konstrukt eher reflektiv oder formativ ausgeprägt sind. Dies geschieht unter Verwendung der Entscheidungsregeln nach Jarvis et al. (2003, S. 203). Die kausale Richtung zwischen dem Konstrukt und seinen Dimensionen zeigt von der Dimension zum Konstrukt. Ferner wird das überlagerte Konstrukt durch die gesamte Varianz seiner Dimensionen definiert und kann daher als eine Zusammensetzung seiner Dimensionen verstanden werden. Damit ist Austauschbarkeit der Dimensionen per se nicht gegeben.

Abbildung 8 zeigt das hergeleitete theoretisch-konzeptionelle Modell der IT-Agilität im Handlungsfeld IT-Personal, konkretisiert als ein formatives mehrdimensionales Konstrukt 2. Ordnung.

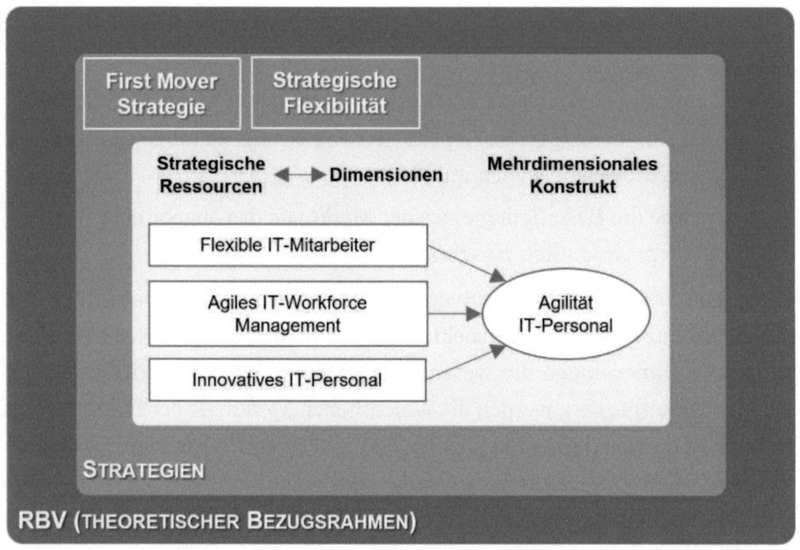

Abbildung 8: IT-Agilität im Bereich IT-Personal als mehrdimensionales Konstrukt 2. Ordnung

4 Entwicklung des Untersuchungsmodells

Das folgende Kapitel widmet sich der weiteren Konzeptualisierung des Phänomens der IT-Agilität im Bereich IT-Personal. Aufbauend auf den Ergebnissen des Kapitels 3.6 werden für jede der identifizierten Dimensionen die jeweiligen Determinanten (Aktivitäten, Strukturen und Systeme) hergeleitet und ein Hypothesensystem aufgestellt. Dazu werden auf Basis der durchgeführten Literaturanalyse sowie weiteren theoretischen und sachlogischen Überlegungen belastbare Ursache-Wirkungsketten entwickelt, um die relevanten Einflussgrößen zu identifizieren. Die Determinanten stellen theoretische Konstrukte dar und sind damit per se nicht direkt messbar. Hinsichtlich ihrer zeitlich nachgelagerten Operationalisierung werden daher, analog zu den Dimensionen, die wesentlichsten Merkmale und Facetten herausgestellt. Dabei werden die kausalen Wirkungszusammenhänge der identifizierten Determinanten auf die Dimensionen in Form von Hypothesen formuliert. Die Hypothesen werden so verfasst, dass die Kriterien der Allgemeingültigkeit, der Abfassung als Konditionalsatz und der Falsifizierbarkeit nach Bortz und Döring (1995, S. 7) erfüllt werden. Die Determinanten stellen aus modelltechnischer Perspektive Faktoren des mehrdimensionalen Konstrukts dar. Die Konzeptualisierung kann einfaktoriell oder mehrfaktoriell erfolgen, wobei in diesem Zusammenhang die Dimension selbst dann entweder von einem oder mehreren Faktoren erfasst wird (Homburg und Giering 1996, S. 6).

Abbildung 9 stellt die mehrfaktorielle Konzeptualisierungsmöglichkeit grafisch dar.

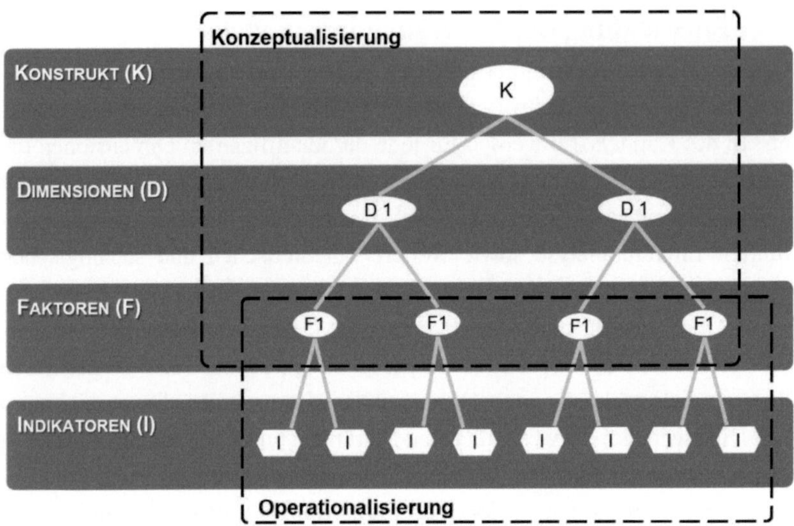

Abbildung 9: Mehrfaktorielles, mehrdimensionales Konstrukt

Quelle: In Anlehnung an Homburg und Giering (1996, S. 6) und Jaritz (2008, S. 100)

Ein mehrfaktorielles und mehrdimensionales Konstrukt stellt die komplexeste Form einer möglichen Konzeptualisierung dar (Homburg und Giering 1996, S. 6).

Bei der Konzeptualisierung der Bestandteile ist zu beachten, dass die jeweiligen Konstrukte eindeutig und unmissverständlich definiert werden. Die Definition der Dimensionen erfolgte bereits in Kapitel 3.6, die der Faktoren (Determinanten) ist Thema des nachfolgenden Kapitels. Die Definition ist die Basis für die spätere Beurteilung und Rechtfertigung der zu spezifizierenden Indikatoren. Dabei ist eine adäquate Trennschärfe zwischen den Konstrukten sicherzustellen. Die Indikatoren bilden die verbalisierten Attribute eines Konstrukts, mit deren Hilfe das betreffende Konstrukt gemessen bzw. beobachtet werden kann (Fantapié Altobelli 2011, S. 168 und 292; Homburg und Giering 1996, S. 6). Indikatoren umfassen spezifische Aspekte eines Konstrukts und es ist Sorge zu tragen, dass die Hauptaspekte des Konstrukts tatsächlich sämtlich berücksichtigt werden (Hair et al. 2014, S. 41). Und deshalb ist es notwendig, die wesentlichen Inhalte des Konstrukts aus dem definitorischen Umfeld abzuleiten (Kuss 2009, S. 118). Die exakte Beschreibung des definitorischen Umfelds ist also eine wichtige Voraussetzung, um eine adäquate Inhaltsvalidität zu gewährleisten, als Gütekriterium für die Eignung und die Vollständigkeit von Messmodellen. Die Messmodelle werden zum einen für die empirische Überprüfung des Hypothesensystems via Kausalanalyse verwendet und bilden andererseits die Basis für die nachgelagerte Konstruktion des Kennzahlensystems. Die Anordnung der Konstruktabfolge im Rahmen der Modellierung stellt dabei eine anspruchsvolle Aufgabe dar, wobei Theorie und Logik immer die Reihenfolge der Konstrukte im konzeptionellen Modell bestimmen sollten (Hair et al. 2017, S. 33f.). Im Rahmen der Konzeptualisierung muss zunächst festgelegt werden, ob die Aspekte der Dimensionen durch reflektive oder formative Faktoren erfasst werden. Ein Ziel der vorliegenden Arbeit ist es, die Varianz des Konstrukts der IT-Agilität im Bereich IT-Personal so gut wie möglich aufzuklären. In diesem Fall verursachen die Faktoren (Determinanten) die jeweilige Dimension, die kausale Richtung zeigt also vom Faktor zur Dimension. Für einen IT-Leiter ist es von besonderem Interesse, mit welchen Maßnahmen (Aktivitäten, Strukturen und Systemen) eine hohe IT-Agilität erreicht werden kann. Daraus lässt sich schließen, dass eine formative Konstruktion des mehrfaktoriellen, mehrdimensionalen Konstrukts zielführend ist. Das Konstrukt mit den formulierten Hypothesen bildet schließlich das Untersuchungsmodell der vorliegenden Arbeit, welches dann in einem weiteren Schritt einer empirischen Überprüfung unterzogen wird.

4.1 Determinanten

4.1.1 Determinanten der Dimension Flexibilität von IT-Mitarbeitern

Die inhärente Flexibilität eines IT-Mitarbeiters hängt im Wesentlichen von drei Bedingungen ab, nämlich von der Fähigkeit und von der Bereitschaft zur Flexibilität sowie den Arbeitsbedingungen, die eine individuelle Flexibilität ermöglichen. Wenn eine dieser drei Bedingungen nicht erfüllt ist, ist ein flexibler Personaleinsatz nicht möglich (Gmür und Thommen 2011, S. 337). Auch aus Sicht des RBV sind breite Qualifikationsspektren und eine hohe Leistungsmotivation grundlegende Voraussetzungen, um als Quelle nachhaltiger Wettbewerbsvorteile beizutragen (Wright et al. 2001, S. 703). Auf der Basis dieser Bedingungen werden nachfolgend drei Determinanten hergeleitet und die Angemessenheit der Verwendung als Faktoren im Untersuchungsmodell begründet.

4.1.1.1 Qualifikationsspektrum

Die Begriffe Qualifikation und Kompetenz werden in der Fachliteratur vielfältig verwendet und teils unterschiedlich definiert. Im Rahmen der vorliegenden Arbeit wird Qualifikation definiert als Kenntnisse und Fertigkeiten/Fähigkeiten, die für die Ausführung bestimmter Tätigkeiten notwendig sind (Böhle 2002, S. 4). Im Kontext der IT-Agilität wären das bestimmte Arbeitsanforderungen an eine Stelle, die über Kenntnisse und Fähigkeiten, den so genannten Kompetenzen, bewältigt werden können. Qualifikationsspektren können durch Kompetenzen erweitert werden (Böhle 2002, S. 2). Fach- bzw. Methodenkompetenz,[35] sozial-kommunikative Kompetenz und personale Kompetenz werden dabei unter dem Begriff Handlungskompetenz subsumiert (Böhle 2002, S. 9).

Mitarbeiter sind dann flexibel einsetzbar, wenn sie über spezifische Kompetenzen verfügen, durch die sie für mehr als eine Position im Unternehmen einsetzbar sind (Bhattacharya 2005, S. 625; Wright und Snell 1998, S. 764f.), konkret zu realisieren über Multi- und Metakompetenzen (Gmür und Thom-

---

35 Fach- und Methodenkompetenz werden auch als Hard Skills (harte Fähigkeiten) definiert. Quelle: http://wirtschaftslexikon.gabler.de/Definition/soft-skills.html

Definition von Robles (2012, S. 453): "Hard skills are the technical expertise and knowledge needed for a job." "Knowledge needed for the job" umfasst dabei auch Metakompetenzen, die nicht den technischen Fachkompetenzen zuzuordnen sind, wie etwa das Projektmanagement oder das Zeitmanagement.

men 2011, S. 338). Die Kompetenzen müssen dabei die notwendigen Qualifikationsanforderungen der jeweiligen Positionen möglichst komplett abdecken. Kompetenzerweiterungen steigern dann die individuelle Flexibilität der IT-Mitarbeiter. Multikompetenzen bedeutet, dass die IT-Mitarbeiter über ein breites Spektrum an Fachkompetenzen verfügen, wodurch sich die Anzahl möglicher Einsatzbereiche im Leistungssystem des Unternehmens erhöht und somit deren Einsatzflexibilität steigert (Gmür und Thommen 2011, S. 337ff.; Wright und Snell 1998, S. 767).

In Bezug auf die strategische Flexibilität, als Strategie im Kontext des RBV, wird dadurch die Menge der Handlungsoptionen für den Personaleinsatz erhöht. Ein breites Qualifikationsprofil geht aber in der Regel zu Lasten einer Spezialisierung auf ein enges Arbeitsspektrum (Gmür und Thommen 2011, S. 338). Die stetig zunehmende Spezialisierung und Differenzierung des IT-Berufsfelds, flankiert durch eine immer stärker ansteigende Komplexität, stellen besondere Herausforderungen in diesem Zusammenhang dar, um die relevantesten technischen Multikompetenzen bei den IT-Mitarbeitern aufzubauen, was aber die Ressource aus dem Blickwinkel des RBV umso wertvoller macht. Hierzu zählen auch Kompetenzen zur Nutzung und Entwicklung neuer Technologien und Innovationen.

Multikompetenzen umfassen inzwischen nicht nur die technisch orientierte Fach- und Methodenkompetenz. Aufgrund der steigenden IT-Durchdringung sind technische Fähigkeiten allein oft nicht mehr ausreichend. Durch die Transformation der IT-Funktion von einem Back-Office-Support bis hin zu einem strategischen Geschäftspartner sind neue Kompetenzen gerade für IT-Experten erforderlich (Roepke et al. 2000, S. 327). In der Forschung besteht allgemein ein Konsens darüber, dass neben den technischen Kompetenzen besonders unternehmerische bzw. organisatorische Kompetenzen (engl. „Business skills“) notwendig sind, um die Fachbereiche effektiv unterstützen zu können (Fink und Neumann 2007, S. 443). Diese Kompetenzen umfassen u. a. ausgeprägte Kenntnisse über die Geschäftsprozesse des Unternehmens sowie dessen Produkte und Geschäftsmodelle. Ferner unterstützen diese Fertigkeiten ein effektives IT Business Alignment (Zhou et al. 2018, S. 706). Die

Teilnehmer einer SIM-Umfrage[36] setzten das Thema „unternehmerische Fähigkeiten des IT-Personals“ aus diesen Gründen auf die Top-10 Prioritätenliste (Luftman und Kempaiah 2008, S. 102). Diese Feststellung korrespondiert auch mit den Ergebnissen der Studie von Bullen et al. (2009, S. 136f.). Barney und Wright (1997, S. 12f.) betonen, dass gerade organisationsspezifische Kenntnisse potenziell einen höheren Beitrag zur Generierung von nachhaltigen Wettbewerbsvorteilen leisten können, da diese vom Wettbewerb nicht einfach dupliziert werden können.

Wegen der stetig ansteigenden Spezialisierung und Innovationsgeschwindigkeit im IT-Bereich sollte ein Messinstrument keine spezifischen IT-technischen Fähigkeiten als kennzahlenbasierte Messwerte beinhalten, da dadurch die Gefahr besteht, dass das Instrumentarium im Laufe der Zeit in Teilbereichen obsolet wird bzw. die Schwerpunkte auf Technologien liegen, die nicht mehr von hoher Relevanz sind. In den Messmodellen von Byrd und Turner (2000) sowie Fink und Neumann (2007) werden beispielsweise spezifische Fähigkeiten als Messindikatoren verwendet, wie etwa der Betrieb von Mainframe-Anwendungen oder die Wartung von Netzwerken. Ebenso spielen Mainframe-Anwendungen in der heutigen Zeit in vielen Unternehmen kaum eine Rolle mehr, während neue wichtige Technologien, wie mobile Anwendungen, Cloud Services oder RFID in den Messkonstrukten gar nicht enthalten sind. Deshalb werden in der vorliegenden Arbeit potenzielle Indikatoren eher generisch definiert, um eine gewisse Form der Generalisierung zu erzielen.

Metakompetenzen sind Fähigkeiten, die es einem Mitarbeiter erleichtern, sich in bislang fachfremde Themenstellungen schnell einzuarbeiten (Gmür und Thommen 2011, S. 338) und aufgrund dieser Übertragbarkeit sind die Mitarbeiter daher für mehr als eine Position im Unternehmen einsetzbar (Robles 2012, S. 457). Metakompetenzen umfassen sowohl generelle Problemlösefähigkeiten (z. B. Analysefähigkeit und Kreativitätstechniken) als

---

[36] 112 Organisationen der Society for Information Management (SIM) beteiligten sich an der Umfrage im Juni 2007.

auch individuelle Sozialkompetenzen (z. B. Moderations- und Konfliktlösungsfähigkeiten; Gmür und Thommen 2011, S. 338). Problemlösefähigkeit allein ist für ein agiles Verhalten nicht hinreichend, sondern auch die hohe Geschwindigkeit ihrer Anwendung ist entscheidend (Bottani 2009, S. 216; Breu et al. 2002, S. 22). Die zeitliche Angemessenheit hängt von der spezifischen Aufgabenstellung ab (Golden und Powell 2000, S. 379). Im Rahmen der individuellen Flexibilität spielt die Schnelligkeit, mit der IT-Mitarbeiter ihre Kompetenzen erweitern oder verändern können, eine entscheidende Rolle. Diese Anpassungsfähigkeit der Qualifikationen (engl. „skill malleability") zielt darauf ab, wie einfach und schnell sich Mitarbeiter die notwendigen Kompetenzen aneignen können, um neue Aufgabeninhalte einer Position zu bewerkstelligen (Maurer et al. 2003). Die Teilnehmer einer SIM-Umfrage stuften das Projektmanagement als zweitwichtigste Fähigkeit für das IT-Personal ein (Luftman und Kempaiah 2007, S. 136). Das Projektmanagement stellt eine klassische Metakompetenz dar, denn die erlernbaren Methoden und Techniken können vielseitig in unterschiedlichsten Situationen eingesetzt werden.

Hinsichtlich der Metakompetenzen muss differenziert werden zwischen den Fähigkeiten, die für die Mitarbeiter in nahezu vollem Umfang erlernbar sind und Bestandteile der Hard Skills darstellen, sowie den Soft Skills, deren Ausprägung zu einem gewissen Grad von individuellen Persönlichkeitsmerkmalen abhängt. Charakteristische Attribute, wie etwa Extrovertiertheit, Eloquenz oder Empathie, sind Beispiele für derartige Persönlichkeitseigenschaften, die Wesensmerkmale von Personen darstellen und nur bedingt durch Lernen bzw. Aneignung positiv zu beeinflussen sind. Soft Skills bezeichnen eine nicht abschließend definierte Vielzahl persönlicher Werte (z. B. Fairness, Respekt, Verlässlichkeit), persönlicher Eigenschaften (z. B. Gelassenheit, Geduld, Freundlichkeit), individueller Fähigkeiten (z. B. Begeisterungsfähigkeit, Zuhören, Kritikfähigkeit) und sozialer Kompetenzen (z. B. Teamfähigkeit, Empathie, Kommunikationsfähigkeit) von Führungskräften und Mitarbeitern (Lies 2015). Soft Skills werden von Führungskräften bei Bewerbern als besonders signifikant eingestuft (Robles 2012, S. 453), und Unternehmen bewerten die Persönlichkeitseigenschaften der Mitarbeiter höher als die analytischen Fähigkeiten (Klaus, 2010). Eine Studie belegt, dass langfristiger beruflicher Erfolg zu 75 % von sozialen Kompetenzen abhängt und nur zu 25 % von technischen Fähigkeiten (ebd.). Soft Skills sind umfassend einsetzbar und auf viele Arbeitsplätze übertragbar (Robles 2012, S. 457). Soft Skills sind damit denjenigen Kompetenzen zuzuordnen, durch die Mitarbeiter für mehr als eine Position im Unternehmen einsetzbar sind, was einen starken kausalen Zusammenhang mit der Mitarbeiterflexibilität nach Bhattacharya (2005, S. 625) sowie Wright und Snell (1998, S. 764 bis 765) vermuten lässt.

Auch die ISR-Literatur betont, dass ausschließlich technische Fähigkeiten im dynamischen IT-Umfeld nicht mehr für den Mitarbeiter erfolgversprechend sind und als Konsequenz eine Vielzahl an weiteren Fähigkeiten, den Soft Skills, notwendig ist (Joseph 2010, S. 149). Die Relevanz sozialer Kompetenzen wird auch im Kontext der IT-Agilität explizit betont. Van Oosterhout (2010, S. 55) postuliert, dass ein gewisses Maß an sozialen Kompetenzen beim IT-Personal vorhanden sein muss, damit die IT-Funktion einen Wertbeitrag zur Gesamtagilität leisten kann. Soziale Kompetenzen haben einen starken Einfluss auf die IT-Agilität im Bereich IT-Personal (Byrd und Turner 2001b, S. 22), was zahlreiche Studien belegen (Byrd und Turner 2004, S. 38). Die Kommunikationsfähigkeit als Teil der sozialen Kompetenz wurde in der Umfrage von Luftman und Kempaiah (2007, S. 136) von den Teilnehmern als wichtigstes Kriterium für Berufseinsteiger und erfahrene IT-Spezialisten bewertet. Die Mitarbeiter müssen außerdem in der Lage sein, den Personaleinsatz selbst zu gestalten, unter Berücksichtigung der Interessen ihrer Kollegen und der betrieblichen Belange, was Kommunikationsfähigkeit, Kooperationsbereitschaft, Verantwortungsbewusstsein und Zuverlässigkeit der Mitarbeiter voraussetzt (Bühner 2005, S. 209f.).

Neben Kompetenzen ist auch das Wissen[37] eine starke Einflussgröße einer agilen Workforce (Breu et al. 2002, S. 27f.). Ein effektives Wissensmanagement ist daher ein weiteres Mittel, um die Breite des Qualifikationsspektrums bei IT-MA zu erhöhen. Wissensmanagement wird dadurch charakterisiert, dass Menschen und Sachmittel zusammenwirken, um erfolgskritisches Wissen im Unternehmen einzusetzen und damit einen Erfolgsbeitrag zu liefern (Linde 2004, S. 6). Das bedeutet, dass die richtige Information zur richtigen Zeit zu den richtigen Leuten gebracht werden müsste (Roberts 2000, S. 115f.). Wissensintensive Unternehmensbereiche sind dadurch ausgezeichnet, dass die meisten Positionen intellektuelle Qualifikationen erfordern und hochqualifizierte Mitarbeiter den größten Teil der Belegschaft repräsentieren (Alvesson 2000, S. 1101; Kathri et al. 2009, S. 2892). Aufgrund der rasanten Weiterentwicklung der Informations- und Kommunikationstechnologien als auch der zunehmenden Spezialisierung des Berufsfeldes trifft diese Charakterisierung auf eine Vielzahl der IT-Organisationen zu.

Die erforderlichen hohen kognitiven Fähigkeiten machen das IT-Personal aus Sicht des RBV daher umso wertvoller. Vorhandenes Wissen muss gezielt und schnell abgerufen werden, um demzufolge zur Steigerung der IT-Agilität beizutragen (Ashrafi et al. 2006, S. 5). In der Literatur besteht generell ein Konsens, dass das Wissensmanagement ein wesentliches Kernelement für die Agilität eines Unternehmens darstellt (van Oosterhout 2010, S. 26) und hauptsächlich den proaktiven Merkmalen der Agilität zuzuordnen ist (Overby et al. 2006, S. 121; Goldman et al. 1995, S. 42f.). Ein effizientes Wissensmanagement unterstützt einerseits den reaktiven Umgang mit Änderungen durch breitere Wissensabdeckung und begünstigt andererseits die Generierung von Innovationen als weiteres wesentliches Merkmal der Agilität (Wadwha und Rao 2003, S. 125; Dove 1999, S. 16). Die Nutzung innovativer Technologien

---

[37] Wissen ist personenbezogen und wird durch Daten und Informationen begründet (Probst et al. 1999, S. 46).

und das Hervorbringen von Technologieinnovationen erfolgt durch die Anwendung neuen Wissens, was die Signifikanz des Wissensmanagements besonders hervorhebt.

Aus Sicht der strategischen Flexibilität muss ein Unternehmen neue Kompetenzen aufbauen, um strategische Handlungsoptionen zu generieren sowie auf zukünftige Anforderungen flexibel reagieren und innovativ handeln zu können, wobei aktuelle Diskontinuitäten dagegen mit existierenden Kompetenzen bewältigt werden müssen (Sanchez 1997, S. 76). Van Oosterhout (2011) belegt die Signifikanz des Wissensmanagements für die IT-Agilität auf der Grundlage der Beurteilungen von durchgeführten Fallstudien[38]. Ein angemessenes Wissensmanagement ist zwingend erforderlich, um alle Dimensionen der Agilität optimiert zu gestalten.[39] Seo et al. (2006, S. 581) betonen die Wichtigkeit des Lernens und der Kompetenz der Mitarbeiter eines Unternehmens. In ihrem konzeptionellen Modell einer agilen Organisation sind diese beiden Komponenten in einem zyklischen Prozess integriert, um die Organisation kontinuierlich und nachhaltig zu verbessern und somit die Reaktionsfähigkeit auf unvorhergesehene Änderungen zu steigern und Innovationen von innen heraus zu treiben. Der Mitarbeiter steht im Mittelpunkt sämtlicher Wissensmanagementaktivitäten, denn nur Menschen können Wissen generieren, speichern und anwenden (Linde 2004, S. 19). Wissensmanagement wird zu 80 % von Menschen und zu 20 % von Technologie etabliert (Roberts 2000, S. 115f.), weshalb die Einbeziehung des Personals den wesentlichen Erfolgsfaktor darstellt, insbesondere aufgrund des Wissensaustauschs durch die Kommunikation unter Mitarbeitern (van Oosterhout 2010, S. 49). Der Erfolg oder Misserfolg hängt also maßgeblich von der Interaktion der einzelnen Mitarbeiter ab. Deshalb sind für den Bereich IT-Personal im Rahmen der vorliegenden Arbeit folgende Aspekte von besonderer Relevanz:

---

[38] Im Rahmen der wissenschaftlichen Arbeit wurden vier Fallstudien durchgeführt, um die Ergebnisse zu evaluieren.

[39] Van Oosterhout (2011) definiert Agilität als Kombination aus „sensing, responding and learning capabilities“.

- Nutzungsgrad der allgemein verfügbaren Wissensmanagement-Werkzeuge,
- das Maß an Bereitschaft der Mitarbeiter, ihr Wissen an andere Mitarbeiter zu übertragen.

Die Festlegung bestimmter Umsetzungsstrategien im Rahmen eines strategischen Wissensmanagements sowie die operativen Prozesse des Wissensmanagements sind nicht Gegenstand des Untersuchungsmodells. Im Kontext der IT-Agilität als Gesamtkonstrukt wären diese Sachverhalte eher der Dimension „IT-Organisation und IT-Prozesse“ zuzuordnen.

Im Idealzustand sind alle IT-Mitarbeiter willens, explizites Wissen stetig zu erwerben und bereitwillig mit anderen Mitarbeitern zu teilen, auch über Abteilungsebenen und Hierarchieebenen hinweg (DeCenzo und Robbins 2005, S. 212). Die Übertragung von explizit vorhandenem Wissen zwischen den Mitarbeitern fördert die Agilität, indem neue Wissensträger für die gleichen Aufgaben wie die bisherigen Wissensträger eingesetzt werden können (Ashrafi et al. 2006, S. 5; Lui und Piccoli 2007, S. 126; Lin et al. 2008, S. 493). Dadurch können z. B. ungeplante Ausfälle von IT-Mitarbeitern kompensiert werden. Diverse Informationstechnologien unterstützen ein erfolgreiches Wissensmanagement. Dabei steht man vor einer Grundsatzentscheidung, ob man beim Wissenstransfer stärker auf die Vernetzung von Personen (Interaktionsstrategie) oder den Einsatz von Informationstechnologie (Kodifizierungsstrategie) setzt (Linde 2004, S. 11). Ersteres setzt den Schwerpunkt auf die direkte Interaktion von Mitarbeitern, also den Wissensaustausch durch Kommunikation, unterstützt von einer adäquaten IT-Infrastruktur, wie etwa von Kollaborationswerkzeugen. Im zweiten Falle spielt die IT selbst eine zentrale Rolle, indem Wissen dokumentiert, in Systemen gespeichert und bereitgestellt bzw. über Suchprozesse abgerufen wird. Der Kontakt zum ursprünglichen Wissensträger steht dann nicht primär im Fokus (Linde 2004, S. 11). Dabei unterstützen Discovery-Tools die Kodifizierungsstrategie, während Collaboration-Tools hingegen vorwiegend zur Förderung der Interaktionsstrategie dienen. Mit Hilfe von Discovery-Tools (z. B. Datei- oder

Volltextsuche) lassen sich benötigte Dokumente auffinden, die in einem Wissensmanagementsystem gespeichert sind. Collaboration-Tools (z. B. Dokumentenaustausch, E-Mail oder Diskussionsgruppen) ermöglichen die Kommunikation und Kooperation zwischen einzelnen Wissensträgern (Linde 2004, S. 23f.). Gemeinsam unterstützen die Werkzeuge die Transformation von implizitem Wissen, was in einzelnen Köpfen der Mitarbeiter vorhanden ist, zu explizitem Wissen, auf das gemeinschaftlich jederzeit zugegriffen werden kann (Roberts 2000, S. 115f.).

Zusammenfassend kann auf der Basis der durchgeführten Diskussion die nachstehende Hypothese[40] postuliert werden:

H_1: Je breiter das Qualifikationsspektrum der IT-Mitarbeiter einer Unternehmens-IT, desto höher ist deren funktionale und verhaltensorientierte Flexibilität.

4.1.1.2 Flexibilitätsbereitschaft

Die Flexibilitätsbereitschaft wird als eine Art Commitment[41] der Personalressourcen zur Einsatzflexibilität interpretiert. Guest (1987, S. 514) betont, dass eine Flexibilisierung nur dann realisierbar ist, wenn die Mitarbeiter über ein hohes Maß an organisationsspezifischem Commitment, hohem Vertrauen und über eine hohe intrinsische Motivation verfügen. In der Literatur wird die Flexibilitätsbereitschaft häufig als Bestandteil der Leistungsmotivation angesehen (Grote 2001, S. 42). Die Leistungsmotivation entsteht durch sogenannte Motivationsfaktoren und kann durch Hygienefaktoren wieder zerstört werden (Herzberg 1968). Im Kontext des IT-Personals wird hierbei auf die so genannte „interne numerische Flexibilität“ abgehoben (Mesu 2013,

---

[40] Die Hypothesenzählung orientiert sich einerseits an der Reihenfolge der Konstrukte im Untersuchungsmodell (von oben nach unten, vgl. Abbildung 13). Zudem ist die Ordnungszahl zweistellig, wenn von einer Determinante mehrere kausale Wirkbeziehungen ausgehen.

[41] Der Begriff „Commitment“ bedeutet, dass ein Mitarbeiter zwanglos eine Bindung oder Verpflichtungen eingeht. Es handelt es sich um eine innere Einstellung mit den daraus resultierenden Taten.

S. 122). Es handelt sich dabei konkret um eine innerbetriebliche Personalbeschaffung ohne Personalbewegung für die Deckung kurzzeitiger Bedarfsspitzen (Bühner 2005, S. 71). Die IT-Mitarbeiter sollten in diesem Zusammenhang über ein hohes Maß an intrinsischer Motivation verfügen, um in speziellen Arbeitssituationen über vertraglich festgehaltene Arbeitszeiten hinauszugehen, u. a. durch die Leistung von Mehrarbeit oder der Anpassung von Urlaubsplänen im Interesse der Unternehmens-IT. Aus dem Blickwinkel der IT-Agilität wird hier besonders auf die Reaktionsfähigkeit auf kapazitive Änderungen abgezielt. Die Anpassungsfähigkeit bezüglich funktionaler Änderungen wird durch die Bereitschaft der IT-Mitarbeiter erzielt, sich Multi- und Metakompetenzen anzueignen, und letztendlich müssen die IT-Mitarbeiter außerdem willens sein, in unterschiedlichen Aufgabengebieten im Leistungssystem tätig zu sein.

Mitarbeiter, die sich fair von ihren Arbeitgebern behandelt fühlen, sind eher dazu bereit, sich den notwendigen Veränderungen adäquat anzupassen. Um diese Art von Bereitschaft zu fördern, hebt die Forschung die Relevanz von finanziellen Anreizsystemen hervor (Beltrán-Martín et al. 2008, S. 2015ff.). In der HR-Literatur existieren eine Vielzahl von Studien, die einen positiven Zusammenhang zwischen unterstützenden HR-Verfahren und Mitarbeiterflexibilität belegen (Beltrán-Martín und Roca-Puig 2013, S. 647). Die unterstützenden HR-Verfahren referieren dabei auf einen spezifischen HR-Ansatz,[42] der darauf abzielt, eine starke Identifikation mit den Zielen der Organisation zu schaffen, um Flexibilität und Leistungswillen zu erhöhen. Die Leistungsmotivation ist abhängig von der Identifikation und Loyalität, die eine Person an die Ziele des Unternehmens und die persönlichen Aufgaben binden (Gmür und Thommen 2011, S. 20). Zu diesen Verfahren zählen u. a. das Performance Management und ein gerechtes Anreizsystem (Beltrán-Martín und Roca-Puig 2013, S. 650). Dabei nehmen immaterielle Anreizsysteme einen immer größeren Stellenwert ein.

---

[42] Der Ansatz wird in der Literatur auch als HPWS (High Performance Work Systems) bezeichnet (Beltrán-Martín et al. 2008, S. 1012f.).

Die Bereitschaft zu einem adaptiven Verhalten kann auch als Metafähigkeit angesehen werden, da Kompetenzen auf bestehende, aber auch auf neue Aufgabenbereiche angewendet werden können (Breu et al. 2002, S. 28). Aus Sicht der Theorie des RBV können die Fähigkeiten des Personals nur in Kombination mit adäquaten Verhaltensweisen Mehrwerte erzeugen (Wright et al. 2001, S. 706). Das Anreizsystem eines Unternehmens ist eine wichtige Voraussetzung für die Flexibilitätsbereitschaft von Mitarbeitern (Gmür und Thommen 2011, S. 339). Das allgemeine Anreizsystem einer Organisation ist die Summe aller Anreize, die den Mitarbeitern angeboten werden, mit dem Ziel, diese langfristig an das Unternehmen zu binden sowie deren Leistungsbereitschaft zu fördern oder zumindest auf dem gleichen Niveau zu halten. Ein flexibilitätsorientiertes Anreizsystem zielt auf die Sicherung der kurz- und mittelfristigen Anpassungsfähigkeit ab, insbesondere die Begünstigung breiter Qualifikationsprofile, indem es Anreize für die Einsatzflexibilität setzt (Gmür und Thommen 2011, S. 123). Eine gerechte Vergütung kann die Flexibilität von IT-Mitarbeitern positiv beeinflussen, da die Bereitschaft gefördert wird, andere Arbeitsaufgaben anzunehmen, wenn dies aus betrieblichen Gründen erforderlich ist (Beltrán-Martín et al. 2013, S. 651). Bhattacharya (2005, S. 626) argumentiert, dass sich Mitarbeiter durch variable leistungsorientierte finanzielle Anreizsysteme leichter an veränderte Geschäftsanforderungen anpassen, weil ihre Vergütung davon abhängt, wie erfolgreich die Organisation in einem veränderten Kontext agiert. Die Motivationswirkung der Lohn- und Gehaltssysteme hängt wesentlich davon ab, ob die Elemente von den Mitarbeitern als angemessen angesehen werden, denn die Angemessenheit ergibt sich aus einer ausgewogenen Mischung von Prinzipien der Leistungs-, Verhaltens-, Anforderungs-, Markt- und Sozialgerechtigkeit (Gmür und Thommen 2011, S. 133). Zeitliche Flexibilität bei den Mitarbeitern kann etwa durch bezahlte Überstunden begünstigt werden.

Ein zweiter Aspekt der Flexibilitätsbereitschaft von Mitarbeitern bildet deren individuelles Identifikationsmuster. Dazu zählen einerseits die Identifikation mit der Arbeitsaufgabe und ihren Zielen und andererseits die Identifikation mit den Arbeitsbedingungen und den relevanten Schlüsselpersonen (Gmür und Thommen 2011, S. 340). Die Identifikation mit dem Unternehmen und seinen Zielen steht u. a. beim Performance Management im Vordergrund. Der Aspekt des Motivationsaufbaus ist zentraler Bestandteil dieses Ansatzes und hat einen positiven Effekt auf die Flexibilitätsbereitschaft von Mitarbeitern (Beltrán-Martín et al. 2013, S. 651). Nach Gmür und Thommen (2011, S. 342) hängt die Bereitschaft zu einem flexiblen Stellenwechsel von folgenden Faktoren ab:

Der Mitarbeiter muss das Gefühl haben, die Anforderungen bewältigen zu können (also keine überforderten Erwartungen subjektiv wahrnehmen).

Der Stellenwechsel muss vorhersehbar sein, d. h. dem betroffenen Mitarbeiter wird es ermöglicht, sich schrittweise darauf einzustellen.

Der betroffene Mitarbeiter hat einen Entscheidungsspielraum (z. B. über den Zeitpunkt oder die Umstände des Wechsels), der ihm das Gefühl der Selbstkontrolle gibt.

Die aufgeführten Faktoren werden über das Performance Management adäquat abgedeckt. Performance Management wird in Unternehmen als Instrumentarium zur Steuerung der Leistungserbringung eingesetzt und zum Aufbau der Leistungsmotivation. Mitarbeiter und Führungskräfte formulieren gemeinsam messbare Ziele, und der Mitarbeiter wird am Erfüllungsgrad gemessen. Die Ziele werden in der Regel über die Hierarchieebenen von oben nach unten heruntergerbrochen, von allgemeinen strategischen bis hin zu operativen Zielsetzungen auf individueller Mitarbeiterebene. Das Performance Management ist ein Verfahren, welches das Führungsparadigma „Führen durch Zielvereinbarung[43]" unterstützt und die Flexibilität positiv beeinflusst (Wright und Snell 1998, S. 762). Der Ansatz ersetzt die direkte Verhaltensteuerung, die vom Vorgesetzten ausgeht, durch eine indirekte Steuerung mittels Zielvorgaben. Die Führung beginnt mit der Vorgabe oder Vereinbarung von Aufgaben und persönlichen Entwicklungszielen, setzt sich in der Begleitung des Mitarbeiters bei der eigenständigen Zielverfolgung fort und

---

[43] Wird im allgemeinen Sprachgebrauch als MBO bezeichnet (Management by objektives).

schließt mit der Kontrolle der Zielerreichung und der Vereinbarung von Folgezielen, wobei die Akzeptanz des Mitarbeiters umso höher ist, je stärker er in Zielerklärung und Zielanalyse miteinbezogen wird (Gmür und Thommen 2011, S. 92). Performance Management bedeutet auch, dass zwischen dem Mitarbeiter und der Führungskraft periodische Feedbackgespräche stattfinden. Feedbacksysteme erfüllen mehrere Funktionen: Sie sorgen für Transparenz in den Leistungserwartungen, sichern die Leistungserfüllung, zeigen den Entwicklungsbedarf und sind häufig auch Grundlage für leistungsabhängige Vergütungsbestandteile (Gmür und Thommen 2011, S. 163). Letzteres bildet die Verbindung zu dem Aspekt der Anreizsysteme. Ohne ein adäquates Feedback droht die Leistungsmotivation der Mitarbeiter zu sinken (DeCenzo und Robbins 2005, S. 247). Die beiderseitige Transparenz bezüglich der Erwartungshaltung ist dabei ein Kernelement, wie auch die bilaterale Formulierung der Zielsetzungen und der notwendigen Schritte, diese zu erreichen.

Entsprechend den Ausführungen kann folgende Hypothese aufgestellt werden:

H_2: Je höher die Leistungsmotivation der IT-Mitarbeiter einer Unternehmens-IT, desto höher ist ihre funktionale und verhaltensorientierte Flexibilität.

4.1.1.3 Weiterentwicklung IT-Mitarbeiter

Die Arbeitsbedingungen innerhalb einer Unternehmens-IT sind weitere zwingende Voraussetzungen, um eine individuelle Mitarbeiterflexibilität zu ermöglichen. Hier wird insbesondere auf die individuelle flexibilitätsorientierte Weiterentwicklung der IT-Mitarbeiter abgehoben, realisiert durch konkrete Maßnahmen der fachlichen Weiterbildung sowie durch spezifische Formen der Arbeitsorganisation. Im Kontext flexibler Arbeitssysteme muss gewährleistet sein, dass die während der gesamten Betriebszeit erforderlichen Qualifikationen verfügbar sind (Bühner 2005, S. 209f.). Dazu sind Qualifizierungsmaßnahmen durchzuführen, die eine mehrfache Qualifikation der Mitarbeiter bezwecken, mit dem Ziel einer variablen Einsatzmöglichkeit der Mitarbeiter an mehreren unterschiedlichen Arbeitsplätzen (Bühner 2005,

S. 209). Die flexibilitätsorientierte Weiterentwicklung zielt auf die Erhöhung der Varietät von Mitarbeitern, also die Erweiterung des potenziellen Arbeitsspektrums durch Mehrfachqualifikationen. Varietät ist eine der sechs Dimensionen, die Arbeitsplatzmerkmale charakterisieren (Turner und Lawrence 1965; Hackman und Lawler 1971). Es geht dabei in erster Linie um den Aufbau von Multi- und Metakompetenzen und damit um die positive Beeinflussung der Mitarbeiterflexibilität. Hierzu müssen auch die zeitlichen Freiräume geschaffen werden.

Diese flexibilitätsorientierte Weiterentwicklung ist im IT-Umfeld sehr herausfordernd, aufgrund der hohen Spezialisierung des Berufsfelds und der sich stetig ändernden funktionalen Anforderungen. Diese Art der Weiterentwicklung fokussiert die Steigerung der Flexibilität und ist abzugrenzen von allgemeinen Weiterentwicklungsmaßnahmen im Rahmen der Personalentwicklungsplanung oder der individuellen Förderung von einzelnen Mitarbeitern. Die Agilität einer Workforce wird wesentlich beeinflusst durch die Geschwindigkeit, mit der Kompetenzen in einem von raschem technologischen Wandel geprägten Umfeld erlernt werden können (Breu et al. 2002, S. 24; Wright und Snell 1998, S. 764f.). Ohne eine adäquate Weiterbildung entsteht allerdings die Gefahr einer beruflichen Obsoleszenz des Humankapitals. Aus dem Blickwinkel des RBV ist hier gegenzusteuern. Personalressourcen sind mit ihren kognitiven Fähigkeiten in der Lage, durch Weiterbildung der beruflichen Obsoleszenz entgegenzuwirken. Damit wäre auch das RBV-Kriterium der Nichtsubstituierbarkeit erfüllt.

Spezifische Formen der Arbeitsorganisation erhöhen den Spielraum für einen flexiblen Personaleinsatz, was beispielsweise mit Job Rotation, Job Enrichment und Job Engagement erreicht werden kann (Gmür und Thommen 2011, S. 346f.). Diese Funktionen der Arbeitsorganisation gehören zu den "training on the job"-Methoden (DeCenzo und Robbins 2005, S. 205), einer Form des Arbeitsplatztrainings im Kontext innerbetrieblicher Schulungen. Mit Job Rotation wird ein planmäßiger Wechsel von Arbeitsaufgaben und Arbeitsplatz angestrebt (Gmür und Thommen 2011, S. 346f.) mit dem Ziel, die Qualifikationen der Mitarbeiter dahingehend zu erweitern, dass sie für mehr als eine

Position im Unternehmen einsetzbar sind und somit die inhärente Flexibilität zu erhöhen. Diese Form der Arbeitsorganisation impliziert einen systematischen Wechsel von Arbeitsbereichen und Arbeitsaufgaben zwischen mehreren Mitarbeitern. Job Rotation kann horizontal und vertikal erfolgen (DeCenzo und Robbins 2005, S. 206) und ist eine exzellente Methode, um Spezialisten in Generalisten mit einem breiten Spektrum an Qualifikationen zu transformieren (DeCenzo und Robbins 2005, S. 206). Die Arbeitszerlegung bleibt unverändert, lediglich der zeitliche oder örtliche Personaleinsatz und die Aufteilung der Teilaufgaben auf die Mitarbeiter verändern sich (Gmür und Thommen 2011, S. 346).

Job Enlargement (Arbeitserweiterung) zielt auf die horizontale Ausdehnung des Aufgabenspektrums um gleichartige Arbeitsinhalte, was die Mitarbeiter dadurch in die Lage versetzt, verschiedene Arbeitsplätze zu besetzen (Bühner 2005, S. 209f.). Das Ziel ist, der zunehmenden Spezialisierung, gerade im IT-Umfeld, entgegenzuwirken. Diese Maßnahmen implizieren eine Erhöhung der Anzahl der Teilaufgaben bei gleichzeitiger Verminderung der Anzahl der Ausführungen je Teilaufgabe, damit die gesamte Arbeitslast konstant gehalten werden kann. Die Aufgabenbereiche werden dahingehend verbreitert, dass Überlappungen zwischen den Stellen entstehen, die sowohl eine vorübergehende Stellvertretung als auch bei gegenseitiger Überlast einen Ausgleich ermöglichen (Gmür und Thommen 2011, S. 346) und damit bei Kapazitätsspitzen einen Spielraum für Anpassungen einschließen. Empirische Studien bestätigen, dass eine Aufgabenerweiterung nicht zwangsläufig zur Verminderung der Produktivität führen muss (Gmür und Thommen 2011, S. 346f.). Mittels Job Enlargement wird die Anzahl der möglichen Einsatzbereiche der IT-Mitarbeiter erhöht und damit deren funktionale Flexibilität.

Beim Job Enrichment findet eine vertikal orientierte Anreicherung der Arbeit durch Führungsaufgaben statt, was zwangsläufig zu einer verstärkten Delegation führt und somit in eine Entlastung der Führungskräfte mündet (Gmür und Thommen 2011, S. 347). Diese Methode dient in erster Linie der Steigerung der Arbeitszufriedenheit und als Mittel der führungsorientierten Karriereentwicklung. Es kann aber auch eine höhere Mitarbeiterflexibilität erreicht werden, da notwendige Entscheidungen durch die Delegation schneller gefällt werden können. Die empirische Studie[44] von Beltrán-Martín und Roca-Puig (2013, S. 652f.) belegt, dass Job Enrichment einen signifikant positiven Einfluss auf die Flexibilität von Mitarbeitern hat. Die Methoden der Arbeitsplatzanreicherung erweitern also das Spektrum an Handlungsalternativen, für die die IT-Mitarbeiter verantwortlich sind und steigern somit deren Flexibilität.

Die drei diskutierten Formen der Arbeitsorganisation, so ist festzuhalten, unterstützen die Reaktionsfähigkeit insbesondere auf kapazitive Anforderungen im Kontext der IT-Agilität. Dabei muss immer eine ausreichende Redundanz der fachlichen Qualifikationen innerhalb der IT-Funktion gewährleistet werden. Denn es würde wenig nützen, wenn einzelne IT-Mitarbeiter zwar dedizierte Multikompetenzen besitzen, diese sich aber nicht mit denen der anderen IT-Mitarbeitern überlappen. Dann könnten unerwartete Ausfälle nicht kompensiert und Kapazitätsspitzen demzufolge nicht ausgeglichen werden.

Auf Grundlage der zuvor diskutierten Sachverhalte kann folgende Wirkbeziehung postuliert werden:

H_{51}: Je ausgeprägter Maßnahmen zur flexibilitätsorientierten Weiterentwicklung in einer Unternehmens-IT durchgeführt werden, desto höher ist die funktionale und verhaltensorientierte Flexibilität der IT-Mitarbeiter.

4.1.1.4 Zusammenfassung der Ergebnisse

Auf der Grundlage der drei Bedingungen von Gmür und Thommen (2011, S. 337), wurden in den Kapiteln 4.1.1.1 bis 4.1.1.3 drei spezifische Determinanten abgeleitet und deren Bedeutungsinhalte umfassend dargestellt. Ferner wurden Hypothesen abgeleitet, die die kausalen Wirkzusammenhänge zwischen der jeweiligen Determinante und der Dimension abbilden.

---

[44] Die Ergebnisse basieren auf einer schriftlichen Befragung von Vertriebsleitern aus verschiedenen spanischen Unternehmen (63 % produzierende Unternehmen, 37 % aus dem Dienstleistungssektor). Es wurde eine Stichprobengröße von 226 erreicht.

Abbildung 10 zeigt die begründeten Zusammenhänge in grafischer Form und umreißt die zentralen Facetten der Komponenten.

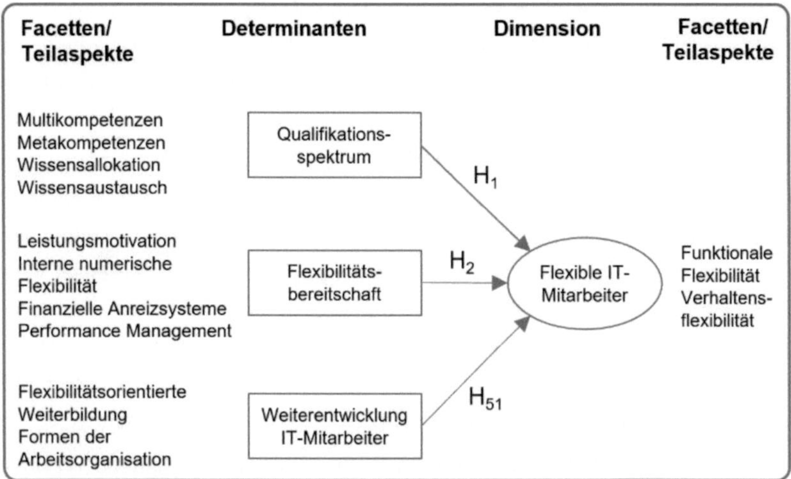

Abbildung 10: Determinanten der Dimension Flexible IT-Mitarbeiter

Tabelle 6 fasst die grundlegenden Sachverhalte der Konstrukte zusammen. Diese bilden einerseits die inhaltliche Basis für deren Verbalisierung in Form von Indikatoren im Rahmen der Konstrukt-Operationalisierung in Kapitel 5.5.2 und andererseits die Grundlage für die Entwicklung valider Kennzahlen in Kapitel 6.2.3.1.

Teilaspekt/ Facette des Konstrukts	Beschreibung	Quellen
Dimension Flexible IT-Mitarbeiter		
Funktionale Flexibilität	Anzahl der möglichen Einsatzbereiche, die ein Mitarbeiter mit seinen Kompetenzen einnehmen kann ohne Anpassung der Qualifikationen Strategie der internen Arbeitsflexibilität	(Beltrán-Martín et al. 2009, S. 1580ff.; Bhattacharya 2005, S. 629; Gmür und Thommen 2011, S. 337ff.; Mesu 2013, S. 122; Wright und Snell, 1998, S. 764)
Verhaltens-flexibilität	Fähigkeit eines Menschen, sein persönliches Verhalten an veränderte Situationen im Sinne des Unternehmens anzupassen Fähigkeit ist abhängig von spezifischen Persönlichkeitsmerkmalen	(Beltrán-Martín et al. 2008, S. 1035ff.; Bhattacharya 2005, S. 625f)
Determinante Qualifikationsspektrum		
Multi-kompetenzen	Breites Spektrum an Fachkompetenzen Erhöhung der Menge der potenziellen Handlungsoptionen für den Personaleinsatz Unternehmerische bzw. organisatorische Kompetenzen, insbesondere ausgeprägtes Wissen über Geschäftsprozesse, Produkte und Geschäftsmodelle Schnelligkeit, mit der IT-Mitarbeiter ihre Kompetenzen erweitern können	(Barney und Wright 1997, S. 12f.; Bullen et al. 2009, S. 136ff.; Byrd und Turner 2004, S. 38; Fink und Neumann 2007, S. 443; Gmür und Thommen 2011, S. 337ff.; Luftman und Kempaiah 2007, S. 133; Wright und Snell 1998, S. 767)
Meta-kompetenzen	Generelle Problemlösefähigkeiten Individuelle Sozialkompetenz Hohe Geschwindigkeit ihrer Anwendung Projektmanagement Soft Skills	(Bottani 2009, S. 216; Breu et al. 2002, S. 22; Gmür und Thommen 2011, S. 338; Golden und Powell 2000, S. 379; Joseph 2010, S. 149; Klaus, 2010; Luftman und Kempaiah 2007, S. 136; Robles 2012, S. 457; Van Oosterhout 2010, S. 55)
Wissens-allokation und Wissens-austausch	Ziel ist es, die richtigen Informationen zur richtigen Zeit zu den richtigen Personen zu bringen Nutzungsgrad der allgemein verfügbaren Wissensmanagement-Werkzeuge (Kodifizierungsstrategie) Maß an Bereitschaft der Mitarbeiter, ihr Wissen an andere Mitarbeiter zu übertragen, auch über Abteilungs- und Hierarchieebenen hinweg (Interaktionsstrategie)	(Breu et al. 2002, S. 27f.; Dove 1999, S. 16; Goldman et al. 1995, S. 42f.; Overby et al. 2006, S. 121; Roberts 2000, S. 115f.; Seo et al. 2006, S. 581; Van Oosterhout 2010, S. 26; Wadwha und Rao 2003, S. 125)

Teilaspekt/ Facette des Konstrukts	Beschreibung	Quellen
Determinante Flexibilitätsbereitschaft		
Bestandteil der Leistungs-motivation	Bereitschaft der Personalressourcen zur Einsatzflexibilität in verschiedenen Arbeitsbereichen Bereitschaft der IT-Mitarbeiter, sich neue Kompetenzen und Fähigkeiten anzueignen	(Grote 2001, S. 42; Guest 1987, S. 514; Mowday 1979, S. 228)
interne numerische Flexibilität	Personalbewegung für die Deckung kurzzeitiger Bedarfsspitzen Bereitschaft der Mitarbeiter, ihre Arbeitszeiten im Sinne des Unternehmens kurzfristig anzupassen (z. B. Mehrarbeit)	(Bühner 2005, S. 71; Mesu 2013, S. 122; Mowday 1979, S. 228)
Finanzielle Anreiz-systeme	Variable leistungsorientierte finanzielle Anreizsysteme Voraussetzung für die Flexibilitätsbereitschaft von Mitarbeitern	(Bhattacharya 2005, S. 626; Beltrán-Martín und Roca-Puig 2013, S. 647; Gmür und Thommen 2011, S. 339)
Performance Management	Schaffung einer starken Identifikation mit den Zielen der Organisation Eingesetzt und zum Aufbau von Leistungsmotivation Führen durch Zielvereinbarung	(Beltrán-Martín et al. 2013, S. 651; Gmür und Thommen 2011, S. 20; Wright und Snell 1998, S. 762)
Determinante Weiterentwicklung IT-Mitarbeiter		
Flexibilitäts-orientierte Weiterbildung	Erweiterung des potenziellen Arbeitsspektrums durch Mehrfachqualifikationen Vielfältige Einsatzmöglichkeiten aufgrund von Qualifizierungsmaßnahmen	(Bühner 2005, S. 209f; Breu et al. 2002, S. 24; Wright und Snell 1998, S. 764f.)
Formen der Arbeits-organisation	"training on the job"-Methoden Job Rotation, Job Enrichment und Job Engagement Hoher Spielraum für den flexiblen Personaleinsatz	(DeCenzo und Robbins 2005, S. 20; Gmür und Thommen 2011, S. 346f)
Redundanz der Kompetenzen	Möglichst hohe Redundanz der Kompetenzen zwischen den IT-Mitarbeitern	(Hoyt et al. 2007, S. 1594)
Geschwindig-keit	Schnelle Weiterentwicklung der Kompetenzen der IT-Mitarbeiter	(Bühner 2005, S. 95f.)

Tabelle 6: Aspekte der Dimension Flexible IT-Mitarbeiter und deren Determinanten

Die zentralen Sachverhalte der Dimension Flexible IT-Mitarbeiter wurden auf Grundlage der Diskussion aus Kapitel 3.5.1 abgeleitet.

4.1.2 Determinanten der Dimension Agiles IT-Workforce Management

Auf der Basis der durchgeführten Literaturanalyse werden im nachfolgenden Kapitel spezifische Einflussfaktoren vorgestellt, die potenziell eine flexible Koordination hinsichtlich der Akquirierung und der Nutzung flexibler Ressourcen unterstützen. Hier werden insbesondere die IT-Personalplanung, die IT-Mitarbeiterbindung und die IT-Personalbeschaffung detailliert beleuchtet. Dabei soll die Angemessenheit ihrer Verwendung als Determinanten für ein agiles IT-Workforce Management eingehend plausibilisiert werden.

4.1.2.1 IT-Personalplanung

Die operativen Maßnahmen der IT-Personalplanung haben im Wesentlichen den Personalbestand in quantitativer, qualitativer, örtlicher und zeitlicher Hinsicht an den Personalbedarf anzupassen (Bühner 2005, S. 29). Das Ziel ist, dass zu jeder Zeit die richtige Anzahl von IT-Mitarbeitern mit der richtigen Qualifikation und Motivation zur richtigen Zeit am richtigen Ort zur Verfügung stehen (DeCenzo und Robbins 2005, S. 122). Dieses Ziel entspricht grundsätzlich den Aspekten der in Kapitel 2.2.2.4 aufgestellten Definition der IT-Agilität für die Komponente IT-Personal und impliziert daher, dass die IT-Personalplanung einen signifikanten Einfluss besitzen könnte, um im Zuge eines agilen IT-Workforce Managements schnelle Reaktionen auf kapazitive und funktionale Anforderungen zu ermöglichen. Die Planung deckt hauptsächlich proaktive Aspekte der IT-Agilität ab. Für die Planungsaktivitäten sollten die relevanten Einsatzbereiche der IT-Mitarbeiter jederzeit abrufbar sein. Ferner sollten die notwendigen Maßnahmen, denkbare Schwierigkeiten und vor allem der Zeitaufwand transparent sein, um die IT-Mitarbeiter schnell von einer Aufgabenstellung zur anderen transferieren zu können (Sanchez 1997, S. 73ff.). Die Personalplanung ist das wichtigste Element bei der erfolgreichen Umsetzung unternehmerischer Personalarbeit (DeCenzo und Robbins 2005, S. 122). Die Personalentwicklungs-, Personalbedarfs- und Personaleinsatzplanung stellen die wesentlichen Bestandteile der Personalplanung dar.

Mit der Personalbedarfsplanung bereitet sich das Unternehmen auf Veränderungen vor, die mittel- und langfristig erwartet werden. Es umfasst alle Maßnahmen, mit denen die mittel- und langfristig benötigten Kompetenzen möglichst exakt prognostiziert werden können, wobei sich jede Bedarfserklärung aus vier Aspekten zusammensetzt, nämlich dem qualitativen, quantitativen, zeitlichen und örtlichen Bedarf (Gmür und Thommen 2011, S. 249). Ein zentrales Element der Personalbedarfsplanung bildet die Prognose des Bruttopersonalbedarfs. Der Plan-Bruttopersonalbedarf umfasst alle Arbeitsmengen (quantitative Planung), die in zukünftigen Perioden zu leisten sind, differenziert nach Qualifikationsgruppen (qualitative Planung) und umgerechnet in eine Anzahl von Mitarbeitern (Bühner 2005, S. 56). Ausgehend von strategischen Zielen und den Leistungsprozessen des Unternehmens werden die Anforderungen an das Personal in Form einer Sekundärplanung abgeleitet, da der Bedarf aufgrund von Informationen und Planzahlen aus anderen Funktionsbereichen bestimmt wird (Gmür und Thommen 2011, S. 255). Die dynamische Marktentwicklung und die hohe Innovationsgeschwindigkeit im IT-Umfeld stellen dabei eine besondere Herausforderung dar, da die bereits vorhandenen Qualifikationen bei den IT-Mitarbeitern relativ schnell veralten und neue Qualifikationsgruppen im Zuge der qualitativen Planung berücksichtigt werden müssen.

Die Personalbedarfsplanung unterstützt die Koordinierung der IT-Workforce. Dadurch können potenzielle Personalbedarfe besser antizipiert werden. Die Güte der sekundären Personalplanung wird idealerweise von einem effizienten IT-Business-Alignment begleitet, als stetige, gegenseitige Abstimmung zwischen den Fachbereichen und der Unternehmens-IT. Die Personalbedarfsplanung erlangt dadurch Erkenntnisse zur Handhabung gegenwertiger und zukünftiger personeller Engpässe. Für die Schätzung des Personalbedarfs existieren verschiedene Methoden, die in der Literatur in zwei Hauptgruppen kategorisiert werden. Vergangenheitsbezogene Methoden nutzen bestehende Datenbestände und berechnen den zukünftigen Personalbedarf mit Hilfe von statistischen Methoden, Trendanalysen oder anderen Schätzmethoden auf

Grundlage von bisherigen Erfahrungen. Die zweite Gruppe umfasst nicht vergangenheitsbezogene Modelle, beispielsweise die Szenario-Technik oder Expertenbeurteilungen. Die Unterscheidung ist jedoch irreführend, da jede rationale Prognosemethode immer nur auf vergangenen Daten und Trends aufbaut. Die einzige Alternative zur Vergangenheitsfortschreibung ist der Aufbau von Flexibilität, um jederzeit schnell auf unerwartete Entwicklungen reagieren zu können (Gmür und Thommen 2011, S. 251), was dem zentralen Aspekt der Agilität entspricht.

Die Grundvoraussetzung für alle Bedarfsschätzungen ist die Kenntnis der zum Planungszeitpunkt vorhandenen Kompetenzen innerhalb der Unternehmens-IT. Um diesbezüglich Auswertungen zu ermöglichen, sollte für alle Mitarbeiter ein aktuelles Kompetenzprofil vorhanden sein, das Informationen über die jeweiligen Fähigkeiten der Person enthält (DeCenzo und Robbins 2005, S. 125). Idealerweise sind derartige Kompetenzprofile in Datenbanken abgelegt oder anderen maschinenlesbaren Repositorien. Mit diesen Informationen ist im Rahmen der Personalbedarfsplanung ein Soll-Ist-Vergleich der Kompetenzen möglich, als Grundlage für die daraus resultierenden Aktivitäten und Maßnahmen. Eine effiziente Personalbedarfsplanung erhöht die Reaktionsschnelligkeit und verbessert die Anpassung der Fähigkeiten der IT-Mitarbeiter an den konkreten und zukünftigen Bedarf. Mit der zyklischen Überprüfung von Projektbesetzungen im Zuge der Personalbedarfsplanung können weitere positive Nebeneffekte erzielt werden. Überstunden, die angesichts ungenügend aufgestellter Teams entstehen, können dadurch erheblich reduziert werden und somit zu einer Verbesserung der Arbeitsbedingungen führen. Ergebnisse einer Studie belegen, dass eine kapazitive Überlastung von IT-Mitarbeitern aufgrund unzureichender Personalressourcen oft in höhere Fluktuation mündet (Moore 2000, S. 158). Die Personalbedarfsplanung bildet außerdem die Grundlage für weitere Planungsaktivitäten. Ferner ist die Bedarfsplanung eine wichtige Eingangsgröße für ein effizientes Recruiting (Sedlack 2011, S. 84) und unterstützt außerdem Strategien für die Fremdvergabe (engl. „Outsourcing“) von IT-Leistungen (Frazzetto 2011, S. 102).

Die Personalentwicklungsplanung ermittelt qualitative Bedarfsveränderungen und beinhaltet die planmäßige Erweiterung der fachlichen, methodischen, sozialen und persönlichen Kompetenzen der Mitarbeiter im Hinblick auf Organisations- und Individualziele (Bühner 2005, S. 95). Sie ist die Grundlage für die Durchführung von Qualifizierungsmaßnahmen zur Sicherung der rechtzeitigen Verfügbarkeit der benötigten kompetenten Mitarbeiter und dient somit einer langfristigen Sicherstellung der Kongruenz von betrieblichen Anforderungen und notwendigen Kompetenzen (Bühner 2005, S. 95). Die Personalentwicklungsplanung setzt dabei idealerweise auf den Ergebnissen einer Personalbedarfsplanung auf. Die Personalentwicklung kann deshalb als eine natürliche Erweiterung der strategischen Bedarfsplanung interpretiert werden (DeCenzo und Robbins 2005, S. 226). Der Fokus liegt auf den zu erwartenden funktionalen Änderungen, wodurch proaktive Aspekte im Hinblick auf die IT-Agilität sichtbar werden. So steigt die Wahrscheinlichkeit, dass die benötigten Kompetenzen rechtzeitig zur Verfügung stehen, um auf wechselnde funktionale Anforderungen an das IT-Personal reagieren zu können (DeCenzo und Robbins 2005, S. 226). Aufgrund der hohen Innovationsgeschwindigkeit können sich die Kompetenzen der IT-Mitarbeiter oft nicht allein durch Berufserfahrung verbessern, was die Gefahr der beruflichen Obsoleszenz erhöht (Ang et al. 2011).

Am Anfang der Planungsaktivitäten steht die Analyse des Entwicklungsbedarfs. Zunächst wird entschieden, welche Kompetenzen im Sinne einer Make-or-Buy-Entscheidung entweder selbst entwickelt oder über Recruiting vom externen Markt bezogen werden (Snell und Dean 1992, S. 169). Diese Entscheidungen und der daraus resultierende Personalentwicklungsbedarf sind abhängig von mehreren externen und internen Faktoren. Zu den externen Einflussgrößen gehören der technologische Wandel, die Arbeitsmarktsituation und die Berufsstruktur (Bühner 2005, S. 96). Gerade der Fachkräftemangel in verschiedenen IT-Bereichen zwingt Unternehmen oft dazu, die eigenen IT-Mitarbeiter weiterzubilden, um die aktuellen und zukünftig benötigten Kompetenzen sicherzustellen (Luftman und Kempaiah 2007, S. 133). Die Berufsbilder im heutigen dynamischen Umfeld sind komplexer geworden und damit auch die Wichtigkeit von Training und Weiterbildung (DeCenzo und Robbins 2005, S. 203). Die Qualifikationsanforderungen der IT-Mitarbeiter ändern sich stetig und stellen für die Personalentwicklungsplanung eine große Herausforderung dar, so dass diese zum kritischen Erfolgsfaktor wird. Übereinstimmend mit der Personalbedarfsplanung ist auch bei der Personalentwicklungsplanung das Vorhandensein von Kompetenzprofilen bzw. Kompetenzbilanzen erforderlich, um die Planungsaktivitäten möglichst exakt und effizient zu gestalten. Ein Bestandteil der Personalentwicklungsplanung ist zudem die Unterstützung im proaktiven Aufspüren von innovativen Schlüsselkompetenzen. Die Zusammenarbeit mit internen Scientific Communities sowie Partnerschaften mit Universitäten kann hier wertvoll sein und wird deshalb heute schon von vielen IT-Organisationen praktiziert (Luftman und Kempaiah 2007, S. 137). Personalentwicklung unterstützt überdies den Aufbau einer langfristig orientierten Personalstrategie (Agarwal und Ferratt 2001, S. 60).

Die Personaleinsatzplanung optimiert die Zuordnung zwischen den IT-Mitarbeitern und den Stellen im Leistungssystem des Unternehmens (Bühner 2005, S. 30). Damit wird ein wesentlicher Aspekt der strategischen Flexibilität abgedeckt, nämlich wie schnell den Mitarbeitern mit ihren unterschiedlichen Qualifikationsspektren andere Aufgaben innerhalb der Wertschöpfungskette zugewiesen werden können (Wright und Snell 1998, S. 764f.). Hier ist vor allem die Reaktionsflexibilität auf Änderungen von Bedeutung, und damit ist die Flexibilität als normative Zielsetzung ein wichtiges Kriterium für die Planung des Personaleinsatzes (Bühner 2005, S. 122). Im Kontext der IT-Agilität werden hier kurzfristige reaktive Aspekte angesprochen. Auf veränderte funktionale und kapazitive Anforderungen der Fachbereiche muss idealiter in Echtzeit reagiert werden können.

Die Schnelligkeit, wie diese Zuordnung von internen oder externen IT-Mitarbeitern auf konkrete Personalanforderungen bewerkstelligt werden kann, sowie die Kongruenz zwischen den erforderlichen Qualifikationsanforderungen der Stelle und den Kompetenzen des zugeordneten IT-Mitarbeiters stellen Gütekriterien für den effizienten Personaleinsatz dar. In Übereinstimmung mit der Personalbedarfsplanung würde die Verwendung von maschinell auswertbaren Kompetenzprofilen vorteilhaft sein. Suchfunktionalitäten könnten genutzt werden, um die besten internen oder externen Kandidaten zu finden. Die Effizienz der Personaleinsatzplanung hängt insbesondere von der strategischen Ausrichtung der Unternehmens-IT bezüglich der Professionalität und Flexibilität seiner IT-Mitarbeiter ab. So kann die Mehrzahl der IT-Mitarbeiter aus Spezialisten bestehen, die ein relativ kleines Arbeitsspektrum abdecken, aber in ihrem spezifischen Bereich äußerst professionell arbeiten. Aufgrund der hohen Spezialisierung sind die Spielräume in der Personaleinsatzplanung dann begrenzt (Gmür und Thommen 2011, S. 336). Gerade die hohe Spezialisierung und Vielfältigkeit des Berufsfeldes im IT-Umfeld wirken hier verschärfend. Dagegen sind flexible Mitarbeiter aufgrund des breiten Qualifikationsspektrums im Sinne der Personaleinsatzplanung relativ schnell in anderen Arbeitsbereichen einsetzbar, etwa als Reaktion auf unvorhergesehene Änderungen. Dies ist jedoch mit dem Nachteil verbunden, dass die Effizienz innerhalb der zugewiesenen Arbeitsaufgabe geringer sein kann – im Vergleich zu ausgewiesenen Spezialisten. Das Dilemma zwischen professioneller und flexibler Effizienz ist prinzipiell unauflöslich bzw. verursacht erhebliche Kosten (Gmür und Thommen 2011, S. 337). Durch hohe professionelle Effizienz kann es im Rahmen der Personaleinsatzplanung häufiger vorkommen, dass insbesondere ungeplante Personalanforderungen nicht mit dem bestehenden Personalstamm erfüllt werden können und deshalb an das Recruiting oder Outsourcing weitergeleitet werden müssen, was den Prozess verlangsamt. Es existieren verschiedene Verfahren für die Personaleinsatzplanung, wie beispielsweise die Profilvergleichsmethode. Durch den Vergleich des Anforderungsprofils der Stelle oder Arbeitsaufgabe mit den Fähigkeitsprofilen der zur Verfügung stehenden IT-Experten wird auf den Eignungsgrad von Mitarbeitern geschlossen, die für die Besetzung in Frage kommen (Bühner 2005, S. 130).

Personalplanung kann nicht isoliert durchgeführt werden, sondern muss mit der strategischen Ausrichtung des Unternehmens korrespondieren (DeCenzo und Robbins 2005, S. 125). Ausgehend von strategischen Zielen werden durch das Sammeln und Analysieren von Anforderungen der Fachbereiche die konkreten Anforderungen an das IT-Personal abgeleitet (Gmür und Thommen 2011, S. 250). Ausgehend von diesem Fundament können dann die zukünftigen qualitativen, quantitativen, zeitlichen und örtlichen Bedarfe prognostiziert werden. Deshalb wird das IT Business Alignment von CIOs als kritisch für die Zukunftssicherung des Unternehmens eingestuft (Capgemini 2012, S. 29). Dies bestätigen auch die Ergebnisse vieler SIM-Umfragen, bei denen bis auf wenige Ausnahmen IT Business Alignment das Topthema auf der Top-10-Prioritätenliste der wichtigsten Themen darstellt (Luftman und Kempaiah 2008, S. 101). IT Business Alignment findet auf zwei Ebenen statt. Die strategische Ebene bezieht sich auf die Abstimmung von Geschäftsstrategien und IT-Strategien im Zusammenhang mit der Festlegung von Visionen, Zielen und strategischen Planungen (Chan et al. 2006, S. 27). Dabei ist zu beachten, dass man die IT-Strategie nicht an eine bereits definierte Geschäftsstrategie anpasst, sondern beide Strategien in einem koevolutionären Ansatz gemeinsam entwickelt (Luftman und Ben-Zvi 2009, S. 51) und damit die Unternehmens-IT die Rolle eines Partners und Innovators einnimmt (Roepke et al. 2000, S. 327). Die operative Ebene zielt auf die Abstimmung der implementierten IT-Infrastrukturen (z. B. Technologien, Anwendungen und Services) mit den zu unterstützenden Geschäftsstrukturen und Geschäftsprozessen ab (Henderson und Venkatraman 1999, S. 476; Gerow et al. 2014, S. 1161). Diesbezüglich wird außerdem auf die informelle Beziehungsstruktur zwischen IT und Fachbereichen abgehoben, als Grundlage für die gemeinsame Zusammenarbeit und den zukünftigen Wissensaustausch (Zhou et al. 2018, S. 695). Die ISR-Literatur betont vielfach die fundamentale Bedeutung eines IT Business Alignments für die Effektivität einer Unternehmens-IT, was auch zahlreiche Studien bestätigen (Chan 2002, S. 98). Melarkode (2004, S. 45ff.) hebt zudem die Wichtigkeit verschiedener Elemente des IT Business Alignments für die IT-Agilität hervor. Eine Fallstudie untersucht, welche konkreten Voraussetzungen geschaffen werden müssen, um eine vorteilhafte Abstimmung zwischen der IT-Funktion und den Fachbereichern zu generieren (Chan 2002, S. 100):

- Kommunikation und gemeinsames Verständnis zwischen IT und den Fachbereichen,
- zwischen IT und Fachbereichen abgestimmte Strategien, Visionen und Prioritäten (Fink und Neumann 2007, S. 452; Luftman and Kempaiah 2008, S. 109),
- gemeinsamer Planungsprozess zwischen IT und Fachbereichen, der in abgestimmte Teilplanungen mündet (Fink und Neumann 2007, S. 452; Luftman and Kempaiah 2008, S. 109) und
- Unterstützung und Commitment der Fachbereiche für IT-Initiativen.

Diese Form der Abstimmung muss im Sinne der Agilität dynamisch koordiniert werden, um auf unerwartete Änderungen im Marktumfeld adäquat reagieren zu können (Liang et al. 2017, S. 869). Im Kontext der vorliegenden Arbeit wird auf die potenzielle Unterstützung der Personalplanung abgehoben. Es ist dabei sicherzustellen, dass zwischen den Zielsystemen von Unternehmen und IT eine hohe Kompatibilität vorliegt und dass damit die eingesetzten IT-Systeme zu den definierten Strukturen, Methoden und Geschäftsprozessen passen (Keller und Masak 2008). Unter dem kognitivem IT Alignment wird dabei die gemeinsame Ausrichtung der Ziele, Werte und Visionen verstanden, während beim strategischen IT Alignment die Abstimmung zwischen Businessstrategie und IT-Strategie im Fokus steht (Termer et al. 2014).

Auf der Grundlage der zuvor diskutierten Elemente der Personalplanung kann nachfolgende Wirkbeziehung postuliert werden:

H_3: Je effektiver die Methoden der Personalplanung in einer Unternehmens-IT eingesetzt werden, desto agiler kann das Management der IT-Workforce gestaltet werden.

4.1.2.2 IT-Mitarbeiterbindung

Die IT-Mitarbeiterbindung ist eine weitere wichtige Determinante, um im Zuge eines agilen Workforce Managements den Zugriff auf einen ausreichend großen Pool an flexiblen Ressourcen zu realisieren. Für eine Unternehmens-IT ist es deshalb von zentraler Bedeutung, die Fluktuation von hochqualifizierten Experten mit breiten Qualifikationsspektren zu minimieren, insbesondere im Hinblick auf den Fachkräftemangel (Dämon 2016). Die stetig steigende IT-Durchdringung verschärft die Situation nachhaltig, denn diese impliziert ein hohes Maß an organisationsspezifischem Wissen, das nicht auf dem externen Markt eingekauft werden kann. Personalressourcen mit hohen kognitiven Fähigkeiten und detailliertem organisationsspezifischen Wissen gelten aus Sicht des RBV als besonders wertvoll. Diese Mitarbeiter im Unternehmen zu halten, muss deshalb eine hohe Priorität einnehmen, auch, um eine adäquate Reaktionsfähigkeit auf funktionale und kapazitive Änderungen aus Sicht der IT-Agilität sicherzustellen.

Die Fähigkeit, Talente anzuziehen und langfristig zu binden, wird zunehmend ein Schlüsselthema für Unternehmen weltweit (Hiltrop 1999, S. 422). Diese Aussage gilt für viele Branchen, aber insbesondere für die Informationstechnologie. Eine empirische Studie[45] belegt, dass die Mitarbeiterfluktuation in der IT-Branche sehr hoch ist (Bernthal und Wellins 2001, S. 7) und stellt deshalb eine der größten Herausforderungen für IT-Organisationen dar (Joseph et al. 2007, S. 547, Luftman und Kempaiah 2007, S. 136). Gerade die Personalbindung von IT-Experten ist zudem wegen der flankierenden Rahmenbedingungen des IT-Arbeitsmarktes von strategischer Bedeutung für Unternehmen (Ang und Slaughter 2004, S. 11; Luftman und Kempaiah 2007, S. 137; Moore und Burke 2002, S. 73), was dazu führt, dass dieses Problem in vielen CIO-Umfragen als sehr signifikant angesehen wird (Josefek und Kauffman 2003, S. 87f.). Deshalb ist die Fähigkeit, besonders wertvolle IT-Mitarbeiter langfristig an die Unternehmens-IT zu binden, von besonderer Bedeutung. Die Situation wird durch den stetig steigenden Bedarf an IT-Experten bei gleichzeitiger Reduktion der am Markt verfügbaren Ressourcen

[45] Die Ergebnisse basieren auf einer weltweit durchgeführten schriftlichen Befragung von Mitarbeitern aus 118 Großunternehmen. Dabei wurde eine Stichprobengröße von 745 erreicht.

verschärft (Luftman und Kempaiah 2007, S. 129). Aufgrund der stetig wachsenden IT-Durchdringung wächst die Kritikalität bezüglich der Fähigkeit, IT-Spezialisten zu binden, um die gesetzten strategischen Ziele erfüllen zu können (Moore 2000, S. 141). Die Signifikanz des Themas wird durch eine SIM-Umfrage von 2007 (Luftman und Kempaiah 2008, S. 99) bestätigt. Die an der Umfrage beteiligten IT-Führungskräfte setzten das Thema IT-Mitarbeitergewinnung und -bindung (engl. „Attracting, developing, and retaining IT professionals") an die Spitze der Prioritätenliste.

Die vornehmliche Zielstellung der Maßnahmen zur Mitarbeiterbindung ist es, die unerwünschte Mitarbeiterfluktuation zu minimieren. Zawacki (2000) listet die Faktoren auf, die IT-Manager bei einem Programm zur Verbesserung der Mitarbeiterbindung berücksichtigen sollten:

- Führungsstärke zeigen, gerade in einem turbulenten Umfeld mit vielen Änderungen,
- persönliche Weiterentwicklung und definierte Karrierepfade,
- Weiterbildung im technologischen Umfeld ermöglichen,
- Wettbewerbsfähigkeit bezüglich des Gehalts und der Zusatzleistungen sicherstellen mit einem regelmäßigen Benchmarking,
- Lob und Anerkennung für die Mitarbeiter sowie deren Wünsche und Probleme berücksichtigen.

Eine SIM-Umfrage des Jahres 2006 liefert ähnliche Ergebnisse, konkretisiert in einer Top-6-Liste zur Steigerung der Mitarbeiterbindung (Luftman und Kempaiah 2007, S. 137):

- Offene und aufrichtige Kommunikation,
- gutes Verhältnis zwischen Führungskräften und Mitarbeiter,
- vertrauensvolle Arbeitsatmosphäre sicherstellen,
- herausfordernde Arbeitsaufgaben,
- Möglichkeiten der Weiterentwicklung und
- eine ausgewogene Work-Life-Balance

Die aufgeführten Punkte aus den beiden Studien lassen sich in die zwei Bereiche Führungskultur und HR-Verfahren kategorisieren. Wenn eine Unternehmens-IT ihren Mitarbeitern in diesem Zusammenhang nur relativ wenig anbieten kann, ist die Wahrscheinlichkeit eines Arbeitsplatzwechsels groß (Luftman und Kempaiah 2008, S. 100). Prinzipiell geht es um den Aufbau einer adäquaten Arbeitskultur, um die wertvollen IT-Mitarbeiter langfristig zu binden. Unter Personalbindung versteht man das Management personalbezogener Risiken, mit dem Ziel, den möglichen Verlust von Wissens-, Potenzial- und Leistungsträgern, auf denen der gegenwärtige Erfolg und die strategischen Entwicklungsperspektiven des Unternehmens aufbauen, zu verhindern (Gmür und Thommen 2011, S. 227). Erfolgreiche Personalbindung geht über die Verhinderung unerwünschter Fluktuation weit hinaus. Denn nicht die Bindung der Mitarbeiter als Personen ist das eigentliche Ziel der Bindung, sondern die Erhaltung der Kompetenzen und Motivationen (Gmür und Thommen 2011, S. 227).

Die Signifikanz für ein spezifisches Unternehmen wird wesentlich von dessen IT-Personalstrategie beeinflusst, nämlich der Gewichtung der personalpolitischen Instrumente auf Grundlage des Abhängigkeitsgrades von seinen Leistungs- und Potenzialträgern und der damit implizierten kurz- oder langfristigen Ausrichtung. Luftman und Kempaiah (2007, S. 133f.) argumentieren, dass, wann immer talentierte und wertvolle IT-Mitarbeiter eine Organisation verlassen, nicht nur Kosten für die anschließende Personalbeschaffung entstehen, sondern auch Kosten aufgrund des verloren gegangenen organisatorischen Wissens. Konkret differenzieren die Autoren zwischen zwei Kostenkomponenten der Fluktuation, nämlich den direkten Kosten, verbunden mit dem Recruiting-Prozess für neue IT-Mitarbeiter, und den indirekten Kosten der kapazitiven Unterdeckung, verursacht durch Überstunden der anderen Mitarbeiter. Wenn IT-Experten die Organisation verlassen, ist die Anzahl der potenziell zur Verfügung stehenden personellen Ressourcen mit ihren spezifischen Qualifikationen geringer und kann zu Verzögerungen bei der Reaktion auf IT-spezifische Anforderungen der Fachbereiche führen (Moore 2002, S. 73).

Neben den finanziellen Aspekten kann Fluktuation auch zu einem Verlust von organisationaler Kohäsion und Dynamik führen, denn der innere Zusammenhalt eines Teams oder eines Unternehmens und seine dynamische Kraft werden nicht selten von wenigen einzelnen Personen erhalten und immer wieder neu gestärkt, und mit deren Rückzug oder Weggang kann es zu einem allmählichen Zusammenbruch dieser Einheiten kommen (Gmür und Thommen 2011, S. 230f.). Diese Art der sozialen Komplexität ist eine wichtige Determinante im Kontext des RBV. Die Gartner Group schätzt die Kosten für den Verlust eines IT-Experten auf das Zweieinhalbfache des jährlichen Gehalts (Luftman und Kempaiah 2007, S. 136).

Fluktuation hat aber nicht nur negative, sondern auch positive Aspekte. Neue Mitarbeiter bringen neue Impulse, frische Ideen und neues technisches und fachliches Knowhow in das Unternehmen. Gerade in Hinblick auf die Innovationsgeschwindigkeit und die starke Differenzierung des Berufsfelds kann eine moderate Fluktuation auch positive Auswirkungen mit sich bringen. Die Stärke der individuellen Bindung zum Unternehmen wird wesentlich beeinflusst durch die Arbeitszufriedenheit des Mitarbeitenden und der Identifikation mit dem Unternehmen selbst. Mowday (1979, S. 226) differenzierte die beiden Einflussgrößen dahingehend, dass das Commitment die emotionale Bindung des Mitarbeiters zu dem Unternehmen sowie dessen Ziele und Werte darstellt und somit als höherwertiger anzusehen ist im Vergleich zur Arbeitszufriedenheit des Mitarbeiters, die sich eher auf die konkrete Arbeitsumgebung oder Arbeitsaufgabe bezieht. Gmür und Thommen (2011, S. 232) klassifizieren verschiedene Bindungsmuster, wie nachstehend tabellarisch dargestellt.

BINDUNGSMUSTER	BESCHREIBUNG
Bindung durch affektives Commitment	Bindung beruht hier auf Affekten und Emotionen wie z. B. Freude, Stolz, Zuneigung und Dankbarkeit, begründet durch beispielsweise attraktiv empfundene Produkte des Unternehmens sowie freundschaftliche Beziehungen zu Vorgesetzten und Kollegen, wenn diese Beziehungen in engem Zusammenhang zur Berufstätigkeit stehen.
Bindung durch normatives Commitment	Der Mitarbeiter fühlt sich dem Unternehmen, seinen Werten und Zielen oder den übrigen Beschäftigten gegenüber loyal verpflichtet.
Bindung durch kalkulatives Commitment	Die Bindung des Mitarbeiters an das Unternehmen ist das Ergebnis einer Abwägung von Vor- und Nachteilen der aktuellen Beschäftigung im Vergleich mit anderen Stellenangeboten.

Tabelle 7: Bindungsmuster
Quelle: In Anlehnung an Gmür und Thommen (2011, S. 232)

Dabei zeigen empirische Untersuchungen, dass eine Person, die stolz auf ihr Unternehmen ist und mit Freude im Team arbeitet, mit großer Wahrscheinlichkeit auch eine loyale Verpflichtung empfindet, sich für das Unternehmen zu engagieren (Gmür und Thommen 2011, S. 234). Eine Reihe von weiteren Untersuchungen konnte zeigen, dass Beschäftigte mit einem starken affektiven oder normativen Commitment eine deutlich geringere Fluktuationsrate sowie eine höhere Arbeitsleistung aufweisen (Gmür und Thommen 2011, S. 234). Viele Studien zur Mitarbeiterbindung liefern äquivalente Erkenntnisse. Mitarbeiter kündigen, weil sie voraussichtlich bei anderen Unternehmen einen besseren Mix aus materiellen und immateriellen Leistungen erhalten bzw. eine bessere Arbeitskultur erwarten (Ryan 2002, S. 18). Als Konsequenz müssen HR-Verantwortliche die Ursachen und Beweggründe für Fluktuation erkennen, um adäquat gegenzusteuern, denn die meisten IT-Leiter sehen es sehr kritisch, wenn Leistungsträger unerwartet kündigen, mit all den negativen Begleiterscheinungen für die Unternehmens-IT (Josefek 2003, S. 87f.). Eine Studie von Bernthal und Wellins (2001, S. 20) hat erwiesen, dass viele HR-Verantwortliche daran gescheitert sind, die wahren Gründe für Fluktuation zu verstehen, insbesondere die nicht-monetären Faktoren. Aus diesem Grund sollte der Fokus nicht darauf liegen, Fluktuation durch immer höhere monetäre Leistungen zu begegnen, sondern bei der Definition von Strategien den Input der eigenen IT-Mitarbeiter zu berücksichtigen, um die richtigen Entscheidungen treffen zu können (Moore 2002, S. 78). Die Studie von Hiltrop (1999, S. 427) bestätigt, dass verschiedene HR-Verfahren einen signifikant positiven Effekt auf die Mitarbeiterbindung bewirken, insbesondere Möglichkeiten der persönlichen Weiterentwicklung sowie eigenverantwortliches Arbeiten mit größeren Entscheidungsspielräumen.

Empirische Studien von Zawacki (2000) sowie Luftman und Kempaiah (2007) bestätigen, dass Führungsstärke und Führungsverhalten entscheidende Aspekte des theoretischen Konstrukts der Mitarbeiterbindung sind, von deren Qualität der Erfolg einer Unternehmens-IT maßgeblich abhängt (Schneidermeyer 2011, S. 38; Bernthal und Wellins 2001, S. 12). Personalführung bezieht sich auf Organisationen im Rahmen eines offenen sozialen Systems (Ulrich 1970, S. 45 und S. 135). Personalführung ist ein Teilgebiet des Personalwesens und ist eine zielgerichtete bzw. situationsbezogene Beeinflussung des Personals, die unter Einsatz von Führungsinstrumenten durch Führungskräfte auf einen gemeinsam anvisierten Erfolg ausgerichtet ist (Jensen 2013, S. 74).

Zu den grundlegenden Führungsaktivitäten gehören dabei Koordinations- und Überwachungsaufgaben sowie das Instruieren und Motivieren von Mitarbeitern. Im Kontext der Koordinationsflexibilität sind Aspekte der Personalführung von Interesse, die die Leistungsmotivation erhöhen und das Commitment für das Unternehmen im Hinblick auf die Mitarbeiterbindung stärken. Leistungsmotivation zielt darauf ab, dass der Mitarbeiter seine übertragenen Aufgaben erfolgreich und eigenständig bewältigen kann, während Bindungsmotivation die Loyalität des Mitarbeiters gegenüber dem Unternehmen ausdrückt. Motivation ist eine der effektivsten Faktoren, um die Mitarbeiterbindung bei IT-Experten positiv zu beeinflussen (Pipoli und Fuchs 2011, S. 144). Das Verhalten einer Führungskraft in Form ihres Führungsstils ist dabei eine wesentliche Einflussgröße, um eine Steigerung der Leistungsfähigkeit der IT-Mitarbeiter zu erzielen (Eom 2003). Schätzungsweise dreiviertel der Mitarbeiter kündigen aufgrund von Ursachen, die unmittelbar in der Verantwortung der direkten Führungskräfte liegen (DeCenzo und Robbins 2005, S. 126).

Personalmanagement ist deshalb nicht nur Sache der Personalabteilung, denn jede Führungskraft hat Personalverantwortung. Vielmehr geht es darum, die besten Mitarbeiter zu finden, sie in bestehende Teams zu integrieren, sie zu fördern und bei ihren Aufgaben zum Erfolg zu führen (Gmür und Thommen 2010). Es müssen ein starkes Commitment und eine hohe Leistungsmotivation erzeugt werden. Die HR-Literatur unterscheidet zwischen zwei Führungsstilen, die transaktionale und transformationelle Führung, basierend auf den Forschungsergebnissen von Bass (1985) und Avolio (1999). Die transaktionale Führung beruht auf der Idee der Tauschbeziehung (Transaktion), bei der die Führungskraft und der Mitarbeiter die Leistung und die Gegenleistung tauschen, wobei die Führungskraft das Ziel verfolgt, dass sich der Mitarbeiter für seine Aufgaben engagiert und die Führungskraft dafür als Gegenleistung spezifische Leistungsanreize anbietet (Gmür und Thommen 2011, S. 69f.). Es wird klar abgegrenzt, was vom Mitarbeiter erwartet wird und welche materiellen und immateriellen Leistungen er abhängig vom Grad der individuellen Performance im Gegenzug erhält; die Führungskraft greift nur situativ im Sinne eines aktiven oder passiven „Management by Exception" ein, wenn Probleme aufkommen, die die geforderte Leistungsfähigkeit gefährden (Avolio 1999, S. 444f.). Die Anwendung dieses Führungsstils ist im Rahmen einer kurzfristig orientierten Personalstrategie geeignet, welche den gleichen transaktionalen Charakter besitzt.

Die Transformationale Führung zielt darauf ab, die eigennützigen Ziele und Motive des Mitarbeiters „umzulenken" (Transformation), so dass Identifikation und Verpflichtung auf die Ziele entstehen, welche von der Führungskraft verfolgt werden und sich dadurch eine Pflichtengemeinschaft entwickelt (Gmür und Thommen 2011, S. 69f.). Die Führungskraft soll mit ihrem Verhalten die Mitarbeiter inspirieren und motivieren, die ihnen gestellten Erwartungen zu übertreffen (Mesu 2013, S. 121). In Anlehnung an Avolio (1999, S. 444f.) sowie Bass und Riggio (2006) kann transformationale Führung mit folgenden Elementen charakterisiert werden:

Charismatischer Führungsstil des Vorgesetzten, der die Mitarbeiter für die vorgegebenen Visionen und Zielen begeistert und dabei die Wichtigkeit und

Sinnhaftigkeit der übertragenen Aufgaben hervorhebt. Der Führungsstil ist auch darauf gerichtet, den Erwartungen und Bedürfnissen der Mitarbeiter entgegenzukommen, um ein angenehmes Arbeitsklima zu schaffen sowie eine Vertrauensbeziehung zwischen Vorgesetzten und Mitarbeitern aufzubauen (Gmür und Thommen 2011, S. 69f.).

Intellektuelle Stimulierung der Mitarbeiter. Die Führungskraft muss dabei ein kreatives Umfeld generieren, das Mitarbeiter in die Lage versetzt, neue Wege zu gehen und dabei auch etablierte Verfahren und Methoden in Frage zu stellen. Der Mitarbeiter erhält spezifische Freiräume, in deren Rahmen er seine übertragenen Aufgaben erledigen bzw. die definierten Ziele erreichen kann. Entscheidungskompetenzen bei den ausführenden Mitarbeitern steigern zudem die Agilität in der Form, dass Entscheidungen schnell getroffen und umgesetzt werden können (Lui und Piccoli 2007, S. 126). Selbstbestimmtes Handeln in der Entscheidungsfindung wird als Schlüssel für eine wirklich agile Workforce angesehen (Goldman und Nagel, 1993; Kidd, 1994; Van Oyen et al., 2001).

Berücksichtigung des Individuums. Führungskräfte müssen die Erwartungen und Bedürfnisse jedes Mitarbeiters kennen, verstehen und in der Rolle eines Mentors oder Coaches weiterentwickeln.

Viele Studien haben gezeigt, dass die transformationale Führung einen positiven Effekt auf Einstellungen und Verhalten der Mitarbeiter hat, insbesondere auf Arbeitszufriedenheit, Leistungsmotivation und Bindungsmotivation (Castro 2008, S. 1842ff.). Ferner haben Forschungen ergeben, dass eine hohe Eigenverantwortung die Arbeitszufriedenheit der Mitarbeiter steigert (Yoon und Thye 2002, S. 101). Die übertragenen Aufgaben bieten dem Einzelnen die Chance auf persönlichen Erfolg, Anerkennung, Identifikation und Selbstverwirklichung (Gmür und Thommen 2011, S. 104). Transformationales Führungsverhalten von IT-Führungskräften stärkt die emotionale Bindung zwischen Mitarbeiter und Unternehmen, führt zu einer langfristigen und zufriedenstellenden Beziehung und stärkt die intrinsische Motivation des IT-Personals (Eom 2003, S. 3293). Die positiven Auswirkungen transformationaler Führung korrespondieren exakt mit den definierten Voraussetzungen für die Realisierung einer Flexibilisierung des Personals nach Guest (1987, S. 514).

Die Kommunikation bildet ebenfalls ein wichtiges Instrument der Personalführung. Offene und aufrichtige Kommunikation ist in einer SIM-Umfrage als wichtigstes Element zur Bindung von IT-Personal gewertet worden (Luftman und Kempaiah 2007, S. 137). Auch Umfragen, die nicht speziell im IT-Umfeld durchgeführt wurden, liefern ähnliche Ergebnisse. In einer Vergleichsstudie[46] (Bernthal und Wellins 2001, S. 17) wurde die Kommunikation zwischen Führungskräften und Mitarbeitern als eine der Top-5 Faktoren zur Mitarbeiterbindung gewichtet. Die Kommunikation impliziert die Bereitstellung relevanter Informationen für die Mitarbeiter, damit zugeordnete Aufgaben durchgeführt werden können (Yoon und Thye 2002, S. 116). Ein hohes Level an Kommunikation erhöht zudem die Arbeitszufriedenheit und das Commitment (Yoon und Thye 2002, S. 116).

Weitere empirische Forschungsarbeiten belegen, dass spezifische HR-Verfahren, die wiederum Elemente einer Personalstrategie sind, wichtige Determinanten für Mitarbeiterzufriedenheit darstellen (Barney und Wright 1998, S. 6). HR-Verfahren sind organisatorische Aktivitäten für das Management der Workforce eines Unternehmens, um den Pool an Mitarbeitern an den Zielen des Unternehmens auszurichten (Wright et al. 1994, S. 304f.). Im Kontext des RBV haben Studien gezeigt, dass HR-Verfahren von hoher Relevanz sind, die erwünschten Fähigkeiten und Verhaltensweisen bei den Mitarbeitern zu generieren (Beltrán-Martín und Roca-Puig 2013, S. 645f.; Wright et al. 2001, S. 705f.). HR-Verfahren selbst haben wenig Potenzial, eine direkte Quelle für nachhaltige Wettbewerbsvorteile zu sein, da die meisten Verfahren bekannt und am Markt verfügbar sind. Dennoch spielen die Verfahren eine wichtige Rolle in der adäquaten Entwicklung des Personals, welches wiederum als Quelle nachhaltiger Wettbewerbsvorteile auftreten kann

[46] Die Ergebnisse basieren auf einer weltweit durchgeführten schriftlichen Befragung von Mitarbeitern aus 118 Großunternehmen. Dabei wurde eine Stichprobengröße von 745 erreicht.

(Wright et al. 1994, S. 317f.). Aufgrund dessen liefern HR-Verfahren einen wesentlichen Wertbeitrag für Unternehmen (Barney und Wright 1998, S. 15).

Der Personalstrategie kommt als unternehmensweite Querschnittsfunktion eine wichtige Bedeutung zu. Eine Personalstrategie hat die Verfügbarkeit personeller Kapazitäten in qualitativer, quantitativer, örtlicher und zeitlicher Hinsicht zu stellen, als Voraussetzung zur Realisierung anderer Teilstrategien (Bühner 2005, S. 12). Dabei werden die Ziele unternehmerischer Personalarbeit definiert und der Handlungsrahmen zu ihrer Erreichung festgelegt (Bühner 2005, S. 29). Die ISR-Forschung betont, dass unter spezifischen Umständen die Anwendung von allgemeinen funktionsübergreifenden Personalstrategien für IT-Spezialisten nicht mehr ausreichend ist und fordern deshalb die Definition von spezifischen IT-HR-Strategien, welche die spezifischen Rahmenbedingungen und Restriktionen im IT-Umfeld adäquat berücksichtigen. Beispielsweise bestätigen die Forschungsergebnisse von Agarwal und Ferratt (2001, S. 59), dass Organisationen mit einer spezifischen Personalstrategie für IT-Experten bei der Mitarbeitergewinnung und -bindung am erfolgreichsten sind.

Die Personalstrategie eines Unternehmens besteht im Kern aus Konzepten, Instrumenten und Maßnahmen, wie etwa Personalentwicklung, Lohn- und Gehaltssysteme, Personalbeschaffung und Karrierepfade (Ang und Slaughter 2004, S. 12). Die allgemeine HR-Literatur liefert konkrete Maßnahmenpakete oder spezifische Typen der personalstrategischen Ausrichtung, die genutzt werden können, um eine adäquate Personalstrategie aufzubauen. Es gibt aber wenige Erkenntnisse, wie diese spezifisch von IT-Mitarbeitern adaptiert werden können (Ferratt et al. 2005, S. 239). Bezüglich der Konzeptualisierung alternativer Typen der personalstrategischen Ausrichtung wird in der Theorie zwischen zwei extremen Ausprägungen hinsichtlich der zeitlichen Orientierung differenziert.[47]

---

[47] In der IS-Literatur werden diese beiden Ausprägungen unterschiedlich bezeichnet: Ferratt (2005) differenziert zwischen TF Configuration (Task focused) und HCF Configuration

Bei der ersten Ausprägungsform liegt der Fokus auf einer kurzfristigen Orientierung und ist von transaktionalem Charakter (Ferratt et al. 2005, S. 240). Die Aufgabenpakete sind klar definiert und können mit generischen bzw. allgemeinen fachspezifischen Fähigkeiten bewältigt werden; organisationsspezifisches Wissen spielt dabei eine untergeordnete Rolle (Ang und Slaughter 2004, S. 13). Derartige Aufgaben eignen sich deshalb auch für eine Fremdvergabe an Outsourcing-Anbieter (Agarwal und Ferratt 2001 S. 61). Gmür und Thommen (2011, S. 28) bezeichnen diese Form der Personalstrategie als kreative Evolution, da – je nach Aufgabenstellung – das Personal immer wieder neu zusammenzusetzen ist und neue Mitarbeiter mit dringend benötigten Kompetenzen ebenso schnell rekrutiert wie Mitarbeiter ohne die benötigten Kompetenzen versetzt oder gar freigestellt werden. Hinsichtlich der personalpolitischen Instrumente liegt dann die Betonung eher auf dem Recruiting und der Vergütung, weniger bei individueller Mitarbeiterentwicklung und Mitarbeiterförderung (Agarwal und Ferratt 2001, S. 61; Ferratt et al. 2005, S. 240) oder die Sicherstellung einer Work-Life-Balance. Es findet ein offener Leistungswettbewerb statt, der durch entsprechende Anreiz- und Feedbacksysteme gefördert wird, wie etwa durch hohe variable Bestandteile bei der Vergütung (Gmür und Thommen 20111, S. 29).

Der zweite Typ personalstrategischer Ausrichtung legt den Fokus auf langfristige Mitarbeiterbindung. Die Aufgaben erfordern hohes organisationsspezifisches Wissen (Ferratt et al. 2005, S. 240), welches nicht direkt am Arbeitsmarkt zur Verfügung steht (Ang und Slaughter 2004, S. 13). Die Gewichtung der personalpolitischen Instrumente ist in dem Fall genau umgekehrt: Der Fokus liegt mehr auf individueller Mitarbeiterentwicklung und -förderung, weniger auf Recruiting und kurzfristigen finanziellen Anreizsystemen (Ferratt et al. 2005, S. 240). Maßgebliche Anforderungen an die Mit-

(human capital focused), Ang and Slaughter (2004) zwischen "craft ILM strategies" und "industrial ILM strategies", Agarwal und Ferratt (1999, 2001) zwischen "short-term producer (STP) configuration" und "long-term investment (LTI) configuration". Die Konzepte, die dahinter liegen, sind äquivalent.

arbeiter sind dabei fachübergreifende Kompetenzen, Lernfähigkeit und persönliche Entwicklungspotenziale, aber auch Loyalität und Teamgeist, weshalb bei der Stellenbesetzung vor allem eigene Nachwuchskräfte berücksichtigt werden, welche das unternehmensspezifische Wissen aus bereits gemachten Erfahrungen mitbringen (Gmür und Thommen 20111, S. 27).

Die beiden Typen der Personalstrategie lassen sich mit der klassischen Make-or-Buy-Entscheidung in Produktionsbetrieben vergleichen (Shipps und Zahedi 1999, S. 417). Agarwal und Ferratt (2001) betonen, dass neben den zwei extremen Konfigurationen der Personalstrategie noch Zwischenkonfigurationen zulässig sind, die zwischen den beiden Extremen variieren (Shipps und Zahedi 1999, S. 417). Aufgrund des dynamischen IT-Umfeldes mit seinen Implikationen für ein Unternehmen, muss die gewählte IT-Personalstrategie periodisch überprüft und ggf. an veränderte Rahmenbedingungen angepasst werden (Agarwal und Ferratt 2001, S. 64). Eine Studie von Moore und Burke (2002, S. 77f.) belegt die Signifikanz einer bestimmten Personalstrategie, um damit steigende Fluktuation zu verhindern und Mitarbeiter langfristig an das Unternehmen zu binden. Zusätzlich wird darauf hingewiesen, dass überdies unterschiedliche Strategien für spezifische IT-Arbeitsfelder notwendig sein können. Die Studie von Ferratt et al. (2005, S. 241) zeigt, dass die Fluktuation bei der langfristig ausgerichteten Personalstrategie geringer ist als bei der kurzfristig ausgerichteten Strategie und damit positiver auf die Mitarbeiterbindung wirkt. Diese These wird auch durch die Studie von Ang und Slaughter (2004, S. 23) bestätigt, mit dem Hinweis, dass IT-Organisationen bestimmte Ausprägungen für unterschiedliche Arbeitsfelder anwenden und damit Fluktuationsraten individuell beeinflussen können.

Aus Sicht des RBV sind die Mitarbeiter mit einem ausgeprägten organisationspezifischen Wissen am wertvollsten und sollten deshalb über eine langfristig ausgerichtete Personalstrategie an das Unternehmen gebunden werden. Die Mitarbeiterbindung beruht hauptsächlich auf einem intakten Anreiz-Beitrags-Gleichgewicht, bei dem der einzelne Mitarbeiter überzeugt sein muss, dass die Anforderungen, die an ihn gestellt werden, und der Nutzen, den er daraus zieht, in einem angemessenen Verhältnis zueinander stehen (Gmür und Thommen 2011, S. 231). In der HR-Literatur werden diese Personalfunktionen auch in einem spezifischen Ansatz mit dem engl. Terminus „High Performance Work Systems“ zusammengefasst, der das Ziel verfolgt, ein starkes Commitment der Mitarbeiter zu erzielen (Walton, 1985; Wood & Albanese, 1995). Dieses Commitment-orientierte Modell ist zentraler Bestandteil des Personalmanagements, und zahlreiche Studien haben die Relevanz der Anwendung konkreter HR-Verfahren betont (Beltrán-Martín et al. 2008, S. 1012f.). Ein gegenüber den Wettbewerbern attraktives Anreizsystem besteht aus festen und variablen Gehaltsbestandteilen sowie zusätzlichen monetären und nicht monetären Zusatzleistungen (engl. „benefits“). Das Anreizsystem ist ein wichtiger Faktor für eine langfristige Bindung von IT-Mitarbeitern (Luftman 2007, S. 137; Pipoli 2011, S. 144, Schneidermayer 2011, S. 41f.). Die Bindungswirkung ist umso stärker, je höher die zu erwartenden Gehaltsbestandteile im Vergleich zum aktuellen Gehalt sind und je stärker jene an einen Eigenbeitrag des Mitarbeiters gekoppelt sind (Gmür und Thommen 2011, S. 239). Ferner steigt die Motivationswirkung, je transparenter ein Zusammenhang zwischen der Arbeitsleistung und dem erzielten Erfolg besteht und je größer die zeitliche Nähe zwischen der Auszahlung und der erbrachten Arbeitsleistung liegt (Bühner 2005, S. 169).

Nachdem ein entsprechendes Anreizprogramm festgelegt und implementiert wurde, ist die Arbeit von HR noch nicht beendet. Denn ein derartiges Anreizprogramm muss periodisch darauf hin geprüft werden, ob die angebotenen Leistungsbestandteile gegenüber der Konkurrenz noch wettbewerbsfähig sind (Ginther 2000). Gerade bei den Zusatzleistungen müssen außerdem der demographische Wandel und die damit implizierte Zunahme älterer Arbeitnehmergruppen berücksichtigt werden, da deren Ansprüche gegenüber jüngeren Arbeitnehmergruppen differieren, wie etwa bei Gesundheitsleistungen (Ryan 2000, S. 19). Zudem steigen die Ansprüche der Arbeitnehmer nach interessanten, abwechslungsreichen und verantwortungsvollen Tätigkeiten und stellen damit ein wichtiges Kriterium für die Mitarbeiterbindung dar (Bühner 2005, S. 2). Dies gilt insbesondere für eine IT-Workforce, wie die

ISR-Forschung zeigt. Herausfordernde Arbeitsaufgaben sind nach einer Befragung der Unternehmensberatung Mercer die wichtigste Strategie, um erfahrene IT-Spezialisten im Unternehmen zu halten (Henkel und Kaiser 2002, S. 16). Diese These wird von zwei weiteren Umfragen unter IT- und HR-Managern bestätigt, mit dem Ergebnis, dass IT-Mitarbeiter, die nicht mit herausfordernden Aufgaben konfrontiert werden, dazu tendieren, dass Unternehmen zu verlassen (Frazzetto 2011, S. 102). Maßnahmen zur Steigerung der Bindungsmotivation sind neben herausfordernden Arbeitsaufgaben (Dubie 2007, S. 14; Hiltrop 1999, S. 432; Luftman und Kempaiah 2007, S. 137) auch, den IT-Mitarbeitern Freiräume zu geben und diesen somit unter anderem zu ermöglichen, sich mit den neusten Technologien auseinanderzusetzen (Luftman und Kempaiah 2007, S. 137, Schneidermayer 2011, S. 39). Ferner ist das allgemeine Arbeitsumfeld mit weiteren Maßnahmen interessant zu gestalten, wie etwa der Job Rotation (Agarwal und Ferratt 2001, S. 60). Campion et al. (1995, S. 1520) beschreiben auf Basis einer Literaturrecherche mehrere Gründe, warum eine Job Rotation ein wichtiges Werkzeug für die Karriereentwicklung und die Bindung von Mitarbeitern darstellt. Auch die permanente Weiterbildung (Schneidermayer 2011, S. 39) und ein systematisches Karriere-Entwicklungsprogramm (Pipoli 2011, S. 144) sind effektive Maßnahmen, um die Bindungsmotivation zu steigern. Eine SIM-Umfrage von 2006 bestätigt, dass die Möglichkeit zur Weiterentwicklung eine der sechs wichtigsten Mittel darstellt, um IT-Personal langfristig zu binden (Luftman 2007, S. 137).

Wenn ein Unternehmen dazu tendiert, die zusätzlich benötigten Qualifikationen hauptsächlich vom externen Markt über die Personalbeschaffung zu beziehen, dann hat das negative Auswirkungen auf die Bindungsmotivation der bestehenden Belegschaft und führt zu einer höheren Fluktuation, was damit den Druck auf die Personalbeschaffung weiter erhöhen würde (Pfeffer 2001, S. 258). Das wäre besonders problematisch einzuschätzen im Hinblick auf den aktuellen Arbeitskräftemangel in Teilbereichen der IT-Branche.

Die vorangegangene Diskussion hat sowohl die Bedeutung der IT-Mitarbeiterbindung bezogen auf die Agilität des IT-Personals herausgestellt als auch die Vielfältigkeit ihrer Aspekte und Merkmale aufgezeigt. Auf dieser fundierten Grundlage kann folgende Hypothese formuliert werden:

H_4: Je effektiver die unerwünschte Fluktuation von IT-Mitarbeitern reduziert werden kann, desto agiler kann das Management der IT-Workforce gestaltet werden.

4.1.2.3 IT-Personalbeschaffung

Die IT-Personalbeschaffung ist eine weitere Determinante, die den Zugriff auf einen Pool an flexiblen Ressourcen signifikant beeinflusst. Zur Sicherstellung einer adäquaten „strategischen Balance" der Verfügbarkeit von Personal sind nach Sanchez (1997, S. 76ff.) interne und externe Quellen zu berücksichtigen. Insbesondere die Geschwindigkeit der Akquirierung ist für die Agilität einer IT-Workforce von zentraler Bedeutung (Breu et al. 2002, S. 24). Ein Unternehmen muss die potenziell wertvollen flexiblen Ressourcen zuerst akquirieren und besitzen, um diese dann flexibel zu koordinieren und über die erbrachten Services wertschöpfend einzusetzen (Finney et al. 2007, S. 926). Auch Erstanbietervorteile basieren u. a. auf der Akquise von seltenen bzw. begrenzten Werten, zu denen auch die individuellen Fähigkeiten der Mitarbeiter zählen (Lieberman und Montgomery 1988, S. 41f.). Das sind starke Indizien für die Wichtigkeit der Personalbeschaffung im Kontext eines agilen IT-Workforce-Managements zur Umsetzung der strategischen Flexibilität und der First-Mover-Strategie.

Durch den wachsenden Bedarf an IT-Experten, kombiniert mit einer schwindenden Anzahl potenzieller Kandidaten, hat das Recruiting von IT-Personal in vielen Unternehmen eine hohe Priorität eingenommen (Luftman und Kempaiah 2007, S. 129). Diese Priorität wird wohl auch zukünftig bestehen bleiben, da die Anzahl der hochqualifizierten IT-Experten auf Stellensuche weiter sinken wird (Luftman und Kempaiah 2008, S. 107). Die Personalbeschaffung nutzt interne und externe Stellenbesetzungsstrategien, um den Bedarf an Ressourcen flexibel zu koordinieren. Eine agile Unternehmens-IT muss jederzeit in der Lage sein, die Verfügbarkeit von internen und externen IT-Mitarbeitern dynamisch zu gestalten, um eine adäquate Reaktionsfähigkeit auf

Bedarfsänderungen zu erreichen (Capgemini 2007, S. 23). Die Personalbeschaffung stellt quantitative Über- und Unterdeckungen des Personalbedarfs fest, differenziert nach Qualifikationsanforderungen und bereitet Maßnahmen zur Deckung vor (Bühner 2005, S. 29). Um diese Aufgabe effizient zu bewerkstelligen, sind bestimmte Schnittstellen zur Personalbedarfsplanung und Personaleinsatzplanung hilfreich, um die korrekten qualitativen und quantitativen Bedarfe zeitnah erfassen zu können. Die Stellenbesetzungsstrategien fokussieren entscheidend den reaktiven Aspekt der IT-Agilität. Der Arbeitskräftemangel in der IT und die hohe Differenzierung des Berufsfeldes stellen dabei besondere Herausforderungen dar.

Recruiting ist ein Prozess, um einen zufriedenstellenden Pool von geeigneten Kandidaten für aktuelle oder antizipierte Vakanzen zu finden (DeCenzo und Robbins 2005, S. 146). Ziele sind die schnelle und kosteneffiziente Identifizierung und Einstellung der bestqualifizierten Kandidaten. Beim Recruiting wird zwischen der außerbetrieblichen und innerbetrieblichen Personalbeschaffung differenziert. Die Determinante des Beschaffungsverhaltens richtet sich nach der Situation auf dem Arbeitsmarkt, der Dringlichkeit des Bedarfs und den finanziellen Möglichkeiten, woraus sich auch die Art und der Einsatz der Beschaffungsinstrumente ergeben, wie etwa räumliche Ausdehnung oder Kriterien der Medienauswahl (Bühner 2005, S. 72).

Die innerbetriebliche Form ist vorteilhaft bezüglich der Geschwindigkeit und den Beschaffungskosten, aber mit den Nachteilen der geringen Auswahl an potenziellen Kandidaten verbunden und der Tatsache, dass der Personalbedarf nur verlagert, aber quantitativ nicht gelöst wird (Bühner 2005, S. 70). Werden offene Stellen überwiegend von innen besetzt, dann erhöht das zum einen die Leistungsmotivation der Mitarbeiter und zum anderen verfügen die Kandidaten oft bereits über ein fundiertes organisationsspezifisches Wissen (DeCenzo und Robbins 2005, S. 150). Der Pool potenzieller Kandidaten ist aber mehr oder weniger stark eingeschränkt, was zum Resultat haben kann, dass weniger qualifizierte Personen für offene Stellen berücksichtigt werden im Vergleich zu besser geeigneten Kandidaten, die auf dem externen Arbeitsmarkt verfügbar gewesen wären. Interne Rekrutierung als Strategie ist dann sinnvoll, wenn wichtige Kompetenzen betriebsspezifischer Natur sind, die der Mitarbeiter über Erfahrungen im Unternehmen sammeln konnte (Gmür und Thommen 2011, S. 257). Ferner fördert eine überwiegend interne Stellenbesetzungsstrategie eine langfristige Personalstrategie, beispielsweise in Verbindung mit einem Karriere-Entwicklungsprogramm.

Die Konzeption und Anwendung entsprechender Strategien für das Recruiting sind wesentliche Einflussfaktoren für die Agilität einer Unternehmens-IT (Byrd und Turner 2001, S. 24). Dabei wird in erster Linie auf den reaktiven Aspekt der IT-Agilität abgehoben. Es ist zu beachten, dass die Personalpolitik periodisch an Änderungen und Innovationen des IT-Arbeitsmarktes anzupassen ist (Shipps und Zahedi 1999, S. 417). Hinsichtlich der Effizienz beim Recruiting-Prozess ist zu beachten, dass in Stellenausschreibungen die Anforderungen für die vakante Position so zu beschreiben sind, dass unqualifizierte Kandidaten sich erst gar nicht bewerben, um so Zeit und Kosten für die Stellenbesetzung zu minimieren (DeCenzo und Robbins 2005, S. 146) und damit gleichzeitig die Reaktionsgeschwindigkeit auf Personalanforderungen zu erhöhen. Aufgrund der hohen Spezialisierung und Vielfältigkeit im IT-Umfeld ist es für HR-Verantwortliche nicht immer einfach, die Anforderungen einer Stelle genau zu spezifizieren, da nicht alle Nuancen bekannt sind (Starkweather und Stevenson, 2011 S. 67). Es besteht die Gefahr, dass bei unzureichenden Beschreibungen der falsche Pool an Kandidaten angesprochen wird und sich damit die Zeitspanne erhöhen könnte, bis die Vakanz erfolgreich besetzt werden kann. Wenn ein Bewerber die erforderlichen Schritte im Bewerbungsprozess erfolgreich durchlaufen und ein Angebot für die Stelle bekommen hat, ist jedoch erst die Hälfte der Wegstrecke erreicht. HR muss den Kandidaten im Hinblick auf den Fachkräftemangel im IT-Bereich überzeugen, dass dieser die angebotene Stelle auch annimmt, indem sowohl die Unternehmenskultur und deren Werte dem Kandidaten adäquat vermittelt werden als auch die Erwartungen nennen und die angebotenen monetären und nicht monetären Gegenleistungen. Nach der Zusage des Bewerbers erfolgt die Personaleinführung (engl. „onboarding“), um neue Mitarbeiter nicht nach kurzer Zeit wieder zu verlieren. Die wesentlichen Elemente des Recruiting-Prozesses sind also Personalauswahl und Personaleinführung.

Der Schwerpunkt der Personalauswahl ist die Eignungsanalyse der Bewerber hinsichtlich ihrer fachlichen und sozialen Qualifikationen in Bezug auf die in der Stellenbeschreibung festgelegten Anforderungen (Bühner 2005, S. 74). Bewerbungsgespräche, Eignungstests und Referenzprüfungen sind konkrete Werkzeuge der Eignungsanalyse (Moore und Williams 2011, S. 50). Fehler in der Eignungsbeurteilung lassen sich in den meisten Fällen nicht mehr ohne weiteres korrigieren (Gmür und Thommen 2011, S. 267). Bei schlechter Einstellungsqualität wird dann Zeit und Geld investiert für die dadurch notwendigen Qualifizierungsmaßnahmen (Moore und Williams 2011, S. 46), und im schlechtesten Fall muss man sich von dem neuen Mitarbeiter wieder trennen. Ohne ein Programm zur Personaleinführung besteht das Risiko, dass das Unternehmen die akquirierten Ressourcen durch Kündigung schnell wieder verliert (Schneidermayer 2011, S. 44). Neue Mitarbeiter sollen sich als Basis für eine schnelle Integration im Unternehmen wohlfühlen. Einführungsprogramme können dabei eine ganze Reihe von Funktionen übernehmen, wie etwa die fachliche Einarbeitung, die soziale Integration und das Mentoring (Gmür und Thommen 2011, S. 308). Gerade bei einem umkämpften Arbeitsmarkt ist es von besonderer Bedeutung, das Unternehmen als wertvolle Marke zu positionieren (engl. „branding“), um junge Talente wie auch erfahrene Experten anzuziehen. Eine schlechte Reputation kann die Attraktivität als Arbeitgeber schwer beschädigen (DeCenzo und Robbins 2005, S. 147) und dadurch die relevante Zielgruppe nicht mehr adäquat ansprechen (Schneidermayer 2011, S. 39). Offene Stellen können dann lange unbesetzt bleiben oder nicht optimal besetzt werden. Dies hätte negative Folgen nicht nur für die IT-Agilität, sondern unter Umständen wäre die IT nicht mehr in der Lage, das Tagesgeschäft effizient auszuführen.

Das Personalmarketing begreift den Arbeitsplatz als Produkt, das am Markt der Arbeitskräfte zu verkaufen ist (Bühner 2005, S. 36). Hierzu existieren verschiedene Instrumentarien, wie etwa die Durchführung spezifischer

Events, mit dem Ziel, die eigene Visibilität unter den relevanten Communities zu erhöhen („Tag der offenen Tür“, „Girls Day“ etc.) oder die Teilnahme an IT-Jobbörsen, um die eigene Unternehmens-IT zu promoten. In den letzten Jahren haben sich die Rekrutierungswege bzw. deren Nutzungsgrad stark verändert. E-Recruiting über das Internet bietet gegenüber herkömmlichen Rekrutierungsinstrumenten einige wesentliche Vorteile. Denn auf diesem Wege können Informationen kostengünstig in nahezu unbegrenzter Menge geboten und zielgruppenspezifisch aufbereitet werden (Bühner 2005, S. 52f.). Stellenanzeigen haben sich in der heutigen Zeit von reinen Anforderungsbeschreibungen zu Instrumenten der offensiven Selbstdarstellung gewandelt, und es kann davon ausgegangen werden, dass über 90 % der Personalabteilungen von großen und mittleren Unternehmen mit eigenen Internetseiten auftreten, um deutlich höhere Bewerberzahlen zu erzielen (Gmür und Thommen 2011, S. 263; DeCenzo und Robbins 2005, S. 155). Auch die Nutzung der sozialen Medien für das Personalmarketing und die Platzierung von Stellenanzeigen haben stark zugenommen (Starkweather 2011, S. 70). Gerade im stark umkämpften IT-Arbeitsmarkt ist die adäquate Nutzung von Online-Medien erfolgsentscheidend, um IT-Spezialisten und junge Talente für die eigene Organisation zu akquirieren (Luftman und Kempaiah 2007, S. 135).

Die Fremdvergabe von IT-Leistungen unterstützt ebenfalls ein flexibles IT-Workforce-Management, insbesondere zur punktuellen Unterstützung und dem Ausgleich kurzfristiger Kapazitätsspitzen. Eine weitere Option der Fremdvergabe ist das Outsourcing gesamter Teilbereiche der IT an Outsourcing-Partner. Ersteres wird oft bewerkstelligt einerseits durch Hinzuziehung freiberuflicher Mitarbeiter und andererseits über die Akquise von Mitarbeitern über Arbeitnehmerüberlassung (ANÜ) von anderen Unternehmen. Eine Studie der Capgemini (2012, S. 23ff.) sagt aus, dass derzeit jeder sechste IT-Mitarbeiter ein Freiberufler ist, und ohne diese temporäre Unterstützung würden wohl viele Unternehmen-ITs ihr Pensum nicht bewerkstelligen. Aus diesem Grund fangen Unternehmen dauerhaft Kapazitätsspitzen mit freien Mitarbeitern ab bzw. kaufen auf diese Weise Knowhow ein, als flexible Reserve für den Notfall. Mit dieser Strategie wird auf kurzfristige funktionale und kapazitive Änderungen im Sinne des reaktiven Aspekts einer agilen Workforce reagiert.

Mit dem Outsourcing von ganzen Teilbereichen werden eher langfristige Ziele verfolgt. Der spezifische IT-Durchdringungsgrad und das damit implizierte organisationsspezifische Wissen sind dabei die ausschlaggebenden Determinanten im Entscheidungsprozess für eine Fremdvergabe. Das Outsourcing von IT-Standardaufgaben ist vergleichsweise einfach, während firmenspezifische Leistungen tendenziell seltener fremd vergeben werden (Henkel und Kaiser 2002, S. 9). Je höher die strategische Bedeutung der potenziellen IT-Aufgaben ist, desto mehr spricht der drohende Verlust von unternehmensinterner IT-Expertise gegen ein Outsourcing (ebd.). Wenn der IT-Durchdringungsgrad sehr hoch ist, kann ein Outsourcing von IT-Personal im Sinne der Agilität Lücken erzeugen, wenn die externen Kräfte sich zunächst lange in die Umgebung einarbeiten müssen (van Oosterhout 2010, S. 98). Die Schnelligkeit als ein Aspekt der IT-Agilität wäre hier dann negativ beeinflusst. Die Studie der Capgemini (2007, S. 16) zeigt, dass Outsourcing nicht das wichtigste Gestaltungsfeld der IT-Agilität darstellt, aber es sich in vielen Fällen bewährt hat. Rund 30 % der Umfrageteilnehmer glauben, dass Outsourcing einen kritischen Faktor für die IT-Agilität darstellt. Insbesondere bei stark schwankendem Arbeitsaufkommen in bestimmten IT-Funktionen würde das Vorhalten einer ausreichenden Anzahl interner Mitarbeiter sehr hohe Kosten verursachen (Lacity und Hirschheim 1993, S. 199). Zahlreiche Fallstudien zeigen, dass Personalmangel und die Konzentration auf Kernkompetenzen sehr wichtige Faktoren bei der Outsourcing-Entscheidung darstellen (Henkel und Kaiser 2002 Seite 13). Als echter Partner fungiert ein Service Provider allerdings selten. Mehr als 70 % der Unternehmen verlangen lediglich relativ einfache Dienstleistungen, während die Entwicklung von Innovationen oder die gemeinsame Erreichung geschäftlicher Ziele selten gefordert werden (Capgemini 2012, S. 5). Die Fremdvergabe von IT-Leistungen ist jedoch nicht einfach zu bewerkstelligen; es ist ein stetiges Management erforderlich, von der Auswahl geeigneter Outsourcing-Partner über die Übergabe der relevanten Themen bis hin zur stetigen Sicherstellung der erforderlichen Qualitätsmaßstäbe (Frazzetto 2011, S. 103).

Basierend auf den Ausführungen zur Akquirierung und Bereitstellung von IT-Mitarbeitern im Rahmen interner und externer Stellenbesetzungsstrategien kann eine weitere Hypothese abgeleitet werden:

H_{61}: Je effektiver Maßnahmen der IT-Personalbeschaffung eingesetzt werden, desto agiler kann das Management der IT-Workforce gestaltet werden.

4.1.2.4 Weiterentwicklung der IT-Mitarbeiter

Die zentralen Aspekte des Konstrukts wurden bereits in Kapitel 4.1.1.3 erläutert. Im Rahmen der empirischen Untersuchung soll hier überprüft werden, ob für die Determinante ein zusätzlicher direkter Wirkzusammenhang auf das agile IT-Workforce Management besteht. Dabei wird überprüft, ob von der Determinante auch ein Effekt auf die organisatorische Ebene ausgeht und nicht nur auf die individuelle Mitarbeiterebene. Daher wird nachfolgende Hypothese formuliert:

H_{52}: Je effektiver verschiedene Maßnahmen zur flexibilitätsorientierten Weiterentwicklung in einer Unternehmens-IT eingesetzt werden, desto agiler kann das Management der IT-Workforce gestaltet werden.

4.1.2.5 Zusammenfassung der Ergebnisse

Für ein agiles IT-Workforce Management wurden vier wesentliche Determinanten identifiziert und deren Bedeutungsinhalte umfassend dargestellt. Ferner wurden Hypothesen formuliert, welche die kausalen Wirkzusammenhänge zwischen der jeweiligen Determinante und der Dimension beschreiben.

Abbildung 11 skizziert die diskutierten Zusammenhänge und stellt die zentralen Facetten der Komponenten dar.

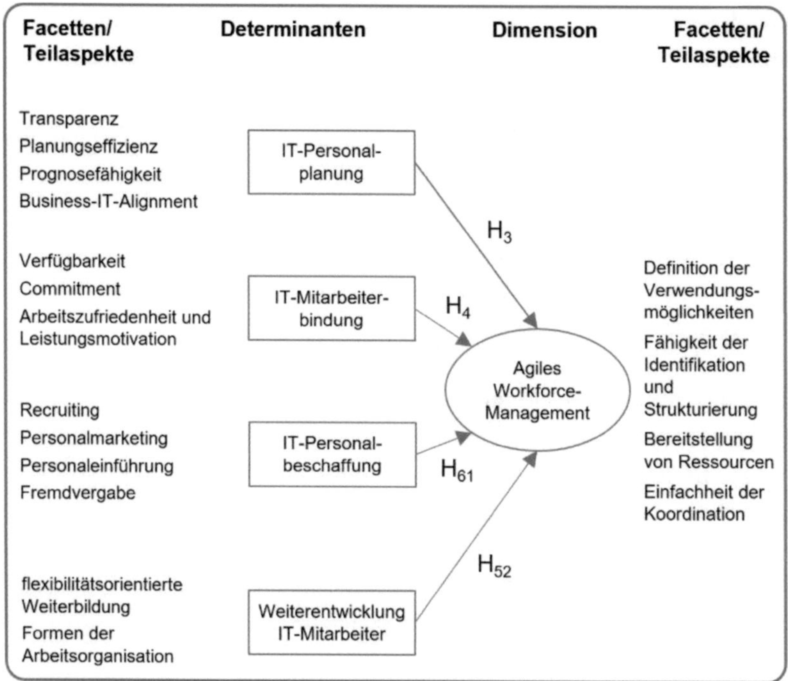

Abbildung 11: Determinanten der Dimension Agiles IT-WFM

Tabelle 10 konsolidiert die grundlegenden Aspekte der diskutierten Konstrukte, welche dann zum einen die inhaltliche Basis für deren Verbalisierung in Form von Indikatoren im Rahmen der Konstrukt-Operationalisierung in Kapitel 5.5.2 und zum anderen die Grundlage für die Entwicklung valider Kennzahlen in Kapitel 6.2.3.2 darstellen. Die Facetten des Konstrukts Weiterentwicklung der IT-Mitarbeiter werden an dieser Stelle nicht mehr aufgeführt, da diese bereits in Kapitel 4.1.1.3 thematisiert wurden.

Teilaspekt/ Facette des Konstrukts	Beschreibung	Quellen
Agiles IT-Workforce Management		
Definition der Verwendungsmöglichkeiten von Ressourcen	Die potenziellen Einsatzbereiche aller IT-Mitarbeiter sind transparent und jederzeit abrufbar	(Sanchez 1997, S. 73ff.; Sanchez 1995, S. 139f)
Fähigkeit der Identifikation und Strukturierung von Ressourcen	Schnelle Akquirierung und flexible Koordination von IT-Mitarbeitern unter Berücksichtigung der erforderlichen Kompetenzen Einhaltung von Qualitätsmaßstäben	(Sanchez 1997, S. 73ff.; Sanchez 1995, S. 139f.)
Bereitstellung der Ressourcen	Jederzeit die erforderliche Anzahl von IT-Spezialisten mit den richtigen Kompetenzen zum richtigen Zeitpunkt am richtigen Ort bereitstellen	(Barney und Wright 1998, S. 9; Sanchez 1997, S. 73ff.; Sanchez 1995, S. 139f.)
Geschwindigkeit und Einfachheit der Koordination	Zeitspanne und Aufwand, mit der IT-Mitarbeiter zwischen verschiedenen Arbeitsumgebungen transferiert werden können	(Breu et al. 2002, S. 24; Sanchez 1997, S. 73ff.; 1995, S. 139f.)
Determinante IT-Personalplanung		
Transparenz	Kenntnis der zum Planungszeitpunkt vorhandenen/benötigten Kompetenzen Fähigkeiten/Kompetenzen sämtlicher IT-Mitarbeiter jederzeit abrufbar	(DeCenzo und Robbins 2005, S. 125; Liebowitz und Suen 2000; Sanchez 1997, S. 73ff.)
Planungseffizienz	Sicherstellung einer hohen Kongruenz zwischen den Qualifikationsanforderungen der Stellen und den dafür notwendigen Kompetenzen der Mitarbeiter Einfache und schnelle Zuordnung von IT-Mitarbeitern zu einzelnen Stellen oder betrieblichen Aufgabenbereichen Geringe Überstundenquote	(Bühner 2005, S. 95; Wright und Snell 1998, S. 764f)
Prognosefähigkeit	Genaue Vorhersage der zukünftigen quantitativen und qualitativen IT-Personalbedarfe Exakte Prognose des Entwicklungsbedarfs	(Gmür und Thommen 2011, S. 249ff.)
Business-IT-Alignment	Abstimmung der strategischen Ausrichtung (Planungen, Visionen und Prioritäten) Gemeinsamer Planungsprozesse zwischen Fachbereichen und Unternehmens-IT Abgestimmte personalbezogene Teilplanungen	(Chan 2002, S. 105; Fink und Neumann 2007, S. 452; Luftman and Kempaiah 2008, S. 109)

Teilaspekt/ Facette des Konstrukts	Beschreibung	Quellen
Determinante IT-Mitarbeiterbindung		
Verfügbarkeit	Zugriff auf einen ausreichend großen Pool an flexiblen und hochqualifizierten IT-Mitarbeiter sicherstellen (Talentquote) Minimierung der Eigenkündigungsquote Verhinderung unerwünschter Fluktuation	(Aerts 2004, S. 11; Gmür und Thommen 2011, S. 227; Hiltrop 1999, S. 422; Sasse et al. 2011, S. 37; The KPI Institute, 2012)
Commitment	Stärkung der emotionalen Bindung des IT-Mitarbeiters zu dem Unternehmen und dessen Ziele Führungskultur und Führungsstil	(Ang and Slaughter 2004, S. 12; Agarwal und Ferratt 2001, S. 59; Eom 2003, S. 3293; Gmür und Thommen 2011, S. 232; Mowday 1979, S. 226; Pipoli und Fuchs 2011, S. 144; Zawacki 2000)
Arbeits-zufriedenheit und Leistungs-motivation	Anreizsysteme Definition einer Personalstrategie Monetäre und nicht monetäre Zusatzleistungen Individuelle Mitarbeiterentwicklung und -förderung Herausfordernde Arbeitsaufgaben	(Ang und Slaughter 2004, S. 12; Beltrán-Martín et al. 2008, S. 1012f.; Henkel und Kaiser 2002, S. 16; Luftman und Kempaiah 2007, S. 137; Schneidermayer 2011, S. 39)
Determinante IT-Personalbeschaffung		
Recruiting	Sicherstellung der Verfügbarkeit von hochqualifiziert und flexiblen IT-Mitarbeitern (Akquise und Besitz) Minimierung von Zeit und Kosten für die Stellenbesetzung Schnelle und kosteneffiziente Identifizierung der bestqualifizierten Kandidaten	(Beltrán-Martín et al. 2008, S. 1035ff.; Breu et al. 2002, S. 24; DeCenzo und Robbins 2005, S. 146; Sasse et al. 2011, S. 27; The KPI Institute, 2012a)
Personal-marketing	Unternehmen als wertvolle Marke zu positionieren (engl. „branding“) Attraktivität als Arbeitgeber maximieren Hohe Stellenbesetzungsquote / Jobannahmequote Großer Pool an qualifizierten Bewerbern	(The KPI Institute, 2012; DeCenzo und Robbins 2005, S. 147; Schneidermayer 2011, S. 39)
Personal-einführung	Eigenkündigungsquote der neu eingestellten Mitarbeiter minimieren Einführungsprogramme	(Gmür und Thommen 2011, S. 308; Sasse et al. 2011, S. 27; Schneidermayer 2011, S. 44)

TEILASPEKT/ FACETTE DES KONSTRUKTS	BESCHREIBUNG	QUELLEN
Fremdvergabe	Punktuelle Unterstützung und Ausgleich kurzfristiger Kapazitätsspitzen Hohe Geschwindigkeit der Akquirierung externe Mitarbeiter mit den erforderlichen Qualifikationen Einhaltung von Qualitätsmaßstäben, Leistungen werden mit hoher zeitlicher und fachlicher Qualität erbracht	(Frazzetto 2011, S. 103; Nissen und Mladin, 2009, S. 49)

Tabelle 8: Aspekte der Dimension Flexible IT-Workforce Management und deren Determinanten

Die zentralen Gesichtspunkte der Dimension Agiles IT-Workforce Management wurden auf Grundlage der Ergebnisse aus Kapitel 3.5.2 und 3.5.1 abgeleitet.

4.1.3 Determinanten der Dimension Innovatives IT-Personal

Nachfolgend wird dargestellt, welche Einflussfaktoren und Voraussetzungen im Bereich IT-Personal die Innovationsfähigkeit und Innovationsbereitschaft fördern und somit zum proaktiven Teil der IT-Agilität wesentlich beitragen.

4.1.3.1 Innovative Unternehmenskultur

Innovationen entstehen vor allem über die kognitiven Fähigkeiten von personellen Aufgabenträgern. Auch die Effektivität der Nutzung bzw. des Einsatzes IT-spezifischer Innovationen hängt wesentlich von den verfügbaren Kompetenzen und Motivationen der IT-Mitarbeiter ab. Innovatives Handeln sollte fest in der Unternehmenskultur verankert und von den Führungskräften vorgelebt werden. Unternehmenskultur wird definiert als die Grundgesamtheit gemeinsamer Werte, Normen und Einstellungen, welche die Entscheidungen, die Handlungen und das Verhalten der Organisationsmitglieder prägen (Lies 2018).

Zur Begünstigung von Innovationen sollte ein positives und wohlwollendes Umfeld geschaffen werden, welches die Innovationsfähigkeit und die Innovationsbereitschaft des IT-Personals adäquat ermöglicht und unterstützt

(Heinrich et al. 2014, S. 196). Im Sinne eines transformationalen Führungsverhaltens müssen die Führungskräfte ihre IT-Mitarbeiter im Rahmen ihrer Vorbildfunktion von den Vorteilen einer innovationsorientierten Arbeitskultur überzeugen und für eine aktive Teilnahme nachhaltig begeistern. Um das fachliche Geschäft mit IT-spezifischen Innovationen voranzutreiben, müssen die Mitarbeiter auch bei diesbezüglichen strategischen Diskussionen und Entscheidungen aktiv miteinbezogen werden. Ansonsten besteht die Gefahr, dass potenziell wertvolle innovative Ideen und Konzepte in den Köpfen der Mitarbeiter bleiben und für das Unternehmen dadurch verloren gehen. Bei der konkreten Umsetzung innovativer Vorhaben muss auch die Möglichkeit des Scheiterns in Betracht gezogen werden, ohne dass es negative Auswirkungen auf den involvierten Mitarbeiter hat (engl. „failure is an option"), um hier dem IT-Mitarbeiter Hemmnisse und Ängste zu nehmen und damit die Bereitschaft zur Innovation positiv zu beeinflussen. Auch eine monetäre oder nichtmonetäre Honorierung erfolgreich umgesetzter Verbesserungsvorschläge begünstigt die Innovationsbereitschaft des IT-Personals. Boni können sich etwa an den Einsparungen oder den generierten Mehrwerten der Innovation orientieren. Den IT-Mitarbeitern müssen dazu Freiräume für Kreativität gewährt und durch das Delegieren von Verantwortung entsprechende Möglichkeiten geschaffen werden, neue Lösungswege zu finden. Auch etwa die Implementierung eines betrieblichen Vorschlagswesens fördert die Generierung von Innovationen von innen heraus. Prämiensysteme für eingereichte und umgesetzte Verbesserungsvorschläge geben zusätzlichen Anreiz und Motivation und erhöhen damit die Innovationsbereitschaft des IT-Personals. Die Durchführung von Innovationsprojekten oder die Einrichtung von abteilungsübergreifenden Arbeitskreisen für innovative Thematiken wirken ebenso unterstützend.

Auf Grundlage der dargelegten Argumente lässt sich nachstehende Hypothese formulieren:

H_7: Je ausgeprägter eine innovative Unternehmenskultur innerhalb der Unternehmens-IT etabliert werden kann, desto höher ist die Innovationsfähigkeit und Innovationsbereitschaft des IT-Personals.

4.1.3.2 Weiterentwicklung IT-Mitarbeiter

Die innovationsorientierte Weiterentwicklung der IT-Mitarbeiter ist für die Umsetzung einer First-Mover-Strategie von besonderer Bedeutung. Um innovativ handeln zu können, ist eine ständige Weiterentwicklung auf der personellen Ebene notwendig. Denn dadurch werden die Kompetenzen für zukünftige Problemlösungen entwickelt (Breu et al. 2002, S. 22). Um Pionierstrategien erfolgreich umsetzen zu können, sind systematische Beobachtungen durchzuführen und neu aufkommende bzw. neu entstehende Informationstechnologien zu identifizieren, detailliert zu untersuchen bzw. deren Adäquatheit für das Unternehmen zu bewerten (Dyer und Shafer 2003, S. 15; van Oosterhout 2010, S. 227ff.; Peng et al. 2008, S. 748; Stratman und Roth 2002, S. 605ff.). Eine Technologieführerschaft ist nur dann zu erreichen, wenn die IT-Mitarbeiter auf der Grundlage von Lernprozessen und Erfahrungen in die Lage versetzt werden, diese Fähigkeiten zu entwickeln. Damit ist die Wichtigkeit der innovationsorientierten Weiterentwicklung hervorgehoben.

Die Innovationsdynamik im IT-Umfeld ist sehr hoch und die Halbwertszeit, nach der lediglich noch die Hälfte des Wissensbestandes vorhanden ist, besonders kurz (Mohr et al. 2006). Gerade bei IT-Experten mit längerer Berufserfahrung und Betriebszugehörigkeit können die in der Vergangenheit erlernten Qualifikationen schnell veralten, was letztendlich dazu führen kann, dass neue Technologien einfach ignoriert werden (Joseph et al. 2007, S. 553f.). Die Qualifikationsanforderungen ändern sich fortwährend in hoher Geschwindigkeit.

Ebenfalls bildet der Fachkräftemangel im Bereich der Informationstechnologien eine negative Einflussgröße. Daher muss die Unternehmens-IT versuchen, ihre bestehenden MA weiter zu entwickeln und im Unternehmen zu halten, denn es wird immer schwerer, sich das benötigte Wissen extern am Arbeitsmarkt zu beschaffen.

Auf der Grundlage der erlernten technologie-basierten Innovationen können zusammen mit den Fachbereichen neue Vorgehensweisen und Verfahren entwickelt werden, um das fachliche Geschäft mit IT-spezifischen Innovationen voranzutreiben. Mit der Generierung von innovativen Kompetenzen werden neue strategische Handlungsoptionen im Sinne der strategischen Flexibilität geschaffen. Die Planung der konkreten Maßnahmen für die Weiterentwicklung der IT-Mitarbeiter sollte sich aus den Erkenntnissen der Technologiefrühaufklärung ergeben. Technologiefrühaufklärung unterstützt neben der Innovationsfähigkeit auch die Prognosefähigkeit. Ein zusätzlich entwicklungsorientiertes Anreizsystem unterstützt diesbezüglich die längerfristige Anpassungsfähigkeit der Unternehmens-IT, wobei in diesem Fall Innovationsbeiträge höher bewertet werden als kurzfristige Leistungserträge (Gmür und Thommen 2011, S. 124). Die First-Mover-Strategie basiert nicht nur auf IT-spezifischen Produktinnovationen, sondern kann ebenfalls mit Innovationen bei Geschäftsprozessen oder Geschäftsmodellen in Verbindung gebracht werden. Letzteres impliziert die Notwendigkeit, dass die Mitarbeiter der Unternehmens-IT die Produkte, Prozesse und Geschäftsmodelle der fachlichen Bereiche verstehen. Diese Fähigkeit wurde als Aspekt der Determinante Qualifikationsspektrum bereits adäquat berücksichtigt.

Entsprechend den Ausführungen kann folgende Hypothese aufgestellt werden:

H_{53}: Je ausgeprägter Maßnahmen zur innovationsorientierten Weiterentwicklung in einer Unternehmens-IT durchgeführt werden, desto höher ist die Innovationsfähigkeit und Innovationsbereitschaft des IT-Personals.

4.1.3.3 IT-Personalbeschaffung

Innovationsgetriebene Erstanbietervorteile basieren u. a. auf der Akquise von seltenen bzw. begrenzten Werten, zu denen auch die individuellen Fähigkeiten der Mitarbeiter zählen (Lieberman und Montgomery 1988, S. 41), was ein starkes Indiz für die Wichtigkeit der innovationsorientierten Personalbeschaffung im Kontext einer First-Mover-Strategie darstellt. Innovative Kompetenzen können vom externen Markt über das Recruiting ins Unternehmen geholt werden oder alternativ durch die Fremdvergabe von IT-Dienstleistungen als eine punktuelle Unterstützung bei spezifischen Anforderungen, die aufgrund fehlender innovativer Kompetenzen durch die internen IT-Mitarbeiter nicht bewerkstelligt werden können. Mit der Fremdvergabe kann sich eine Unternehmens-IT nebenbei auch von Routinearbeiten befreien, damit die internen IT-Mitarbeiter mehr Freiräume erhalten, um sich vermehrt innovativen Projekten mit dem dazugehörigen Knowhow-Aufbau widmen zu können. Besonders junge Talente können durch Berührungspunkte mit Universitäten erreicht werden, mit dem Ziel, langfristige Beziehungen zwischen den Institutionen aufzubauen und so dem zunehmenden Mangel an IT-Experten entgegen zu steuern (Luftman und Kempaiah 2007, S. 133). Hinsichtlich innovativer IT-Technologien sollten die Hochschulen stets auf dem aktuellsten Stand sein, was Hochschulabgänger insbesondere für innovative IT-Projekte wertvoll machen könnte. Duale IT-Studiengänge oder betreute Abschlussarbeiten könnten Studenten frühzeitig an das Unternehmen binden, mit dem Ziel, diese nach dem Hochschulabschluss bei entsprechender Eignung direkt zu übernehmen.

Basierend auf den Ausführungen kann folgende Hypothese formuliert werden:

H_{62}: Je effizienter innovative Kompetenzen vom externen Markt beschafft werden können, desto höher ist die Innovationsfähigkeit und Innovationsbereitschaft des IT-Personals.

4.1.3.4 Zusammenfassung der Ergebnisse

Aus der vorangegangenen Diskussion wurden drei Determinanten identifiziert, denen unterstellt werden kann, die Innovativität des IT-Personals wesentlich zu beeinflussen. Bei den Determinanten Weiterentwicklung IT-Mitarbeiter und IT-Personalbeschaffung wurden nur die innovationsorientierten Aspekte beleuchtet. Die grundlegenden Sachverhalte der Konstrukte wurden bereits in den Kapiteln 4.1.1.3 und 4.1.2.3 beschrieben.

Abbildung 12 zeigt die Zusammenhänge und stellt die zentralen Facetten der Komponenten dar.

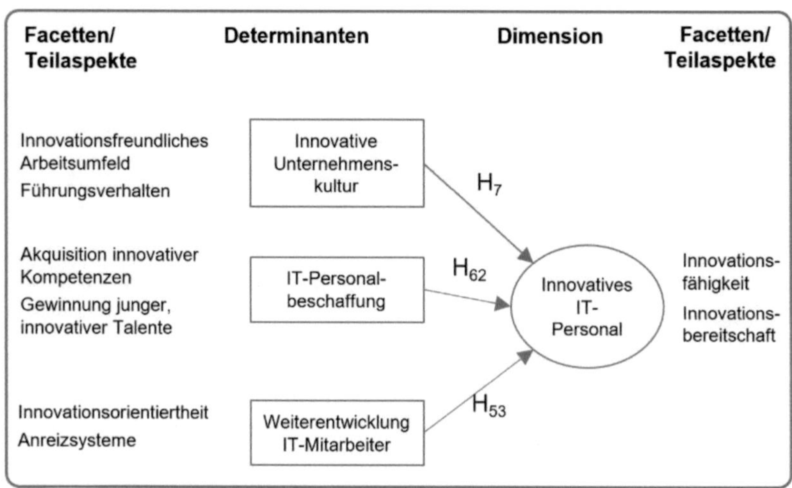

Abbildung 12: Determinanten der Dimension Innovatives IT-Personal

Tabelle 9 fasst die grundlegenden Sachverhalte der Konstrukte zusammen, welche einerseits die inhaltliche Basis für deren Verbalisierung in Form von Indikatoren im Rahmen der Konstrukt-Operationalisierung in Kapitel 5.5.2 und andererseits die Grundlage für die Entwicklung valider Kennzahlen in Kapitel 6.2.3.3 bilden.

TEILASPEKT/ FACETTE DES KONSTRUKTS	BESCHREIBUNG	QUELLEN
INNOVATIVES IT-PERSONAL		
Innovations-fähigkeit	Schnelle Reaktionsfähigkeit auf technologische Innovationen Effizienter Einsatz innovativer Technologien Nutzenpotenzial neuer Technologien erkennen und diese für das Unternehmen wertschöpfend umsetzen. Eigene Innovationen aus der Unternehmens-IT heraus hervorbringen	(Darroch, 2003, S. 47; Heinrich et al. 2014, S. 196; Lu und Ramamurthy 2010, S. 603; Specht et al. 2005, S. 298; van Oosterhout, 2010)

Teilaspekt/ Facette des Konstrukts	Beschreibung	Quellen
Innovationsbereitschaft	Hohe Aufgeschlossenheit gegenüber innovativen IT-basierten Technologien Hohe Bereitschaft, sich mit innovativen Technologien auseinanderzusetzen Hohe Beteiligung der Mitarbeiter an der Innovationsgestaltung bzw. Innovationsgenerierung	(Heinrich et al. 2014, S. 196; Termer 2015, S. 99)
Innovative Unternehmenskultur		
Innovationsfreundliches Arbeitsumfeld	Freiräume für neue und kreative Lösungswege Vorbildfunktion der Führungskräfte Beiträge der Mitarbeiter werden bei der Entwicklung und Umsetzung innovativer IT-Strategien eingefordert und mit einbezogen Innovationsbezogene Anreizsysteme Vielzahl von Instrumenten für die Mitarbeiter verfügbar, um IT-basierte Innovationen voranzutreiben	(Heinrich et al. 2014, S. 196; Luftman und Ben-Zvi 2009, S. 51; Roepke et al. 2000, S. 327)
Weiterentwicklung IT-Mitarbeiter		
Innovationsorientiertheit	Weiterentwicklung auf Basis neu aufkommender Informationstechnologien Weiterentwicklung, um innovative Technologien entdecken und beurteilen zu können Weiterentwicklung, um Verfügbarkeit und Risiken innovativer Technologien einzuschätzen	(Dyer und Shafer 2003, S. 15; van Oosterhout 2010, S. 227ff.; Peng et al. 2008, S. 748; Stratman und Roth 2002, S. 605ff.; Termer 2015, S. 99)
Anreize	Entwicklungsorientiertes Anreizsystem	(Gmür und Thommen 2011, S. 124)
IT-Personalbeschaffung		
Akquisition innovativer Kompetenzen	Schnelle Akquirierung vom externen Markt	Lieberman und Montgomery 1988, S. 41
Gewinnung junger innovativer Talente	Beziehungen mit Hochschulen Gewinnung von IT-Hochschulabsolventen und jungen IT-Talenten für das Unternehmen Duale IT-Studiengänge	Luftman und Kempaiah 2007, S. 133

Tabelle 9: Aspekte der Dimension Innovatives IT-Personal und deren Determinanten

Die zentralen Sachverhalte der Dimension Innovatives IT-Personal wurden auf Grundlage der gewonnenen Erkenntnisse aus Kapitel 3.5.3 abgeleitet.

4.2 Kontrollvariablen

Bei empirischen Untersuchungen werden meistens zusätzliche Kontrollvariablen berücksichtigt, um allgemeine, vom konkreten Untersuchungsrahmen losgelöste Effekte respektive Störeffekte zu untersuchen (Grimm 2014, S. 67). Dazu werden innerbetriebliche und außerbetriebliche Einflussgrößen verwendet, um Robustheit, Güte und Validität der Wirkbeziehungen zu kontrollieren (Becker 2005, S. 274; Bortz und Döring 2002, S. 525). In der vorliegenden Arbeit bilden diese Kontrollvariablen verschiedene Parameter ab, welche entweder direkte oder indirekte Effekte auf die Agilität einer IT-Workforce aufweisen könnten.

Eine dieser Einflussgrößen könnte die in Kapitel 2.1 diskutierte strategische Rolle der IT im Unternehmen nach Kießling (2012) darstellen; damit einher gehen auch die Anforderungen, die an die Unternehmens-IT gestellt werden. Abhängig von diesen Anforderungen können die notwendige Anpassungsfähigkeit der Unternehmens-IT unterschiedlich stark ausgeprägt oder nur spezifische Schwerpunkte von Relevanz sein. Eine weitere Kontrollvariable aus dem internen Unternehmensbereich stellt die Größe des Unternehmens dar. Diese Einflussgröße könnte Störeffekte bzw. Mediationseffekte auf die Agilität einer IT-Workforce hervorrufen, da ein hoher Personalbestand eventuell schwieriger zu koordinieren ist im Vergleich zu einer relativ kleinen Personaldecke. Die Größe eines Unternehmens kann etwa über die Mitarbeiterzahl oder über die Umsatzzahlen klassifiziert werden.

Neben unternehmensspezifischen Faktoren können auch Einflussgrößen aus der betrieblichen Umwelt einen relevanten Einfluss auf das Konstrukt der IT-Agilität haben, weshalb als weitere Kontrollvariablen zum einen die Beschaffenheit des Marktes und zum anderen die Wettbewerbssituation in die Untersuchung mit einbezogen werden (Melville et al. 2004, S. 297). Tallon und Pinsonneault (2011 S. 477ff.) untersuchten den moderierenden Effekt der Volatilität der betrieblichen Umwelt auf die Agilität eines Unternehmens und dessen betrieblichen Erfolg. Dabei wurde ein positiver moderierender Effekt zwischen Agilität und Unternehmenserfolg festgestellt. Zusätzlich zeigte sich, dass die Volatilität der betrieblichen Umwelt moderierende Effekte auf die Wirkbeziehung zwischen IT-Alignment und Agilität hat. Im Untersuchungsmodell der vorliegenden Arbeit könnte dadurch das Konstrukt der Koordinationsflexibilität beeinflusst werden, da das IT-Alignment einen wichtigen Aspekt der Personalplanung darstellt. Sowohl die Marktsituation als auch die Wettbewerbssituation stellen spezifische Branchencharakteristika dar. Bei der Gestaltung des Fragebogens wird die Branche selbst daher auch als Kriterium aufgenommen. Der Einfluss der potenziellen Störgrößen wird im Rahmen der Gütebeurteilung mittels einer Multigruppenanalyse erfasst.

4.3 Konsolidiertes Untersuchungsmodell

Das in Kapitel 3.6 hergeleitete formative mehrdimensionale Konstrukt zweiter Ordnung in Verbindung mit den in Kapitel 4.1 plausibilisierten Determinanten der jeweiligen Dimensionen bilden die Grundlage für das nachstehend postulierte theoretisch-konzeptionelle Modell der IT-Agilität im Bereich IT-Personal, welches die zugrundeliegende Theorie bzw. die zugrundeliegenden Konzepte repräsentiert.

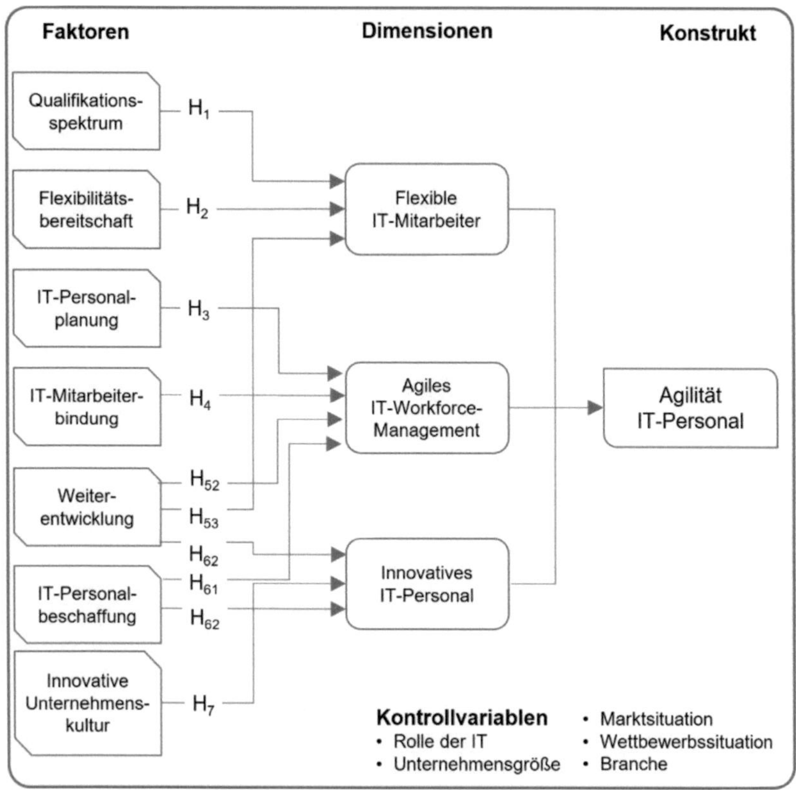

Abbildung 13: Untersuchungsmodell der Arbeit

Konkret handelt es sich um ein mehrfaktorielles, mehrdimensionales Konstrukt, wobei in diesem konkreten Fall die Dimensionen selbst wieder durch mehrere Faktoren erfasst werden (Homburg und Giering 1996, S. 6). Die postulierten hypothetischen Beziehungen und die in Kapitel 4.2 dargestellten Kontrollvariablen wurden ebenso in das Gesamtmodell integriert. Das formative mehrdimensionale Konstrukt wird durch die gesamte Varianz seiner Dimensionen definiert, da diese den konzeptionellen Rahmen des formativen Konstrukts komplett erfassen. Man darf auch nicht unerwähnt lassen, dass noch weitere Einflussgrößen existieren könnten, die auf das mehrdimensionale Konstrukt einwirken, welche in der Modellierung aber nicht adäquat berücksichtigt worden sind. Dies könnte dann zu negativen Auswirkungen auf die Ergebnisse der Güteprüfung führen. Im nächsten Schritt der Forschungsarbeit werden die dem Untersuchungsmodell unterlegten Hypothesen einer empirischen Überprüfung unterzogen. Dabei wird untersucht, ob die theoretisch aufgestellten Beziehungen mit den empirisch gewonnenen Daten übereinstimmen. Auf diese Weise wird gegen die Forschungslücke evaluiert, was vor allem Erkenntnisziele wissenschaftlicher Forschung anspricht und daher hauptsächlich auf die Beantwortung der ersten Forschungsfrage abzielt.

5 Empirische Untersuchung

5.1 Kontext der Untersuchung

Die Komponenten des Untersuchungsmodells in Verbindung mit den postulierten Wirkbeziehungen werden im Kontext einer „CIO-Umfrage“ empirisch überprüft. Die Befragung richtet sich an die Zielgruppe der IT-Entscheidungsträger in einem Unternehmen (Chief Information Officer, IT-Vorstände oder IT-Leiter sowie IT-Manager der obersten Führungsebenen (SVP, VP)). Die Teilnehmer der Zielgruppe sind mit ihrer Expertise und ihrer Erfahrung in der strategischen Steuerung einer IT-Funktion für die Beantwortung der Fragen besonders wertvoll. Zum einen werden Großunternehmen befragt (Umsatz oder Bilanzsumme > 125 Mio. Euro) und zum anderen die CIO der Länder der Bundesrepublik Deutschland sowie großer Städte und Gemeinden. In der Regel sollte dadurch gewährleistet sein, dass die Unternehmens-IT der Teilnehmer eine ausreichende Größe besitzt, um damit wissenschaftlich verwertbare Daten im Sinne der Problemstellung zu erhalten.

5.2 Konfiguration der Untersuchung

5.2.1 Auswahl des Analyseverfahrens

Die Überprüfung des sachlogisch begründeten Untersuchungsmodells (Kapitel 4.3) wird mittels etablierter Vorgehensweisen erfolgen. Da hier vor allem Wirkstrukturen im Fokus stehen, sind spezifische Methoden der Kausalanalyse als besonders hilfreich anzusehen. Die Kausalanalyse ist ein leistungsfähiges Analyseverfahren, um komplexe kausale Wirkungsbeziehungen zwischen latenten Variablen simultan schätzen zu können (Homburg et al. 2008, S. 549; Homburg und Klarmann 2006, S. 728). Diese Vorgehensweise zur Bearbeitung relevanter Sachverhalte wird in der WI bis dato noch relativ selten verwendet (Termer 2015, S. 133). Nachfolgend werden diesbezüglich grundsätzlich infrage kommende Methodiken für die Durchführung einer Kausalanalyse gegenübergestellt, um auf der Basis der jeweiligen Vor- und Nachteile das im konkreten Forschungskontext am besten geeignete Analyseverfahren zu bestimmen. Damit wird vor allem das Ziel verfolgt, eine methodisch einwandfreie Untersuchung zu garantieren und so die erforderliche wissenschaftliche Exaktheit sicherzustellen. Zusätzlich müssen bei der durchzuführenden Evaluation die Anforderungen der Reliabilität und der Validität genügen. Deswegen werden nachstehend zunächst die notwendigen Grundlagen kurz dargestellt. Darauf aufbauend sollen im nächsten Schritt die Gütemaße definiert werden, die im Kontext des Untersuchungsmodells für die Evaluation am wichtigsten sind (vgl. Kapitel 5.2.2).

5.2.1.1 Grundlagen der Evaluation

Die Evaluation ist ein Bestandteil wissenschaftlicher Forschung, eine Bewertung von Objekten, die auf wissenschaftlichen Kriterien und Verfahren beruht (Frank 2000). Nach Kromrey (2001, S. 106) ist Evaluation jede methodisch kontrollierte, verwertungs- und bewertungsorientierte Form des Sammelns, Auswertens und Verarbeitens von Informationen. Dabei wird ein Evaluationsgegenstand zweck- und zielgerichtet bewertet, wodurch dessen Wert und Nutzen ermittelt wird (Sanders et al. 2006, S. 28; Wottawa und Thierau 1998, S. 14). Die Voraussetzung für ein erfolgreiches Evaluationsvorhaben sind die Präzisierungen der Aspekte *Gegenstand*, *Evaluator*, *Kriterien* und *Verfahren*, die in der Evaluation in unterschiedlicher Weise und unterschiedlichen Kombinationen vorkommen können (Kromrey 2001, S. 107f.). Die genannten Aspekte werden in nachstehender Tabelle kurz erläutert.

Aspekte der Evaluation	Beschreibung
Gegenstand der Evaluierung	Der Gegenstand der Betrachtung sind spezifizierte Sachverhalte, Programme, Maßnahmen, manchmal auch ganze Organisationen.
Evaluator	Personen, die dazu in besonderer Weise befähigt sind, wie etwa unabhängige Wissenschaftler, im Programm Mitwirkende, externe Berater, engagierte Betroffene etc.
Kriterien	Ziele, Standards.
Verfahren	Das Verfahren ist zu „objektivieren“, um eine intersubjektive Nachprüfbarkeit der Evaluationsergebnisse zu ermöglichen. Die Objektivität hängt von der Auswahl und der Offenlegung der verwendeten Evaluationsmethode sowie der genutzten Evaluationsmerkmale ab (Riege et al. 2009, S. 74).

Tabelle 10: Aspekte einer Evaluierung
Quelle: In Anlehnung an Kromrey (2001, S. 107f.)

In der Wirtschaftsinformatik wird zwischen drei Evaluationsansätzen differenziert. Die Grundlage der nachfolgenden Aussagen bildet die Arbeit von Riege et al. (2009, S. 74f.). Beim Evaluationsansatz 1 wird ein konstruiertes Artefakt hinsichtlich der identifizierten Forschungslücke evaluiert. Es erfolgt eine Überprüfung der gestellten Anforderungen, jedoch nicht unter Realweltbedingungen. Dieser Ansatz verfolgt damit vorwiegend Erkenntnisziele der WI. Beim Evaluationsansatz 2 wird das Artefakt bezüglich der Realwelt evaluiert, und es wird überprüft, ob die Problemstellung der Realwelt durch das Artefakt gelöst wird und damit den erwarteten Nutzen zu stiften vermag, was dem zentralen Evaluationszweck der gestaltungsorientierten WI entspricht (Becker 2010, S. 16, Sanders et al. 2006, S. 28; Wottawa und Thierau 1998, S. 14). Es wird dabei implizit reflektiert, ob die Forschungslücke adäquat bzw. relevant ist. Bei Evaluationsansatz 3 wird die Forschungslücke bezüglich der Realwelt evaluiert, wobei hier u. a. die statistischen Gütemasse für die Bewertung der Korrektheit der Forschungsergebnisse verwendet wird. Die Evaluation des vorliegenden Untersuchungsmodells erfolgt mit diesem Ansatz. Dabei werden in erster Linie Erkenntnisziele angesprochen. Dazu ist kein konstruiertes Artefakt im Sinne des Design-Science als Lösungskandidat zwingend notwendig.

Im Rahmen der drei Evaluationsansätze können verschiedene wissenschaftlich anerkannte Evaluationsmethoden eingesetzt werden. Dabei sind einzelne Methoden nur für bestimmte Ansätze geeignet bzw. nur unter bestimmten Annahmen anwendbar. Die Methoden „Anwendung eines Prototyps“ sowie „Feldexperiment und Aktionsforschung“ sind für die Evaluation gegen die Realwelt uneingeschränkt geeignet, die Methoden „Umfrage und Simulation“ nur unter bestimmten Annahmen (Riege et al. 2009, S. 81). Die einzelnen Forschungsmethoden können der quantitativen oder qualitativen Forschung zugesprochen werden. Beide Forschungsansätze werden in der vorliegenden Arbeit konkret angewendet. Die beiden Ansätze haben nachstehende Gemeinsamkeiten:

1. Die Überprüfung theoretisch spezifizierter Hypothesen an der Realität.

In der quantitativen und qualitativen Forschung werden Stichproben verwendet, da es oft faktisch nicht möglich ist, alle Elemente der Grundgesamtheit zu befragen.

Die Aussagekraft empirischer Befunde hängt von drei Kriterien ab, nämlich von der Qualität der Gesamterhebung, der eingesetzten Konzepte und Instrumente sowie von der Qualität der Interpretation (Atteslander 2010).

2. Es geht um die Erzielung messbarer Gütekriterien.

In der amerikanischen Information Systems Research überwiegt die Anwendung quantitativer Methoden, um beispielsweise Messkonstrukte anhand statistischer Gütemaße zu validieren. Dabei wird häufig auf den Ansatz des kritischen Rationalismus verwiesen, wonach eine Überprüfung durch die Konfrontation mit der Realität als objektiver Instanz zu erfolgen hat, was Abbildungs- bzw. Messvorschriften voraussetzt (Frank 1998). Diese Einschränkung ist aber gerade in der Wirtschaftsinformatik häufig nicht praktikabel, denn die Forschung in der Wirtschaftsinformatik ist durch eine Fülle selbst geschaffener Artefakte wie Modelle und Prototypen gekennzeichnet (Frank 1998). In der gestaltungsorientierten Wirtschaftsinformatik wird deshalb auch auf qualitative Verfahren der Evaluierung zurückgegriffen. Qualitative Methoden werden oftmals mit quantitativen Verfahren kombiniert (Bortz und Döring 2002), da beide sich ergänzen können (Malterud 2001, S. 483). Werden beide Verfahren kombiniert, geschieht dies in einer sequenziellen Reihenfolge. Im Sinne eines Methodenmixes können qualitative Expertenbefragungen genutzt werden, um Hypothesen zu entwickeln, als Basis für eine später geplante großzahlige Studie (Malterud 2001, S. 487; LeCompte und Schensul 1999; Patten 2009, S. 4). Diese Vorgehensweise wurde im Rahmen der vorliegenden Arbeit genutzt. Grundsätzlich sind quantitative Methoden nicht wissenschaftlicher als qualitative wie etwa Experteninterviews, denn für die Qualität der Forschung entscheidet allein der Nachweis wissenschaftlicher Systematik (Atteslander 2010). Mayer (2008) beschreibt, dass in der quantitativen Forschung die statistische Repräsentativität im Vordergrund steht, also dass sich die Stichprobe nicht wesentlich von der Grundgesamtheit unterscheidet, während in der qualitativen Forschung die Relevanz der untersuchten Subjekte leitend ist, also die inhaltliche Repräsentation, wobei auch die qualitative Forschung oft die Verallgemeinerung zum Ziel hat, so dass Experteninterviews meist mit dem Ziel durchgeführt werden, Erkenntnisse zu gewinnen, die über den gesuchten Fall hinausgehen und damit auf andere Fälle übertragbar und in diesem Sinne generalisierbar sind. Die Verallgemeinerbarkeit muss dazu im spezifischen Fall argumentativ begründen, warum die eruierten Ergebnisse auch für andere Situationen und Zeiten gelten.

Das primäre Ziel der im Forschungsprozess durchzuführenden empirischen Datenerhebung ist, möglichst fehlerfreie Messwerte zu generieren. Nachfolgend werden Validität und Reliabilität als Gütemaße für Messmodelle in Anlehnung an Mooi und Sarstedt (2011, S. 34f.) erläutert. Messfehler setzen sich aus einem systematischen und einem rein zufälligen Fehler zusammen. Die möglichen Ursachen für Messfehler können vielfältig sein: Schlecht formulierte Fragen in Umfragen, Missverständnisse beim Skalierungsverfahren oder die fehlerhafte Anwendung statistischer Methoden können zu Fehlern führen (Hair et al. 2014, S. 97). Der beobachtete bzw. gemessene Wert ist die Summe aus dem wahren Wert, dem systematischen Fehler und dem zufälligen Fehler. Systematische Fehler sind Messfehler, die konsequent etwas höher oder niedriger messen, während zufällige Fehler durch den Zufall hervorgerufene Variationen zwischen dem wahren Wert und dem Messwert darstellen. Zufällige Fehler werden etwa durch situative Einflüsse hervorgerufen. Sie sind nicht beeinflussbar, können mit statistischen Methoden aber geschätzt werden. Systematische Fehler treten bei wiederholten Messungen in gleichem Maß auf, so dass die Ergebnisse trotz des Messfehlers konsistent sind (Homburg und Giering 1996, S. 7; Peter und Churchill 1986, S. 4; Weiber und Mühlhaus 2014, S. 129 und 135).

Die Gütemaße Validität und Reliabilität stehen in einer engen Beziehung zu den beiden Arten von Messfehlern. Die Validität (Gültigkeit) einer Messung zeigt an, dass ein Ergebnis auch den tatsächlich zu ermittelnden Sachverhalt erfasst (Fantapié Altobelli 2011, S. 165; Homburg und Krohmer 2009, S. 247; Kuss 2013, S. 150), also ob ein Messinstrument das misst, was es zu messen vorgibt (Gmür und Thommen 2011, S. 271). In diesem Fall ist der systematische Fehler gleich null (Fantapié Altobelli 2011, S. 259; Himme 2009, S. 491). Die Reliabilität (Zuverlässigkeit) kommt darin zum Ausdruck, dass die Ergebnisse einer Messung bei einer Wiederholung oder unter anderen Bedingungen so ausfallen wie bei der ursprünglichen Messung (Gmür und Thommen 2011, S. 271). Die Messung ist in diesem Fall dann frei von Zufallsfehlern (Fantapié Altobelli 2011, S. 164, 259; Himme 2009, S. 486ff.; Homburg und Krohmer 2009, S. 246). Eine Messung, die nicht reliabel ist, kann niemals valide sein, weil es keinen Weg gibt, den systematischen Fehler von dem zufälligen Fehler zu unterscheiden (Mooi und Sarstedt 2011, S. 35). Deshalb ist Reliabilität eine notwendige Voraussetzung für Validität.

Konstruktvalidität ist ein allgemeiner Begriff, der verschiedene Arten der Validität umfasst (Mooi und Sarstedt 2011, S. 36). Die in der vorliegenden Arbeit zu beurteilende Konvergenzvalidität und Diskriminanzvalidität werden unter diesem Begriff subsumiert (Bagozzi und Phillips 1982, S. 468; Herrmann et al. 2008, S. 279). Die Konvergenzvalidität und Diskriminanzvalidität können mit quantitativen Verfahren beurteilt werden. Konvergenzvalidität beschreibt die Güte der Übereinstimmung von unterschiedlichen Messungen des gleichen Konstrukts, während die Diskriminanzvalidität die Verschiedenheit der Messungen unterschiedlicher Konstrukte in einem Modell beschreibt (Bagozzi und Phillips 1982, S. 468; Krafft et al. 2005, S. 74).

Die Inhaltsvalidität ist ein weiteres wichtiges Gütekriterium, welches bei der Konstruktion von Messmodellen zu berücksichtigen ist. Die Inhaltsvalidität bezieht sich auf die Eignung und die Vollständigkeit des Messinstruments in Bezug auf das zu messende Konstrukt bzw. Konzept und wird häufig von Experten beurteilt (Kuss 2009, S. 118). Die Inhaltsvalidität zeigt, ob die Indikatoren inhaltlich und semantisch dem Konstrukt zuzuordnen sind und dessen Bedeutungsinhalte abbilden (Schnell et al. 2011, S. 147). Die Sicherstellung der Inhaltsvalidität muss vor allem durch die präzise definitorische Abgrenzung der Konstrukte untereinander erfolgen (Homburg und Giering 1996, S. 17). Man geht dabei von einem Repräsentationsschluss aus, und in der Regel wird die Inhaltsvalidität nicht numerisch anhand eines Kennwertes ermittelt, sondern aufgrund logischer und fachlicher Überlegungen durch Experten (Moosbrugger und Kelava 2012, S. 15). Gerade bei formativen Messungen ist der erste Schritt, die Inhaltsvalidität sicherzustellen (Hair et al. 2014, S. 99). Die Prüfung der internen Konsistenz ist bei reflektiven Messmodellen die meistverbreitete Art, die Reliabilität zu beurteilen (Mooi und Sarstedt 2011, S. 36). Reliabilität verlangt die Verwendung mehrerer Indikatoren, die das Konstrukt messen sollen (z. B. mehrere Fragen/Items bei einer Umfrage). Wenn diese Messungen stark und positiv zusammenhängen, lässt sich daraus ein gewisser Grad an interner Konsistenz ableiten.

5.2.1.2 Multivariate Analysemethoden

In diesem Kapitel werden zunächst in Anlehnung an Backhaus et al. (2011 und 2013) und Hair et al. (2014) die Grundlagen multivariater Analysemethoden erläutert. Ausgehend von diesen Grundlagen wird die Auswahl der spezifischen Forschungsmethode im Kontext der vorliegenden Arbeit getroffen und die Angemessenheit der Anwendung plausibilisiert. Multivariate Analysemethoden werden vorrangig in der quantitativen Forschung genutzt. Die Regressionsanalyse ist das wichtigste und am häufigsten angewendete multivariate Analyseverfahren (Backhaus et al. 2010, S. 14). Der primäre Anwendungsbereich der Regressionsanalyse besteht in der Untersuchung von Kausalbeziehungen eines zuvor aufgestellten Hypothesensystems mit Ursache-Wirkung-Beziehungen bzw. je-desto-Beziehungen (Backhaus et al. 2010, S. 56). Die Hypothesen legen dabei die Wirkrichtung fest und definieren damit, welche Variable die abhängige darstellt und im monokausalen Fall, welche die unabhängige (verursachende) Variable ist. Bei einer Mehrfach-Regression wird die zu untersuchende Variable durch mehrere Größen beeinflusst und dies impliziert das Vorhandensein mehrerer unabhängiger Variablen im Regressionsmodel. Zwei Gütekriterien sind hierbei von besonderer Bedeutung (Backhaus et al. 2010, S. 64 und 72):

Der Regressionskoeffizient hat eine wichtige inhaltliche Bedeutung, er gibt nämlich an, um wie viele Einheiten sich die abhängige Variable vermutlich ändert, wenn sich die unabhängig Variable um eine Einheit ändert und bildet somit ein Maß für die Wirkung der unabhängigen auf die abhängige Variable. Geometrisch gesehen entspricht der Regressionskoeffizient der Steigung oder Neigung einer linearen Regressionskurve. Die Prüfmaße stellen der T-Wert und der Beta-Wert dar.

Das Bestimmtheitsmaß R^2 misst neben der F-Statistik die Güte der Anpassung der Regressionsfunktion an die empirischen Daten (engl. „goodness of fit"). Dabei geht es um die Prüfung der Regressionsfunktion im Ganzen, d. h. ob und wie gut die abhängige Variable durch das Regressionsmodell mit einer oder mehreren unabhängigen Variablen erklärt wird. Das Bestimmtheitsmaß ist der Quotient aus der erklärten Streuung und der Gesamtstreuung, als normierte Größe mit einem Wertebereich zwischen 0 und 1. Der Wert ist umso größer, je höher der Anteil der durch die Regressionsfunktion erklärten Streuung an der Gesamtstreuung ist. Bei der Regressionsanalyse geht es prinzipiell darum, einen Verlauf der Regressionsgeraden zu finden, der sich der empirischen Punkteverteilung möglichst gut anpasst. Dass die Punkte um die Gerade streuen, kann daran liegen, dass noch andere Einflussgrößen auf die abhängige Variable einwirken oder Beobachtungsfehler bzw. Messfehler vorliegen.

Im Kontext der vorliegenden Arbeit ist es das Ziel, das Bestimmtheitsmaß R^2 zwischen den identifizierten Determinanten als unabhängige Variablen und den Dimensionen des multidimensionalen Konstrukts der IT-Agilität im Bereich IT-Personal als abhängige Variablen zu maximieren, um auf dieser Grundlage im nächsten Schritt ein kennzahlenbasiertes Messinstrumentarium zu entwickeln. Die Regressionsanalyse ist immer nur dann anwendbar, wenn sowohl die abhängige als auch die unabhängige Variable metrisches Skalenniveau besitzen (Backhaus et al. 2010, S. 59). Das setzt voraus, dass die Variablen in der Realität direkt beobachtbar bzw. messbar sind. Die im Rahmen der vorliegenden Arbeit identifizierten Determinanten stellen latente Variablen dar. Dementsprechend kann die klassische Regressionsanalyse hier keine Anwendung finden. Deshalb wird alternativ auf das Verfahren der Strukturgleichungsanalyse zurückgegriffen, in deren immanenten Algorithmus allerdings auch Regressionsanalysen genutzt werden.

5.2.1.3 Verfahren der Strukturgleichungsmodellierung

Die Möglichkeit der Nutzung von leistungsfähigen Informationssystemen und die damit einhergehende Verarbeitung von großen Datenmengen ebneten den Weg für die Entwicklung von fortgeschrittenen statistischen Analysentechniken (Hair et al. 2014, S. xi), um damit auch Schwachstellen der Methoden der ersten Generation zu überwinden (Hair et al. 2014, S. 3).

Tabelle 11 stellt die Verfahren der ersten und zweiten Generation einander gegenüber.

	VORWIEGEND EXPLORATIV	VORWIEGEND KONFIRMATORISCH
Verfahren der ersten Generation	Clusteranalyse explorative Faktorenanalyse Multidimensionale Skalierung	Varianzanalyse Multiple Regression Konfirmatorische Faktorenanalyse
Verfahren der zweiten Generation	Partial Least Squares Strukturgleichungsmodellierung (PLS-SEM)	Kovarianzbasierte Strukturgleichungsmodellierung (CB-SEM)

Tabelle 11: Kategorisierung multivariater Analysetechniken
Quelle: Hair et al. (2017, S. 3)

Die Differenzierung zwischen einem konfirmatorischen und einem explorativen Ansatz ist nicht immer eindeutig. Diejenigen Verfahren werden als vorwiegend konfirmatorisch bezeichnet, die zum Test von Hypothesen verwendet werden und diejenigen gelten als eher explorativ, die zum Erkennen von Mustern und Zusammenhängen in einem Datenmaterial dienen, über das vorher kein oder wenig Wissen besteht (Hair et al. 2017, S. 3). Beim explorativen Ansatz werden bei Anwendung eines PLS-Verfahrens die auf der Basis theoretischer und sachlogischer Überlegungen aufgestellten Beziehungen überprüft und bei Bestätigung der Hypothesen durch die empirischen Daten kann eine vorhandene Theorie erweitert werden. Weiterhin kann evaluiert werden, ob andere unabhängige Variablen ebenfalls Einfluss auf die unabhängige Variable haben (ebd.).

Die Verfahren der Strukturgleichungsmodellierung (engl. „Structural equation modeling“) sind eine Klasse von multivariaten Techniken, die Aspekte der Faktorenanalyse und der Regression kombinieren und den Forschern dadurch ermöglichen, eine simultane Untersuchung von Beziehungen bzw. Wechselwirkungen zwischen Variablen durchzuführen (Hair et al. 2014, S. xi). Mit Strukturgleichungsmodellen ist es möglich, komplexe Kausalstrukturen zu überprüfen, insbesondere können Beziehungen mit mehreren abhängigen Variablen, mehrstufigen kausalen Beziehungen und mit nicht beobachtbaren (latenten) Variablen überprüft werden. Die Variablen des Strukturmodells können alle latent sein, müssen es aber nicht (Backhaus et al. 2010, S. 18). Die Begriffe der Kausalanalyse oder Strukturgleichungsanalyse können dabei als Synonyme für die Strukturgleichungsmodellierung verwendet werden (Backhaus et al. 2013, S. 65). Mit der Strukturgleichungsanalyse wird überprüft, ob die theoretisch aufgestellten Beziehungen eines theoretisch fundierten Hypothesensystems mit dem empirisch gewonnenen Datenmaterial übereinstimmen. Daher kann sie den hypothesenprüfenden statistischen Verfahren zugeordnet werden (Backhaus et al. 2013, S. 65).

Kennzeichnend für die Kausalanalyse ist die Untergliederung des Kausalmodells in ein Strukturmodell und in ein oder mehrere Messmodelle. Das Strukturmodell enthält die zentralen Elemente einer Theorie als (latente) Variablen und bildet das Hypothesensystem zwischen diesen Variablen als ein Netzwerk aus kausalen Pfaden ab (Bagozzi 1994, S. 317). Die unabhängigen latenten Variablen werden darin als exogene Größen und die abhängigen latenten Variablen als endogene Größen bezeichnet (Byrne 2010, S. 5; Homburg et al. 2008, S. 554). Für jede latente Variable muss ein Messmodell existieren (Backhaus et al. 2013, S. 66). Das Messmodell gibt die Beziehung zwischen den latenten Variablen und den geeigneten Indikatoren vor, mittels derer sich die latenten Variablen indirekt messen lassen. Ihre empirische Überprüfung erfolgt mithilfe der konfirmatorischen Faktorenanalyse (Backhaus et al. 2010, S. 18).

Es existieren verschiedene Ansätze, um eine Strukturgleichungsmodellierung durchzuführen. Es wird differenziert zwischen dem kovarianzbasierten Ansatz und dem varianzbasierten Ansatz (Scholderer und Balderjahn 2006, S. 57). Die meist verbreitete Methode ist sicherlich der kovarianzbasierte Ansatz (CB-SEM) mit den dominierenden Software-Tools wie LISREL und AMOS, mit denen diese Art von Analysen durchgeführt werden können (Hair et al. 2014, S. xif.). Die varianzbasierte Methode (PLS-SEM) ist mittlerweile ebenfalls zu einer der Schlüsselmethoden für SEM-Analysen geworden (Hair et al. 2014, S. xii). Beim varianzanalytischen Ansatz kann im einfachsten Fall ein Strukturgleichungsmodell in zwei Schritten sukzessive geschätzt werden. Im ersten Schritt werden mithilfe von Faktorenanalysen die Messmodelle geschätzt und im zweiten Schritt Regressionsanalysen mit den latenten Variablen durchgeführt (Backhaus et al. 2013, S. 67). Im Gegensatz zu dieser sukzessiven Vorgehensweise werden bei CB-SEM unter Verwendung des Software Tools AMOS alle Modellparameter simultan geschätzt. Bei der Parameterschätzung folgt AMOS einem rein faktoranalytischen Ansatz, wobei Kovarianzen oder Korrelationen zwischen den Indikatorvariablen berechnet werden. Den Ausgangspunkt bildet nicht die erhobene Rohdatenmatrix, sondern die aus einem empirischen Datensatz errechnete Kovarianzmatrix oder Korrelationsmatrix.

Somit lässt sich sagen, dass bei Strukturgleichungsmodellen, die dem kovarianzanalytischen Ansatz folgen, eine Analyse auf der Ebene von aggregierten Daten stattfindet und ein gegebenes Hypothesensystem in seiner Gesamtheit überprüft wird (Backhaus et al. 2013, S. 67). Beide Ansätze weisen grundlegende Unterschiede in der Anwendung auf, mit z. T. unterschiedlichen Voraussetzungen. Beide Verfahren haben aber ihre Berechtigung, und in der Forschung sollte deshalb je nach Untersuchungsgegenstand und Zielstellung die adäquate Methode ausgewählt werden (Scholderer und Balderjahn 2006, S. 67; Weiber und Mühlhaus 2014, S. 65).

Nachstehend werden zunächst die beiden Verfahren gegenübergestellt, deren unterschiedliche Voraussetzungen und Denkansätze beleuchtet sowie die jeweiligen Stärken und Schwächen aufgezeigt. Auf dieser Basis wird die konkrete Auswahl der Methode für die vorliegende Arbeit argumentativ begründet.

Ein wichtiges Kriterium für die Methodenauswahl ist die Zielstellung der empirischen Untersuchung. Beim kovarianzanalytischen Ansatz wird ein theoretisch eingehend fundiertes Hypothesensystem benötigt, welches einer entsprechenden Überprüfung unterzogen werden soll (Weiber und Mühlhaus 2014, S. 69). Wenn aber die interessierenden Phänomene vergleichsweise neu oder Theorien noch nicht weit entwickelt sind, sollten Forscher die Nutzung von PLS-SEM als alternativen Ansatz in Betracht ziehen, insbesondere wenn das primäre Ziel der Überprüfung des Strukturmodells der Vorhersage und der Erklärung von Zielkonstrukten dient (Hair et al. 2014, S. 19). Denn PLS-SEM fokussiert die Maximierung der erklärten Varianz der endogenen Konstrukte im Untersuchungsmodell (Hair et al. 2011, S. 139) und ist deshalb besser in Forschungssituationen geeignet, in denen Prognoseziele im Vordergrund stehen bzw. die Identifikation von Beziehungen zwischen den latenten Variablen (Reinartz et al. 2009, S. 333). Im Allgemeinen kann PLS-SEM immer dort eingesetzt werden, wo spezifische Restriktionen die Nutzung von CB-SEM verhindern (Hair et al. 2011, S. 139). Verteilungsannahmen bezüglich der erhobenen Daten sind bei der Verwendung von PLS-SEM nicht gegeben, während CB-SEM eine Normalverteilung von intervallskalierten Daten für eine Schätzung benötigt (Reinartz et al. 2009, S. 333). PLS-SEM besitzt kein globales Kriterium für die Beurteilung der Anpassungsgüte, lediglich partielle Gütemaße können als Gütekriterien genutzt werden (Homburg und Klarmann 2006, S. 735). CB-SEM besitzt dagegen lokale und globale Gütemaße. Das globale Gütemaß wird abgeleitet aus dem Unterschied zwischen der empirischen und der modellspezifischen (theoretischen) Kovarianzmatrix (Hair et al. 2014, S. 78). Wenn also für das Forschungsvorhaben ein globales Gütemaß für das gesamte Untersuchungsmodell zwingend notwendig ist, wäre CB-SEM die zu präferierende Vorgehensweise (Hair et al. 2011, S. 144). Ein weiterer signifikanter Unterschied zwischen den beiden Ansätzen ist die Höhe der notwendigen Stichprobengröße. PLS-SEM arbeitet auch sehr effizient mit relativ kleinen Stichprobengrößen (Hair et al. 2014, S. 15) aufgrund der sukzessiven Nutzung der Regressionsanalyse als Schätzmethode (Reinartz et al. 2009, S. 333). Die minimale Stichprobengröße lässt sich anhand verschiedener Parameter des Strukturmodells ableiten (Hair et al. 2011, S. 144):

Zehn Mal der maximalen Anzahl formativer Indikatoren, die auf ein Konstrukt innerhalb des Strukturmodells wirken.

Zehn Mal der maximalen Anzahl von Pfadbeziehungen, die auf eine latente Variable im Strukturmodell gerichtet sind.

Das Minimum der Stichprobengröße ist zudem noch abhängig vom angestrebten Signifikanzlevel und der damit implizierten statistischen Aussagekraft (Hair et al. 2014, S. 21). Durchgeführte Simulationen von Reinartz et al. (2009, S. 341f.) ergaben, dass bei PLS-SEM schon 100 Stichproben ausreichend sein können, um eine akzeptable statistische Aussagekraft zu erhalten. Aus diesem Grund sollte bei kleinen Stichprobengrößen PLS-SEM den Vorzug erhalten gegenüber CB-SEM (Hair et al. 2011, S. 144), insbesondere bei Stichprobengrößen kleiner 250 (Reinartz et al. 2009, S. 341). Die Verwendung formativer Messmodelle ist prinzipiell in beiden Verfahren möglich, jedoch unterliegt die Verwendung bei CB-SEM kleinen Einschränkungen (Homburg und Klarmann 2006, S. 735), denn zur Vermeidung des Identifikationsproblems sind spezifische Regeln zu berücksichtigen. PLS-SEM kennt derartige Restriktionen nicht; formative und reflektive Messmodelle werden gleich gut verarbeitet (Hair et al. 2014, S. 24). Die statistische Aussagekraft von PLS-SEM ist immer größer oder zumindest gleich groß im Vergleich zu CB-SEM (Reinartz et al. 2009, S. 341f.). Dabei profitieren Forscher von der hohen Effizienz der Parameterschätzung, die sich in der Höhe der statistischen Aussagekraft manifestiert. Das bedeutet, dass PLS-SEM mit höherer Wahrscheinlichkeit eine spezifische Beziehung als signifikant darstellt, wenn diese tatsächlich in der Grundgesamtheit vorliegt (Hair et al. 2014, S. 15). Die Größe und Komplexität des Strukturmodells stellt auch ein wichtiges Kriterium für die Methodenauswahl dar. CB-SEM ist bei großen bzw. komplexen Modellen eher ungeeignet, da dann die Ergebnisse häufiger Instabilitäten aufweisen (Homburg und Klarmann 2006, S. 735). PLS-SEM unterliegt diesbezüglich keinen Restriktionen. Die Komplexität des Strukturmodells hat zudem einen geringen Einfluss auf die Stichprobengröße bei der Verwendung von PLS-SEM. Das liegt daran, dass der Algorithmus nicht alle Beziehungen im Strukturmodell zur gleichen Zeit berechnet, sondern stattdessen die Regressionsanalyse zur Schätzung der partiellen Regressionsbeziehungen des Modells nutzt (Hair et al. 2014, S. 24).

5.2.1.4 Plausibilisierung im Forschungskontext

Nachfolgend wird begründet, warum die Verwendung von PLS-SEM als Verfahren zur Strukturgleichungsmodellierung für den vorliegenden Forschungskontext am besten geeignet ist. Wie in Kapitel 0 dargelegt, wird mit der Forschungsthematik eher wissenschaftliches Neuland betreten. Theorien sind noch nicht weit entwickelt, und im Vorfeld der empirischen Untersuchung des Strukturmodells erfolgte eine gezielte Hypothesensuche. Wegen des explorativen Charakters ist PLS-SEM daher als Analyseverfahren besser geeignet. Ferner ist das primäre Ziel der Überprüfung des Strukturmodells die Vorhersage und die Erklärung der IT-Agilität im Handlungsfeld IT-Personal als endogenes multidimensionales Konstrukt. Deshalb ist PLS-SEM mit Fokus auf die Maximierung der erklärten Varianz als der vorteilhaftere Ansatz anzusehen. Denn PLS-SEM ist besonders nützlich bei Studien, die sich auf Erfolgsfaktoren oder Einflussfaktoren beziehen (Hair et al. 2014, S. 78), was im Kontext der vorliegenden Arbeit den formativ wirkenden Determinanten entspricht. Ferner ist das konstruierte Strukturmodell mit seinen drei Ebenen und vielen latenten Variablen relativ komplex, was wiederum für die Verwendung von PLS-SEM spricht. Ein weiteres Kriterium ist die zu erwartende Stichprobengröße der geplanten CIO-Umfrage, die aufgrund der begrenzten Grundgesamtheit unter 250 liegen wird. Neben den genannten Punkten sprechen weitere Vorteile für die Verwendung von PLS (Albers und Hildebrandt 2006, S. 15f.; Hair et al. 2014, S. 16f.; Herrmann et al. 2006, S. 44; Homburg und Klarmann 2006, S. 735; Schloderer et al. 2009, S. 575):

- Das PLS-Verfahren kann mit einem moderaten Anteil von fehlenden Werten umgehen (< 5 %).

- Bei PLS dürfen Konstrukte mit weniger als 4 zugeordneten Indikatoren im Strukturmodell vorhanden sein.
- PLS verwendet sogenannte Konstruktwerte (Latent Variable Scores), die in weiterführenden Analysen verwertet werden.

Alle partiellen Regressionsmodelle eines Strukturgleichungsmodells werden durch den iterativen Prozess des PLS-SEM-Algorithmus sukzessive geschätzt. Zuerst die Konstruktwerte und danach die finalen Werte für die Ladungen, Pfadkoeffizienten und Bestimmtheitsmaße der endogenen Konstrukte. Nachdem der Algorithmus die Konstruktwerte geschätzt hat, werden anschließend diese Werte zur Schätzung aller Beziehungen im Pfadmodell über partielle Regressionsmodelle verwendet und bei reflektiv spezifizierten Messmodellen werden die Ladungen jeweils durch eine einfache lineare Regression (eine für jede Indikatorvariable) geschätzt. Dabei repräsentieren die Indikatorvariablen die abhängigen Variablen und das Konstrukt die unabhängige Variable (Hair et al. 2017, S. 72). Die Ladungen bilden also ein Maß für die „Korrespondenz" zwischen den manifesten Indikatorvariablen und dem Faktor (Backhaus et al. 2013, S. 128). Die Konstruktwerte bilden die Messwerte für die Konstrukte und liefern damit „geschätzte Beobachtungswerte“ für die latenten Variablen (ebd., S. 67).

Neben den Vorteilen besitzt das gewählte Verfahren auch diverse Schwachpunkte. Die Konstruktwerte sind Aggregate der beobachteten Indikatorvariablen, was zu dem fundamentalen Problem führt, dass die Indikatorvariablen fast immer einen (unbekannten) Messfehler enthalten (Hair et al. 2017, S. 75). Dieser Fehler fließt auch in die geschätzten Konstruktwerte mit ein und beeinflusst dann ebenso die Schätzung der Pfadkoeffizienten bei der Regressionsanalyse (Hair et al. 2014, S. 79). Als Resultat werden die Pfadbeziehungen im Modell unterschätzt, weil die Parameter für die Messmodelle typischerweise überschätzt werden, was als „PLS-SEM-Bias“ bezeichnet wird (ebd., S. 79). Simulationsstudien zeigen jedoch, dass dieser Fehler in der Regel sehr gering ausgeprägt und deshalb für die meisten empirischen Studien nicht von Relevanz ist (Reinartz et al. 2009; Ringle et al. 2009). Wie erwähnt, existieren bei PLS-SEM keine allgemein akzeptierten globalen Gütekriterien und deshalb können verschiedene Modellstrukturen auf Basis von Gütekriterien nicht miteinander verglichen werden (Scholderer und Balderjahn 2006, S. 67). Ferner gehen Verfahren zur Strukturgleichungsanalyse grundlegend von linearen Zusammenhängen aus (Diller 2006, S. 614), was die Untersuchung nichtlinearer Zusammenhänge verhindert (Scholderer et al. 2006, S. 643). Im Zusammenhang mit dem vorliegenden Kontext der Untersuchung und den gegebenen Rahmenbedingungen überwiegen die Vorteile des Verfahrens deutlich. Außerdem ist zu beachten, dass es sich bei den in der Regressionsanalyse unterstellten Kausalbeziehungen um Hypothesen handelt und dass der Nachweis einer Korrelation zwischen Variablen zwar eine notwendige, aber noch keine hinreichende Bedingung für Kausalität darstellt (Backhaus et al. 2011, S. 57). Derartige Hypothesen müssen immer noch zusätzlich auf ihre Plausibilität geprüft werden, mit Hilfe von theoretischen und sachlogischen Überlegungen oder mit der Durchführung von Experimenten (Backhaus et al. 2011, S. 57).

5.2.2 Gütekriterien zur Beurteilung der Mess- und Strukturmodelle

Damit fundierte Erkenntnisse aus der empirischen Untersuchung gewonnen werden können, müssen die Messmodelle und das Strukturmodell vorgegebene Gütekriterien erfüllen. Mit diesen Gütekriterien ist der Forscher dann in der Lage, die Reliabilität und Validität der Messkonstrukte zu evaluieren. Die Richtwerte dienen als Basis für die Auswertung bzw. Ergebnisinterpretationen der empirischen Untersuchung. Alle Messmodelle der vorliegenden Untersuchung werden reflektiv spezifiziert. Im Gegensatz zu formativen Messmodellen ist es dadurch möglich, die Inhaltsvalidität mittels statistischer Verfahren zu überprüfen und dann unzureichende Indikatoren aus dem Modell wieder zu entfernen. Bei formativen Modellen wäre das Entfernen von Indikatoren nicht zulässig, da jeder Indikator für das Konstrukt bedeutungsvoll ist. Die Anwendung der nachfolgend aufgeführten Gütekriterien setzt also die reflektive Operationalisierung der Konstrukte voraus.

Zur Überprüfung der Internen-Konsistenz-Reliabilität und Konvergenzvalidität reflektiver Messmodelle dienen verschiedene Gütekriterien wie beispielsweise der Cronbachs Alpha, die Indikatorreliabilität und die Faktorreliabilität (Homburg et al. 2008, S. 562f.). Dabei sollte der Cronbachs Alpha als erstes Gütemaß in Betracht gezogen werden, um die Qualität des Messkonstrukts zu beurteilen (Churchill 1979, S. 68f.). Cronbachs Alpha ist eine Maßzahl für die interne Konsistenz und Messgenauigkeit einer empirischen Erhebung, insbesondere bei Konstrukten, deren Dimensionen auf Grundlage der Addition gleicher oder standardisierter Item-Skalen quantifiziert werden (Gliem und Gliem, 2003). Die Kennzahl determiniert in Abhängigkeit der Item-Anzahl die Höhe der mittleren Item-Zusammenhänge als eine durchschnittliche Item-Korrelation. Dabei wird angenommen, dass alle Indikatoren gleich reliabel sind (d. h. alle Indikatoren haben die gleiche Ladung). Der Alpha-Wert sollte dabei bei $\geq$ 0,7 liegen (Nunnally und Bernstein 1994, S. 265). Ausgehend von der Formel zur Berechnung des Koeffizienten lässt sich die postulierte Mindestmessgenauigkeit von 70 % schon mit 10 Items bei einer mittleren Inter-Item-Korrelation von knapp unter 0,2 erreichen, was aber einen Hinweis auf einen eher schwachen positiven Zusammenhang darstellt und deshalb die Reliabilität der additiven Item-Skala in Frage stellen könnte. Cronbachs Alpha sollte deshalb gerade bei Messmodellen mit vielen Indikatoren nicht als alleiniges Kriterium für die Interne-Konsistenz-Reliabilität eingesetzt werden. Wenn der Alpha-Wert gering ist, dann ist das ein Zeichen dafür, dass einige Indikatoren den gemeinsamen Kern des Konstrukts nicht umfassen und deshalb eliminiert werden müssen (Churchill 1979, S. 68f.).

In PLS-Modellen neigt der Cronbachs Alpha dazu, die Interne-Konsistenz-Reliabilität stark zu unterschätzen, und deshalb sollte zusätzlich die sogenannte Composite-Reliabilität genutzt werden (Henseler et al. 2009, S. 299). Diese Kennzahl berücksichtigt die unterschiedlichen Ladungen der Indikatorvariablen. Werte $<$ 0,6 deuten auf einen Mangel an Interner-Konsistenz-Reliabilität hin (Hair et al. 2017, S. 97).

Neben den Gütekriterien, die auf die Reliabilität von Messmodellen abzielen, werden in der vorliegenden Untersuchung auch Gütemaße zur Bestimmung der Validität verwendet. Konkret wird dabei auf die Diskriminanzvalidität und die Konvergenzvalidität als spezifische Teilaspekte der Konstruktvalidität abgehoben. Die Konvergenzvalidität ist ein Gütemaß dafür, wie stark eine Messung positiv mit einer alternativen Messung desselben Konstruktes korreliert (Hair et al. 2017, S. 97). Mit dem sogenannten Domain-Sampling-Modell wird unterstellt, dass die Indikatoren eines reflektiven Konstrukts unterschiedliche bzw. alternative Ansätze zur Messung desselben Konstruktes sind. Daher sollten die Indikatoren eines spezifischen Konstruktes konvergent sein oder, anders ausgedrückt, einen hohen Anteil an Varianz teilen (Hair et al. 2017, S. 97).

Als ein Gütekriterium zur Einschätzung der Konvergenzvalidität dient die Indikatorreliabilität. Das Gütemaß beschreibt den Varianzanteil eines Indikators, der durch das in Beziehung stehende Konstrukt erklärt wird oder, anders ausgedrückt, wie gut ein einzelnes reflektives Item das Konstrukt zu messen vermag. Dabei sollte durch das Konstrukt ein substanzieller Anteil der Varianz jedes Indikators erklärt werden, gewöhnlich mindestens 50 %. Dies impliziert, dass die Varianz, welche zwischen Konstrukt und Indikator geteilt wird, größer als die Varianz des Messfehlers ist (Hair et al. 2017, S. 98). Die Indikatorreliabilität ist abhängig von der Faktorladung des Indikators auf das in Beziehung stehende Konstrukt, wobei Faktorladungen mit Werten von $\geq$ 0,7 anzustreben sind (Hulland 1999, S. 198).

Als weiteres Gütemaß für die Konvergenzvalidität auf Konstruktebene dient die durchschnittlich erfasste Varianz als der Grad, mit dem die latente Variable die Varianz all seiner Indikatoren erklärt oder, anders formuliert, wie gut ein Konstrukt durch seine gesamten in Beziehung stehenden Indikatoren gemessen werden kann (Boßow-Thies und Panten 2009, S. 373). Der AVE entspricht der Kommunalität eines Konstruktes. Wie bei den Indikatoren deutet ein AVE von 0,5 und mehr darauf hin, dass das Konstrukt im Schnitt mehr als die Hälfte der Varianz seiner Indikatoren erklärt (Bagozzi und Yi 1988, S. 80; Hair et al. 2017, S. 99).

Die Diskriminanzvalidität ist ein weiteres Kriterium der Validitätsbeurteilung im Rahmen der Kausalanalyse. Diskriminanzvalidität bedeutet, dass ein Konstrukt im Untersuchungsmodell einzigartig ist und dass das durch das Konstrukt umfasste Phänomen nicht ebenfalls von anderen Konstrukten repräsentiert wird. Es beschreibt also das Ausmaß, in dem ein Konstrukt sich von anderen Konstrukten entlang empirischer Standards unterscheidet (Hair et al. 2017, S. 99). Insofern ist es ein Beleg für die Trennschärfe zwischen den Konstrukten im Untersuchungsmodell. Dabei soll die gemeinsame Varianz zwischen dem Konstrukt und seinen in Beziehung stehenden Indikatoren größer sein als die Varianz mit anderen Konstrukten (Hulland 1999, S. 199; Fornell und Larcker 1981, S. 46; Hair et al. 2011, S. 145).

Zur Bestimmung der Diskriminanzvalidität ist das Fornell-Larcker-Kriterium[48] eines der relevanten Gütemaße. Das Stone-Geisser-Kriterium (Q^2) ist dagegen ein Gütekriterium, welches auf der Ebene der Messmodelle und des Strukturmodells verwendet werden kann (Herrmann et al. 2006, S. 57; Huber 2007, S. 38) und den Grad der Vorhersagevalidität ausdrückt (Weiber und Mühlhaus 2014, S. 329). Bei Messmodellen drückt das Gütemaß aus, wie gut ein Faktor durch die in Beziehung stehenden Indikatoren vorhergesagt werden kann. Kreuzvalidierte Kommunalität und kreuzvalidierte Redundanz sind mögliche Ansätze zur Ermittlung der Q^2-Werte im Rahmen der sogenannten Blindfolding-Prozedur, bei der die Kommunalität sich auf Messmodelle fokussiert, im Gegensatz zur Redundanz, die sowohl Struktur- als auch Messmodelle berücksichtigt (Haut et al. 2017, S. 280). In Tabelle 12 sind die Gütekriterien zur Beurteilung der Messmodelle zusammenfassend dargestellt.

Gütekriterium	Schwellenwerte	Beurteilung der
Cronbachs Alpha	≥ 0,7	Interne-Konsistenz-Reliabilität
Composite-Reliabilität	≥ 0,6	
Faktorladung	≥ 0,7	Konvergenzvalidität
Indikatorreliabilität (Kommunalität Ebene Indikator)	≥ 0,5	

[48] Vergleich der Quadratwurzel der AVE mit den Korrelationen der latenten Variablen.

GÜTEKRITERIUM	SCHWELLENWERTE	BEURTEILUNG DER
Durchschnittlich erfasste Varianz (AVE, Kommunalität Ebene Konstrukt)	≥ 0,5	
Fornell-Larcker-Kriterium	AVE > Corr^2	Diskriminanzvalidität (Trennschärfe)
Heterotrait-Monotrait-Verhältnis (HTMT)	< 0,9	
Stone-Geisser-Kriterium (Q^2)	> 0	Schätzrelevanz / Prognoserelevanz

Tabelle 12: Gütekriterien zur Beurteilung der Messmodelle

Neben der Validierung der einzelnen Messmodelle erfolgt die Beurteilung des Strukturmodells. Das Strukturmodell bildet die postulierten Wirkzusammenhänge in Form eines Pfadmodells ab. Mit den Gütekriterien wird beurteilt, in welchem Grad die empirischen Daten die zuvor aufgestellten Theorien bestätigen. Untersucht werden die Beziehungen zwischen den Konstrukten im Untersuchungsmodell, wobei vor allem die Prognosefähigkeit hinsichtlich der im Modell integrierten endogenen Konstrukte von Interesse ist. Dabei wird als Prämisse angenommen, dass das Modell korrekt spezifiziert wurde, da für diese Ebene bei Nutzung des PLS-SEM Verfahrens kein globales Gütemaß existiert (Hair et al. 2014, S. 169).

Als Gütemaße werden das Bestimmtheitsmaß R^2 und das Stone-Geisser-Kriterium Q^2 verwendet sowie die Signifikanzen der Pfadkoeffizienten beurteilt. Die genannten Kriterien sind nur für endogene Konstrukte im Modell anwendbar (Schloderer et al. 2009, S. 584ff.). Das Bestimmtheitsmaß R^2 beurteilt die Vorhersagegenauigkeit des Modells und repräsentiert den kombinierten Einfluss der exogenen latenten Variablen auf die endogenen latenten Variablen. Für ein endogenes Konstrukt gibt der Koeffizient an, welcher Anteil der Varianz durch die wirkenden exogenen Treiberkonstrukte erklärt wird. Die Schwellenwerte für akzeptable R^2-Werte hängen von der Komplexität des Untersuchungsmodells und der Forschungsdisziplin ab (Hair et al. 2014, S. 175). Werte größer 0,67 gelten als substanziell, Werte größer 0,33 als moderat und Werte größer 0,19 als schwach (Chin 1998, S. 323; Hair et al. 2011, S. 145f.). Das Stone-Geisser-Kriterium Q^2 beurteilt die Prognoserelevanz der unabhängigen auf die abhängigen Variablen (Chin 1998, S. 317ff.; Huber

2007, S. 37). Ein Q^2-Wert > 0 bestätigt die Prognoserelevanz (Fornell und Cha 1994, S. 73).

Die Pfadkoeffizienten repräsentieren die hypothetischen Wirkbeziehungen zwischen den einzelnen Konstrukten und können standardisierte Werte zwischen -1 und +1 einnehmen und damit die postulierten Zusammenhänge bestätigen oder ablehnen. Ein geschätzter Pfadkoeffizient nahe + 1 repräsentiert eine starke positive Beziehung, die in der Regel signifikant ist, und im Gegensatz dazu repräsentieren Werte nahe 0 eine schwache Beziehung, die in der Regel statistisch nicht signifikant ist (Hair et al. 2017, S. 168). Ob ein Koeffizient tatsächlich signifikant ist, hängt auch von seinem Standardfehler ab (Hair et al. 2014, S. 171). Dabei wird das Signifikanzniveau[49] (p) über die t-Werte eines t-Tests berechnet und reflektiert die Irrtumswahrscheinlichkeit beim Hypothesentest. Die Ermittlung der Signifikanz der Koeffizienten erfolgt im Rahmen von PLS-SEM über Hilfs-Prozeduren, dem sogenannten Bootstrapping (Hair 2011, S. 145f.; Huber 2007, S. 104). Im Rahmen des Bootstrapping werden sukzessive einzelne Stichproben aus den empirischen Rohdaten entnommen und auf der Basis des entnommenen Datensatzes werden dann die Parameter des Modells geschätzt. Diese Hilfsprozedur muss mindestens 5.000 Mal erfolgen. Vor jeder neuen Stichprobe muss die vorherige Stichprobe zunächst wieder zu den Rohdaten zurückgelegt werden. Neben der Existenz eines Einflusses einer exogenen auf eine endogene latente Variable lässt sich auch die Stärke dieses Einflusses mit der Effektstärke f^2 beurteilen (Schloderer et al. 2009, S. 595). In Tabelle 13 sind die relevanten Gütemaße und deren Schwellenwerte zur Beurteilung des Strukturmodells nochmal zusammenfassend dargestellt. Die Schwellenwerte orientieren sich an Empfehlungen aus der Literatur (Herrmann et al. 2006, S. 56ff.).

---

[49] Ausgehend vom p-Wert werden verschiedene „Grade der (empirischen) Signifikanz“ unterschieden und durch Sterne markiert (vgl. Ludwig-Mayerhofer 2019, S. 33):
$0{,}01 \leq p < 0{,}05$: ** „signifikant“; $0{,}001 \leq p < 0{,}01$: *** „sehr signifikant“
$p < 0{,}001$: **** „höchst signifikant“; $0{,}05 \leq p < 0{,}10$ (*).

GÜTEKRITERIUM	SCHWELLENWERTE	BEURTEILUNG DER
Bestimmtheitsmaß R^2	≥ 0,67 (substanziell) ≥ 0,33 (moderat) ≥ 0,19 (schwach)	Vorhersagegenauigkeit (Anteil der Varianz)
Stone-Geisser-Kriterium Q^2	> 0	Prognoserelevanz
Bootstrapping-Verfahren	> 3,21 (0,1%) > 2,58 (1%) > 1,96 (5%) > 1,65 (10%)[50]	Signifikanz der Pfadkoeffizienten (Pfadgewichte) zwischen den latenten Variablen
Effektstärke f^2	$f^2 \geq 0{,}35$ (groß) $0{,}15 \leq f^2 < 0{,}35$ (mittel) $0{,}02 \leq f^2 < 0{,}15$ (gering)	Bestimmung des Einflusses auf eine endogene latente Variable

Tabelle 13: Gütekriterien zur Beurteilung des Strukturmodells

5.3 Explorative Vorstudie

Im Rahmen der konzeptionellen Entwicklung des Untersuchungsmodells wurden neben den Erkenntnissen aus der Literaturanalyse sowie theoretischen und sachlogischen Überlegungen noch die Ergebnisse einer zusätzlich durchgeführten explorativen Vorstudie mit einbezogen. Dazu wurde eine qualitative Erhebung in Form einer Delphi-Studie durchgeführt, um einen tiefergehenden Einblick in bisher unbekannte und theoretisch wenig strukturierte Gegenstandsbereiche zu erhalten (Kepper 2008, S. 177; Lamnek 2010, S. 81). Dabei wird nicht das Ziel verfolgt, statistisch-repräsentative Ergebnisse zu liefern. Beim Agilitätsphänomen handelt es sich noch um einen relativ diffusen Sachverhalt; deshalb kann diese Art der Vorstudie als gerechtfertigt betrachtet werden. Die Verwendung einer Delphi-Studie ist hinsichtlich der Qualität und der Forschungsökonomie gegenüber anderen Formen der Expertenbefragung überlegen (Okoli und Pawlowski 2004, S. 19f).

Mit der Vorstudie werden zwei wesentliche Ziele verfolgt. Zum einen kann durch die Interaktion mit einer Expertengruppe allgemein die konzeptionelle Erfassung von Konstrukten erweitert oder vervollständigt werden (Kepper 2008, S. 177ff.). Konkret soll in der vorliegenden Arbeit damit eine relativ

[50] Bei explorativen Studien wenden Forscher im Allgemeinen ein Signifikanzniveau von 10 % an (Hair et al. 2017, S. 168).

vollständige Identifikation der relevanten Einflussgrößen (vgl. Kapitel 4.1) auf die IT-Agilität im Handlungsfeld IT-Personal sichergestellt werden, um damit eine ganzheitliche konzeptionelle Erfassung des Untersuchungsmodells zu gewährleisten und somit den Zielzustand im Handlungsfeld IT-Personal möglichst umfassend aufklären zu können. Zum anderen soll auf diese Weise der konzeptionelle Rahmen der jeweils identifizierten Determinanten möglichst komplett umfasst werden, als Grundlage für die spätere Definition von Indikatoren und zur Sicherstellung von deren Inhaltsvalidität. Denn die angesprochene Inhaltsvalidität wird in der Forschung häufig aufgrund logischer und fachlicher Überlegungen von Experten beurteilt (Kuss 2009, S. 118, Moosbrugger und Kelava 2012, S. 15). Qualitative Methoden wie die Delphi-Studie dienen mit ihrem explorativen Charakter dazu, Hypothesen für anschließende großzahlige Studien zu bilden, um deren Sensitivität und Genauigkeit zu erhöhen (Malterud 2001, S. 487), auf der Grundlage einer möglichst einheitlichen Expertenmeinung.

5.3.1 Zum Wesen der Delphi-Studie

Delphi-Studien werden schon jahrzehntelang im wissenschaftlichen Kontext als Befragungsform genutzt. Allerdings gibt es in der Literatur bis dato noch keine allgemein akzeptierte Definition (Goodman 1987, S. 731). Einigkeit herrscht jedoch über die Grundidee von Delphi-Befragungen, die darin besteht, in mehreren Wellen Expertenmeinungen zur Lösung von spezifischen Problemstellungen zu nutzen und sich dabei eines anonymen Feedbacks zu bedienen (Häder 2014, S. 22). Die Anzahl der Befragungsrunden kann entweder im Vorfeld statisch festgelegt werden oder dynamisch erfolgen, abhängig von definierten Zielen und/oder spezifischen Abbruchkriterien. Die Ergebnisse jeder Befragungsrunde werden ausgewertet und überarbeitet. Die überarbeiteten Ergebnisse werden dann den Experten in der nächsten Runde vorgelegt und erneut zum Thema befragt. Die erste Runde startet üblicherweise mit einem Brainstorming (Okoli und Pawlowski 2004, S. 24), bei der zu offenen Fragestellungen einzelne Vorschläge und Meinungen gesammelt werden. Die inhaltsanalytische Auswertung der Brainstorming-Runde dient als Grundlage für die weiteren Befragungsrunden. Die Ergebnisse werden in

Form von geschlossenen Fragestellungen den Experten dann zur weiteren Beurteilung vorgelegt (Häder 2014, S. 37). Wegen der iterativen Vorgehensweise ist die Delphi-Studie als Evaluationsmethode geeignet (Richey et al. 1985, S. 137). Allgemein werden Delphi-Befragungen zum einen als spezifische Form der Gruppenkommunikation angesehen und zum anderen werden sie mit der Bearbeitung spezieller inhaltlicher Fragestellungen in Verbindung gebracht (Häder 2014, S. 19). Dabei wird das grundlegende Ziel verfolgt, eine möglichst einheitliche Expertenmeinung zu einer Problemstellung zu erreichen, jedoch ohne Absprachen zwischen den Experten zuzulassen, so dass die jeweiligen Expertenmeinungen nicht beeinflusst und damit verfälscht werden (Ammon 2005, S. 117). Die allgemeinen charakteristischen Merkmale von Delphi-Studien sind nachfolgend aufgeführt (Ammon 2009, S. 460; Häder 2014, S. 25; Skulmoski et al. 2007, S. 2f.):

- Nutzung eines formalisierten Fragebogens,
- Befragung einer Gruppe von Experten,
- Anonymität der Einzelantworten und der Teilnehmer,
- Ermittlung einer Gruppenantwort,
- Information der Teilnehmer über die Gruppenantwort,
- Iterative Befragung.

Häder (2014, S. 37) differenziert zwischen vier Typen von Delphi-Befragungen, die sich hinsichtlich der Zielstellung und weiteren Attributen unterscheiden. In der vorliegenden Arbeit wird „Typ 3“ verwendet zur Ermittlung und Qualifikation der Ansichten einer Expertengruppe über einen diffusen Sachverhalt, um aus den Resultaten gezielte Schlussfolgerungen abzuleiten (Häder 2014, S. 33). Hierbei steht das Meinungsbild der Expertengruppe im Fokus (Häder 2000, S. 3). Dieser Typus kombiniert qualitative und quantitative Vorgehensweisen unter Nutzung offener und geschlossener Fragen, wobei oft die qualitative Runde zur Operationalisierung herangezogen werden kann (Häder 2014, S. 35). Im vorliegenden Fall erfolgt keine Totalerhebung, sondern eine bewusste Auswahl von Experten. Eine Repräsentativität im statistischen Sinne kann deshalb nicht erreicht werden und ist auch explizit nicht beabsichtigt (Ammon 2009, S. 470; Powell 2003, S. 378). Die ausgewählten Experten sollten über das notwendige Wissen und die Fähigkeit verfügen, um die Fragestellungen und deren Kontext zu verstehen und in der Lage sein, fundierte und belastbare Aussagen zu formulieren. Delphi-Befragungen haben aber auch spezifische Grenzen und Schwachpunkte. Selbst ausgewiesene Experten sind nicht immer dazu in der Lage, korrekte Aussagen auf ihrem Arbeitsgebiet zu treffen (Häder 2014, S. 27). Aufgrund der Ermittlung einer Gruppenantwort und der Bildung eines Gruppenkonsenses wird dieses Risiko zwar implizit mit der Verwendung der Delphi-Methode minimiert, aber es kann trotzdem nicht ausgeschlossen werden, dass das Ergebnis mit anderen Expertenansichten differieren könnte.

5.3.2 Durchführung und Ergebnisse

Die Anzahl der Befragungsrunden wurde bei der konkreten Durchführung vorab nicht festgelegt. Es sollten so viele Runden durchgeführt werden, bis eine möglichst einheitliche Expertenmeinung als Ergebnis erreicht werden würde, auf der Basis einer iterativen Entwicklung der einzelnen Fragerunden. Nach der zweiten Runde wurde im Kontext der durchgeführten Befragung schon ein akzeptabler Gruppenkonsens erreicht, so dass keine weitere Runde mehr notwendig war, die einen weiteren Erkenntnisgewinn geliefert hätte. Die größten Änderungen der Expertenurteile treten in der Regel bei Delphi-Befragungen ohnehin zwischen der ersten zur zweiten Runde auf (Häder und Häder 2000, S. 17). Die Befragung wurde von 11 Personen vollständig abgeschlossen. Dabei handelte es sich hauptsächlich um erfahrene IT-Manager mit fachlicher und disziplinarischer Führungsverantwortung. Anhang B zeigt die jeweilige Stellung des Experten im Unternehmen sowie die Branchenzugehörigkeit, um eine bessere Einschätzung zum Expertenstatus zu ermöglichen. Die erzielte Gruppengröße entspricht der allgemein anerkannten und akzeptierten Panelgröße, bei denen Gruppen zwischen 10 bis 18 Personen als ausreichend angegeben werden (Häder und Häder 2000, S. 19; Okoli und Pawlowski 2004, S. 18). Die Delphi-Studie wurde in deutscher Sprache konzipiert, da die Teilnehmer ausschließlich aus dem deutschen Sprachraum stammten.

Um die Voraussetzungen für ein erfolgreiches Evaluationsvorhaben nach Kromrey (2001, S. 107f.) zu gewährleisten, sind in nachstehender Tabelle die vier Aspekte der Evaluation im Kontext der durchgeführten Delphi-Studie nochmal aufgeführt.

ASPEKTE DER EVALUATION	KONKRETE AUSPRÄGUNG
Gegenstand der Evaluierung	Identifikation der Determinanten, die für das Konstrukt einer agilen IT-Workforce am relevantesten erachtet werden. Gewährleistung der Inhaltsvalidität der identifizierten Faktoren durch deren vollständige Konzeptualisierung. Die Vollständigkeit und Genauigkeit des zugrunde liegenden konzeptionellen Modells stehen hierbei im Vordergrund.
Evaluator	Im wesentlichen IT-Manager mit Personalverantwortung. Der Personenkreis ist vertraut mit den Spezifika der Informationstechnologie bzw. des IT-Umfelds und versteht die Kriterien und Rahmenbedingungen der Personalführung und HR-Verfahren. Die genannten Kenntnisse sind für eine fundierte Evaluierung obligatorisch.
Kriterien	Mindestteilnehmerzahl von 10 Personen, die alle Runden der Expertenbefragung durchlaufen und alle Fragen vollständig beantworten.
Verfahren	Expertenbefragung über mehrere Runden. Erste Iteration als Brainstorming-Runde mit offenen Fragestellungen. Basierend auf den Ergebnissen der ersten Runde werden die Wichtigkeit der identifizierten Determinanten und deren Aspekte auf einer Skala quantitativ bewertet, bis ein zufriedenstellender Gruppenkonsens erzielt wird.

Tabelle 14: Delphi Studie: Aspekte der Evaluation
Quelle: In Anlehnung an Kromrey (2001)

Der Entwurf der Fragebögen ist für diese Art der Evaluation ein entscheidendes Kriterium, um verlässliche Ergebnisse zu erhalten. Die Fragen der ersten Brainstorming-Runde wurden offen formuliert, um eine freie Entfaltung von Ideen zu begünstigen mit dem Ziel, möglicherweise auch Antworten zu erhalten, mit denen im Vorfeld nicht gerechnet wurde. Es sollten möglichst viele Antworten generiert werden, ohne die Experten durch die Art der Fragestellung in eine bestimmte Richtung zu drängen. Um entsprechende Schwierigkeiten beim Entwurf der Fragebögen im Vorfeld aufzugreifen, wurden sogenannte „Pretests“ mit Personen aus der Zielgruppe durchgeführt, um eventuelle Schwierigkeiten bezüglich Verständlichkeit und Beantwortbarkeit der Fragen zu identifizieren. Ferner wurde geprüft, ob im einführenden Informationstext alle für die Beantwortung der Fragen relevanten Informationen enthalten sind. Die konkret genutzten Fragebögen der ersten und zweiten Runde können Anhang B entnommen werden. Die Ergebnisse beider Runden werden nachfolgend vorgestellt.

Die vielen Nennungen aus der ersten Runde wurden zugeordnet und strukturiert und eine entsprechende inhaltsanalytische Auswertung durchgeführt. Die aus der Literaturanalyse identifizierten Determinanten und deren Aspekte wurden von den Teilnehmern bestätigt, wobei sich die Anzahl der Nennungen jedoch unterschied. Es wurden auch noch zusätzliche Determinanten genannt, die aber anderen Handlungsfeldern der IT-Agilität zuzuordnen sind. Beispielsweise wurden Determinanten wie etwa „Aufbauorganisation" und „Change-Management" genannt, die aber eher dem Bereich IT-Organisation und IT-Prozesse zuzuordnen sind. Gleiches gilt für „Datenstrukturierung" und „Enterprise-Architektur", die eher mit dem Handlungsfeld IT-Architektur in Verbindung zu setzen sind. Mit weiteren offenen Fragestellungen wurden konkrete Aspekte der Bereiche Personalführung, WM, IT-HR-Strategien und Fähigkeiten/Skills von IT-Fachkräften erfragt. Auch in diesem Fall waren grundsätzlich die Nennungen und Bewertungen kongruent mit den zuvor eruierten Ergebnissen aus der Literaturanalyse. Mitunter wurden einzelne Bereiche von Teilnehmern auch kritisch bewertet. Dabei handelte es sich aber stets um Einzelmeinungen, weshalb sie nicht mehr weiter reflektiert oder diskutiert wurden. Spezifische Aspekte hinsichtlich der Innovationsfähigkeit und Innovationsbereitschaft des IT-Personals wurden von den Teilnehmern nicht genannt.

Auf der Basis der Ergebnisse der ersten Runde wurden die Determinanten und deren Aspekte von den Experten in der zweiten Runde auf ihre Relevanz hin bewertet. Auf einer 5-Punkte-Skala konnten die Experten die vermutete Stärke des positiven Zusammenhangs auf die Agilität einer IT-Workforce beurteilen. Den einzelnen Antwortoptionen wurden Zahlen zugeordnet, um diese mit mathematischen Funktionen auszuwerten. Der höchste Grad der Zustimmung wird mit der Zahl 1 bewertet, der niedrigste mit der Zahl 5.

1 = Trifft zu
4 = Trifft eher nicht zu
2 = Trifft eher zu
5 = Trifft nicht zu
3 = Teils-Teils
0 = Weiß nicht

Die Antwortoption „weiß nicht“ wurde nur von einem Teilnehmer der Studie verwendet. Dies ist ein starkes Indiz, dass zum einen die Auswahl der Experten angemessen war, da diese zu allen Fragen eine Meinung hatten und zum anderen die Fragen verständlich und konsistent gestellt worden sind. Pro Frage wurden für die erhaltenen Antworten das arithmetische Mittel und die Standardabweichung auf Basis der zugeordneten Zahlenwerte gebildet. Hat ein Teilnehmer die „weiß nicht“-Option verwendet, wurde die Grundgesamtheit zur Berechnung der Werte entsprechend angepasst. Der berechnete Mittelwert reflektiert die durchschnittlich vermutete Stärke der Relevanz, während die Standardabweichung den Grad der Übereinstimmung zwischen den Experten und damit den Gruppenkonsens widerspiegelt. Es soll hier nochmals betont werden, dass es sich nicht um eine multivariate Analysemethode handelt, um Kausalitäten anhand von Korrelationen oder mit anderen Gütemaßen statistisch zu belegen, sondern nur Expertenmeinungen in Form einer gewichteten Rangliste dargestellt werden. Tabelle 15enthält die Ergebnisse der einzelnen Determinanten und deren Aspekte.

Frage Nr.	Einflussgröße für IT-Agilität	Mittelwert	Standard-abweichung[51]
4	Metakompetenzen (allgemein)	1,36	0,50
5	Metakompetenzen (Persönlichkeitsmerkmale)	1,45	0,69
16	Personalentwicklung	1,55	0,69
1	Multikompetenzen (technische Fähigkeiten)	1,64	0,67
20	IT-Business-Alignment	1,64	0,67
11	Wissensmanagement (operational)	1,82	0,60

[51] Die Standardabweichung drückt wertmäßig aus, wie weit die entsprechenden Werte um den Mittelwert streuen.

Frage Nr.	Einflussgröße für IT-Agilität	Mittelwert	Standard-abweichung[51]
10	Wissensmanagement (strategisch)	1,82	0,60
6	Führungskultur	1,90	0,99
19	Personalbedarfsplanung	1,91	0,70
9	Kommunikation	2,00	0,81
12	Wissensmanagement (Discovery-Tools)	2,00	0,67
14	Flexibilitätsorientierte Anreizsysteme	2,18	0,98
15	Unternehmenskultur	2,18	0,87
21	Personaleinsatzplanung	2,18	1,17
8	individuelle Förderung	2,20	0,93
13	Wissensmanagement (Collaboration-Tools)	2,20	1,23
2	Multikompetenzen (geschäftsspezifisch)	2,27	0,79
17	Recruiting	2,30	0,82
3	Multikompetenzen (organisationsspezifisch)	2,45	0,82
18	Outsourcing	3,00	1,34
7	Performance Management	3,10	0,99

Tabelle 15: Delphi Studie: Auswertung der zweiten Fragerunde

Metakompetenzen wurden als wichtigster Aspekt zur Steigerung Agilität einer IT-Workforce beurteilt, mit dem stärksten Mittelwert und der geringsten Streuung als Grad der Übereinstimmung unter den Teilnehmern. Bei den Multikompetenzen wurden die technischen Fähigkeiten signifikant höher gewichtet als geschäfts- und organisationsspezifische Fähigkeiten. Das ist konträr zur Sichtweise des RBV, der die organisatorischen Fähigkeiten höher bewertet im Hinblick auf eine potenzielle Quelle nachhaltiger Wettbewerbsvorteile. Die Wichtigkeit der verschiedenen Aspekte des Wissensmanagements wurden bis auf marginale Unterschiede ähnlich stark bewertet, mit Mittelwerten um die 2, was eine hohe Relevanz für die IT-Agilität im Handlungsfeld IT-Personal suggeriert. Bei den spezifischen Elementen der Personalführung wurde das Performance Management mit dem schlechtesten Wert beurteilt. Kein Teilnehmer hat die Frage mit „Trifft zu" beantwortet, und mit einem Mittelwert von 3,1 ist es der schlechteste Wert der gesamten Umfrage.

Die relativ hohe Streuung ist ein Indiz für die unterschiedlichen Sichtweisen bezüglich der Relevanz dieses Aspektes, kann aber auch mit unterschiedlichen inhaltlichen Interpretationen über die konkrete Ausprägung des Gestaltungsfeldes begründet sein. Ähnliches gilt für die flexibilitätsorientierten Anreizsysteme, die mit einem Mittelwert von 2,2 als relativ bedeutsam bewertet wurden, aber mit einer Standardabweichung von 0,98 eine größere Streuung aufweisen im Vergleich zu anderen Aspekten. Alle Facetten der Determinante Personalplanung wurden als relevant eingestuft, die Personalentwicklung mit dem besten Wert, gefolgt vom Business-IT-Alignment. Der Bereich Outsourcing wurde von den Teilnehmern im Schnitt mit 3,0 bewertet, was den zweitschlechtesten Wert der Umfrage darstellt, und hat mit einer Standardabweichung von 1,34 die größte Kontroverse erzielt. Hier könnten auch persönliche Erfahrungen mit der Fremdvergabe von IT-Leistungen vorliegen, je nachdem, wie effizient eine Outsourcing-Strategie schon umgesetzt worden ist.

Zusammenfassend lässt sich konstatieren, dass allen Determinanten und deren Aspekten eine mehr oder weniger starke Relevanz für die Agilität einer IT-Workforce von den Experten zugesprochen wurde. Keine Bewertung hat einen Mittelwert von 3,5 oder schlechter erzielt, was einer Bewertung von „Trifft eher nicht zu" entsprechen würde. Der durchschnittliche Wert aller Bewertungen liegt bei 2,17, also relativ nahe an dem Wert „Trifft eher zu". Alle Determinanten und deren Aspekte wurden im Zuge der ersten Runde der Expertenbefragung somit als relevant angesehen, und deshalb war es nicht notwendig, weitere Iterationen der Befragung durchzuführen. Daraus lässt sich abschließend schlussfolgern, dass dem entwickelten Untersuchungsmodell eine relative Vollständigkeit unterstellt werden kann, als Grundlage für die anschließende Operationalisierung der Konstrukte und der Durchführung der empirischen Untersuchung.

5.4 Forschungsdesign

Im Rahmen der Bearbeitung von empirischem Forschungsfragen ist der Forscher, von wenigen Ausnahmen abgesehen, dazu gezwungen, in gründlicher

Auseinandersetzung mit dem Untersuchungsgegenstand einen speziellen Untersuchungsplan für die jeweilige Fragestellung zu entwickeln (Kromrey 2002, S. 67). Der Plan legt u. a. fest, mit welcher Methodik die empirische Fragestellung durchgeführt werden soll. Ferner wird der relevante Personenkreis für die Befragung definiert, d. h. ob die Grundgesamtheit befragt oder lediglich eine repräsentative Stichprobe gezogen wird. Weiter wird festgelegt, zu welchem Zeitpunkt, in welcher Umgebung und in welcher Häufigkeit die Zielgruppe befragt wird. Im Kontext der vorliegenden Arbeit wird eine schriftliche Befragung als quantitative Befragungsmethode durchgeführt. Dabei wird das Ziel verfolgt, eine Vielzahl statistisch auswertbarer Daten zu erhalten, die es dann ermöglichen, die Ergebnisse aus einer Stichprobe auf die interessierende Grundgesamtheit zu übertragen (Fantapié Altobelli 2011, S. 33). Die Erhebung der Daten erfolgt mit Hilfe eines standardisierten Fragebogens zu einem einmaligen festen Zeitpunkt. Dabei handelt es sich um eine Querschnittserhebung, was einer „Momentaufnahme“ der Meinungen der Teilnehmer entspricht. Dagegen würden in einer Längsschnittstudie die Probanden zu mehreren Zeitpunkten befragt werden und die Ergebnisse könnten über einen Zeitraum verglichen werden.

5.5 Operationalisierung der Konstrukte

Der erste Teil dieses Kapitels widmet sich der Darstellung der methodischen Grundlagen, die im Rahmen einer Operationalisierung der Konstrukte zwingend zu beachten sind, um einer Fehlspezifikation der Messmodelle entgegenzuwirken. Auf Basis dieser Fundierung erfolgt im nächsten Schritt die Operationalisierung der Determinanten, Dimensionen sowie der Kontrollvariablen, als Voraussetzung für die anschließende Datenerhebung und Güteprüfung.

5.5.1 Methodische Grundlagen

5.5.1.1 Operationalisierung

Die Operationalisierung wird definiert als die notwendigen Schritte einer Zuordnung von empirisch erfassbaren, beobachtbaren oder erfragbaren Indikatoren zu einem theoretischen Begriff, der nicht direkt messbar ist, so dass Messungen der durch den Begriff bezeichneten empirischen Erscheinungen dadurch möglich werden (Atteslander 2010, S. 46). Dabei beschreiben die Indikatoren die Attribute eines theoretischen Konstrukts. Jedem Konstrukt sind in der Regel mehrere manifeste Indikatoren zuzuordnen, um so etwaige Verzerrungen in einzelnen Indikatoren abzufedern (Homburg und Dobratz 1991, S. 214). Messfehler bei spezifischen Indikatoren werden dann durch andere Indikatoren kompensiert. Diese sogenannten Multi-Item-Skalen haben sich in der empirischen Forschung für die Operationalisierung von Konstrukten etabliert (Kuss und Eisend 2010, S. 86), auch mit dem Ziel einer ganzheitlichen Erfassung von Konstrukten. Die Verbesserung der Messgenauigkeit basiert auf der Annahme, dass unterschiedliche Indikatoren unterschiedliche Aspekte eines Konstrukts widerspiegeln, wodurch das Konstrukt selbst mit einer höheren Präzision gemessen wird (Hair et al. 2017, S. 6). Eine Operationalisierung ist anwendbar bei quantitativen und qualitativen Verfahren. Das Ergebnis der Operationalisierung (Messbarmachung) sind Messmodelle, die dann in Erhebungsinstrumenten verwendet werden können. Die Operationalisierung der untersuchten latenten Variablen erfolgt entweder rein deskriptiv anhand von objektiven beobachtbaren Fakten oder subjektiv durch Expertenbeurteilung über einen Fragebogen. Es sollten dabei möglichst viele Indikatoren verwendet werden, die sich bereits in anderen empirischen Studien bewährt haben. Dadurch kann potenziellen Messfehlern entgegengewirkt werden (Diller 2006, S. 613; Hildebrandt und Temme 2006, S. 619). Durch Anpassung der Formulierung können Indikatoren an den eigenen Forschungskontext angepasst werden. Wenn die eigene Umfrage in deutscher Sprache durchgeführt wird, ist es häufig notwendig, die etablierten Indikatoren zu übersetzen. Die Vorgehensweise der Konstruktion des Messinstrumentes für die empirische Untersuchung orientiert sich an den etablierten Vorgehensmodellen von Churchill (1979) und MacKenzie et al. (2011), wobei sich letztere explizit mit multidimensionalen Konstrukten und den sich daraus ergebenden Implikationen auseinandersetzen.

Nachdem in den Kapiteln 3.5 und 4 die wesentlichen Aspekte der Konstrukte als definitorisches Umfeld spezifiziert worden sind, müssen nun im nächsten Schritt die sogenannten Items für die empirische Überprüfung entwickelt werden. Items reflektieren die Indikatoren, die eine latente Variable messen sollen. Items sind in der Regel Fragen bzw. Aussagen („Statements"), denen die Befragten zustimmen oder sie ablehnen können (Schnell et al., 2011). Die Items sollten dabei wesentliche Aspekte des Konstruktes erfassen. Die Entwicklung der Items kann auf der Basis von Literaturrecherchen, Experteninterviews, Deduktion aus dem definitorischen Umfeld oder auf der Grundlage von früheren theoretischen und empirischen Untersuchungen zum Konstrukt erfolgen (Churchill 1979, S. 67f.; MacKenzie et al. 2005). Dabei macht es keinen Unterschied, ob ein Konstrukt ein- oder multidimensional ausgeprägt ist. Für multidimensionale Konstrukte muss für jede Dimension ein Satz von Items eruiert werden, welche wesentliche Aspekte der Dimension umfassen, und es muss zudem sichergestellt werden, dass die Aspekte des übergeordneten Konstruktes wiederum durch deren Dimensionen abgedeckt sind, unabhängig davon, ob die Korrespondenzregeln zwischen den Dimensionen und dem übergelagerten Konstrukt formativ oder reflektiv ausgeprägt sind (MacKenzie et al. 2011, S. 304). Im nächsten Schritt sind konkrete Messanweisungen für die direkt zu beobachtenden Sachverhalte zu formulieren, die damit zum Ausdruck bringen, nach welchen Regeln den Beobachtungen Zahlen entsprechend ihrer unterschiedlichen Ausprägungen zuzuordnen sind (Backhaus 2013, S. 127).

5.5.1.2 Messen

Messen wird allgemein definiert als die Zuordnung von Zahlen („Messwerten") zu Objekten oder Variablen gemäß festgelegten Regeln (Schnell et al. 2011; Hair et al. 2014, S. 9). Die beobachtbaren empirischen Eigenschaften werden durch die Zuweisung von Zahlenwerten quantifiziert und messbar gemacht (Böhler 2004, S. 106f.; Churchill 1979, S. 65; Nunnally und Bernstein 1994, S. 3). In der Messtheorie wird dieser Vorgang auch als „Kodierung" bezeichnet (Hair et al. 2014, S. 8). Es handelt sich aber um eine indirekte Messmethode, da im Gegensatz zu einer direkten Messung das Ergebnis nicht unmittelbar am Messmittel, wie etwa bei einem Messschieber, ablesbar ist. Im Rahmen von Befragungen werden die Daten oft in einem Fragebogen vorkodiert (Hair et al. 2017, S. 8). Messen ist eine komplexe Angelegenheit, und eine schlechte Messung ist schlimmer als gar keine Messung, denn falsche Daten könnten zu falschen Ergebnissen bei der Evaluation führen und somit zu fehlerhaften Erkenntnissen (Benbasat und Zmud 1999). In der vorliegenden Arbeit wird die empirische Untersuchung mittels eines Fragebogens durchgeführt, indem die Teilnehmer den Grad ihrer Zustimmung, der Häufigkeit oder der Intensität qualitativ (subjektiv) beurteilen.

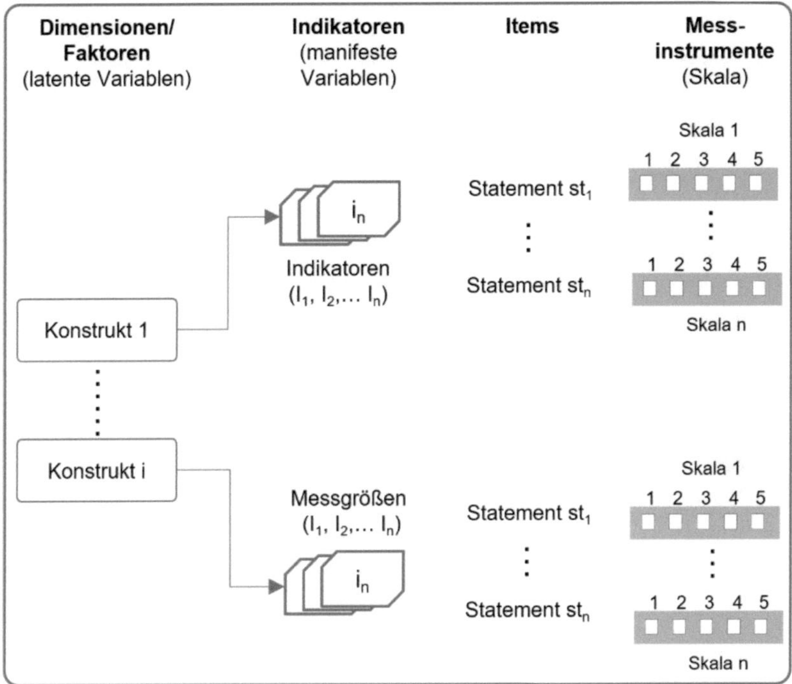

Abbildung 14: Datenerhebung und Kodierung
Quelle: In Anlehnung an Mayer (2008, S. 79)

Der Fragebogen für das Erhebungsverfahren enthält die formulierten Items. Jedes Item sollte so einfach und präzise wie möglich definiert werden und doppeldeutig formulierte Items müssen gesplittet oder, wenn dies nicht möglich ist, ganz eliminiert werden (Churchill 1979, S. 67f.; MacKenzie et al. 2011, S. 304). Das Verfahren der Datenanalyse wird durch die Skalierung der Indikatoren bestimmt (Fantapié Altobelli 2011, S. 169). Die Skalierung umfasst die Art und Weise, wie Indikatoren abgefragt werden (Homburg und Klarmann 2006, S. 733). Zur Skalierung können sogenannte Likert-Skalen verwendet werden. Für die Konstruktion einer Likert-Skala wird zunächst eine Anzahl von Items gesammelt, von denen angenommen wird, die Dimension zu messen, wobei die Befragten auf einer mehrstufigen Skala den Grad ihrer Zustimmung angeben (Mayer 2008). Nachdem Rücklauf der Fragebögen werden die Ergebnisse mit statistischen Verfahren evaluiert. Bei der Zuordnung von Zahlen zu Antworten auf einem Fragebogen sind bestimmte Gütekriterien zu beachten. Die Antwortschemata, mit denen Fragen oder Aussagen abgestuft beantwortet werden, ausgeprägt in konkreten Einschätzskalen, sollen quantitativ den Ausprägungsgrad von Merkmalen bzw. Sachverhalten beschreiben, wenn qualitative/kategoriale Aussagen nicht hinreichend sind (Rohrmann 1978, S. 222). Das „Messen" besteht in einem Bewertungsakt des beurteilenden Individuums, wobei derartige Quantifizierungen umso wichtiger sind, je stärker Daten einer analytischen Auswertung durch statistische Methoden zugeführt werden sollen (Rohrmann 1978, S. 222). Es gibt viele Quellen potenzieller Messfehler, wie etwa schlecht formulierte Fragen, die unkorrekte Anwendung von statistischen Methoden sowie Missverständnisse beim Skalierungsansatz (Hair et al. 2014, S. 7). Bei den Antwortskalen sollen möglichst kardinale Messergebnisse erzielt werden, wobei in diesem Fall die vorgegebenen Skalenstufen gleichabständige Intervalle repräsentieren müssen und vor allem von den Antwortenden auch so interpretiert und realisiert werden (Rohrmann 1978, S. 222). In der vorliegenden Untersuchung werden Intervallskalen (als Untergruppen der Kardinalskalen) mit metrischem Messniveau verwendet. Intervallskalen zeichnen sich dadurch aus, dass die Abstände zwischen den Ausprägungen der Attribute von den Testpersonen als gleich wahrgenommen werden (Raab et al. 2009, S. 70). Der Forscher muss also darauf achten, dass das Kriterium der Äquidistanz bei der Kodierung erfüllt wird. Eine gute Likert-Skala besteht aus symmetrischen Likert-Items um eine Mittelkategorie, hat klar definierte linguistische Kennzeichnungen für jede Kategorie, und bei gleichem Abstand verhält sie sich wie eine Intervallskala (Hair et al. 2014, S. 9).

5.5.1.3 Formative und reflektive Messmodelle

Messmodelle dienen der Schätzung der im Untersuchungsmodell enthaltenen theoretischen Konstrukte. Bei der Operationalisierung muss zunächst vom Forscher für jedes Konstrukt entschieden werden, ob die Aspekte durch reflektive oder formative Indikatoren erfasst werden (Homburg und Klarmann

2006, S. 731). Konstrukte sind nicht inhärent reflektiv oder formativ, denn die Spezifikation hängt von der Konzeptualisierung des Konstruktes und des Ziels der Studie ab (Hair et al. 2014, S. 45; MacKenzie et al. 2011, S. 302). Beide Messansätze besitzen diesbezüglich unterschiedliche Erkenntnisziele (Diller 2006, S. 613). Eine Studie hat ergeben, dass in der Forschung ca. 80 % der Konstrukte als reflektiv operationalisiert wurden, aber in 80 % der Fälle aus messtheoretischer Sicht eine formative Spezifizierung korrekt gewesen wäre (Backhaus 2013, S. 123). Die mangelnde Auseinandersetzung hinsichtlich der Messphilosophie hat zu einer beachtlichen Zahl von Fehlspezifikationen geführt (Albers und Götz 2006, S. 669). Deshalb werden anschließend zunächst die unterschiedlichen Messmodelle aus der Literatur reflektiert und daraus abgeleitet, welche Spezifikation im Kontext der empirischen Untersuchung am sinnvollsten erscheint. In jedem Fall ist die Entscheidung, wie der Forscher die Indikatoren zur Messung für ein spezifisches Konstrukt auswählt, die Grundlage für die restliche Analyse und die korrekte Anwendung von Evaluierungsmethoden (Hair et al. 2014, S. 41). Unabhängig von den Unterschieden versuchen beide Messphilosophien den Bedeutungsbereich eines Konstruktes möglichst gut zu erklären (Christophersen und Grape 2009, S. 104ff.).

Im reflektiven Messmodell zeigt die Kausalitätsrichtung vom Konstrukt zum Indikator. Die Indikatoren werden durch das Konstrukt verursacht. Veränderungen des Konstrukts führen gleichermaßen (Messfehler unberücksichtigt) auch zur Veränderung bei den Indikatorvariablen, und damit können die Indikatorvariablen als „austauschbare Messungen“ der latenten Variablen interpretiert werden (Backhaus 2013, S. 123). Deshalb werden diese Indikatoren als „reflektiv“ bezeichnet (Fornell und Bookstein 1982, S. 441) und können als repräsentative Beispiele angesehen werden, von allen potenziell verfügbaren Indikatoren innerhalb der konzeptuellen Domäne des Konstrukts. Die Gesamtheit der reflektiven Indikatoren wird als „Indikatoruniversum“ eines Konstrukts bezeichnet (Schnell et al. 1999, S. 127). Diese Vorgehensweise entspricht dem sogenannten „domain-sampling Model“ (Nunnally und Bernstein 1994, S. 216ff.). Die Definition eines hypothetischen Konstrukts umfasst nämlich sein definitorisches Feld, die sogenannte Domäne (engl. „domain"), und gleichzeitig wird angenommen, dass dieses definitorische Umfeld alle beobachtbaren Variablen umfasst, die das nicht beobachtbare Konstrukt konzeptionell ausmachen (Eberl 2004). Das domain-sampling-Modell unterstellt, dass alle Indikatoren aus dem gleichen definitorischen Umfeld einen gemeinsamen Kern haben (Churchill 1979, S. 67), was zur Korrelation der Indikatoren führt (Ley 1972, S. 111). Jeder Indikator ist nur eine beispielhafte Manifestierung des theoretischen Begriffs auf der Beobachtungsebene (Backhaus 2013, S. 127). Alle Indikatoren aus dem Indikatoruniversum haben deshalb a priori den gleichen Grad an Validität und bei gleichem Grad an Reliabilität sind diese für die Messung des Konstrukts beliebig austauschbar (Jarvis et al. 2003, S. 200). Die Inhaltsvalidität der Indikatoren kann deshalb mittels statistischer Verfahren überprüft werden. Die Verwendung von mehreren Indikatoren hat weiterhin den Vorteil, dass damit die Genauigkeit der Messung erhöht werden kann (Backhaus 2013, S. 128). Misst man theoretische Konstrukte lediglich mit einem Indikator, dann unterliegt der Wert meist einem Messfehler, weshalb es in der Forschung schon lange die Forderung gibt, die Messung eines Konstruktes mit möglichst vielen austauschbaren Indikatoren durchzuführen (Albers und Götz 2006, S. 669), was die Verwendung von reflektiven Messmodellen impliziert.

Beim formativen Messmodell ist die Richtung der kausalen Wirkung umgekehrt. Die Indikatoren verursachen das Konstrukt. Das heißt, wenn die Indikatoren variieren, dann variiert auch das Konstrukt. Eine wichtige Eigenschaft formativer Indikatoren ist, dass sie nicht austauschbar sind, weil jeder Indikator eines formativen Konstrukts einen spezifischen Aspekt der Domäne des Konstruktes erfasst und somit Bausteine des Konstrukts darstellen. Die Indikatoren sollten auch nicht zu stark miteinander korrelieren, da bei Regressionsanalysen dann das Problem der Multikollinearität auftreten kann. Dadurch wird die Berechnungsmethode instabil und die Schätzung wird ungenau bzw. Interpretationen aus den Ergebnissen sind nicht mehr eindeutig. Die Indikatoren bestimmen ultimativ die Bedeutung des Konstruktes und können deshalb auch nicht weggelassen werden, da sich dann das Wesen des

Konstrukts ändern würde (Hair et al. 2014, S. 43). Wenn sich die latente Variable verändert, führt das nicht unbedingt zu einer Veränderung aller oder auch nur einiger Indikatoren (Jarvis et al. 2003, S. 201) aufgrund der umgekehrten Richtung der Kausalität gegenüber reflektiven Indikatoren. Deshalb lässt sich auch keine Aussage über Korrelationen zwischen formativen Indikatoren machen. Die Korrelationskoeffizienten können alle Werte im zulässigen Intervall annehmen, ohne dass dies eine Aussage über die Güte ihrer Eignung zur Erklärung des Konstrukts oder der kausalen Beziehung zum Konstrukt möglich macht, auch völlige Unkorreliertheit ist möglich, und deshalb können spezifische multivariate Verfahren zur Beurteilung von Reliabilität und Validität eines Messmodells für ein Konstrukt nach dem Paradigma von Churchill (1979) nicht mehr greifen, wie etwa Faktorenanalyse oder Coefficient Alpha, da diese Verfahren auf die Korreliertheit der Indikatoren eines Konstrukts abzielen (Eberl 2004, S. 5ff.). Werden diese Verfahren dennoch bei formativen Konstrukten angewendet, kann es aufgrund der Fehlspezifikation zu fehlerhaften Erkenntnissen führen. Die Inhaltsvalidität muss deshalb durch den Forscher mit Hilfe klarer Spezifizierungen selbst sichergestellt werden. Die Güte von formativen Beziehungen wird mit Regressionsanalysen geprüft. Auch der Formulierung von Indikatoren sollte in der Praxis eine besondere Beachtung geschenkt werden, da fehlerhafte Formulierungen ein Messmodell „komplett ruinieren“ können (Backhaus 2013, S. 129). Eberl (2004, S. 18) beschreibt Regeln in Form von Entscheidungsfragen, um die Spezifikationsart der Indikatoren bei der Modellierung der Messmodelle prüfen zu können. Die Regeln sind in Tabelle 16 zusammengefasst.

ENTSCHEIDUNGSFRAGE	SPEZIFIKATION	QUELLE
Sind die Indikatoren des Konstrukts eher als Realisationen eines Faktors zu betrachten, der etwas Beobachtetes zur Folge hat?	reflektiv	(Fornell und Bookstein 1982, S. 292)
Ist das Konstrukt als erklärende Kombination von Indikatoren konzipiert?	formativ	(Fornell und Bookstein 1982, S. 292)
Messen die Indikatoren alle „das Gleiche" im engeren Sinne?	reflektiv	(Bagozzi 1984, S. 331)

ENTSCHEIDUNGSFRAGE	SPEZIFIKATION	QUELLE
Ergibt sich die Bedeutung des Konstrukts aus der Bedeutung der Indikatoren?	formativ	(Bagozzi 1984, S. 332)
Richtung der Kausalität ("causal priority between the indicator and the latent variable") vom Konstrukt zum Indikator	reflektiv	(Bollen 1989, S. 65; Diamantopoulos und Winklhofer 2001, S. 270)
Welcher Natur ist die Beziehung zwischen den Beobachtungen und dem theoretischen Modell? Ist sie deduktiv (also sind die Beobachtungen vom Modell abhängig)?	reflektiv	(Fornell 1989, S. 163)
Repräsentieren die Items eher (a) Konsequenzen oder (b) Ursachen des Konstrukts?	(a) reflektiv (b) formativ	(MacCallum und Browne 1993, S. 533; Law und Wong 1999, S. 144ff; Rossiter 2002, S. 314ff)
Sind die Indikatoren dieses Konstrukts untereinander beliebig austauschbar?	reflektiv	(Jarvis et al. 2003, S. 203)

Tabelle 16: Entscheidungsfragen zur Prüfung reflektive/formative Spezifikation
Quelle: Eberl (2004, S. 18)

Backhaus (2013, S. 128) formuliert zudem spezifische Fragen für die Entwicklung und Prüfung von reflektiven Indikatoren. Je mehr Fragen mit „Ja“ beantwortet werden können, desto besser ist die reflektive Formulierung eines Indikators gelungen:

- Führt eine Veränderung in der Ausprägung des Konstrukts zu einer Veränderung in der Ausprägung der Indikatorvariablen?
- Sind Indikatoren alternative Erscheinungsformen des Konstrukts in der Wirklichkeit?
- Ist das Konstrukt bei der Veränderung der Indikatoren unbeeinflusst?
- Bleibt der konzeptionelle Rahmen des Konzeptes gleich, wenn Indikatoren ausgeschlossen werden?
- Liegt eine hohe Korrelation zwischen Indikatoren vor?
- Haben die Indikatoren dieselben Antezedenzen und Konsequenzen?
- Verläuft die Richtung der Kausalität vom Konstrukt zum Indikator?

Im vorliegenden Strukturmodell werden ausschließlich reflektive Messmodelle verwendet. Formative Beziehungen liegen dagegen im Pfadmodell zwischen den Faktoren und den Dimensionen des multidimensionalen Konstrukts vor. Die reflektive Spezifikation der Indikatoren hat einen weiteren Vorteil, bezogen auf das zu konstruierende Artefakt. Die Kennzahlen des Messinstrumentariums werden aus den Indikatoren abgeleitet, die das Konstrukt am besten reflektieren. Die generelle Austauschbarkeit der Indikatoren erhöht die Flexibilität des Artefakts. Aus dem Pool an Indikatoren können diejenigen ausgewählt werden, die im spezifischen unternehmerischen Umfeld am effizientesten zu ermitteln sind oder die als besonders wichtig erachtet werden.

5.5.2 Determinanten und Dimensionen

Im Folgenden wird die Operationalisierung der Konstrukte und der Kontrollvariablen des vorliegenden Untersuchungsmodells durchgeführt. Dieser Schritt ist entscheidend, um die Wirkbeziehungen zwischen den Konstrukten[52] mittels statistischer Verfahren zu evaluieren (Anderson und Gerbring 1982, S. 453; Fantapié Altobelli 2011, S. 168; Homburg und Giering 1996, S. 11). Die theoretische Grundlage für die Spezifizierung der Items bilden die im Rahmen der Konzeptualisierung eruierten Aspekte der jeweiligen Konstrukte (vgl. Kapitel 4.1.1.4, Kapitel 4.1.2.5 und Kapitel 4.1.3.4). Die entwickelten Items umfassen die Aspekte, die für die Zielgruppe der schriftlichen Befragung im Hinblick auf eine möglichst korrekte Beantwortbarkeit als am sinnvollsten eingeschätzt wurden. Es wird also nicht die Gesamtheit aller denkbar vorhandenen reflektiven Indikatoren betrachtet, sondern gemäß des „Domain-Sampling-Modells“ nur eine adäquate Teilmenge berücksichtigt (Churchill 1979, S. 68f.). Für jedes Item wurde die reflektive Spezifikation anhand der in Kapitel 5.5.1.3 aufgeführten Entscheidungsfragen geprüft, um

[52] Die Determinanten und Dimensionen stellen die einzelnen Konstrukte des Untersuchungsmodells dar (vgl. Kapitel 4.3).

einer Fehlspezifikation entgegenzusteuern. Aufgrund der reflektiven Spezifizierung sind die Items im Sinne der späteren reflektiven Messmodelle somit austauschbar. Die Inhaltsvalidität der Items wird im Zuge der Gütebeurteilung mittels statistischer Verfahren kontrolliert.

Auf Basis der Ergebnisse der durchgeführten Literaturrecherche konnten teilweise etablierte Items aus anderen Studien genutzt werden. Diese wurden aber oft aus der englischsprachigen Literatur entnommen und mussten übersetzt werden. Bei vielen Items wurden die Formulierungen an den vorliegenden Forschungskontext angepasst. Mehrere Items wurden per Deduktion aus dem definitorischen Umfeld neu entwickelt. Die Operationalisierung der Konstrukte[53] zeigt Tabelle 17.

Teilaspekt/ Facette des Konstrukts	Indikator/Item	Kürzel
Konstrukt Flexible IT-Mitarbeiter		
Funktionale Flexibilität	Unsere IT-Mitarbeiter können in vielen verschiedenen Einsatzbereichen im Leistungssystem des Unternehmens eingesetzt werden, ohne vorherige Anpassung der Qualifikationen/Kompetenzen.	R_FL_1
Verhaltens-flexibilität	Unsere IT-Mitarbeiter sind stets in der Lage, ihr persönliches Verhalten an veränderte Situationen im Sinne des Unternehmens anzupassen.	R_FL_3
Konstrukt Qualifikationsspektrum		
Multiple Fachqualifikationen bzw. technische Fähigkeiten	Unsere IT-Mitarbeiter haben ein sehr breites Spektrum an IT-spezifischen Fachqualifikationen.	MK_1
Schnelligkeit der Aneignung notwendiger Kompetenzen	Unsere IT-Mitarbeiter sind jederzeit in der Lage, sich neue Kompetenzen sehr schnell anzueignen.	MK_2

[53] Die Tabelle beinhaltet die Formulierung aller Items, so wie diese im finalen Fragebogen der Hauptuntersuchung verwendet wurden (nach einem zweistufigen Pretest). Ferner wird jedem Item ein entsprechendes Kürzel zugeordnet. Die Kürzel werden bei den anschließenden Auswertungen im Rahmen der Güteprüfung als Referenzen genutzt.

TEILASPEKT/ FACETTE DES KONSTRUKTS	INDIKATOR/ITEM	KÜRZEL
Geschäftswissen	Unsere IT-Mitarbeiter verfügen über sehr ausgeprägtes Wissen über das fachliche Geschäft des Unternehmens, seine Geschäftsprozesse, Produkte und Geschäftsmodelle.	MK_3
Metakompetenzen	Unsere IT-Mitarbeiter verfügen über ein sehr hohes Maß an allgemeinen Problemlösefähigkeiten.	META_1
	Unsere IT-Mitarbeiter verfügen über weitreichende Kompetenzen im Projektmanagement.	META_2
	Unsere IT-Mitarbeiter verfügen über ausgeprägte Soft Skills, insbesondere individuelle Sozialkompetenz.	META_3
Zugriff auf Informationen über Kodifizierungs- oder Interaktions-strategie	Unsere IT-Mitarbeiter nutzen stets die im Rahmen des Wissensmanagements bereitgestellten Werkzeuge, um die richtigen Informationen zur richtigen Zeit in der richtigen Form verfügbar zu haben.	KM_1
Kultur des Wissens-austauschs, lernende Organisation	Unsere IT-Mitarbeiter teilen ihre Arbeitsergebnisse und ihr Wissen breitwillig mit anderen Mitarbeitern, auch über Abteilungs- und Hierarchieebenen hinweg.	KM_2
KONSTRUKT FLEXIBILITÄTSBEREITSCHAFT		
Numerische Flexibilität	Unsere IT-Mitarbeiter sind jederzeit bereit, ihre Arbeitszeiten im Sinne des Unternehmens kurzfristig anzupassen (z. B. mit Überstunden).	FL_B_1
Einsatzflexibilität	Die Bereitschaft unserer IT-Mitarbeiter zur Einsatzflexibilität in verschiedenen Arbeitsbereichen ist sehr hoch.	FL_B_2
	Unsere IT-Mitarbeiter sind stets bereit sich relevante neue Kompetenzen und Fähigkeiten anzueignen.	FL_B_3
KONSTRUKT AGILES IT-WORKFORCE MANAGEMENT		
Definition der Verwendungs-möglichkeiten von Ressourcen	Innerhalb unserer Unternehmens-IT sind die potenziellen Einsatzbereiche aller IT-Mitarbeiter transparent und jederzeit abrufbar.	K_FL_1
Die Fähigkeit der Identifikation und Strukturierung von Ressourcen	Die Fähigkeit der Identifikation und Strukturierung von IT-Mitarbeitern als schnelle Reaktion auf veränderte personalbezogene kapazitive/funktionale Anforderungen der Fachbereiche ist in unserer Unternehmens-IT sehr stark ausgeprägt.	K_FL_2

TEILASPEKT/ FACETTE DES KONSTRUKTS	INDIKATOR/ITEM	KÜRZEL
Bereitstellung der Ressourcen	Unsere Unternehmens-IT ist im Rahmen des Workforce Managements jederzeit in der Lage, die erforderliche Anzahl von flexiblen IT-Mitarbeitern mit den richtigen Qualifikationen zum richtigen Zeitpunkt am richtigen Ort bereitzustellen, um die verbunden Aufgaben im Leistungssystem des Unternehmens in den erwarteten Qualitätsmaßstäben zu bewältigen.	K_FL_3
Geschwindigkeit und Einfachheit der Koordination	Unserer flexiblen IT-Mitarbeiter können einfach und sehr schnell zwischen verschiedenen Arbeitsumgebungen transferiert werden.	K_FL_4
KONSTRUKT IT-PERSONALPLANUNG		
Identifikation und Strukturierung von Ressourcen	Unsere Unternehmens-IT ist jederzeit in der Lage, im Rahmen der Personalplanung eine schnelle Zuordnung von IT-Mitarbeitern zu einzelnen Stellen oder betrieblichen Aufgaben im Leistungssystem des Unternehmens durchzuführen.	P_P_1
	Im Rahmen der Personaleinsatzplanung kann unsere Unternehmens-IT stets eine sehr hohe Kongruenz zwischen den erforderlichen Qualifikationen der Stelle oder Aufgabe und den tatsächlich vorhandenen Qualifikationen des zugeordneten IT-Mitarbeiters gewährleisten.	P_P_2
	Im Rahmen der Personalplanung sind die Qualifikationen und Fähigkeiten sämtlicher IT-Mitarbeiter transparent und jederzeit abrufbar.	P_P_3
Planerische Prognosefähigkeit	Unsere Unternehmens-IT ist jederzeit in der Lage, die zukünftigen quantitativen und qualitativen IT-Personalbedarfe exakt zu prognostizieren.	P_P_4
Kognitives, strategisches und operatives Business-IT-Alignment	Strategische Planungen, Visionen und Prioritäten sind zwischen der Unternehmens-IT und den Fachbereichen sehr gut abgestimmt.	P_P_5
	Personalbezogene Teilplanungen basieren stets auf den Ergebnissen gemeinsamer Planungsprozesse zwischen Fachbereichen und Unternehmens-IT.	P_P_6
KONSTRUKT WEITERENTWICKLUNG IT-MITARBEITER		
Flexibilität	Die Einsatzmöglichkeiten unserer IT-Mitarbeiter sind aufgrund stetig durchgeführter Qualifizierungsmaßnahmen sehr vielfältig.	FL_W_1
	Aufgrund stetig durchgeführter Weiterbildungsmaßnahmen ist die Redundanz der Fachqualifikationen zwischen den IT-Mitarbeitern ist sehr ausgeprägt.	FL_W_2

TEILASPEKT/ FACETTE DES KONSTRUKTS	INDIKATOR/ITEM	KÜRZEL
	Unsere Unternehmens-IT kann die Kompetenzen der IT-Mitarbeiter sehr schnell weiterentwickeln.	FL_W_3
	Der Spielraum für den flexiblen Personaleinsatz unserer IT-Mitarbeiter wird durch bestimmte Formen der Arbeitsorganisation (z. B. Job Rotation) signifikant erhöht.	FL_W_4
Innovation	Die personalbezogenen Weiterentwicklungsmaßnahmen leiten sich vorwiegend auf neu aufkommenden bzw. neu entstehenden Informationstechnologien ab.	FL_W_5
	Unsere Unternehmens-IT ist stets in der Lage, potenziell relevante innovative Technologien zu entdecken und zu beurteilen.	FL_W_6
	Unsere Unternehmens-IT kann jederzeit die Leistungsfähigkeit, Verfügbarkeit und die Risiken innovativer Technologien sehr gut einschätzen.	FL_W_7
KONSTRUKT IT-MITARBEITERBINDUNG		
Bindung flexibler Ressourcen	Die unerwünschte Fluktuation unserer IT-Mitarbeiter ist sehr gering.	M_B_1
	Arbeitszufriedenheit und Leistungsmotivation sind bei unseren IT-Mitarbeitern sehr stark ausgeprägt.	M_B_2
	Unsere IT-Mitarbeiter haben eine sehr hohe Identifikation (Commitment) mit der Unternehmens-IT und deren Zielstellungen.	M_B_3
KONSTRUKT IT-PERSONALBESCHAFFUNG		
Personal-gewinnung	Die Dauer, bis IT-Vakanzen zufriedenstellend besetzt werden können, ist sehr kurz.	P_B_1
	Konkrete Vertragsangebote für Vakanzen unserer Unternehmens-IT werden von den Bewerbern stets angenommen.	P_B_2
Personal-einführung	Der Anteil der IT-Mitarbeiter, die im ersten Jahr nach der Stellenbesetzung wieder von sich aus kündigen, ist sehr gering.	P_B_3
Externe Ressourcen und Outsourcing	Der Zugriff auf externe IT-Mitarbeiter mit den erforderlichen Qualifikationen ist in sehr kurzer Zeit möglich.	P_B_4
	Die fremdvergebenen IT-Leistungen werden stets in sehr hoher zeitlicher und fachlicher Qualität erbracht.	P_B_5
Gewinnung junger Talente	IT-Hochschulabsolventen und junge IT-Talente können relativ schnell und leicht für die Unternehmens-IT gewonnen werden.	P_B_6

Teilaspekt/ Facette des Konstrukts	Indikator/Item	Kürzel
Innovation	Benötigte innovative Kompetenzen können vom externen Markt sehr schnell akquiriert werden.	P_B_7
Konstrukt Innovatives IT-Personal		
Innovations-fähigkeit	Unsere IT-Workforce findet schnell Mittel und Wege, um auf technologische Innovationen zu reagieren.	I_P_1
	Unsere IT-Mitarbeiter besitzen die Fähigkeiten, IT-basierte Innovationen von innen heraus hervorzubringen.	I_P_2
	Unsere IT-Mitarbeiter sind aufgrund ihrer Kompetenzen jederzeit in der Lage, innovative Technologien effizient einzusetzen.	I_P_3
	Unsere IT-Mitarbeiter besitzen ausgeprägte Fähigkeiten, das Nutzenpotenzial neuer Technologien zu erkennen und dieses für das Unternehmen wertschöpfend umzusetzen.	I_P_4
Innovations-bereitschaft	Die Aufgeschlossenheit unserer IT-Mitarbeiter gegenüber innovativen IT-basierten Technologien und Ideen ist sehr hoch.	I_P_5
	Unsere IT-Mitarbeiter beteiligen sich sehr aktiv an Maßnahmen zur Innovationsgestaltung bzw. Innovationsgenerierung im IT-Bereich.	I_P_6
	Unsere IT-Mitarbeiter sind stets bereit, sich mit innovativen Technologien auseinanderzusetzen.	I_P_7
Konstrukt Innovative Unternehmenskultur		
Innovation	Die Beiträge unsere IT-Mitarbeiter werden bei der Entwicklung und Umsetzung innovativer IT-Strategien stets eingefordert und mit einbezogen.	I_U_1
	Unsere Unternehmens-IT gibt den IT-Mitarbeitern jederzeit die notwendigen Freiräume, um neue und kreative Lösungswege zu gehen.	I_U_2
	Innovative Beiträge und Ideen unserer IT-Mitarbeiter werden stets anerkannt und belohnt.	I_U_3
	Unseren IT-Mitarbeiter stehen eine Vielzahl von Möglichkeiten zur Verfügung, IT-basierte Innovationen voranzutreiben.	I_U_4

Tabelle 17: Operationalisierung der Konstrukte des Untersuchungsmodells

5.5.3 Kontrollvariablen

Die innerbetrieblichen und außerbetrieblichen Einflussgrößen wurden auf Basis der diskutierten Aspekte (vgl. Kapitel 4.2) operationalisiert. Tabelle 18 beinhaltet die formulierten Items und die jeweiligen Antwortoptionen im Fragebogen.

KONTROLL-VARIABLE	INDIKATOR/ITEM	KÜRZEL
Rolle der IT	Welche überwiegende Rolle hat die IT in Ihrem Unternehmen? Kategorien: (a) Support (Die IT unterstützt transaktionale Prozesse in Form von konstant stabil laufender IT-Systeme) (b) Optimierer (Die IT verbessert die Effektivität und Effizienz von IT-gestützten Geschäftsprozessen durch Integration, Automatisierung und Standardisierung) (c) Innovator (Die IT als strategischer Partner wird genutzt, um neue fachliche Möglichkeiten zu schaffen und neue Absatzmärkte zu erschließen)	KV_R_IT
Unternehmens-größe	Wie viele Mitarbeiter hat Ihr Unternehmen? Kategorie: (a) < 1.000 (b) 1.000 – 5.000 (c) > 5.000	KV_U_G
Marktsituation	Wie lässt sich die Marktbeschaffenheit charakterisieren, in der Ihr Unternehmen tätig ist? Kategorien: (a) turbulent (b) mäßig stabil (c) stabil	KV_M_S
Wettbewerbs-situation	In welcher Wettbewerbssituation befindet sich Ihr Unternehmen? Kategorien: (a) schwacher Wettbewerb (b) mittlerer Wettbewerb (c) starker Wettbewerb	KV_W_S

Tabelle 18: Kontrollvariablen des Untersuchungsmodells

5.6 Datenerhebung und Gütebeurteilung

Nach der Konzeptualisierung der Konstrukte des Untersuchungsmodells und deren Operationalisierung in Kapitel 5.5.2, erfolgt nun die Konstruktion des Fragebogens für die schriftliche Befragung. Im nächsten Schritt wird dann die Erhebung und Prüfung der Daten vorgenommen, mit anschließender Gütebeurteilung und Interpretation der Ergebnisse. Dieses Vorgehen entspricht der in der Literatur empfohlenen Vorgehensweise bei empirischen Untersuchungen (Böhler 2004, S. 107; Fantapié Altobelli 2011, S. 168; Homburg und Giering 1996, S. 11).

5.6.1 Erhebung der Daten

5.6.1.1 Fragebogenerstellung mit Pretest

Bei der Konstruktion des Fragebogens findet die Kodierung und Skalierung der einzelnen Items statt. Dabei wird festgelegt, auf welche Art und Weise die Items abgefragt werden. Mit Hilfe einer mehrstufigen Antwortskala wird der Grad der Zustimmung der Probanden reflektiert. Der Fragebogen enthält alle Items für die abhängigen und unabhängigen latenten Variablen des Strukturmodells sowie die Kontrollvariablen. Unter einer Befragung wird allgemein eine spezifische Technik der Datenerhebung verstanden (Atteslander, 2010, S. 131). Die Befragung ist in den empirischen Sozialwissenschaften die zumeist angewandte Methode (Bortz und Döring 2002, S. 237), findet aber auch breite Anwendung in der WI.

Eine wissenschaftliche Befragung basiert vor allem auf der theoriegeleiteten Kontrolle der gesamten Befragung, wobei die Wissenschaftlichkeit der Befragung vor allem auf einer systematischen Zielgerichtetheit beruht (Atteslander, 2010, S. 111). Unter einer schriftlichen Befragung werden der Versand und der Rücklauf eines Fragebogens verstanden, mit den Vorteilen, dass einerseits eine größere Anzahl von Befragten erreicht werden kann und andererseits der Interviewer als mögliche Fehlerquelle wegfällt (Atteslander 2010, S. 157). Ein Nachteil der schriftlichen Befragung ist die unkontrollierte Erhebungssituation, da auf steuernde Eingriffe eines Interviews per se verzichtet wird (Bortz und Döring 2002, S. 253). Befragte könnten etwa durch Dritte beeinflusst werden oder der Fragebogen wird gar von einer anderen Person als der intendierten beantwortet.

Die kostengünstige schriftliche Befragung eignet sich insbesondere für die Befragung von homogenen Gruppen (Bortz und Döring 2002, S. 253). In der vorliegenden Arbeit wurden ausschließlich CIOs und IT-Leiter befragt, wodurch das Kriterium der Homogenität in Bezug auf die Arbeitsaufgabe als erfüllt anzusehen ist. Der Fragebogen als Befragungsinstrument gilt als standardisiert, wenn die Antwortkategorien vom Forscher vorgegeben werden. Im Rahmen der vorliegenden Untersuchung wurde eine Onlinebefragung durchgeführt. Darunter werden Erhebungen verstanden, bei denen die Befragten den auf einer Plattform abgelegten Fragebogen im Internet online ausfüllen (Pötschke und Simonson 2001, S. 7). Dadurch wird zum einen die potenzielle Reichweite erhöht und zum anderen wird insbesondere bei großen Stichproben das Erhebungsverfahren zeitlich beschleunigt.

Die Güte bzw. Qualität eines Fragebogens hängt im Wesentlichen von der Art und der Zusammensetzung der Items ab, und der Hauptaufwand des Forschers sollte deshalb auf die Perfektionierung des Instrumentes „Fragebogen" gelegt werden (Atteslander 2010, S. 131; Bortz und Döring 2002, S. 217). Empirische Studien werden insbesondere mit dem möglichen Auftreten eines „Common Method Bias" konfrontiert (Göthlich 2009, S. 119; Podsakoff et al. 2003, S. 879). Bei diesem Effekt wäre die gemessene Varianz vor allem auf eine systematische Verzerrung zurückzuführen, signifikant verursacht durch das Erhebungsdesign (d. h. der Gestaltung des Fragebogens) und nicht durch das Konstrukt selbst (Podsakoff et al. 2003, S. 879). Dabei können kausale Zusammenhänge fälschlich nachgewiesen werden, obgleich die erklärte Varianz der endogenen Variablen nicht durch die exogene(n) Variable(n), sondern wesentlich durch das Erhebungsdesign selbst bewirkt wird.

Die Gestaltung des Fragebogens für die empirische Untersuchung orientierte sich an den etablierten Vorgehensweisen nach Bagozzi (1994a, S. 37ff.), Bortz und Döring (2006, S. 244f., 256f.) und Churchill 1995, S. 397). Die beiden ersten Schritte umfassten die Erstellung eines ersten Fragebogenentwurfs, der alle zentralen Aspekte des Untersuchungsmodells abbildet, und der Durchführung eines ersten kritischen Reviews. Daraufhin wurde ein zweistufiger Pretest mit einer kleinen Gruppe aus der Grundgesamtheit durchgeführt und der Fragebogen auf der Basis der ausgewerteten Ergebnisse wieder überarbeitet. Der kritische Review des Fragebogens wurde mit einer in Anlehnung an Bouchard (1976) entwickelten Checkliste überprüft (Bortz und Döring 2006, S. 244f.):

- Überflüssige Fragen sollten vermieden werden, um den Umfang der Umfrage auf ein akzeptables Minimum zu reduzieren.
- Alle Fragen sollten einfach und eindeutig formuliert und nur auf einen Sachverhalt ausgerichtet sein. Bei Mehrdeutigkeit ist die Frage in mehrere Einzelfragen zu zerlegen. Kurze Fragen sind zu bevorzugen.
- Die Schwierigkeit der Fragen sollte auf das Bildungsniveau und das potenzielle Wissen der Befragten ausgerichtet sein.
- Der Befragte darf durch die gestellten Fragen nicht in Verlegenheit gebracht werden.
- Ein Sequenzeffekt ist zu vermeiden. Dabei ist zu prüfen, ob das Ergebnis der Befragung durch die Abfolge der Fragen beeinflusst werden könnte.
- Die Befragung sollte dem Befragten genügend Abwechslung bieten, um die Motivation aufrecht zu erhalten.

Für die Messung der Items stehen dem Forscher grundsätzlich eine Vielzahl von Skalierungsverfahren zur Verfügung, die beim Design des Fragebogens verwendet werden können. Die Items der vorliegenden Untersuchung wurden mit einer Ratingskala versehen. Diese Art von Skala wird wegen ihrer einfachen Nutzbarkeit und Konstruierbarkeit sowie der akzeptablen Reliabilität und Validität häufig in Umfragen angewendet (Bortz und Döring 2006, S. 181). Die Items wurden konkret mit einer 7-stufigen Likert-Skala gegliedert, mit den Endpunkten 1 für „trifft überhaupt nicht zu" bis 7 für „trifft vollkommen zu" und reflektieren grundsätzlich den Grad der Zustimmung der einzelnen Teilnehmer. Von anderen Intensitäts- und Bewertungsskalen als alternative Ausprägungsformen von Ratingskalen wurde kein Gebrauch gemacht. Likert-Skalen sind weit verbreitet in Verbindung mit Strukturgleichungsmodellen und deshalb auch in der empirischen Forschung eine der bekanntesten Ausprägungen von diskreten Ratingskalen. Die Anzahl der gewählten Stufen ist ungerade mit einer neutralen Mittelkategorie, damit die Teilnehmer der Umfrage bei Unsicherheit auf diese ausweichen können. Dabei ist zu berücksichtigen, dass bei einem Ausweichen auf die mittlere Kategorie häufig nicht zwischen Indifferenz (Gleichgültigkeit) und Ambivalenz (Zwiespältigkeit) bezüglich der Antworten unterschieden werden kann (Termer 2015, S. 144). Von einer höheren Anzahl der Skalenstufen wurde in der vorliegenden Untersuchung abgesehen. Durch eine höhere Zahl an Stufen nimmt die Differenzierungsfähigkeit einer Skala zu, bis hin zu einer Ausschöpfung der Differenzierungskapazität der Teilnehmer, wobei die Anzahl der Skalenstufen sowohl hinsichtlich der Reliabilität als auch der Validität unerheblich ist (Bortz und Döring 2002, S. 179; Matell und Jacobi 1973). Um den Teilnehmern gleiche Abstände zwischen den Antwortkategorien zu vermitteln, wurden im vorliegenden Fragebogen lediglich wissenschaftlich anerkannte linguistische Beschriftungen verwendet. Dadurch können die eigentlich ordinale Ratingskala als intervallskaliert angenommen und die damit erhobenen Daten als metrisch angesehen werden (Bortz und Döring 2006, S. 176; Fantapié Altobelli 2011, S. 235; Greving 2009, S. 68; Hair et al. 2014, S. 9). Die Skalierung der Kontrollvariablen erfolgte hingegen kategorial.

Bei der Konstruktion des Fragebogens mithilfe des genutzten Umfrage-Werkzeugs wurde besonders Wert daraufgelegt, einen hohen Grad an Übersichtlichkeit, klare Strukturiertheit und einfache Verständlichkeit zu gewährleisten, um Verzerrungen im Antwortverhalten der Teilnehmer möglichst zu vermeiden. Um Sequenzeffekte zu unterdrücken, wurde der Fragebogen so strukturiert, dass das Ergebnis der Befragung möglichst nicht durch die Abfolge der Fragen beeinflusst wird. Um validere Antworten zu erhalten, wurden die Fragen deshalb nicht in der Reihenfolge gestellt, wie es das Strukturmodell vorsieht (erst die Faktoren und dann die entsprechend zugehörige Dimension, also von links nach rechts). Durch die Verschleierung der unterstellten Modellzusammenhänge wurde grundsätzlich verhindert, dass die

Teilnehmer der Umfrage auf konsistente Antworten achten, weil sie den gedachten Zusammenhang möglicherweise erahnen können. Auf der Startseite der Online-Umfrage wurde explizit darauf hingewiesen, dass es weder richtige noch falsche Aussagen gibt und es nur wichtig sei, dass die persönlichen Meinungen und Einschätzungen sorgfältig und wahrheitsgemäß angegeben werden. Der Fragebogen wurde systemtechnisch so konfiguriert, dass alle Fragen obligatorisch zu beantworten sind. Ferner wurde angeführt, dass alle Angaben und Daten streng vertraulich und anonym behandelt sowie ausschließlich für Forschungszwecke verwendet werden (Podsakoff et al. 2003, S. 887). Um die Anzahl der potenziellen Rückmeldungen zu erhöhen, wurde den Teilnehmern der Umfrage angeboten, bei Interesse im Gegenzug die aggregierten und anonymisierten Ergebnisse der empirischen Studie für interne Zwecke zur Verfügung zu stellen. Die zu diesem Zweck erhobenen personenbezogenen Daten wurden getrennt von den Umfragedaten gespeichert, um dadurch die Anonymität der Umfrage zu gewährleisten. Neben den Items der abhängigen und unabhängigen latenten Variablen des Strukturmodells wurden in der Umfrage im Hinblick auf FF 2 zusätzlich potenzielle Kennzahlen vorgestellt, um IT-Agilität im Bereich IT-Personal messbar zu gestalten. Die Teilnehmer wurden gebeten, ihre Meinung und Einschätzungen zu den vorgestellten Kennzahlen abzugeben. Diesbezüglich sollte die potenzielle Relevanz der jeweiligen Kennzahl eingeschätzt und zusätzlich ein Kennzahlenwert angegeben werden, der nach Meinung der Teilnehmer eine ausreichend zufriedenstellende wertmäßige Ausprägung in der betrieblichen Praxis darstellt. Ein zu langer Fragebogen wirkt sich oft negativ auf die Anzahl der komplettierten Teilnahmen aus. Deshalb wurde der Kennzahlenbereich als optional deklariert. Die Teilnehmer konnten sich nach dem eigentlichen Umfragekern entscheiden, ob sie die Fragen zu den Kennzahlen zusätzlich beantworten möchten. Im negativen Fall wurden die Teilnehmer direkt zum Umfrageende navigiert. Mit dieser Vorgehensweise sollte sichergestellt werden, dass die Teilnehmer im optionalen Teil auch tatsächlich ihre ehrliche Meinung zu den Kennzahlen offenbaren und nicht lediglich versuchen, schnell zum Ende zu kommen.

Vor der eigentlichen Haupterhebung werden sogenannte Pretests durchgeführt, um die Tauglichkeit des Erhebungsinstruments sicherzustellen (Groves et al. 2009, S. 259; Schnell et al. 2011, S. 340), insbesondere dienen sie zur Überprüfung der Indikatoren/Items (Kaase 1999, S. 49). Die Durchführung von Pretests gehört daher zum anerkannten methodischen Standard bei empirischen Untersuchungen (Prüfer und Rexroth 2000). Potenzielle Messfehler, die im Wesentlichen auf einem unzureichend entwickelten Fragebogen basieren, werden dadurch minimiert. Im Rahmen der Durchführung und Auswertung der Tests werden die Verständlichkeit und die Beantwortbarkeit von Fragen oder Statements und die Eindeutigkeit der verwendeten Kategorienbezeichnungen (linguistische Ausdrücke der Skalierung) geprüft. (Atteslander 2010, S. 296). Ferner werden die Items hinsichtlich ihrer Adäquatheit für die Zielstellung überprüft und es wird kontrolliert, ob die Items eindeutig einem Konstrukt zuordenbar sind. Bei komplexen Untersuchungen führt die Unterlassung von Pretests oft zu gravierenden Auswertungsproblemen (Atteslander 2010, S. 299). Im günstigsten Fall können 3-6 Experten einen Fragebogen lesen, ausfüllen und kommentieren, was vor allem bei webbasierten Umfragen und den damit einhergehenden technischen Möglichkeiten einfach zu bewerkstelligen ist (Mooi und Sarstedt 2011, S. 65). In der vorliegenden empirischen Untersuchung wurden die Items bzw. der komplette Fragebogen einem zweistufigen Pretest unterzogen. Im ersten Schritt wurde ein Item-Sorting-Pretest nach Anderson und Gerbing (1991) durchgeführt. Dieses Verfahren hebt insbesondere auf die Ermittlung der substanziellen Validität der Indikatoren ab als Mittel zur ersten Prognose der Konvergenz-, Diskriminanz- und Inhaltsvalidität. Ebenso wird die Eindeutigkeit des definitorischen Umfelds der Konstrukte durch das Verfahren überprüft (Anderson und Gerbing 1991, S. 732). Dabei handelt es sich um eine systematische Evaluation, die überprüft, wie gut das definitorische Umfeld des Konstruktes durch die formulierten Indikatoren abgedeckt wird (Hair et al. 2014, S. 96). Im Rahmen des durchgeführten Pretests wurden die Probanden aufgefordert, jedes Item demjenigen Konstrukt zuzuordnen, welches am besten durch das Item reflektiert wird. Dabei sollte der Anteil der korrekten Zuordnungen der einzelnen

Items zum jeweiligen beabsichtigten Konstrukt möglichst hoch bzw. der Anteil der Zuordnungen zu einem anderen Konstrukt möglichst gering sein. Als Gütekriterien dieser Expertenvalidität werden zwei Indizes verwendet. Der Index „Proportion of Substantive Agreement" dient als quantitatives Gütemaß für die Eindeutigkeit der Zuordnung der Indikatoren zum korrekten Konstrukt. Der Index wird mit der Formel

$$p_{sa} = \frac{n_c}{N}$$

berechnet, mit

n_c = Anzahl der korrekt zugeordneten Indikatoren und

N = Gesamtzahl der Zuordnungen.

Die wertmäßige Ausprägung des Index liegt zwischen 0 und 1. Je höher der Wert, desto größer ist die Übereinstimmung (Kraft et al. 2005). Der Index „Substantive-Validity Coefficient" ist ein Gradmesser für die inhaltliche Relevanz, wobei hier die Anzahl der korrekten Zuordnungen mit der Anzahl der häufigsten falschen Zuordnungen in Relation gesetzt wird. Damit wird geprüft, inwieweit ein Indikator mit anderen Konstrukten zusammenhängt.

Der Index wird mit der Formel

$$c_{sv} = \frac{n_c - n_o}{N}$$

berechnet, mit

n_c = Anzahl der korrekt zugeordneten Indikatoren,

n_o = Anzahl der häufigsten Zuordnungen zu einem falschen Konstrukt

N = Gesamtzahl der Zuordnungen.

Der Wert des Index liegt im Intervall [-1,1]. Je höher der Wert im positiven Bereich liegt, desto höher die substanzielle Validität des Indikators (Anderson und Gerbing 1991, S. 734). Der Wert darf nicht im negativen Bereich liegen, denn das würde bedeuten, dass der Indikator häufiger einem anderen (falschen) Konstrukt als dem intendierten Konstrukt zugeordnet wurde. Zur

Bestimmung der substanziellen Validität sollte neben den reinen Zuordnungen der Items zu einem Konstrukt den Teilnehmern am Item-Sorting-Pretest zusätzlich die Möglichkeit gegeben werden, einzelne Kommentare zu den Items als Freitext abzugeben (Howard und Melloy 2015, S. 175). Die Teilnehmer haben dadurch die Möglichkeit, ihre persönliche Meinung zu der Passfähigkeit der Indikatoren zu äußern. So kann der Forscher entsprechende Hinweise auf unverständlich formulierte oder doppeldeutige Items erhalten. Diese Möglichkeit wurde beim Pretest im Rahmen der vorliegenden Arbeit den Teilnehmern geschaffen, und die eruierten Ergebnisse wurden adäquat berücksichtigt. Beim durchgeführten Item-Sorting-Pretest haben zehn Personen teilgenommen, davon vier Experten aus der Wissenschaft und sechs Personen aus der Zielgruppe der Hauptuntersuchung. Abbildung 14 zeigt die Ergebnisse.

GÜTEMAß/ INDIKATOR	MK_1	MK_2	MK_3	META_1	META_2	META_3	KM_1	KM_2	R_FL_1	R_FL_2	R_FL_3	FL_B_1	FL_B_2
p_{sa}	0,80	0,90	1,00	0,90	1,00	0,90	0,90	0,90	0,80	1,00	1,00	0,90	1,00
c_{sv}	0,60	0,80	1,00	0,80	1,00	0,80	0,80	0,80	0,60	1,00	1,00	0,80	1,00

GÜTEMAß/ INDIKATOR	FL_B_3	K_FL_1	K_FL_2	K_FL_3	K_FL_4	P_P_1	P_P_2	P_P_3	P_P_4	P_P_5	P_P_6	FL_W_1	FL_W_2
p_{sa}	0,90	0,90	0,80	0,80	1,00	0,70	0,60	0,70	0,90	0,80	1,00	0,80	0,70
c_{sv}	0,80	0,80	0,70	0,60	1,00	0,40	0,40	0,50	0,80	0,60	1,00	0,70	0,40

GÜTEMAß/ INDIKATOR	FL_W_3	FL_W_4	FL_W_5	FL_W_6	FL_W_7	M_B_1	M_B_2	M_B_3	P_B_1	P_B_2	P_B_3	P_B_4	P_B_5
p_{sa}	1,00	0,60	1,00	0,70	0,60	0,60	1,00	0,90	1,00	1,00	0,60	1,00	0,90
c_{sv}	1,00	0,20	1,00	0,50	0,20	0,30	1,00	0,80	1,00	1,00	0,20	1,00	0,80

GÜTEMAß/ INDIKATOR	P_B_6	P_B_7	I_P_1	I_P_2	I_P_3	I_P_4	I_P_5	I_P_6	I_P_7	I_U_1	I_U_2	I_U_3	I_U_4
p_{sa}	1,00	1,00	0,80	1,00	1,00	1,00	1,00	0,90	1,00	0,70	0,70	1,00	1,00

CSV	1,00	1,00	0,80	1,00	1,00	1,00	1,00	0,90	1,00	0,70	0,70	1,00	1,00

Abbildung 15: Gütebeurteilung der substanziellen Validität der Indikatoren

Die Ergebnisse zeigen, dass alle Indikatoren die Kriterien der Expertenvalidität erfüllen. 22 Indikatoren erreichten den Höchstwert bei beiden Indizes. Beim Index „Proportion of Substantive Agreement" lagen die Werte bei den anderen Items in einem akzeptablen Bereich zwischen 0,6 und 0,9. Die auf den Index „Substantive-Validity Coefficient" bezogenen Werte befanden sich alle im positiven Bereich. Deshalb wurden nach dem ersten Pretest keine Indikatoren gestrichen, da alle mehrheitlich dem beabsichtigten Konstrukt zugeordnet wurden. Auf der Grundlage der ausgewerteten Kommentare wurden 27 Indikatoren umformuliert.

Der zweite Pretest diente zur nochmaligen Überprüfung der Verständlichkeit und Eindeutigkeit der Indikatoren, sowie der Ermittlung der durchschnittlichen Beantwortungszeit des gesamten Fragebogens. Durch den zweiten Pretest sollte auch die technische Umsetzung des webbasierten Fragebogens überprüft werden (Brake und Weber 2009; Tarnai und Moore 2004), insbesondere die einfache Bedienbarkeit und das Antwortzeitverhalten. Der Test dient der Kontrolle der durchgeführten Korrekturen auf der Basis der Ergebnisse des ersten Pretests (Forsyth et al. 2004). Am durchgeführten „Probelauf" der Hauptuntersuchung haben insgesamt acht Personen teilgenommen, davon fünf Experten aus der Wissenschaft und drei Personen aus der Grundgesamtheit der Hauptuntersuchung. Auf der Grundlage des analysierten Feedbacks wurden zehn Items umformuliert und zwei Items gestrichen.

Ferner wurde bei allen Items eine „Weiß-nicht"-Option als mögliche Antwort beigefügt. Damit soll verhindert werden, dass die Teilnehmer gezwungen sind, alle Fragen beantworten zu müssen, auch wenn sie einzelne Fragen nicht beantworten können oder wollen. So werden Verzerrungen im Antwortverhalten vermieden. Der vollständige Fragebogen der Hauptuntersuchung und die gewählte Kodierung/Skalierung der Items können dem Anhang entnommen werden.

5.6.1.2 Durchführung der Erhebung

Mit dem finalisierten Fragebogen wurde eine Online-Befragung im Zeitraum von Juli 2017 bis Februar 2018 durchgeführt. Für die Befragung wurde die Software „Enterprise Feedback Suite Survey (EFS Survey)“ des Anbieters Questback GmbH mit dem Release „EFS Winter 2017“ verwendet. Eine Online-Befragung hat den Vorteil einer potenziell hohen Reichweite, aber oft mit geringen Rücklaufquoten, wodurch die Gefahr der mangelnden Repräsentativität besteht (Fantapié Altobelli 2011, S. 37f.; Homburg und Krohmer 2008, S. 28). Um die Quote der Teilnehmer zu maximieren, wurde in der Hauptuntersuchung auch ein besonderer Wert auf das Anschreiben per E-Mail gelegt. Beim Anschreiben wurden nachfolgende Punkte in Anlehnung an Bortz und Döring (2006, S. 244 bis 245) und Schleus (2017) berücksichtigt:

- Personalisiertes Anschreiben mit wesentlichen Informationen zur Studie.
- Konkreter Nutzen für die Teilnehmer wurde in Aussicht gestellt.
- Hintergründe und Ziele Ihrer Befragung wurden aufgezeigt. Sind die Ziele der Befragung von den potenziellen Teilnehmern nachvollziehbar, dann wird erfahrungsgemäß eine höhere Rücklaufquote erreicht.
- Angabe einer realistischen Einschätzung darüber, wie viel Zeit die Teilnehmer für die Beantwortung der Fragen benötigen, wurde eingefügt. Der konkrete Wert wurde aus dem zuvor durchgeführten Pretest des Fragebogens abgeleitet.
- Auf die freiwillige Teilnahme an der Befragung wurde hingewiesen sowie Hinweise zum Datenschutz und die Anonymität der Befragung aufgeführt.

Das für die Online-Befragung genutzte Anschreiben kann dem Anhang C entnommen werden. Die Zielgruppe der empirischen Untersuchung umfasst hauptsächlich IT-Entscheidungsträger (vgl. Kapitel 5.1) der Großunternehmen in Deutschland. Um die Grundgesamtheit objektiv zur ermitteln, wurde zur Identifikation der relevanten Unternehmen die Hoppenstedt-Firmendatenbank für Hochschulen[54] genutzt. Zu den Großunternehmen werden alle Unternehmen mit einem Jahresumsatz von über 50 Mio. Euro gezählt (Schulte-Zurhausen 2014, S. 338). In der Datenbank wurden zur Selektion der relevanten Unternehmen die Umsatzgruppen U7 bis U9 gewählt und somit alle Unternehmen mit einem Jahresumsatz von > 125 Mio. Euro extrahiert. Für die entsprechende Berücksichtigung von Banken und Versicherungen wurden die Bilanzsummen in die Suche mit einbezogen. Daraus resultierte eine Grundgesamtheit von 6.316 Unternehmen. Die Namen der IT-Entscheidungsträger wurden direkt aus der Hoppenstedt-Datenbank eruiert und, falls nicht existent, über soziale Netzwerke für berufliche Kontakte.[55] Die Signaturen der E-Mail-Adressen wurden auf Basis von Internet-Recherchen identifiziert. Mit dieser Vorgehensweise konnten 6.400 E-Mail-Adressen ermittelt werden. Davon konnten insgesamt 4.123 Anschreiben per E-Mail erfolgreich zugestellt werden.

5.6.2 Eignung und Güte der Daten

Wenn empirische Daten mittels Fragebogen gesammelt werden, sollten diese vor der Anwendung der Analyseverfahren auf ihre Eignung und Güte anhand spezifischer Kriterien überprüft und gegebenenfalls entsprechend aufbereitet werden (Fantapié Altobelli 2011, S. 214). Multivariate Analysemethoden unterliegen mit Blick auf die Datenqualität dem „Garbage in, garbage out“-Grundsatz, d. h. alle Analysen sind wertlos, wenn die Daten ungeeignet sind (Hair et al. 2017, S. 52). Angesichts dieser hohen Bedeutung wurden in der vorliegenden Untersuchung alle Datensätze der Rohdatenmatrix anhand der nachfolgenden Kriterien überprüft.

---

54 http://www.hoppenstedt-hochschuldatenbank.de/

55 Zur Identifikation der IT-Entscheidungsträger wurde die Netzwerke XING und LinkedIn verwendet.

5.6.2.1 Stichprobengröße

Eine Stichprobe ist eine Auswahl von Elementen oder Individuen aus einer größeren Population, wobei die einzelnen Individuen möglichst objektiv durch ein Stichprobenverfahren ausgewählt werden, um die Population als Ganze zu repräsentieren (Hair et al. 2017, S. 20). Eine passende Stichprobe sollte die Gemeinsamheiten und Unterschiede einer Population adäquat reflektieren, so dass es dadurch möglich wird, von der Stichprobe auf die Population (Grundgesamtheit) zu schließen (ebd., S. 20). PLS-SEM wurde in der vorliegenden Arbeit als Verfahren zur Schätzung der modellierten Strukturgleichungen genutzt, da das Verfahren bei kleineren Stichprobengrößen eingesetzt werden kann. Dieses Argument darf aber nicht missbraucht werden, um Modelle mit zu kleinen, nicht akzeptablen Stichproben zu schätzen (Goodhue et al. 2012). Eine minimale Stichprobengröße stellt sicher, dass die Ergebnisse der statistischen Verfahren eine nach wissenschaftlichen Maßstäben angemessene statistische Aussagekraft (Teststärke) aufweisen, um damit zu gewährleisten, dass die berechneten Ergebnisse robust und das Modell somit generalisierbar ist (Hair et al. 2017, S. 20). Die minimale Stichprobengröße für das PLS-SEM-Verfahren richtet sich im Wesentlichen nach den Eigenschaften der OLS-Regressionen. Diese wird über die umfangreichste Regressionsgleichung determiniert, welche entweder durch die größte Anzahl formativer Indikatoren oder durch die größte Anzahl der exogenen Konstrukte, die zu einem endogenen Konstrukt führen, determiniert wird (Boßow-Thies und Panten 2009, S. 371). Die Größe ist zudem abhängig vom angestrebten Signifikanzlevel und der gewünschten statistischen Aussagekraft (Hair et al. 2014, S. 20). Der Stichprobenumfang kann entsprechend den Empfehlungen von Cohen (1992) festgelegt werden, welche in Tabelle 19 aufgeführt sind.

Maximale Anzahl an Pfeilen, die auf ein Konstrukt gerichtet sind (Anzahl unabhängiger Variablen)	Signifikanzniveaus (Irrtumswahrscheinlichkeiten)											
	10 %				5 %				1 %			
	Minimum R^2				Minimum R^2				Minimum R^2			
	0,10	0,25	0,50	0,75	0,10	0,25	0,50	0,75	0,10	0,25	0,50	0,75
2	72	26	11	7	90	33	14	8	130	47	19	10
3	83	30	13	8	103	37	16	9	145	53	22	12
4	92	34	15	9	113	41	18	11	158	58	24	14
5	99	37	17	10	122	45	20	12	169	62	26	15
6	106	40	18	12	130	48	21	13	179	66	28	16
7	112	42	20	13	137	51	23	14	188	69	30	18
8	118	45	21	14	144	54	24	15	196	73	32	19
9	124	47	22	15	150	56	26	16	204	76	34	20
10	129	49	24	16	156	59	27	18	212	79	35	21

Tabelle 19: Empfehlungen zur Stichprobengröße bei einer Teststärke von 80%
Quelle: Cohen (1992)

Die Voraussetzung ist eine akzeptable Qualität hinsichtlich der äußeren Ladungen bei den Messmodellen (Hair et al. 2017, S. 21). Der Komplexitätsgrad im vorliegenden Strukturmodell ist relativ gering, da es keine formativen Messmodelle enthält und maximal vier Pfeile auf ein Konstrukt gerichtet sind. Es sind also 158 Beobachtungen notwendig, um bei einer Teststärke von 80 % R^2-Werte von 0,10 zu entdecken, bei einer Irrtumswahrscheinlichkeit von 1 %. Der Fragebogen wurde von 176 Personen durchlaufen und es mussten keine kompletten Datensätze nachträglich eliminiert werden. Grundsätzlich konnten im Rahmen der vorliegenden Umfrage die Vorgaben zur Mindeststichprobengröße erreicht werden.

5.6.2.2 Fehlende Werte

Fehlende Werte sollten bei der Anwendung statistischer Verfahren angemessen berücksichtigt werden. Fehlende Werte werden bei schriftlichen Befragungen durch unvollständig ausgefüllte Fragebögen hervorgerufen (Schendera 2007, S. 119). Diese „Missings“ entstehen, wenn Probanden entweder absichtlich oder auch versehentlich eine oder mehrere Fragen nicht beantworten. Bei Online-Befragungen können fehlende Werte unterdrückt werden, wenn alle Fragen als obligatorisch deklariert werden und gleichzeitig die Navigation zur nächsten Seite im Falle eines fehlenden Wertes verhindert wird. Fehlende Werte entstehen in der vorliegenden Untersuchung, wenn ein Teilnehmer die „Weiß-nicht-Option" bei einzelnen Items auswählt. Grundsätzlich wird differenziert zwischen einer „Item-Non-Response" und einer „Total-Non-Response". Im ersten Fall fehlen einzelne Werte, während im zweiten Fall der gesamte oder große Teile des Fragebogens unbeantwortet bleiben (Decker und Wagner 2008, S. 56).

Es existieren verschiedene Wege, um mit fehlenden Daten umzugehen. Es können Datensätze mit fehlenden Werten von der Analyse entfernt oder die fehlenden Werte ersetzt werden. In der Literatur finden sich verschiedene Richtwerte, unter welchen Umständen ein Fragebogen aussortiert oder die fehlenden Werte ersetzt werden sollten (Fantapié Altobelli 2011, S. 218; Schendera 2007, S. 120). Übersteigen die fehlenden Werte für einen Fall 15 %, dann sollte dieser aus dem Datensatz entfernt werden (Hair et al. 2017, S. 53). Für den Ausschluss von Daten existieren mehrere Optionen. Ein besonders konservatives Verfahren ist der fallweise (listenweise) Ausschluss. Bei diesem Verfahren werden komplette Beobachtungen (Fälle, Antworten, Zeilen) gelöscht, sobald diese mindestens einen fehlenden Wert aufweisen. Allein die danach übrig gebliebenen Fälle werden für die nachfolgenden Berechnungen verwendet. Dieses Verfahren kann den Datensatz sehr stark reduzieren, wodurch sich die Präzision der Schätzungen und deren statistische Aussagekraft dadurch verringern (Allison 2001, S. 75f.; Baraldi und Enders 2009, S. 10). Es muss aber zwingend darauf geachtet werden, dass hierbei keine spezifische Gruppe von Teilnehmern systematisch entfernt wird. Dagegen ist der paarweise Fallausschluss eine Methode zur Behandlung von fehlenden Datenpunkten, die versucht, so viele Informationen wie möglich zu erhalten. Für jede Analyse werden alle gültigen Werte für die Kalkulation der Modelparameter genutzt. Daher ist die verwendete Stichprobengröße für verschiedene Parameterschätzungen in einem Modell nicht gleich groß (Baraldi und Enders 2009, S. 10). Die reduzierte Datenmenge kann zu Verzerrungen führen oder zu weniger aussagekräftigen Ergebnissen (Decker und

Wagner 2008, S. 63; Schendera 2007, S. 135). Einige Forscher bewerten diesen Ansatz daher als „unklugen Ausschluss“ und deshalb ist von einer Verwendung abzusehen (Hair et al. 2017, S. 49).

Neben dem Löschen von Datensätzen existieren aber noch eine Vielzahl von Optionen, um die fehlenden Werte zu ersetzen (engl. „Imputation“), wie etwa die Mittelwertersetzung, den Expectation-Maximization-Algorihtmus und der Nächster-Nachbar-Ansatz (Hair et al. 2017, S. 23). Eine einfache und häufig angewandte Methode ist die Mittelwertersetzung (Allison 2001, S. 76). Bei dieser Methode werden die fehlenden Datenpunkte durch den Mittelwert der vorhandenen Datenpunkte pro Spalte (also pro Indikator oder Variable) ersetzt. Die Stichprobengröße bleibt dabei unverändert. Der Mittelwert der Variablen verändert sich dadurch nicht, jedoch die Varianz der Variablen und damit auch die geschätzten Pfadkoeffizienten (Allison 2001, S. 76). Fehlen weniger als 5% der Werte pro Indikator, führt dies in der Regel nur zu geringfügigen Änderungen der Ergebnisse der PLS-SEM-Berechnungen, und deshalb wird in diesem Fall die Verwendung der Mittelwertersetzung empfohlen (Hair et al. 2017, S. 53). In der vorliegenden Untersuchung existierten im gesamten Datensatz lediglich 51 fehlende Werte, mit einer maximalen Fehl-Rate von 3,98 % bei einem Indikator. Deshalb wurden die fehlenden Werte bei der Durchführung des PLS Algorithmus durch Mittelwerte ersetzt. Ferner gab es keine Fälle (Fragebogen) mit insgesamt mehr als 15 % fehlender Werte und somit, musste kein Fall gelöscht werden (Hair et al. 2017, S. 53).

5.6.2.3 Verdächtige Antwortmuster und Ausreißer

Bevor die Daten statistisch ausgewertet werden, sollte die Rohdatenmatrix auf Antwortmuster hin untersucht werden. Hier gibt es verschiedene Formen wie etwa das „Straight-Lining“, welches dann vorliegt, wenn ein Teilnehmer für sehr viele Fragen immer die gleiche Antwort gibt, beispielsweise bei einer Likert-Skala immer die mittlere Antwortmöglichkeit auswählt oder das untere und obere Extremum. Weitere Antwortmuster stellen beispielhaft das Diagonal-Lining und fortwährend alternierende Extremantworten dar. Eine visuelle Prüfung der Antworten und die zusätzliche Analyse deskriptiver Statistiken (Mittelwerte, Varianz und Verteilung der Antworten je Befragtem) erlaubt die Identifikation von Antwortmustern (Hair et al. 2017, S. 50). Antwortmuster und inkonsistente Antworten rechtfertigen es normalerweise, eine Beobachtung vom Datensatz auszuschließen (ebd., S. 53). Im Rahmen der vorliegenden Untersuchung wurden diese Analysen durchgeführt, wobei keine auffälligen Antwortmuster entdeckt wurden. Ausreißer sind Beobachtungen, deren Variablenausprägungen deutlich außerhalb der Norm liegen (ebd., S. 50). Im vorliegenden Fragebogen wurde durch die ausschließliche Verwendung geschlossener Likert-Skalen per se verhindert, dass Antworten der Probanden Extremwerte annehmen können (Huber et al. 2014, S. 64).

5.6.2.4 Datenverteilung

Die statistischen Eigenschaften der PLS-SEM führen, unabhängig davon, ob Daten normalverteilt sind oder nicht, zu sehr robusten Modelleinschätzungen (Reinartz et al. 2009, S. 333; Ringle et al. 2009). Dennoch ist es wichtig zu überprüfen, ob die Daten nicht zu weit von der Normalverteilung entfernt sind, denn extreme nicht normal verteilte Daten können in der Prüfung der Parametersignifikanzen problematisch sein (Hair et al. 2017, S. 53). Die im Bootstrapping erzielten Standardfehler werden dadurch erhöht, und somit wird die Wahrscheinlichkeit verringert, dass Beziehungen als signifikant bewertet werden (Hair et al. 2011; Henseler et al. 2009).

In der Literatur existieren mehrere Verfahren, um die erhobenen Daten auf Normalverteilung zu prüfen, wie etwa den Kolmogorov-Smirnov-Test, der die Differenz zwischen der beobachteten Verteilung und der unterstellten Normalverteilung überprüft, bei gleicher Standardabweichung und dem gleichen Mittelwert (Sarstedt und Mooi 2014, S. 119). Durch den Test wird allerdings lediglich überprüft, ob die Nullhypothese einer Normalverteilung der Daten abgelehnt werden sollte. Die Bootstrapping-Prozedur ist sehr robust und deshalb bietet dieser Test nur eine begrenzte Hilfestellung. Daher sollte die Güte der Datenverteilung besser auf Schiefe und Kurtosis hin untersucht werden (Hair et al. 2017, S. 52). Die Schiefe ist ein Maß dafür, ob die Verteilung der erhobenen Daten einer Variablen symmetrisch ist. Wenn sich die Antworten am rechten oder linken Ende häufen, wird die Verteilung als schief bezeichnet, dagegen bewertet die Kurtosis (Wölbung) das Ausmaß, ob die Verteilung zu spitz ist, was bedeutet, dass eine sehr enge Verteilung mit den meisten Antworten in der Mitte vorliegt. Bei beiden Maßen deuten Werte größer als + 1 oder kleiner als -1 auf stark nicht normalverteilte Daten hin (Hair et al. 2017, S. 52f.).

In der vorliegenden Untersuchung wurden die Rohdaten dahingehend überprüft. Bei zwei Indikatoren wurden die empfohlenen Grenzwerte überschritten. Deshalb wurden die beiden Indikatoren bei der nachfolgenden Gütebeurteilung der Messmodelle (vgl. Kapitel 5.6.4.1) eliminiert. Die komplette Auswertung hinsichtlich der Güte der Datenverteilung kann dem Anhang entnommen werden.

5.6.3 Deskriptive Datenanalyse

Aus der Rohdatenmatrix werden nachstehend die wesentlichen Informationen in Bezug auf die Kontrollvariablen in verdichteter Form dargestellt. Für eine adäquate Visualisierung werden graphische Darstellungen verwendet. Bei den definierten Kontrollvariablen handelt es sich um kategoriale Variablen, so dass die Analyse auf Moderationseffekte mit einer Multigruppenanalyse mittels PLS-Ansatz durchgeführt wird. Die deskriptive Datenanalyse soll dahingehend geeignete Gruppen für die darauffolgende Gütebeurteilung aufzeigen. Da für die einzelnen Gruppen separate Modellschätzungen für den Vergleich durchgeführt werden, sollte die jeweilige Gruppenstärke mindestens der 10-Fach-Regel entsprechen (Hair et al. 2017, S. 71). Dies wären bezogen auf das konkrete Untersuchungsmodell mind. 40 Zuordnungen. Im Rahmen der Erstellung des Fragebogens wurden 25 Branchen aufgelistet, und die Teilnehmer mussten ihr Unternehmen eindeutig zuordnen. Mehrfachnennungen waren nicht möglich, als Ausweichkategorie konnte die Kategorie

„andere" gewählt werden, falls es Teilnehmern nicht möglich war, eine eindeutige Branche auszuwählen. Die verschiedenen Branchen wurden unter den beiden Schwerpunktbegriffen *Industrie*[56] und *Dienstleistung* zusammengefasst, um adäquate Gruppenstärken für die multivariaten Analyseverfahren zu erzielen. Die Zuordnung der einzelnen Branchen zu den Gruppen wurde in Anlehnung an die Klassifikation des Statistischen Bundesamtes (Statistisches Bundesamt 2014, S. 504ff.) vollzogen.

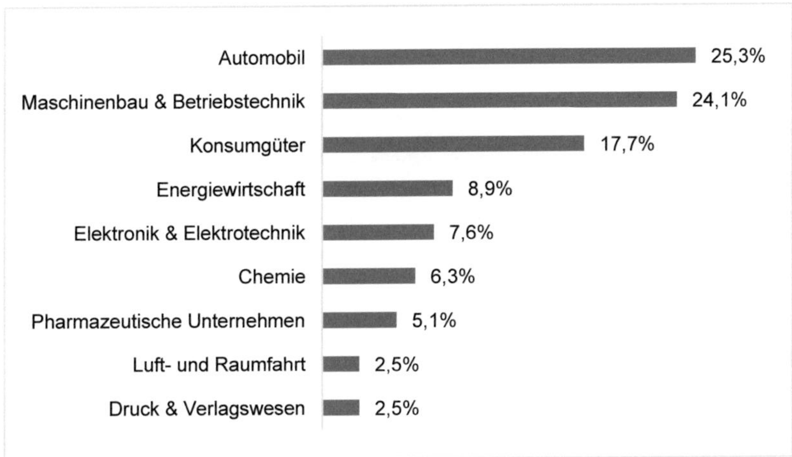

Abbildung 16: Teilnehmende Unternehmen aus dem Bereich Industrie *(N = 79)*

Die Gruppe *Industrie* enthält insgesamt 79 Datensätze. Sie wird maßgeblich von drei Branchen geprägt (Automobil, Maschinenbau & Betriebstechnik und Konsumgüter), die knapp 70 % der Nennungen umfasst. Die weiteren sechs Branchen spielen eine eher untergeordnete Rolle.

---

[56] Der Begriff Industrie beschreibt einen Wirtschaftszweig, der die Gesamtheit aller mit der Massenproduktion von Konsum- und Produktionsgütern beschäftigten Unternehmen umfasst (https://www.duden.de/rechtschreibung/Industrie).

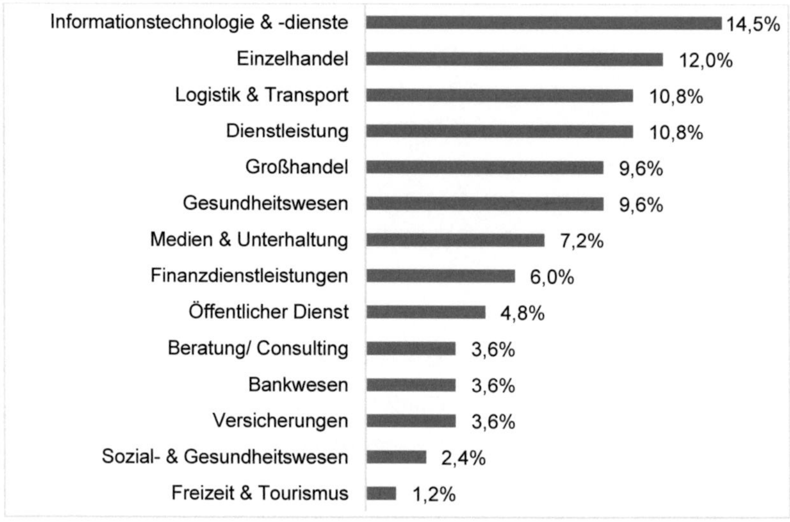

Abbildung 17: Teilnehmende Unternehmen aus dem Bereich Dienstleistung *(N = 83)*

Die Gruppe Dienstleistung umfasst insgesamt 14 Branchen. IT-Dienstleistungen bilden dabei die stärkste Branche, gefolgt vom Einzelhandel. Die Gruppenstärke von 83 ist nur marginal größer im Vergleich zur Gruppe Industrie; beide sind daher für eine Multigruppenanalyse geeignet. Die Marktbeschaffenheit wurde von den teilnehmenden Unternehmen mehrheitlich als stabil (74 Nennungen) bewertet.

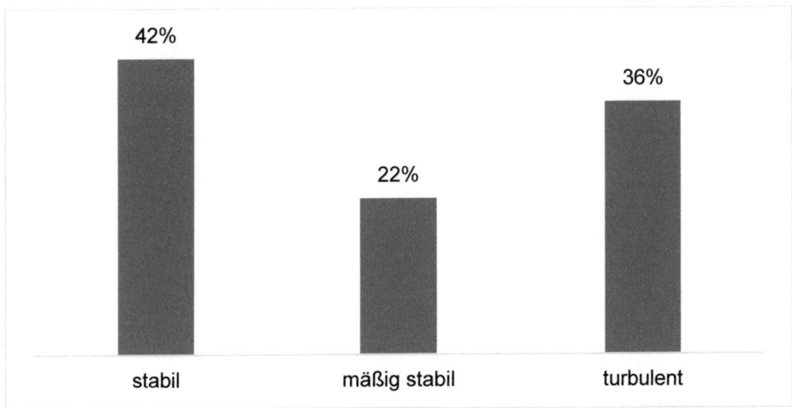

Abbildung 18: Marktbeschaffenheit bei den teilnehmenden Unternehmen
(N = 176)

63 Teilnehmer bewerteten die Marktsituation als eher turbulent, lediglich 39 Teilnehmer wählten die Mittelkategorie. Als nächste charakteristische Eigenschaft sollten die Probanden die Wettbewerbssituation für ihr Unternehmen einschätzen. Der Wettbewerb wird von der Mehrheit der Teilnehmer als stark beurteilt (71 %).

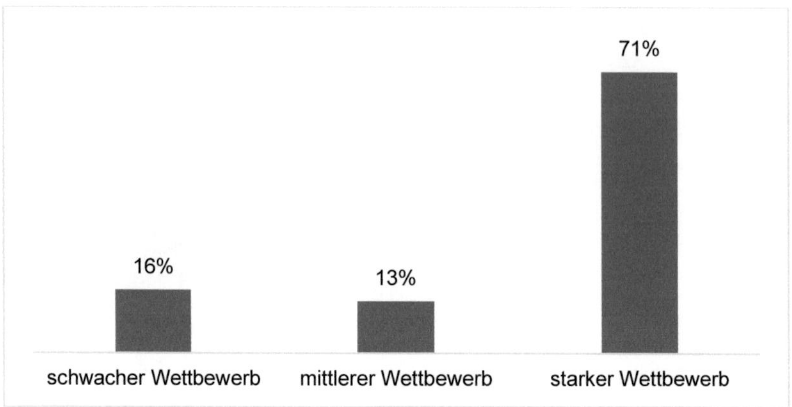

Abbildung 19: Wettbewerbssituation der teilnehmenden Unternehmen
(N = 176)

Die beiden Kategorien mittlerer Wettbewerb (23) und schwacher Wettbewerb (28) erhielten relativ wenige Zuteilungen. Mit der geringen Anzahl an Nennungen ist die Wettbewerbssituation für einen Gruppenvergleich deshalb nicht geeignet. Die Antworten auf die Frage nach der Rolle des IT-Bereichs im Unternehmen zeigen, dass Informationssysteme bei 64 % der teilnehmenden Unternehmen wesentlich zur Steigerung der Effektivität und Effizienz der Geschäftsprozesse eingesetzt werden.

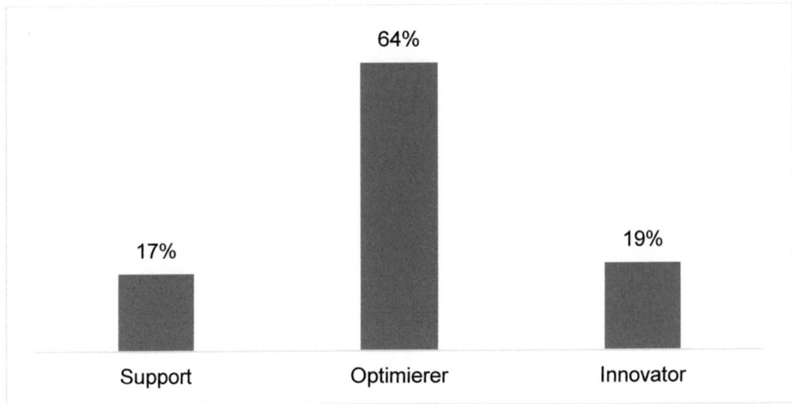

Abbildung 20: Rolle der IT-Funktion bei den teilnehmenden Unternehmen *(N = 176)*

17 % der Teilnehmer waren der Meinung, dass ihre IT-Funktion lediglich die Rolle einer Support-Funktion einnimmt, während von 19 % der Teilnehmer die IT als Innovator ausgemacht wurde. Die Mittelkategorie dominiert die beiden anderen Gruppen sehr stark, so dass auch das Merkmal „Rolle der IT-Funktion“ für einen Gruppenvergleich nicht geeignet ist. Ergänzend wurden die Teilnehmer nach der Anzahl der Mitarbeiter des Unternehmens gefragt, um daraus die Größe des Unternehmens abzuleiten.

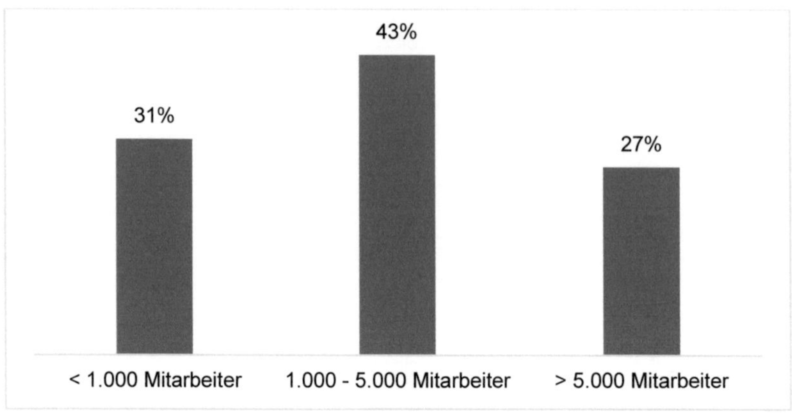

Abbildung 21: Anzahl Mitarbeiter der teilnehmenden Unternehmen
(N = 176)

Hier zeigte sich, dass bei der Mehrheit der Unternehmen die Anzahl der Mitarbeiter zwischen 1.000 und 5.000 liegt (75 Nennungen). Mit 54 und 47 Nennungen folgen die beiden anderen Kategorien. Die Gruppenstärken sind daher ausreichend für eine Multigruppenanalyse mittels PLS-Ansatz.

5.6.4 Gütebeurteilung der Ergebnisse

Die Grundlage der nachfolgenden systematischen Vorgehensweise zur Untersuchung der Güte der Messmodelle und des Strukturmodells bildet die Arbeit von Hair et al. (2017). Zur Güteprüfung wurde die Software SmartPLS 3 verwendet, welche über eine grafische Benutzeroberfläche und viele inhärente Analysefunktionen verfügt. Aufgrund der vorkonfigurierten Grundeinstellungen ist es den Benutzern möglich, ein Strukturgleichungsmodell mit nur wenigen Schritten zu schätzen. Die Ergebnisse werden dann tabellarisch und grafisch aufbereitet. Die Ergebnisse der Modellschätzung bilden empirische Messgrößen, mit deren Hilfe überprüft werden kann, inwiefern die theoretisch angenommenen Mess- und Strukturmodelle durch die empirisch geschätzten Ergebnisse abgebildet werden, also um zu beurteilen, wie gut die

Theorie zu den empirischen Daten passt (Hair et al. 2017, S. 90). Die Schätzung des Modells wird systematisch über ein zweistufiges Verfahren durchgeführt. Als Erstes werden die reflektiven Messmodelle auf ihre Güte überprüft. Erst wenn die Qualität der Operationalisierung der Konstrukte zufriedenstellend ist, erscheint eine Überprüfung der Beziehungen zwischen den latenten Variablen sinnvoll (Hair et al. 2017, S. 94; Schloderer et al. 2009, S. 590).

5.6.4.1 Evaluation der Messmodelle

Die reflektiv spezifizierten Messmodelle werden anhand der Internen-Konsistenz-Reliabilität, der Konvergenz- und der Diskriminanzvalidität mit den in Kapitel 5.2.2 aufgeführten Gütekriterien beurteilt. Zur Evaluation werden die Schätzungen der Beziehungen zwischen den operationalisierten Konstrukten und ihren Indikatoren genutzt (Hair et al. 2017, S. 107). Zur Schätzung wird in SmartPLS 3 der PLS-SEM-Algorithmus ausgeführt. Dabei muss beachtet werden, dass mit der Analyse der Ergebnisse erst gestartet werden kann, wenn der Algorithmus auch tatsächlich mit weniger als 300 Iterationen konvergiert ist. Im negativen Fall wird keine stabile Lösung erzeugt, was aufgrund von Datenproblemen auftreten kann. Diese Probleme entstehen entweder, wenn die Stichprobengröße zu klein ist oder, wenn ein Indikator viele identische Werte aufweist, die zu einer unzureichenden Varianz in den Daten führen (Hair et al. 2017, S. 107). In der vorliegenden Untersuchung wurde nach sieben Iterationen eine stabile Lösung erzielt.

Cronbachs Alpha gilt als die untere Grenze und die Composite-Reliabilität als die obere Grenze der Interne-Konsistenz-Reliabilität (Hair et al. 2017, S. 106). Bei der Composite-Reliabilität sind Werte über 0,95 problematisch, da dies anzeigt, dass alle Indikatoren das Gleiche messen und damit keine valide Messung des Konstrukts ermöglichen, wobei derartige Werte auftreten können, wenn Forscher bei der Konstruktion des Fragebogens semantisch redundante Items erzeugen, also die gleiche Frage leicht abgewandelt mehrfach in der Befragung integrieren (Hair et al. 2017, S. 97). Die Verwendung redundanter Items hat nachteilige Effekte für die Inhaltsvalidität des Konstruktes (Rossiter 2002) und kann zu stark korrelierten Fehlertermen führen (Drolet und Morrison 2001; Hayduk und Littvay 2012). Bezüglich der Konvergenzvalidität sollten die Ladungen über dem Wert von 0,7 liegen. In der wissenschaftlichen Realität ergeben sich oft schwächere Ladungen. Bevor spezifische Indikatoren aufgrund zu geringer Ladung automatisch entfernt werden, sollte man zuvor die Auswirkungen der Entnahme auf die Composite-Reliabilität als auch auf die Inhaltsvalidität des Konstruktes sorgfältig prüfen, denn Indikatoren mit Ladungen zwischen 0,4 und 0,7 sollten nur dann von der Skala entfernt werden, wenn das Entfernen zu einer Steigerung der Composite-Reliabilität oder der AVE über den vorgesehenen Grenzwert führt (Hair et al. 2017, S. 98). Ferner sollten zudem auch die möglichen Auswirkungen auf die Inhaltsvalidität kritisch analysiert werden. Die methodische Vorgehensweise für die Eliminierung von Indikatoren aufgrund der Ladungen ist in nachstehender Abbildung 22 illustriert.

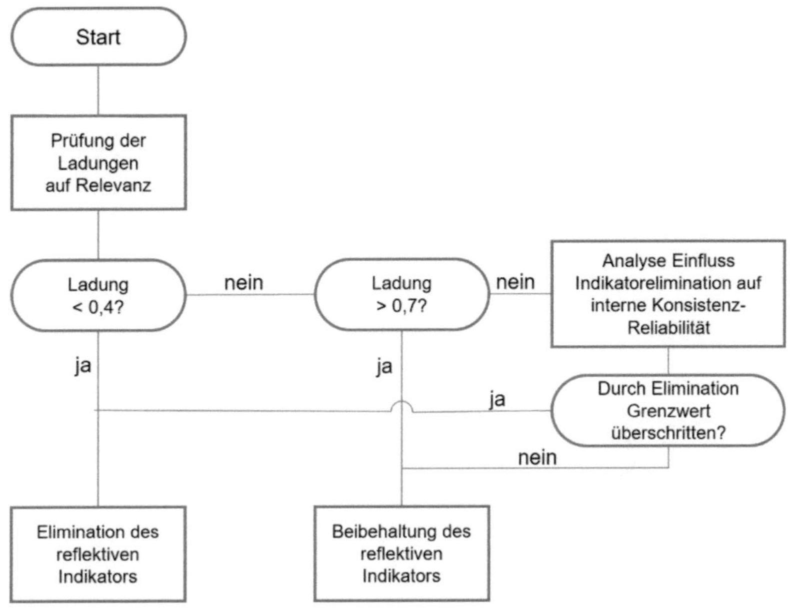

Abbildung 22: Prüfung der Ladungen auf Relevanz
Quelle: In Anlehnung an Hair et al. (2017, S. 98)

Indikatoren mit einer sehr geringen Ladung (< 0,40) sollten ausnahmslos aus der Konstruktmessung entfernt werden (Hair et al. 2011, Bagozzi et al. 1991). In der vorliegenden Untersuchung wurden mehrere Indikatoren ausgeschlossen (vgl.Tabelle 20). Es wurden diejenigen eliminiert, die eine Ladung von weniger als 0,7 wiesen und deren Eliminierung zu einer Steigerung der Composite-Reliabilität oder der AVE führte.

Indikator	Konstrukt	Ladung	AVE
MK_3	Qualifikationsspektrum	0,627	0,558
KM_1		0,695	
KM_2		0,669	
FL_W_4	Weiterentwicklung IT-Mitarbeiter	0,493	0,494
FL_W_5		0,444	

INDIKATOR	KONSTRUKT	LADUNG	AVE
M_B_1	IT-Mitarbeiterbindung	0,695	0,709
P_B_2	IT-Personalbeschaffung	0,696	0,407
P_B_3		0,495	
P_B_5		0,600	

Tabelle 20: Eliminierung Indikatoren

Die reflektiven Indikatoren FL_W_4 und FL_W_5 zeigten Ladungen von < 0,5 und trugen damit maßgeblich zu einen durchschnittlichen AVE unter dem geforderten Grenzwert bei. Durch deren Eliminierung wurde dieses Problem beseitigt. Mit dem Entfernen der Indikatoren P_B_2, P_B_3 und P_B_5 wurde beim Konstrukt IT-Personalbeschaffung der AVE ebenfalls über den kritischen Wert gehoben. Obwohl der Indikator M_B_1 nur knapp unter dem Schwellenwert von 0,7 lag, wurde dieser dennoch entfernt, weil die Verteilung der Daten mit einer Schiefe von -1.048 zu stark von der Normalverteilung abwich (vgl. Kapitel 5.6.2.4). Die drei Indikatoren des Konstruktes Qualifikationsspektrum, die nur knapp unter dem Schwellenwert lagen, wurden ebenfalls eliminiert, da die Inhaltsvalidität mit den zurückbleibenden Indikatoren weiterhin als zufriedenstellend zu bewerten war und die Werte der Gütekriterien bei der Modellschätzung dadurch nur sehr marginal beeinflusst worden sind. Nach der Eliminierung der Indikatoren wurde der PLS-Algorithmus wiederum ausgeführt. Die Ergebnisse der Evaluation der Messmodelle werden nachstehend aufgezeigt, gegliedert nach den einzelnen Dimensionen und deren Treiber-Konstrukte als Determinanten.

Die Ergebnisse der Güteprüfung für die Dimension Mitarbeiterflexibilität und deren Faktoren Flexibilitätsbereitschaft, Qualifikationsspektrum und Weiterentwicklung IT-Mitarbeiter zeigen, dass für alle Gütekriterien die Werte über den geforderten Schwellenwerten liegen. Die Multi-Item-Skalen erreichen einen Cronbachs Alpha und eine Composite-Reliabilität über den geforderten Mindestwerten und folglich kann eine ausreichend hohe Interne-

Konsistenz-Reliabilität unterstellt werden. Auch die Kriterien für die Konvergenzvalidität und Vorhersagegenauigkeit zeigen zufriedenstellende Werte.

Tabelle 21 fasst die Ergebnisse der Evaluation nochmals zusammen.

Dimension/ Konstrukt	Indikator	Konvergenz-validität			Interne-Konsistenz-Reliabilität		Vorhersage-genauigkeit
		Ladung	Indikator-Reliabilität	AVE	Cronbachs Alpha	Composite-Reliabilität	Stone-Geisser Q^2
		> 0,70	> 0,50	> 0,50	> 0,70	0,70 - 0,95	> 0
Qualifikations-spektrum	META_1	0,856	0,733	0,663	0,873	0,907	0,478
	META_2	0,786	0,618				
	META_3	0,811	0,658				
	MK_1	0,751	0,564				
	MK_2	0,860	0,740				
Weiter entwicklung IT-Mitarbeiter	FL_W_1	0,816	0,666	0,627	0,851	0,894	0,428
	FL_W_2	0,772	0,596				
	FL_W_3	0,825	0,681				
	FL_W_6	0,772	0,596				
	FL_W_7	0,773	0,598				
Flexibilitäts-bereitschaft	FL_B_1	0,815	0,664	0,656	0,736	0,851	0,312
	FL_B_2	0,839	0,704				
	FL_B_3	0,771	0,594				
Mitarbeiter-flexibilität	R_FL_1	0,860	0,740	0,770	0,701	0,870	0,285
	R_FL_3	0,892	0,796				

Tabelle 21: Messmodelle der Dimension Mitarbeiterflexibilität und dessen Faktoren

Ein ähnliches Bild zeigt sich bei der Dimension Agiles IT-Workforce Management und den Treiber-Konstrukten IT-Personalplanung, IT-Personalbeschaffung und IT-Mitarbeiterbindung. Auch hier wurden die Mindestanforderungen der relevanten Gütekriterien teilweise deutlich überschritten, so dass sich eine hohe Tauglichkeit der konstruierten Messmodelle für eine nachgelagerte Kausalanalyse unterstellen lässt. In Tabelle 22 sind die Ergebnisse der Güteprüfung zusammenfassend dargestellt.

Dimension/ Konstrukt	Indikator	Konvergenz-Validität			Interne-Konsistenz-Reliabilität		Vorhersage-genauigkeit
		Ladung	Indikator-Reliabilität	AVE	Cronbachs Alpha	Composite-Reliabilität	Stone-Geisser Q²
		> 0,70	> 0,50	> 0,50	> 0,70	0,70 - 0,95	> 0
IT-Personal-planung	P_P_1	0,732	0,536	0,566	0,845	0,886	0,385
	P_P_2	0,758	0,575				
	P_P_3	0,721	0,520				
	P_P_4	0,730	0,533				
	P_P_5	0,778	0,605				
	P_P_6	0,767	0,588				
IT-Personal-beschaffung	P_B_1	0,740	0,548	0,563	0,733	0,837	0,269
	P_B_4	0,700	0,490				
	P_B_6	0,774	0,599				
	P_B_7	0,750	0,563				
IT-Mitarbeiter-bindung	M_B_2	0,939	0,882	0,862	0,840	0,926	0,457
	M_B_3	0,917	0,841				
Agiles IT-Workforce Management	K_FL_1	0,764	0,584	0,673	0,834	0,891	0,427
	K_FL_2	0,863	0,745				
	K_FL_3	0,860	0,740				
	K_FL_4	0,758	0,575				

Tabelle 22: Messmodelle der Dimension Agiles IT-Workforce Management und dessen Faktoren

Weiterhin wurden die Messmodelle der Dimension Innovatives IT-Personal und des Faktors Innovative Unternehmenskultur auf ihre Güte überprüft. Die

Qualität der Operationalisierung der Konstrukte ist zufriedenstellend, denn die Gütekriterien für Reliabilität und Validität sind für beide Konstrukte ebenfalls vollständig erfüllt. Das Konstrukt Innovatives IT-Personal zeigt aber einen relativ hohen Wert bei der Composite-Reliabilität. Ein Wert von 0,94 liegt nur knapp unter dem oberen Limit und deutet darauf hin, dass die Indikatoren teilweise semantisch redundant formuliert wurden. Da der Wert aber in einem gerade noch akzeptablen Bereich liegt, wurde von der Eliminierung einzelner Indikatoren abgesehen. Die Ergebnisse der Güteprüfung fasst Tabelle 23 zusammen.

Dimension/ Konstrukt	Indikator	Konvergenz-validität			Interne-Konsistenz-Reliabilität		Vorhersage-genauigkeit
		Ladung	Indikator-Reliabilität	AVE	Cronbachs Alpha	Composite-Reliabilität	Stone-Geisser Q^2
		> 0,70	> 0,50	> 0,50	> 0,70	0,70 - 0,95	> 0
Innovative Unternehmens-kultur	I_U_1	0,839	0,704	0,662	0,830	0,886	0,427
	I_U_2	0,786	0,618				
	I_U_3	0,761	0,579				
	I_U_4	0,861	0,741				
Innovatives IT-Personal	I_P_1	0,836	0,699	0,690	0,925	0,940	0,562
	I_P_2	0,835	0,697				
	I_P_3	0,853	0,728				
	I_P_4	0,832	0,692				
	I_P_5	0,752	0,566				
	I_P_6	0,850	0,723				
	I_P_7	0,845	0,714				

Tabelle 23: Messmodelle der Dimension Innovatives IT-Personal und dessen Faktoren

Im Zuge der Evaluation der Messmodelle muss noch die Diskriminanzvalidität der latenten Variablen beurteilt werden. Ein Prüfkriterium stellt dabei das Fornell-Larcker-Kriterium dar. Dabei wird die Quadratwurzel der AVE mit den Korrelationen der latenten Variablen verglichen, wobei die Quadratwurzel der AVE jedes Konstruktes größer als die Korrelation mit irgendeinem anderen Konstrukt sein sollte (Hair et al. 2017, S. 99). Die Grundüberlegung dabei ist, dass nur reflektiv spezifizierte Konstrukte anhand des Fornell-Larcker-Kriteriums evaluiert werden, die über mehrere Indikatoren (Multi-Item-Skalen) gemessen werden (ebd., S. 100).

Tabelle 24 zeigt, dass die Korrelation jedes Konstruktes mit seinen zugeordneten Indikatoren die Korrelationen mit allen anderen Konstrukten des Untersuchungsmodells übersteigt und somit die gestellten Anforderungen an die Diskriminanzvalidität erfüllt werden.

Diskriminanzvalidität mit Fornell-Lacker-Kriterium										
	AWM	FB	MB	PB	PP	IK	IP	MF	QS	WM
Agiles IT-Workforce Management (AWM)	**0,820**									
Flexibilitätsbereitschaft (FB)	0,499	**0,810**								
IT-Mitarbeiterbindung (MB)	0,493	0,571	**0,928**							
IT-Personalbeschaffung (PB)	0,471	0,252	0,385	**0,750**						
IT-Personalplanung (PP)	0,709	0,400	0,495	0,452	**0,752**					
Innovative Unternehmenskultur (IK)	0,541	0,512	0,573	0,352	0,562	**0,813**				
Innovatives IT-Personal (IP)	0,634	0,613	0,586	0,422	0,639	0,734	**0,831**			
Mitarbeiterflexibilität (MF)	0,544	0,635	0,479	0,359	0,447	0,406	0,540	**0,878**		
Qualifikationsspektrum (QS)	0,531	0,638	0,537	0,364	0,602	0,508	0,726	0,687	**0,814**	
Weiterentwicklung IT-Mitarbeiter (WM)	0,619	0,541	0,582	0,385	0,690	0,627	0,796	0,555	0,729	**0,792**

Tabelle 24: Güte der Diskriminanzvalidität mit Fornell-Larcker-Kriterium

Die Verwendung des Fornell-Larcker-Kriteriums ist als alleiniges Gütekriterium zur Identifizierung von Diskriminanzvaliditätsproblemen in bestimmten

Fällen nicht ausreichend, was neuste Studien belegen (Henseler et al. 2015). Wenn sich die Indikatorladungen der latenten Variablen nur wenig unterscheiden, schneidet das Verfahren nicht gut ab, aber auch bei stärker variierenden Indikatorladungen muss die Identifikation von Diskriminanzvaliditätsproblemen durch das Kriterium als eher schwach beurteilt werden (Hair et al. 2017, S. 102). Deshalb schlagen Henseler et al. (2015) die Prüfung des (HTMT)-Verhältnisses der Korrelationen vor. Das Gütekriterium beschreibt das Verhältnis zwischen zwei Formen der Korrelationen, den Korrelationen zwischen den Indikatoren, die unterschiedliche Konstrukte messen und den Korrelationen zwischen den Indikatoren, die jeweils ihr eigenes Konstrukt messen. Der HTMT-Wert bildet dabei den Mittelwert aller Indikatorkorrelationen, die jeweils unterschiedliche Konstrukte messen, in Relation zu dem (geometrischen) Mittel der durchschnittlichen Indikator-Korrelationen, die jeweils ihr eigenes Konstrukt messen (Hair et al. 2017, S. 102).

Tabelle 25 enthält die berechneten HTMT-Werte für die Konstrukte der vorliegenden Untersuchung.

Diskriminanzvalidität mit Heterotrait-Monotrait-Verhältnis										
	AWM	FB	MB	PB	PP	IK	IP	MF	QS	WM
Agiles IT-Workforce Management (AWM)										
Flexibilitätsbereitschaft (FB)	**0,642**									
IT-Mitarbeiterbindung (MB)	0,589	**0,722**								
IT-Personalbeschaffung (PB)	0,601	0,341	**0,495**							
IT-Personalplanung (PP)	0,835	0,507	0,588	**0,576**						
Innovative Unternehmenskultur (IK)	0,646	0,647	0,680	0,449	**0,662**					
Innovatives IT-Personal (IP)	0,721	0,743	0,665	0,509	0,721	**0,819**				
Mitarbeiterflexibilität (MF)	0,721	0,883	0,620	0,502	0,576	0,531	**0,666**			
Qualifikationsspektrum (QS)	0,619	0,791	0,625	0,453	0,701	0,589	0,807	**0,865**		

DISKRIMINANZVALIDITÄT MIT HETEROTRAIT-MONOTRAIT-VERHÄLTNIS										
	AWM	FB	MB	PB	PP	IK	IP	MF	QS	WM
Weiterentwicklung IT-Mitarbeiter (WM)	0,733	0,683	0,683	0,490	0,813	0,731	0,896	0,714	**0,847**	

Tabelle 25: Güte der Diskriminanzvalidität mit Heterotrait-Monotrait-Verhältnis

Ein Heterotrait-Monotrait-Verhältnis mit einem Wert von über 0,90 würde auf einen Mangel an Diskriminanzvalidität hinweisen (Hair et al. 2017, S. 103). Die Ergebnisse zeigen, dass dieser Wert bei keinem Konstrukt überschritten wurde und somit die Vorgaben an die Diskriminanzvalidität eingehalten werden, d. h., dass bei allen Konstrukten valide Messungen von eigenständigen Konzepten vorliegen.

Abschließend lässt sich konstatieren, dass bei allen Messmodellen die geforderten Gütekriterien hinsichtlich Reliabilität und Validität angemessen erfüllt worden sind und damit auch eine ausreichende Qualität der Operationalisierung der Konstrukte unterstellt werden kann. Deshalb kann mit der Güteprüfung des Strukturmodells im nächsten Abschnitt fortgefahren werden.

5.6.4.2 Evaluation des Strukturmodells

Mit der Güteprüfung des Strukturmodells, welches die zugrundeliegende Theorie umfasst und darstellt, soll die Tauglichkeit des Modells zur Vorhersage der endogenen Zielkonstrukte beurteilt werden. Die Evaluation fokussiert deshalb die Prüfung der Beziehungen zwischen den Konstrukten. Diese Prüfung umfasst die nachstehenden Schritte in Anlehnung an Hair et al. (2017, S. 165):

- Prüfung auf Kollinearität,
- Prüfung der Pfadkoeffizienten im Strukturmodell,
- Prüfung des Bestimmtheitsmaßes,
- Prüfung der f^2-Effektstärken,
- Prüfung der Prognoserelevanz.

Die Evaluation erfolgte auf den Ergebnissen einer Modellschätzung via PLS-SEM Algorithmus, der Bootstrapping und Blindfolding Prozeduren, die allesamt mit der Software SmartPLS 3 (Ringle et al. 2016) im Rahmen der vorliegenden Arbeit durchgeführt worden sind.

Im ersten Schritt wurde eine Kollinearitätsprüfung durchgeführt. Kollinearität[57] liegt vor, wenn die auf ein endogenes Konstrukt kausal wirkenden exogenen Konstrukte nicht voneinander unabhängig sind und dieser Zusammenhang ein kritisches Maß übersteigt. Der Schritt ist zwingend erforderlich, da die Schätzung der Pfadkoeffizienten im Strukturmodell auf OLS-Regressionen zwischen jeder endogenen Variable und ihren Treiberkonstrukten basiert und die Schätzung der Pfadkoeffizienten verzerrt werden könnte, wenn zwischen den Treiberkonstrukten kritische Niveaus an Kollinearität vorhanden sind (Schneider 2009, S. 234; Hair et al. 2017, S. 164). Für die Kollinearitätsprüfung stehen zwei zusammenhängende Gütekriterien zur Verfügung, die Toleranz (TOL) und der Varianzinflationsfaktor (VIF). Die Toleranz repräsentiert den Anteil an Varianz eines exogenen Konstruktes, der nicht durch die anderen exogenen Konstrukte erklärt wird. Der VIF-Wert wird über den Kehrwert der Toleranz berechnet. Der VIF-Wert gibt also an, um welchen Faktor die Varianz eines Parameterschätzers aufgrund von Multikollinearität aufgebläht ist (Schloderer et al. 2009, S. 593). Ein Toleranzwert von kleiner 0,20 (oder VIF-Wert größer 5) in den Treiberkonstrukten deutet auf ein potenzielles Kollinearitätsproblem hin (Hair et al. 2017, S. 125). In diesem speziellen Fall würden dem Forscher mehrere Lösungsalternativen zur Verfügung stehen, wie etwa die Elimination von einzelnen endogenen Konstrukten oder die Synthese von mehreren Treiberkonstrukten zu einem Konstrukt oder auch die Entwicklung von Konstrukten höherer Ordnung (ebd., S. 167f.).

Tabelle 26 zeigt die VIF-Werte aller endogenen Konstrukte (in Spalten) und die korrespondierenden exogenen Treiberkonstrukte (in Zeilen):

---

[57] Die Kollinearität wird auch als Multikollinearität bezeichnet und kann analog bei Indikatoren von formativen Messmodellen vorliegen.

	Varianzinflationsfaktor									
	AWM	FB	MB	PB	PP	IK	IP	MF	QS	WM
Agiles IT-Workforce Management (AWM)										
Flexibilitätsbereitschaft (FB)								1,720		
IT-Mitarbeiterbindung (MB)	1,603									
IT-Personalbeschaffung (PB)	1,316						1,203			
IT-Personalplanung (PP)	2,092									
Innovative Unternehmenskultur (IK)							1,689			
Innovatives IT-Personal (IP)										
Mitarbeiterflexibilität (MF)										
Qualifikationsspektrum (QS)								2,601		
Weiterentwicklung IT-Mitarbeiter (WM)	2,238						1,738	2,181		

Tabelle 26: VIF-Werte zur Prüfung auf Kollinearität

Die VIF-Werte liegen deutlich unter dem kritischen Schwellenwert von 5. Daraus ist abzuleiten, dass im vorliegenden Untersuchungsmodell kein kritisches Maß an Kollinearität vorliegt.

Im nächsten Schritt wurden die Pfadkoeffizienten im Strukturmodell überprüft, als Maß für die Stärke der kausalen Beziehungen zwischen den Konstrukten. Zur Prüfung ihrer Signifikanz-Level wurde zusätzlich die Bootstrapping-Prozedur ausgeführt. Die Signifikanz der Beziehungen im Strukturmodell lassen sich über die sogenannten t-Werte, p-Werte oder anhand der Bootstrap-Konfidenzintervalle beurteilen. Die Kriterien führen dabei zum gleichen Ergebnis. Im Rahmen der Ergebnisdarstellung nutzen Forscher für gewöhnlich die t-Werte (Hair et al. 2017, S. 169).

Tabelle 27 zeigt die Pfadkoeffizienten und deren Signifikanzlevel für die direkten Wirkbeziehungen des Untersuchungsmodells.

Pfadkoeffizienten und deren Signifikanz			
	Pfad-koeffizient	T-Wert	Sign.-Level
Flexibilitätsbereitschaft → Mitarbeiterflexibilität	0,323	5,189	****
IT-Mitarbeiterbindung → Agiles IT-Workforce Management	0,097	1,242	n.s.
IT-Personalbeschaffung → Agiles IT-Workforce Management	0,152	2,166	**
IT-Personalbeschaffung → Innovatives IT-Personal	0,088	1,878	*
IT-Personalplanung → Agiles IT-Workforce Management	0,465	6,322	****
Innovative Unternehmenskultur → Innovatives IT-Personal	0,371	6,776	****
Qualifikationsspektrum → Mitarbeiterflexibilität	0,435	5,539	****
Weiterentwicklung IT-Mitarbeiter → Agiles IT-Workforce Management	0,179	2,162	**
Weiterentwicklung IT-Mitarbeiter → Innovatives IT-Personal	0,529	9,867	****
Weiterentwicklung IT-Mitarbeiter → Mitarbeiterflexibilität	0,062	0,795	n.s.

Signifikanz-Level: **** = 0,001; *** = 0,01; ** = 0,05; * = 0,1; n.s. = nicht signifikant

Tabelle 27: Pfadkoeffizienten und deren Signifikanz

Der Pfadkoeffizient für drei direkte Wirkbeziehungen liegt jeweils unter dem Wert von 0,10 und repräsentiert dadurch eine sehr schwache Beziehung. In zwei Fällen sind diese Beziehungen statistisch nicht signifikant. Die direkte Wirkbeziehung des exogenen Konstruktes IT-Personalbeschaffung auf das endogene Konstrukt Innovatives IT-Personal unterliegt einer Irrtumswahrscheinlichkeit von 10 %, was in explorativen Studien einen gerade noch akzeptablen Wert darstellt (Hair et al. 2017, S. 168). Fünf Beziehungen überschreiten den gewünschten Grenzwert von 0,20 deutlich und sind statistisch höchst signifikant. Zwei weitere Beziehungen des Untersuchungsmodells haben Werte von noch deutlich über 0,1 und sind ebenfalls signifikant. Insbesondere für die drei Konstrukte mit den prekären Beziehungen sind Mediatoranalysen durchzuführen, um explorativ zu überprüfen, ob eventuell statistisch signifikante indirekte Wirkbeziehungen auf die endogenen Konstrukte vorliegen.

Im nächsten Schritt erfolgt die Güteprüfung der Bestimmtheitsmaße R^2 für alle endogenen Konstrukte des Strukturmodells. Die Ergebnisse zeigt Tabelle 28.

R^2 der endogenen Konstrukte	
Agiles IT-Workforce Management	0,563
Innovatives IT-Personal	0,731
Mitarbeiterflexibilität	0,539

Tabelle 28: Bestimmtheitsmaße R^2

Für die Dimension Innovatives IT-Personal wird ein substanzieller Anteil der Varianz durch das Gesamtmodell erklärt. Für die beiden anderen Dimensionen liegt der Wert im moderaten Bereich. Im Hinblick auf Forschungsfrage 1 ist es von besonderem Interesse, in welchem Maße die Varianz des multidimensionalen Gesamtkonstruktes durch das Gesamtmodell aufgeklärt werden kann. Um das Messmodell der Komponente höherer Ordnung zu bilden, ordnen Forscher der Komponente höherer Ordnung alle Indikatoren der Komponenten niedrigerer Ordnung in Form eines Wiedereinsatzes der Indikatoren zu (Hair et al. 2017, S. 239). Diese Vorgehensweise wird als „Repeated-Indicator-Ansatz" bezeichnet und wurde in der vorliegenden Untersuchung so angewandt. Nach der Anpassung des Modells wurde der PLS-SEM Algorithmus erneut gestartet, und als Ergebnis wurde ein R^2-Wert von 0,827 erzielt, was bedeutet, dass knapp 83 % der Varianz des multidimensionalen Konstruktes anhand der exogenen Treiberkonstrukte erklärt werden.

Die f^2-Effektstärke ist ein weiteres wichtiges Gütekriterium für die Evaluation eines Strukturmodells und wird zunehmend durch die Herausgeber und Gutachter von Fachzeitschriften eingefordert (Hair et al. 2017, S. 173). Das Kriterium ist ein Maß für den Einfluss, den ein exogenes Konstrukt auf ein endogenes Konstrukt ausübt. Dazu wird die Veränderung des R^2-Wertes für ein spezifisches endogenes Konstrukt gemessen und der Fall gesetzt, dass das exogene Konstrukt aus dem Strukturmodell ausgeschlossen wird. Dazu wird das Bestimmtheitsmaß R^2 des Zielkonstruktes unter der Berücksichtigung der Beziehung zum betrachteten Treiberkonstrukt mit dem Bestimmtheitsmaß des Zielkonstruktes ohne diese Beziehung in Relation gesetzt (Schloderer et al. 2009, S. 595). Die ermittelten Effektstärken für das Untersuchungsmodell zeigt Tabelle 29.

.

EFFEKTSTÄRKEN DER EXOGENEN KONSTRUKTE AUF DAS ENDOGENE KON-STRUKT										
	AWM	FB	MB	PB	PP	IK	IP	MF	QS	WM
Agiles IT-Workforce Management (AWM)										
Flexibilitätsbereitschaft (FB)								0,132		
IT-Mitarbeiterbindung (MB)	0,014									
IT-Personalbeschaffung (PB)	0,040						0,023			
IT-Personalplanung (PP)	0,238									
Innovative Unternehmenskultur (IK)							0,304			
Innovatives IT-Personal (IP)										
Mitarbeiterflexibilität (MF)										
Qualifikationsspektrum (QS)								0,158		
Weiterentwicklung IT-Mitarbeiter (WM)	0,034						0,600	0,004		

Effektstärken: > 0,35 = hoch; > 0,15 = mittel; > 0,02 = gering

Tabelle 29: Effektstärken f^2

Bei zwei Beziehungen liegt die Effektstärke unter dem minimalen Schwellenwert. Das sind logischerweise die beiden Beziehungen, die sich schon bei der vorherigen Prüfung der Pfadkoeffizienten als nicht signifikant herausstellten. Daneben gibt es eine Beziehung mit einer sehr hohen Effektstärke, während für drei Beziehungen mittlere Effekte und für vier Beziehungen geringe Effekte nachgewiesen werden konnten.

Im letzten Schritt der Evaluation des Strukturmodells erfolgt die Beurteilung der Prognoserelevanz mit dem Stone-Geisser-Kriterium. Die Q^2-Werte werden über die Blindfolding-Prozedur ermittelt. Bei dieser Prozedur wird im Rahmen der Parameterschätzung systematisch ein Teil der Rohdatenmatrix als fehlend angenommen und anschließend wird der fehlende Teil der empirischen Daten auf Basis von Parameterschätzungen rekonstruiert (Huber 2007, S. 37; Weiber und Mühlhaus 2014, S. 329). Die Datenvorhersage baut auf den Schätzungen sowohl des Strukturmodells als auch der Messmodelle auf. Tabelle 30 enthält die Q^2-Werte für die endogenen Konstrukte des Untersuchungsmodells.

PROGNOSERELEVANZ			
	SSO	SSE	Q^2 (= 1-SSE/SSO)
Agiles IT-Workforce Management	695	458,205	0,341
Innovatives IT-Personal	1.230,00	655,26	0,467
Mitarbeiterflexibilität	351	216,985	0,382

Tabelle 30: Prognoserelevanz der endogenen Konstrukte

Die Spalte SSO beinhaltet die Summe der quadrierten Fälle, die Spalte SSE zeigt die Summe der quadrierten Prognosefehler und die letze Spalte zeigt den finalen Q2-Wert, um die Prognoserelevanz des Modells für jedes endogene Konstrukt zu beurteilen (Hair et al. 2017, S. 187). Auf der Grundlage der Ergebnisse kann für alle endogenen Konstrukte eine bedeutsame Prognoserelevanz unterstellt werden.

5.6.4.3 Mediatoranalysen

Bei der zuvor durchgeführten Prüfung der Pfadkoeffizienten im Strukturmodell wurden direkte Beziehungen identifiziert (vgl. Tabelle 27), die nur sehr schwach und statistisch nicht signifikant ausgeprägt waren. Die postulierten direkten Beziehungen wurden also nicht durch die empirisch erhobenen Daten gestützt. A priori postulierte theoretische Annahmen und logische

Schlussfolgerungen sind für die Anwendung multivariater Analyseverfahren eine Grundvoraussetzung, und falls die evaluierten Ergebnisse nicht mit den Vermutungen übereinstimmen, kann dies verschiedene Ursachen haben, wie etwa Fehlinterpretationen im Rahmen der konzeptionellen Überlegungen, Probleme mit den Daten oder den Besonderheiten des statistischen Verfahrens (Hair et al. 2017 S. 196). Beim vorliegenden Untersuchungsmodell könnte eine Revision der postulierten Beziehungen Abhilfe schaffen. Denn vielfach trifft die Annahme nicht zu, dass Ursache-Wirkungs-Beziehungen direkt und ohne systematischen Einfluss von anderen Variablen vorliegen und deshalb kann die Integration einer weiteren Variablen unter Umständen das Verständnis der Modellbeziehungen verändern (Hair et al. 2017, S. 194). Es könnten beispielsweise Zusammenhänge existieren, die indirekt über Mediator-Variablen vorliegen. Durch eine Mediator-Variable wird der Einfluss der exogenen auf die endogene Variable vermittelt (Holmbeck 1997, S. 600). Ein mediierter bzw. indirekter Effekt entsteht dann, wenn „eine Variable X eine Variable Y über die Wirkung auf eine dritte Variable M beeinflusst" (Homburg und Klarmann 2006, S. 730). Änderungen von exogenen Konstrukten bewirken dabei Änderungen der Mediatorvariablen, die wiederum zu Änderungen des endogenen Konstruktes führen, die Mediatorvariable bestimmt also die Art der Beziehung zwischen den Konstrukten, und dieses Verhalten wird auch als Intervention bezeichnet (Hair et al. 2017, S. 195).

Tabelle 31 zeigt die verschiedenen Arten der Mediation und Nicht-Mediation in Anlehnung an Zhao et al. (2010) und Nitzl et al. (2016), welche die allgemeinen Richtlinien für Mediatoranalysen darstellen.

	Direkter Effekt	Indirekter Effekt	Vorzeichen
Arten der Nicht-Mediation			
Nicht-Mediation nur mit direktem Effekt	signifikant	nicht signifikant	
Nicht-Mediation ohne Effekte	nicht signifikant	nicht signifikant	

Arten der Mediation	Direkter Effekt	Indirekter Effekt	Vorzeichen
Komplementäre Mediation	signifikant	signifikant	gleich
Kompetetive Mediation	signifikant	signifikant	ungleich
Ausschließlich indirekte Mediation	nicht signifikant	signifikant	

Tabelle 31: Arten der Mediation und Nicht-Mediation

Um aussagekräftige Mediatoreffekte erforschen zu können, bedarf es zunächst einer fundierten, a priori aufgestellten konzeptionellen Untermauerung. Wenn diese vorliegt, kann eine Mediatoranalyse bei korrekter Anwendung auch zu neuen Erkenntnissen hinsichtlich der Modellbeziehungen führen (Hair et al. 2017, S. 195). Die potenziell mediierenden Effekte im vorliegenden Untersuchungsmodell werden deshalb nachfolgend zuerst theoretisch begründet, um anschließend die neu aufgestellten Hypothesen anhand der empirischen Daten zu validieren. Die postulierte direkte Beziehung zwischen der Weiterentwicklung der IT-Mitarbeiter und deren Einsatzflexibilität wurde nicht bestätigt. Im Gegensatz dazu hat sich die direkte Beziehung zwischen dem Qualifikationsspektrum der IT-Mitarbeiter und deren Einsatzflexibilität als stark und statistisch höchst signifikant erwiesen. Da die flexibilitätsorientierte Weiterentwicklung grundlegend auf die Erhöhung der Varietät des Qualifikationsspektrums abzielt, kann die Beziehung als indirekt angenommen werden und lässt folgende Hypothese zu:

H_{51M}: Die Beziehung zwischen der Weiterentwicklung der IT-Mitarbeiter und deren Einsatzflexibilität wird durch das Qualifikationsspektrum mediiert.

Auch die hypothetisch direkte Beziehung der IT-Mitarbeiterbindung auf das agile IT-Workforce Management hat sich als nicht signifikant herausgestellt. Eine wichtige Voraussetzung für agiles IT-Workforce Management ist der sehr schnelle Zugriff auf einen Pool an flexiblen internen oder externen Ressourcen, was vor allem durch die Mitarbeiterbindung und die Personalbeschaffung stark unterstützt wird. Der konkrete Zugriff erfolgt aber vorrangig über den Personaleinsatz als ein immanenter Bestandteil der Personalplanung. Basierend auf den Ausführungen können folgende Hypothesen der Mediation formuliert werden:

H_{4M}: Die Beziehung zwischen Mitarbeiterbindung und Koordinationsflexibilität innerhalb eines agilen IT-Workforce Managements wird durch die Personalplanung mediiert.

H_{61M}: Die Beziehung zwischen Personalbeschaffung und Koordinationsflexibilität innerhalb eines agilen IT-Workforce Managements wird durch die Personalplanung mediiert.

Im Zusammenhang mit Hypothese **H_{61M}** wird überprüft, ob eine komplementäre Mediation zwischen Personalbeschaffung und agilem IT-Workforce Management existiert. Für die schwache Wirkbeziehung zwischen IT-Personalbeschaffung und innovativem IT-Personal (+0,086*) konnte dagegen keine adäquate konzeptionelle Untermauerung für eine Mediatorbeziehung abgeleitet werden. Die Signifikanz mediierender Effekte kann über den Sobel-Test (Sobel, 1982) beurteilt werden. Der Test zeigt aber insbesondere in PLS-SEM-Studien diverse Schwächen, und aus diesem Grunde wird er von einigen Forschern in diesem Kontext inzwischen abgelehnt (Klarner et al. 2013; Sattler et al. 2010). Als Alternative kann das Bootstrapping-Verfahren verwendet werden, um indirekte Effekte zu validieren (Hair et al. 2017, S. 200). Ebenfalls wird bei der Evaluation von Mediatormodellen vorausgesetzt, dass bei allen Messmodellen die geforderten Gütekriterien hinsichtlich der Reliabilität und Validität angemessen erfüllt werden. Da im konkreten Fall keine Messmodelle hinzugefügt bzw. abgeändert wurden, mussten diese demzufolge nicht nochmal einer Güteprüfung unterzogen werden. Aus Tabelle 32 können Stärke und Signifikanz-Level der Pfadkoeffizienten des modifizierten Pfadmodells entnommen werden.

PFADKOEFFIZIENTEN UND DEREN SIGNIFIKANZ			
	PFADKOEFFIZIENT	T-WERT	SIGN.-LEVEL
Flexibilitätsbereitschaft → Mitarbeiterflexibilität	0,328	5,403	****
IT-Mitarbeiterbindung → Agiles IT-Workforce Management	0,089	1,108	n.s.
IT-Mitarbeiterbindung → IT-Personalplanung	**0,374**	**5,547**	****
IT-Personalbeschaffung → Agiles IT-Workforce Management	0,153	2,189	**
IT-Personalbeschaffung → IT-Personalplanung	**0,318**	**4,654**	****
IT-Personalbeschaffung → Innovatives IT-Personal	0,086	1,785	*
IT-Personalplanung → Agiles IT-Workforce Management	0,461	5,937	****
Innovative Unternehmenskultur → Innovatives IT-Personal	0,372	6,867	****
Qualifikationsspektrum → Mitarbeiterflexibilität	0,427	5,371	****
Weiterentwicklung IT-Mitarbeiter → Agiles IT-Workforce Management	0,191	2,339	**
Weiterentwicklung IT-Mitarbeiter → Innovatives IT-Personal	0,529	9,898	****
Weiterentwicklung IT-Mitarbeiter → Mitarbeiterflexibilität	0,065	0,823	n.s.
Weiterentwicklung IT-Mitarbeiter → Qualifikationsspektrum	**0,733**	**20,802**	****

Signifikanz-Level: **** = 0,001; *** = 0,01; ** = 0,05; * = 0,1; n.s. = nicht signifikant

Tabelle 32: Pfadkoeffizienten bei Mediation

Alle drei Beziehungen überschreiten deutlich den gewünschten Schwellenwert von 0,20 und sind statistisch höchst signifikant. Dabei ist der Effekt des exogenen Konstruktes Weiterentwicklung IT-Mitarbeiter auf das mediierende Konstrukt Qualifikationsspektrum sehr stark ausgeprägt, was der Pfadkoeffizient von 0,733 belegt mit einem ebenfalls sehr hohen T-Wert. Tabelle 33 fasst die indirekten Effekte des Strukturmodells zusammen, welche die exogenen Konstrukte auf die endogenen Konstrukte über die Mediatorvariablen ausüben.

INDIREKTE EFFEKTE UND DEREN SIGNIFIKANZ			
	PFAD-KOEFFIZIENT	T-WERT	SIGN.-LEVEL
IT-Mitarbeiterbindung → IT-Personalplanung → Agiles IT-Workforce Management	0,173	3,838	****
IT-Personalbeschaffung → IT-Personalplanung → Agiles IT-Workforce Management	0,147	3,940	****
Weiterentwicklung IT-Mitarbeiter → Qualifikationsspektrum → Mitarbeiterflexibilität	0,313	5,109	****
Signifikanz-Level: **** = 0,001; *** = 0,01; ** = 0,05; * = 0,1; n.s. = nicht signifikant			

Tabelle 33: Indirekte Effekte bei Mediation

Die Stärke eines indirekten Effektes ergibt sich dabei aus der Multiplikation der einzelnen Pfadkoeffizienten (direkte Einzeleffekte) über die Sequenz von zwei oder mehreren direkten Beziehungen. Alle drei geschätzten indirekten Effekte sind höchst signifikant, was wiederum die postulierten Mediatorbeziehungen empirisch bestätigt. Ist der direkte Effekt nicht signifikant, dann liegt eine ausschließlich indirekte Mediation vor, was den Idealfall darstellt, da sich der Mediator damit entsprechend der theoretischen Annahmen verhält (Hair et al. 2017, S. 197). Diese Art der Mediation trifft für die Hypothesen **H_{51M}** und **H_{4M}** zu. Dagegen ist die Mediation von IT-Personalbeschaffung auf das agile IT-Workforce Management als komplementäre Mediation zu verstehen, da jeweils die direkte und indirekte Beziehung (**H_{61}** und **H_{61M}**) mit den gleichen Vorzeichen signifikant sind.

Die totalen Effekte sind in Tabelle 34 aufgeführt.

TOTALE EFFEKTE UND DEREN SIGNIFIKANZ			
	Pfadkoeffizient	T-Wert	Sign.-Level
Flexibilitätsbereitschaft Mitarbeiterflexibilität	0,328	5,403	****
IT-Mitarbeiterbindung → Agiles IT-Workforce Management	0,261	3,268	****

TOTALE EFFEKTE UND DEREN SIGNIFIKANZ			
	Pfadkoeffizient	T-Wert	Sign.-Level
IT-Mitarbeiterbindung → IT-Personalplanung	0,374	5,547	****
IT-Personalbeschaffung → Agiles IT-Workforce Management	0,300	4,142	****
IT-Personalbeschaffung → IT-Personalplanung	0,318	4,654	****
IT-Personalbeschaffung → Innovatives IT-Personal	0,086	1,785	*
IT-Personalplanung → Agiles IT-Workforce Management	0,461	5,937	****
Innovative Unternehmenskultur → Innovatives IT-Personal	0,372	6,867	****
Qualifikationsspektrum -> Mitarbeiterflexibilität	0,427	5,371	****
Weiterentwicklung IT-Mitarbeiter → Agiles IT-Workforce Management	0,191	2,339	**
Weiterentwicklung IT-Mitarbeiter → Innovatives IT-Personal	0,529	9,898	****
Weiterentwicklung IT-Mitarbeiter → Mitarbeiterflexibilität	0,378	6,107	****
Weiterentwicklung IT-Mitarbeiter → Qualifikationsspektrum	0,733	20,802	****

Tabelle 34: Totale Effekte bei Mediation

Der Totaleffekt berechnet sich jeweils aus der Summe des direkten und des indirekten Effekts einer exogenen latenten Variablen auf die endogene Variable. Der Effekt der Beziehung von IT-Personalbeschaffung auf das agile IT-Workforce Management liegt jetzt klar über dem gewünschten Schwellenwert von 0,20 und ist zudem statistisch höchst signifikant.

5.6.4.4 Einfluss der Kontrollvariablen

Nach der Güteprüfung der Messmodelle und des Strukturmodells wird nachfolgend der Einfluss der in Kapitel 5.5.3 dargestellten Kontrollvariablen analysiert, um in erster Linie die Robustheit der Wirkbeziehungen als weiteres wichtiges Kriterium der Modellgüte bestimmen zu können. Mit der Beurteilung dieser potenziellen Störeffekte wird vor allem der Umgang mit beobachteter und unbeobachteter Heterogenität im Kontext der Moderation entsprechend berücksichtigt. Die bisher durchgeführten Güteprüfungen der Modelle wurden immer mit dem vollständigen Datensatz durchgeführt, was die Annahme impliziert, dass die Daten aus einer einzigen homogenen Population entstammen (Hair et al. 2017, S. 246). Diese Annahme ist in der realen Welt oft unrealistisch (Sarstedt et al. 2011, S. 196) und daher ist es von zentraler Bedeutung, die Heterogenität in den Daten zu identifizieren und adäquat zu behandeln (Hair et al. 2017 S. 247). Ansonsten kann es zu fehlerhaften Ergebnissen und damit zu falschen Schlussfolgerungen kommen (Becker et al. 2013).

Allgemein wird mit der Moderation eine Situation beschrieben, in der die Beziehung zwischen zwei Konstrukten nicht konstant ist, sondern vom Einfluss einer Moderatorvariable abhängt, die möglicherweise die Stärke und sogar die Richtung der Beziehung zwischen den beiden Konstrukten beeinflusst (Hair et al. 2017, S. 206). Mit der Definition der Kontrollvariablen wurden die unterstellten Moderatorbeziehungen a priori angenommen, und mit der Integration der Variablen in den Fragebogen liegt im konkreten Fall eine Heterogenität in Form von beobachtbaren Unterschieden vor. Da es sich in der vorliegenden Untersuchung ausschließlich um kategoriale Kontrollvariablen handelt, kann die Untersuchung entsprechender Gruppeneffekte mittels einer Multigruppenanalyse durchgeführt werden, wobei die Ausprägung der Variable die jeweilige Gruppenzugehörigkeit determiniert (Henseler et al. 2009; Sarstedt et al. 2011, S. 198). Anhand der beobachtbaren Charakteristika wird zunächst der Datensatz in zwei oder mehrere Gruppen gesplittet, dann wird für jede Gruppe das Modell separat geschätzt, und die Ergebnisse werden miteinander verglichen (Bortz und Döring 2006, S. 258). Multigruppenanalysen ermöglichen somit die Prüfung von Unterschieden zwischen relevanten Gütemaßen (speziell den Pfadkoeffizienten) in einem Untersuchungsmodell (Hair et al. 2017, S. 207). Dabei unterscheiden sich die Schätzungen der Pfadkoeffizienten größtenteils, aber entscheidend ist, ob diese Unterschiede statistisch signifikant sind (ebd., S. 247). Dies gilt auch für die Signifikanz der Beziehungen selbst, die gruppenspezifisch differieren kann. Aber dieser Unterschied muss ebenfalls statistisch signifikant sein.

Für die Durchführung von Multigruppenanalysen existieren in der Forschung mehrere Verfahren. Generell wird hierbei zwischen parametrischen und nicht-parametrischen Verfahren differenziert. Der parametrische Ansatz, als eine modifizierte Version eines Standards t-Tests, ist in der Forschung weit verbreitet (Hair et al. 2017, S. 249). Alternativ können nicht-parametrische Ansätze gewählt werden, wie etwa die PLS-MGA Methode oder den Permutationstest. Die PLS-MGA-Methode ist in der Software SmartPLS 3 implementiert, stellt eine spezifische Erweiterung der originären MGA-Methode von Henseler et al. (2009) dar und setzt auf den Ergebnissen der Boostrapping-Prozedur auf. Der Permutationstest tauscht zufällig Beobachtungen zwischen den Gruppen aus und schätzt das Modell nochmals für jede Permutation (Chin und Dibbern 2010). Der Permutationstest erfordert, dass die einzelnen Gruppen eine ähnliche Gruppenstärke haben (Hair et al. 2017, S. 249; Sarstedt et al. 2015, S. 201). Der Permutationstest und die PLS-MGA-Methodik sind vom Ansatz her eher konservativ im Vergleich zu dem parametrischen Ansatz (Hair et al. 2017 S. 249). Die Verteilungsannahmen des parametrischen Ansatzes passen nicht richtig zu dem verteilungsfreien Charakter der PLS-SEM-Methodik (Sarstedt et al. 2015, S. 199). Da der Permutationstest vorteilhafte Eigenschaften hat (Hair et al. 2017, S. 250) und ebenfalls in SmartPLS 3 verfügbar ist, wurde dieses Verfahren in der nachfolgenden Multigruppenanalyse eingesetzt.

Auf der Grundlage der Ergebnisse der deskriptiven Datenanalyse der Rohdatenmatrix sind lediglich die Branche und die Unternehmensgröße für die Durchführung einer Multigruppenanalyse geeignet, da die Gruppen eine vergleichbare Gruppenstärke aufweisen und zudem die Voraussetzungen der Mindeststichprobengröße für die separat zu durchlaufenden PLS-SEM-Modellschätzung erfüllen. Mit der Software SmartPLS 3 können nur Vergleiche zwischen zwei Gruppen durchgeführt werden. Der von Sarstedt et al. (2015, S. 198) vorgeschlagene Omnibustest für den Vergleich von mehr als zwei

Gruppen wurde noch nicht implementiert. Das bedeutet, dass die drei Gruppen der Kontrollvariable Unternehmensgröße paarweise zu vergleichen sind. Zunächst wurden für die branchenspezifischen Gruppen Industrie und Dienstleistung jeweils separate Schätzungen des Modells vorgenommenen. Die Gütekriterien auf Ebene des Strukturmodells wurden überprüft.

Tabelle 35 stellt die Pfadkoeffizienten der beiden Gruppen gegenüber. Für vereinzelte postulierte Wirkbeziehungen unterscheiden sich die Koeffizienten zwar relativ deutlich, jedoch kann für keinen Fall die Differenz als statistisch signifikant nachgewiesen werden.

Multigruppen-Permutationstest Pfadkoeffizienten Branchenvergleich					
	Pfadkoeffizienten				
	Dienstleistung	Industrie	DDifferenz ienstleistung - Industrie	Permutation P-Werte	Signifikanz
Flexibilitätsbereitschaft → Mitarbeiterflexibilität	0,302	0,340	-0,038	0,779	Nein
IT-Mitarbeiterbindung → Agiles IT-Workforce Management	-0,046	0,256	-0,303	0,116	Nein
IT-Mitarbeiterbindung → IT-Personalplanung	0,460	0,332	0,128	0,370	Nein
IT-Personalbeschaffung → Agiles IT-Workforce Management	0,135	0,076	0,059	0,663	Nein
IT-Personalbeschaffung → IT-Personalplanung	0,280	0,364	-0,085	0,558	Nein
IT-Personalbeschaffung → Innovatives IT-Personal	-0,019	0,150	-0,169	0,088	Nein
IT-Personalplanung → Agiles IT-Workforce Management	0,473	0,503	-0,031	0,860	Nein
Innovative Unternehmenskultur → Innovatives IT-Personal	0,256	0,441	-0,184	0,105	Nein
Qualifikationsspektrum → Mitarbeiterflexibilität	0,392	0,401	-0,009	0,961	Nein

Multigruppen-Permutationstest Pfadkoeffizienten Branchenvergleich					
	Pfadkoeffizienten				
	Dienstleistung	Industrie	DDifferenz ienstleistung - Industrie	Permutation P-Werte	Signifikanz
Weiterentwicklung IT-Mitarbeiter → Agiles IT-Workforce Management	0,335	0,023	0,312	0,087	Nein
Weiterentwicklung IT-Mitarbeiter → Innovatives IT-Personal	0,662	0,497	0,165	0,135	Nein
Weiterentwicklung IT-Mitarbeiter → Mitarbeiterflexibilität	0,168	0,059	0,109	0,505	Nein
Weiterentwicklung IT-Mitarbeiter → Qualifikationsspektrum	0,781	0,689	0,091	0,223	Nein

Tabelle 35: MGA Industrie/Dienstleistungen Pfadkoeffizienten

Ein Blick auf den Vergleich der Bestimmtheitsmaße zeigt ein anderes Bild: Im Gegensatz zu den Pfadkoeffizienten unterscheiden sich die R^2-Werte der endogen latenten Variablen nur marginal, zudem weisen diese Unterschiede ebenso keine statistische Signifikanz auf, was Tabelle 36 darlegt.

Multigruppen-Permutationstest R^2 Branchenvergleich					
	R Quadrat (Dienstleistung)	R Quadrat (Industrie)	R Quadrat Differenz (Dienstleistung - Industrie)	Permutation p-Werte	Signifikanz
Agiles IT-Workforce Management	0,631	0,528	0,103	0,397	Nein
Innovatives IT-Personal	0,742	0,759	-0,017	0,812	Nein
Mitarbeiterflexibilität	0,608	0,517	0,091	0,403	Nein

Tabelle 36: MGA Industrie/Dienstleistungen R^2

Hinsichtlich der Unternehmensgröße als Moderatorvariable wurde im Rahmen der Multigruppenanalyse zunächst ein Gruppenvergleich zwischen Unternehmen mit hohen und Unternehmen mit mittlerem Personalbestand durchgeführt. Aus den Differenzen der Pfadkoeffizienten wird ersichtlich, dass das Beziehungsgeflecht differenzierte Ergebnisse zeigt, wobei in einem Fall auch die Richtung der Wirkbeziehung zwischen zwei Konstrukten beeinflusst wurde. Allerdings haben sich keine der gemessenen Unterschiede in den Pfadkoeffizienten als statistisch signifikant erwiesen, was die dargestellten Ergebnisse in Tabelle 37 belegen.

MULTIGRUPPEN-PERMUTATIONSTEST PFADKOEFFIZIENTEN VERGLEICH UNTERNEHMENSGRÖSSE					
	PFADKOEFFIZIENTEN				
	Unt. groß	Unt. mittel	Differenz (Unt. groß - Unt. mittel)	Permutation p-Werte	Signifikanz
Flexibilitätsbereitschaft → Mitarbeiterflexibilität	0,216	0,359	-0,143	0,386	Nein
IT-Mitarbeiterbindung → Agiles IT-Workforce Management	0,022	0,188	-0,166	0,575	Nein
IT-Mitarbeiterbindung → IT-Personalplanung	0,444	0,363	0,080	0,622	Nein
IT-Personalbeschaffung → Agiles IT-Workforce Management	0,332	0,208	0,125	0,517	Nein
IT-Personalbeschaffung → IT-Personalplanung	0,467	0,314	0,154	0,397	Nein
IT-Personalbeschaffung → Innovatives IT-Personal	0,189	0,152	0,037	0,748	Nein
IT-Personalplanung → Agiles IT-Workforce Management	0,185	0,399	-0,214	0,290	Nein
Innovative Unternehmenskultur → Innovatives IT-Personal	0,295	0,330	-0,034	0,793	Nein
Qualifikationsspektrum → Mitarbeiterflexibilität	0,301	0,499	-0,197	0,327	Nein
Weiterentwicklung IT-Mitarbeiter → Agiles IT-Workforce Management	0,403	0,108	0,294	0,162	Nein

Multigruppen-Permutationstest Pfadkoeffizienten Vergleich Unternehmensgröße					
	Pfadkoeffizienten				
	Unt. groß	Unt. mittel	Differenz (Unt. groß - Unt. mittel)	Permutation p-Werte	Signifikanz
Weiterentwicklung IT-Mitarbeiter → Innovatives IT-Personal	0,543	0,537	0,006	0,961	Nein
Weiterentwicklung IT-Mitarbeiter → Mitarbeiterflexibilität	0,299	-0,087	0,386	0,060	Nein
Weiterentwicklung IT-Mitarbeiter → Qualifikationsspektrum	0,610	0,787	-0,177	0,058	Nein

Tabelle 37: MGA Unt. groß/Unt. mittel Pfadkoeffizienten

Der Permutationstest ergab im Hinblick auf die Bestimmtheitsmaße nur relativ geringe Abweichungen zwischen den beiden Gruppen. Der Signifikanztest lieferte auch hier in allen Fällen negative Ergebnisse (Tabelle 38).

Multigruppen-Permutationstest R^2 Vergleich Unternehmensgröße					
	R^2 (Unt. groß)	R^2 (Unt. mittel)	R^2 Differenz (Unt. groß - Unt. mittel)	Permutation p-Werte	Signifikanz
Agiles IT-Workforce Management	0,635	0,518	0,117	0,415	Nein
Innovatives IT-Personal	0,773	0,738	0,035	0,635	Nein
Mitarbeiterflexibilität	0,488	0,554	-0,065	0,586	Nein

Tabelle 38: MGA Unt. groß/Unt. mittel R^2

Der Gruppenvergleich zwischen den mittleren und kleinen Unternehmen zeigt aber einen statistisch signifikanten Unterschied im Beziehungsgeflecht, nämlich bei der Beziehung des exogenen Konstruktes IT-Personalbeschaffung auf das endogene Konstrukt Innovatives IT-Personal. Bei den mittelgroßen Unternehmen kann ein statistisch signifikanter positiver Effekt nachgewiesen werden, während sich bei den kleineren Unternehmen die Richtung der Beziehung umgekehrt gestaltet. Der negative Pfadkoeffizient ist außerdem statistisch nicht signifikant. Die Beziehung bzw. die dahinter liegende Hypothese wurde in Kapitel 5.6.4.2 bei der Evaluation des Strukturmodells mit dem vollständigen Datensatz wegen fehlender Signifikanz abgelehnt.

Tabelle 39 zeigt den Vergleich der Pfadkoeffizienten.

MULTIGRUPPEN-PERMUTATIONSTEST PFADKOEFFIZIENTEN VERGLEICH UNTERNEHMENSGRÖßE					
	Pfadkoeffizienten				
	(Unt. mittel)	(Unt. klein)	Differenz (Unt. mittel - Unt. klein)	Permutation p-Werte	Signifikanz
Flexibilitätsbereitschaft → Mitarbeiterflexibilität	0,359	0,396	-0,036	0,832	Nein
IT-Mitarbeiterbindung → Agiles IT-Workforce Management	0,188	0,030	0,158	0,498	Nein
IT-Mitarbeiterbindung → IT-Personalplanung	0,363	0,356	0,008	0,961	Nein
IT-Personalbeschaffung → Agiles IT-Workforce Management	0,208	0,062	0,146	0,414	Nein
IT-Personalbeschaffung → IT-Personalplanung	0,314	0,213	0,101	0,579	Nein
IT-Personalbeschaffung → Innovatives IT-Personal	0,152	-0,092	0,244	0,040	Ja
IT-Personalplanung → Agiles IT-Workforce Management	0,399	0,617	-0,218	0,227	Nein
Innovative Unternehmenskultur → Innovatives IT-Personal	0,330	0,515	-0,185	0,182	Nein
Qualifikationsspektrum → Mitarbeiterflexibilität	0,499	0,482	0,017	0,925	Nein
Weiterentwicklung IT-Mitarbeiter → Agiles IT-Workforce Management	0,108	0,188	-0,079	0,690	Nein
Weiterentwicklung IT-Mitarbeiter → Innovatives IT-Personal	0,537	0,493	0,044	0,747	Nein

Multigruppen-Permutationstest Pfadkoeffizienten Vergleich Unternehmensgröße					
	Pfadkoeffizienten				
	(Unt. mittel)	(Unt. klein)	Differenz (Unt. mittel - Unt. klein)	Permutation p-Werte	Signifikanz
Weiterentwicklung IT-Mitarbeiter → Mitarbeiterflexibilität	-0,087	0,058	-0,145	0,437	Nein
Weiterentwicklung IT-Mitarbeiter → Qualifikationsspektrum	0,787	0,759	0,028	0,666	Nein

Tabelle 39: MGA Unt. mittel/Unt. klein Pfadkoeffizienten

Zu ähnlichen Ergebnissen kommt es bei einem Gruppenvergleich zwischen den Großunternehmen und den kleineren Unternehmen. Auch hier liegt der einzige statistisch signifikante Unterschied in der Beziehung zwischen den Konstrukten IT-Personalbeschaffung und Innovatives IT-Personal vor, mit einer ähnlich gelagerten wertmäßigen Ausprägung. Die Ergebnisse der Analyse fasst Tabelle 40 zusammen. Der Störeffekt der Unternehmensgröße, als ein Charakteristikum beobachteter Heterogenität, beeinflusst die genannte Beziehung nachweisbar. Dabei scheint der Effekt vorwiegend von den Kleinunternehmen verursacht zu werden.

Multigruppen-Permutationstest Pfadkoeffizienten Vergleich Unternehmensgröße					
	Pfadkoeffizienten				
	Unt. groß	Unt. klein	Differenz (Unt. groß - Unt. klein)	Permutation p-Werte	Signifikanz
Flexibilitätsbereitschaft → Mitarbeiterflexibilität	0,216	0,396	-0,180	0,280	Nein
IT-Mitarbeiterbindung → Agiles IT-Workforce Management	0,022	0,030	-0,008	0,964	Nein

Multigruppen-Permutationstest Pfadkoeffizienten Vergleich Unternehmensgröße					
	Pfadkoeffizienten				
	Unt. groß	Unt. klein	Differenz (Unt. groß - Unt. klein)	Permutation p-Werte	Signifikanz
IT-Mitarbeiterbindung → IT-Personalplanung	0,444	0,356	0,088	0,618	Nein
IT-Personalbeschaffung → Agiles IT-Workforce Management	0,332	0,062	0,271	0,122	Nein
IT-Personalbeschaffung → IT-Personalplanung	0,467	0,213	0,254	0,128	Nein
IT-Personalbeschaffung → Innovatives IT-Personal	0,189	-0,092	0,281	0,040	Ja
IT-Personalplanung → Agiles IT-Workforce Management	0,185	0,617	-0,432	0,065	Nein
Innovative Unternehmenskultur → Innovatives IT-Personal	0,295	0,515	-0,220	0,211	Nein
Qualifikationsspektrum → Mitarbeiterflexibilität	0,301	0,482	-0,180	0,354	Nein
Weiterentwicklung IT-Mitarbeiter → Agiles IT-Workforce Management	0,403	0,188	0,215	0,320	Nein
Weiterentwicklung IT-Mitarbeiter → Innovatives IT-Personal	0,543	0,493	0,051	0,777	Nein
Weiterentwicklung IT-Mitarbeiter -> Mitarbeiterflexibilität	0,299	0,058	0,241	0,255	Nein
Weiterentwicklung IT-Mitarbeiter -> Qualifikationsspektrum	0,610	0,759	-0,149	0,170	Nein

Tabelle 40: MGA Unt. groß/Unt. klein Pfadkoeffizienten

Die R^2-Werte liegen in beiden Vergleichen relativ nah beieinander. Der Vergleich ergab, dass in beiden Gegenüberstellungen keine statistisch signifikanten Unterschiede vorliegen, was u. a. die Ergebnisse in Tabelle 41 zeigen.

MULTIGRUPPEN-PERMUTATIONSTEST R^2 VERGLEICH UNTERNEHMENSGRÖSSE					
	R QUADRAT				
	UNT. MITTEL	UNT. KLEIN	DIFFERENZ (UNT. MITTEL - UNT. KLEIN)	PERMUTATION P-WERTE	SIGNIFIKANZ
Agiles IT-Workforce Management	0,518	0,643	-0,125	0,370	Nein
Innovatives IT-Personal	0,738	0,761	-0,023	0,774	Nein
Mitarbeiterflexibilität	0,554	0,645	-0,091	0,403	Nein

Tabelle 41: MGA Unt. mittel/Unt. klein R^2

Tabelle 42 stellt die Ergebnisse des Gruppenvergleichs zwischen den kleineren Unternehmen und den Großunternehmen dar.

MULTIGRUPPEN-PERMUTATIONSTEST R^2 VERGLEICH UNTERNEHMENSGRÖSSE					
	R QUADRAT				
	UNT. GROß	UNT. KLEIN	DIFFERENZ (UNT. GROß - UNT. KLEIN)	PERMUTATION P-WERTE	SIGNIFIKANZ
Agiles IT-Workforce Management	0,635	0,643	-0,008	0,953	Nein
Innovatives IT-Personal	0,773	0,761	0,011	0,891	Nein
Mitarbeiterflexibilität	0,488	0,645	-0,156	0,267	Nein

Tabelle 42: MGA Unt. groß/Unt. klein R^2

Auf der Grundlage der aufgeführten Ergebnisse der Multigruppenanalyse kann dem Untersuchungsmodell eine relativ hohe Robustheit und Güte unterstellt werden. Die postulierten Wirkbeziehungen zwischen den Konstrukten werden entscheidend von den exogenen Variablen verursacht, und losgelöste Störeffekte spielen dabei bis auf einen Fall eine eher untergeordnete Rolle.

5.6.5 Interpretation der Ergebnisse

Die Beurteilung der Messmodelle und des Strukturmodells anhand der definierten Gütekriterien lieferte relativ gute Ergebnisse. Im nächsten Schritt erfolgt deren Interpretation, dabei stehen insbesondere die aufgestellten Hypothesen im Fokus. Die Signifikanz von Beziehungen stellt zwar eine notwendige Bedingung dar, ist aber allein nicht aussagekräftig, denn die Ausprägung der Beziehung kann sehr gering ausfallen und damit entsprechend wenig Relevanz implizieren. Über einen Vergleich der relativen Größe der signifikanten Pfadkoeffizienten lassen sich aber allgemeine Aussagen über die relative Wichtigkeit der exogenen Konstrukte für die Prognose der endogenen Konstrukte treffen (Hair et al. 2017, S. 84). Wenn ein Pfadkoeffizient höher als ein anderer ist, so ist dessen Effekt auf die endogene latente Variable größer und signalisiert damit im Vergleich eine höhere Relevanz (ebd., S. 169). Diese Art der Überprüfung ist für die Interpretation der Ergebnisse und den daraus abgeleiteten Schlussfolgerungen von grundlegender Bedeutung (Hair et al. 2014, S. 173). Unter diesem Gesichtspunkt wird nachfolgend das Hypothesensystem des Untersuchungsmodells beurteilt und plausibilisiert.

Im Kontext der Dimension Flexibilität von IT-Mitarbeitern zeigt Tabelle 43, dass einer der postulierten direkten Wirkbeziehungen zwischen Faktor und Dimension abgelehnt werden muss. Die Beziehung **H_{51}** zwischen einer flexibilitätsorientierten Weiterentwicklung und der inhärenten Einsatzflexibilität der IT-Mitarbeiter konnte durch die empirischen Daten nicht bestätigt werden.

HYPOTHESENPRÜFUNG DIMENSION MITARBEITERFLEXIBILITÄT			
HYPOTHESE	BEZIEHUNG	PFAD-KOEFFIZIENT	SIGN.-LEVEL
H_2	Flexibilitätsbereitschaft → Mitarbeiterflexibilität	0,328	****
H_1	Qualifikationsspektrum → Mitarbeiterflexibilität	0,427	****

HYPOTHESENPRÜFUNG DIMENSION MITARBEITERFLEXIBILITÄT			
HYPOTHESE	BEZIEHUNG	PFAD-KOEFFIZIENT	SIGN.-LEVEL
H_{51}	Weiterentwicklung IT-Mitarbeiter → Mitarbeiterflexibilität	0,065	n.s.
H_{51M}	Weiterentwicklung IT-Mitarbeiter → Qualifikationsspektrum → Mitarbeiterflexibilität	0,313	****

Signifikanz-Level: **** = 0,001; *** = 0,01; ** = 0,05; * = 0,1; n.s. = nicht signifikant

Tabelle 43: Hypothesenprüfung Dimension Mitarbeiterflexibilität

Im Zuge der Mediatoranalysen hat sich aber herausgestellt, dass diese Beziehung über das Konstrukt Qualifikationsspektrum mediiert wird, und die Hypothese $\mathbf{H_{51M}}$ wurde durch die empirischen Daten bestätigt. Das kann damit begründet werden, dass gerade durch betrieblich initiierte Weiterbildungsmaßnahmen die Anzahl der fachlichen Multikompetenzen erhöht und Metakompetenzen gestärkt werden. Auf dieser Grundlage wird folglich die potenzielle Anzahl der möglichen Einsatzbereiche im Leistungssystem des Unternehmens erhöht, die mit dem angehobenen Spektrum an Qualifikationen besetzt werden können. Die beiden Hypothesen $\mathbf{H_1}$ und $\mathbf{H_2}$ werden durch die empirischen Daten bestätigt und damit angenommen. Dabei haben sich beide Beziehungen angesichts der Pfadkoeffizienten als stark und höchst signifikant erwiesen, wobei sich die Wirkung des Qualifikationsspektrums (+0,427****) etwas stärker darstellt im Vergleich zur Flexibilitätsbereitschaft (+0,328****). Speziell die Werte der f^2-Effektstärken zeigen, dass der substanzielle Einfluss des Qualifikationsspektrums (f^2=0,158) auf die individuelle Mitarbeiterflexibilität höher ist und deshalb die größere Bedeutung bei der Erklärung des Konstrukts im direkten Vergleich zur Flexibilitätsbereitschaft (f^2=0,132) aufweist. In Bezug auf die Prognoserelevanz (q^2-Effektstärken) liegen beide Einflussgrößen in einem akzeptablen Bereich (q^2= 0,060 und q^2=0,082). Aus den empirischen Daten lässt sich ableiten, dass die individuelle Fähigkeit zur Flexibilität wichtiger ist als die individuelle Bereitschaft zur Flexibilität. Das scheint auch plausibel zu sein, denn die inhärente Flexibilität eines IT-Mitarbeiters wird in erster Linie durch die potenzielle Anzahl an Handlungsalternativen auf der Grundlage seiner individuellen

Kompetenzen bestimmt und eine positive Einstellung gegenüber Veränderungen wirkt hier bloß unterstützend. Auch wenn ein Mitarbeiter eine hohe Motivation besitzt, in einem anderen Einsatzbereich tätig zu sein, ohne die dafür notwendigen Kompetenzen ist der flexible Einsatz im Sinne der Agilität auf funktionale und kapazitive Änderungen trotzdem nicht schnell und einfach realisierbar.

Tabelle 44 zeigt, dass im Rahmen der Hypothesenprüfung für die Dimension agiles IT-Workforce Management die postulierte Hypothese **H_4** nicht angenommen werden kann, welche eine direkte Wirkbeziehung zwischen der IT-Mitarbeiterbindung und einem agilen IT-Workforce Management unterstellt. Zum einen indiziert der Pfadkoeffizient (+0,089**) eine nicht bedeutsame Wirkungsbeziehung und zum anderen impliziert die Effektstärke (f^2=0,014) keinen signifikanten Einfluss der exogenen auf die endogene Variable. Dagegen können die anderen postulierten direkten Wirkbeziehungen (**H_3**, **H_{61}** und **H_{52}**) durch die empirisch erhobenen Daten bestätigt werden.

Hypothesenprüfung Dimension Agiles IT-Workforce Management			
Hypothese	Beziehung	Pfad-koeffizient	Sign.-Level
H_3	IT-Personalplanung → Agiles IT-Workforce Management	0,461	****
H_{61}	IT-Personalbeschaffung → Agiles IT-Workforce Management	0,153	**
H_4	IT-Mitarbeiterbindung → Agiles IT-Workforce Management	0,089	n.s.
H_{52}	Weiterentwicklung IT-Mitarbeiter → Agiles IT-Workforce Management	0,191	**
H_{4M}	IT-Mitarbeiterbindung → IT-Personalplanung → Agiles IT-Workforce Management	0,173	****
H_{61M}	IT-Personalbeschaffung → IT-Personalplanung → Agiles IT-Workforce Management	0,147	****

Signifikanz-Level: **** = 0,001; *** = 0,01; ** = 0,05; * = 0,1; n.s. = nicht signifikant

Tabelle 44: Hypothesenprüfung Dimension Agiles IT-Workforce Management

Dabei stellt sich die Wirkbeziehung von IT-Personalplanung (+0,461****) auf das agile IT-Workforce Management als sehr stark und höchst signifikant dar, während der Effekt der IT-Personalbeschaffung (+0,153**) und der Weiterentwicklung IT-Mitarbeiter (+0,191**) auf das agile IT-Workforce Management geringer ausfällt, aber dennoch eine ausreichende Signifikanz aufweist. Insbesondere der Blick auf die Effektstärken zeigt, dass der substanzielle Einfluss der IT-Personalplanung (f^2=0,238) um ein Vielfaches höher zu bewerten ist als der Einfluss der beiden anderen Determinanten. Deshalb weist die IT-Personalplanung auch die weitaus größte Bedeutung bei der Erklärung des endogenen Konstrukts auf. Die f^2-Werte der IT-Personalbeschaffung (0,040) und der Weiterentwicklung (0,034) differieren dagegen nur marginal. Die hohe Relevanz der IT-Personalplanung kann dadurch begründet werden, dass die Bereitstellung und Nutzung flexibler Ressourcen, als grundlegende Aspekte der Koordinationsflexibilität, im Wesentlichen durch die operativen Maßnahmen der IT-Personalplanung umgesetzt werden. Die restlichen Einflussfaktoren wirken hier eher unterstützend. Die Argumentationsrichtung wird durch die eruierten Ergebnisse der Mediationsanalyse bestärkt. Die empirischen Daten bestätigen, dass die Beziehungen der Einflussgrößen Personalbeschaffung und Mitarbeiterbindung auf das agile IT-Workforce Management (**H_{4M}** und **H_{61M}**) durch die Personalplanung mediiert werden. Beide Einflussgrößen unterstützen wesentlich die Bereitstellung von Ressourcen im Zuge der Personaleinsatzplanung. Zusammenfassend kann somit allen Determinanten eine gewisse Relevanz für das Zielkonstrukt zugesprochen werden.

Die Hypothesenprüfung im Kontext der Dimension Innovatives IT-Personal zeigt, dass alle drei postulierten Hypothesen angenommen werden können (Tabelle 45).

Hypothesenprüfung Dimension Innovatives IT-Personal			
Hypothese	Beziehung	Pfadkoeffizient	Sign.-Level
H_{53}	Weiterentwicklung IT-Mitarbeiter → Innovatives IT-Personal	0,529	****
H_7	Innovative Unternehmenskultur → Innovatives IT-Personal	0,372	****
H_{62}	IT-Personalbeschaffung → Innovatives IT-Personal	0,086	*

Signifikanz-Level: **** = 0,001; *** = 0,01; ** = 0,05; * = 0,1; n.s. = nicht signifikant

Tabelle 45: Hypothesenprüfung Dimension Innovatives IT-Personal

Die Wirkbeziehung der IT-Personalbeschaffung auf das innovative IT-Personal ist schwach ausgeprägt mit einem in explorativen Studien gerade noch annehmbaren Signifikanzlevel (+0,086*). Im Rahmen der durchgeführten Multigruppenanalyse wurde festgestellt, dass diese relativ schwache Wirkbeziehung entscheidend von den nach Personalbestand kleineren Unternehmen verursacht wird. Bei den großen und mittelgroßen Unternehmen ist die Wirkbeziehung stärker und signifikant (+0,191** und +0,152**). Aus dem Sachverhalt lässt sich ableiten, dass die kleineren Unternehmen die notwendigen innovativen Kompetenzen vielmehr über Maßnahmen der innovationsorientierten Weiterentwicklung einholen. Dagegen spielt die Akquisition vom externen Markt über das Recruiting oder durch die Fremdvergabe von IT-Dienstleistungen scheinbar eine eher untergeordnete Rolle. Das könnte vor allem mit dem vom Fachkräftemangel geprägten IT-Arbeitsmarkt begründet werden. Für kleinere Unternehmen ist es schwieriger, innovative Talente anzuziehen im Vergleich zu den Großunternehmen in Ballungszentren, die oft als die attraktiveren Arbeitgeber gelten. Die beiden Hypothesen $\mathbf{H_{53}}$ und $\mathbf{H_7}$ können durch die empirischen Daten bestätigt werden. Beide Beziehungen haben sich angesichts der Pfadkoeffizienten als stark und höchst signifikant erwiesen, wobei sich die Wirkung der Weiterentwicklung der IT-Mitarbeiter (+0,529****) stärker darstellt im Vergleich zur innovativen Unternehmenskultur (+0,372****). Gerade die f^2-Effekstärken zeigen, dass der substanzielle Einfluss der Weiterentwicklung (f^2=0,600) auf die Innovationsfähigkeit fast doppelt so hoch ist im Vergleich zur innovativen Unternehmenskultur (f^2=0,304) und deshalb die größere Bedeutung bei der Erklärung des Zielkonstruktes aufweist. Die unterschiedliche wertmäßige Ausprägung der Pfadkoeffizienten und f^2-Effektstärken kann u. a. damit begründet werden, dass eine Technologieführerschaft insbesondere auf der Grundlage von Lernprozessen und Erfahrungen beruht und innovatives Handeln nur mit einer ständigen Weiterentwicklung auf der personellen Ebene möglich ist. Ein positives und wohlwollendes Umfeld wirkt hier vielmehr unterstützend.

Auf Basis der Ergebnisse können nun folgende Schlussfolgerungen für die Treiberkonstrukte gegeben werden: Alle Determinanten haben einen direkten und/oder einen indirekten Einfluss auf die Dimensionen des multidimensionalen Konstruktes der IT-Agilität im Handlungsfeld IT-Personal. Somit lässt sich allen Einflussgrößen auch eine bestimmte Relevanz bei der Steuerung der IT-Agilität zusprechen. Das Zusammenspiel aller Determinanten kann den überwiegenden Teil der Varianz des multidimensionalen Konstruktes aufklären, was im Wesentlichen eine zufriedenstellende Beantwortung der FF 1 darstellt.

Abbildung 23 stellt die Signifikanzen der einzelnen Pfade im Untersuchungsmodell dar, um damit die Relevanz der einzelnen Zusammenhänge für das ganze Modell in verdichteter Form zu verdeutlichen.

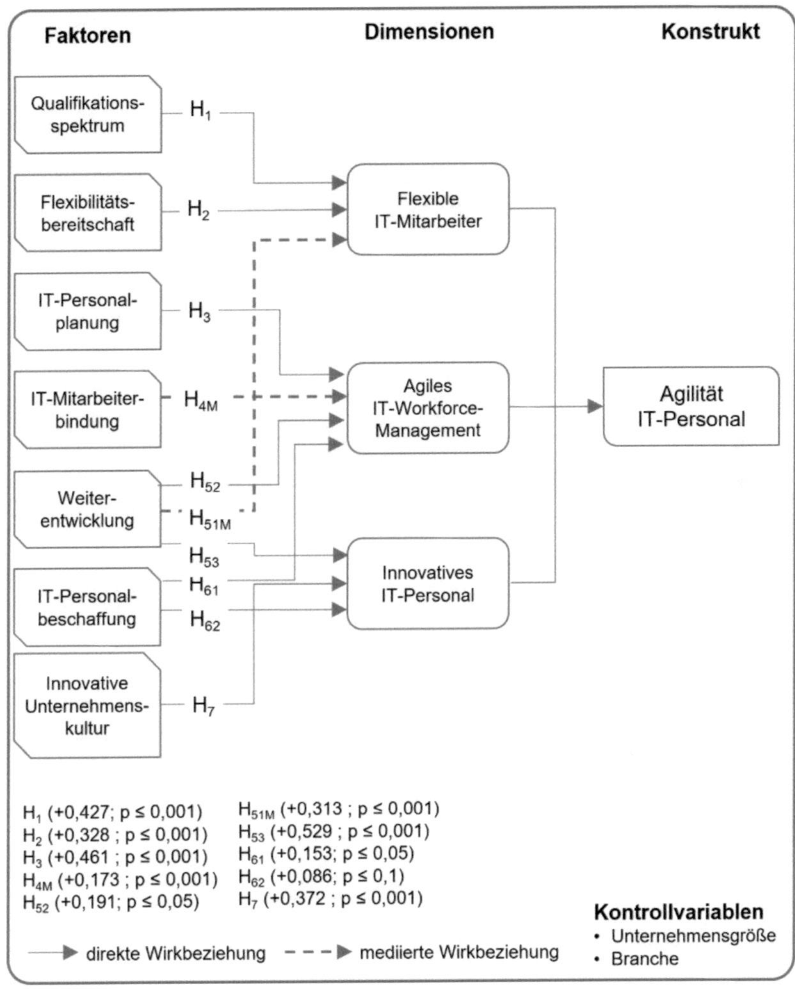

Abbildung 23: Ergebnisse der quantitativen Untersuchung

Zur besseren Nachvollziehbarkeit sind die durch die empirischen Daten bestätigten Hypothesen nachstehend nochmals tabellarisch dargestellt (vgl Tabelle 46).

KÜRZEL	HYPOTHESE
H_1	Je breiter das Qualifikationsspektrum der IT-Mitarbeiter einer Unternehmens-IT, desto höher ist deren funktionale und verhaltensorientierte Flexibilität.
H_2	Je höher die Leistungsmotivation der IT-Mitarbeiter einer Unternehmens-IT, desto höher ist deren funktionale und verhaltensorientierte Flexibilität.
H_{51M}	Die Beziehung zwischen der Weiterentwicklung der IT-Mitarbeiter und deren Einsatzflexibilität wird durch das Qualifikationsspektrum mediiert.
H_3	Je effektiver die Methoden der Personalplanung in einer Unternehmens-IT eingesetzt werden, desto agiler kann das Management der IT-Workforce gestaltet werden.
H_{4M}	Die Beziehung zwischen Mitarbeiterbindung und Koordinationsflexibilität innerhalb eines agilen IT-Workforce Managements wird durch die Personalplanung mediiert.
H_{52}	Je effektiver verschiedene Maßnahmen zur flexibilitätsorientierten Weiterentwicklung in einer Unternehmens-IT eingesetzt werden, desto agiler kann das Management der IT-Workforce gestaltet werden.
H_{61}	Je effektiver Maßnahmen der IT-Personalbeschaffung eingesetzt werden, desto agiler kann das Management der IT-Workforce gestaltet werden.
H_{53}	Je ausgeprägter Maßnahmen zur innovationsorientierten Weiterentwicklung in einer Unternehmens-IT durchgeführt werden, desto höher ist die Innovationsfähigkeit und Innovationsbereitschaft des IT-Personals.
H_{62}	Je effizienter innovative Kompetenzen vom externen Markt beschafft werden können, desto höher ist die Innovationsfähigkeit und Innovationsbereitschaft des IT-Personals.
H_7	Je ausgeprägter eine innovative Unternehmenskultur innerhalb der Unternehmens-IT etabliert werden kann, desto höher ist die Innovationsfähigkeit und Innovationsbereitschaft des IT-Personals.

Tabelle 46: Empirisch bestätigte Hypothesen

6 Entwicklung des Artefakts

Wie in Kapitel 1.4 aufgezeigt, liegt die übergeordnete Zielsetzung der vorliegenden Arbeit darin, die IT-Agilität im Handlungsfeld IT-Personal messbar zu gestalten. Dazu wird im Sinne einer Fortentwicklung der empirischen Ergebnisse (vgl. Kapitel 5) nachfolgend ein Kennzahlensystem als Artefakt konstruiert und abschließend ansatzweise im Unternehmenskontext evaluiert. Die vorliegenden empirischen Ergebnisse unterstützen dabei das Design des Kennzahlensystems. Es werden nur Kennzahlen auf der Grundlage der Treiberkonstrukte entwickelt, die einen statistisch signifikanten Einfluss auf die Zielgröße aufweisen. Ferner werden die validierten Indikatoren in vielen Fällen als konstruktivistische Basis für einzelne Kennzahlen des Kennzahlensystems berücksichtigt. Die Konstruktion und die anschließende Demonstration/Evaluation (vgl. Kapitel 7) des Artefakts orientieren sich am Design-Science-Methodenframework von Peffers et al. (2007).

6.1 Forschungsmethodische Orientierung

Die Entwicklung des Kennzahlensystems orientiert sich an den Prinzipien der gestaltungsorientierten Wirtschaftsinformatik. Es wird ein Artefakt konstruiert, das eine konkrete Problemstellung der Realwelt zu lösen vermag und damit auch eine hohe Relevanz für die Praxis impliziert. Die Schaffung derartiger Artefakte ist ein Erkenntnisgegenstand der gestaltungsorientierten Wirtschaftsinformatik (Hess 2010, S. 10). Hierbei wird u. a. die Forderung erfüllt, wissenschaftliche Ergebnisse in Form einer Forschung zu produzieren, welche sowohl akademischen Ansprüchen entspricht als auch praxisrelevant ist. Die gestaltungsorientierte WI findet bis dato hauptsächlich im deutschsprachigen Raum Anwendung und stellt vor allem den Nutzen der akademischen Forschung für Wirtschaft und Gesellschaft in den Vordergrund. Im Folgenden werden in Anlehnung an Österle et al. (2010) die zentralen Prinzipien des Forschungsrahmens skizziert. Erkenntnisgegenstand der Forschung sind soziotechnische Systeme mit den drei Objekttypen Mensch (personelle Aufgabenträger), Informations-/Kommunikationstechnik (maschinelle Aufgabenträger) und Organisation (Funktionen und Prozesse) sowie deren Beziehungen zueinander. Die vorliegende Arbeit fokussiert dabei personelle Aufgabenträger, welche, wie bereits belegt wurde, eine besonders wichtige Rolle im Rahmen der IT-Agilität einnehmen. Die gestaltungsorientierte WI ist eine eher innovative Disziplin, welche die Praxis eng mit fundierten Theorien verknüpft. Dies verlangt eine Überprüfung der geschaffenen Artefakte gegen die anfangs definierten Ziele und mittels der im Forschungsplan gewählten Methoden, wobei stets zu argumentieren ist, welcher Nutzen durch das neue Artefakt entsteht (Becker 2010, S. 16). Neben dem hohen Nutzen ist auch die Umsetzbarkeit in der Praxis ein zusätzliches Kriterium für die Richtigkeit der Ergebnisse. Als Ergebnistyp wird in der vorliegenden Arbeit eine Software (MS-Access DB) im Sinne einer Instanz konstruiert.

Hevner et al. (2004) entwickelten ein erstes Rahmenwerk für die gestaltungsorientierte Forschung. Die definierten Prinzipien korrespondieren mit den Paradigmen der gestaltungsorientierten WI, und, obwohl im deutschsprachigen Raum schon länger angewendet, das gestaltungsorientierte Rahmenwerk wurde anfänglich in der angelsächsischen ISR-Literatur als Design-Science-Ansatz veröffentlicht. Design-Science orientiert sich analog zur WI an der Lösung konkreter Problemstellungen. Hevner et al. (2004) entwickelten nachstehende sieben Leitlinien, die im Rahmen der Forschungstätigkeit angemessen berücksichtigt werden müssen:

Design-Science erfordert die Entwicklung von innovativen Artefakten, repräsentiert durch Konstrukte, Modelle, Methoden und Instanzen. Oft werden diese Artefakte in Form eines Prototyps ausgeprägt (March und Storey 2008, S. 726).

Im Fokus steht die Lösung einer konkreten Problemstellung mit Nutzen für die Anspruchsgruppe (Problemrelevanz).

Evaluation des Artefaktes: Dabei sind auch Kriterien wie Qualität, Verwendbarkeit und Effizienz zu beachten. Ein Artefakt ist effektiv, wenn es die Anforderung der Problemstellung löst.

- Die wissenschaftliche Theorie wird erweitert.
- Wissenschaftlich anerkannte Methoden für Konstruktion und Evaluation (Rigor) werden verwendet.
- Design wird als Suchprozess genutzt, unter Verwendung verfügbarer Mittel.
- Ergebnisse der Forschung werden kommuniziert.

Peffers et al. (2007) entwickelten auf Basis der dargestellten Leitlinien einen Design-Prozess in Form eines kohärenten Vorgehensmodells, welches mehrere Prozessschritte beinhaltet. Design-Science wird innerhalb der ISR immer häufiger als gleichberechtigter Partner gegenüber dem Behaviorismus angesehen (March und Storey 2008, S. 726).

Abbildung 24 zeigt eine schematische Darstellung des Vorgehensmodells.

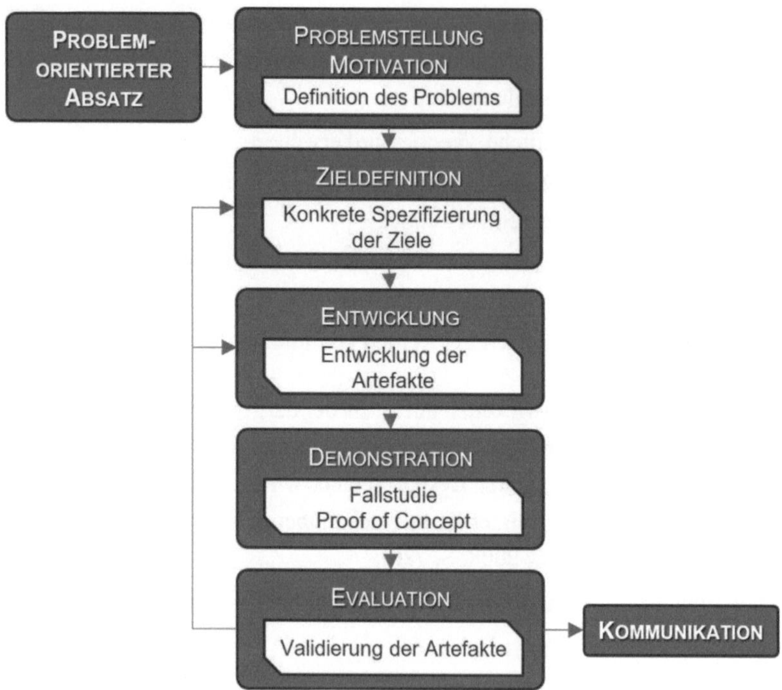

Abbildung 24: Design-Science Prozessmodell
Quelle: In Anlehnung an Peffers et al. (2007, S. 54).

Das verwendete Rahmenwerk orientiert sich in erster Linie an den qualitativen Methoden wissenschaftlicher Forschung. Bei diesem Ansatz werden aber auch ausdrücklich Verfahren der verhaltensorientierten Forschung akzeptiert und damit der Methodenpluralismus unterstützt (Österle et al. 2010, S. 2). Die vorliegende Arbeit orientiert sich an diesem pluralistischen Ansatz, insofern die Konstruktion des Artefakts auf der Basis zuvor entwickelter theoretischer Erkenntnisse erfolgt. Die Schaffung der theoretischen Grundlagen kann daher dem Schritt „Entwicklung“ im Prozessmodell zugeordnet werden.

6.2 Entwicklung des Kennzahlensystems

Forschungsfrage 2 betrifft in erster Linie die Steuerung und Kontrolle der IT-Agilität im Bereich IT-Personal, um dort den Managementkreislauf zu schließen. Jede Steuerung unterliegt einem universellen Muster, dem Controlling-Regelkreis (Kütz 2006, S. 11), welcher schon in konkretisierter Form in Kapitel 2.2.3 vorgestellt wurde. Wenn ein Kennzahlensystem die Steuerung unterstützt, dann stellt es ein charakteristisches Modell des Steuerungsobjektes dar und reduziert aufgrund des höheren Abstraktionslevels die Komplexität der Steuerungsaufgabe (Kütz 2006, S. 32ff.). Kennzahlen bilden komplexe Sachverhalte in einfachen Zahlenwerten ab und helfen im vorliegenden Kontext, die Agilität des IT-Personals als Steuerungsobjekt aktiv zu managen und auf diese Weise auch die Wirksamkeit personalwirtschaftlicher Maßnahmen zu überprüfen. Nach aktuellem Stand der Wissenschaft[58] wurde bis dato noch kein adäquates Kennzahlensystem zu diesem spezifischen Zweck konstruiert. Die anvisierte Zielgruppe für das Kennzahlensystem bilden IT-Entscheidungsträger von Großunternehmen analog dem Teilnehmerkreis der durchgeführten empirischen Studie. Die Verwendung von Personalkennzahlen ist erst ab einer Größe von 60 bis 80 Beschäftigten hilfreich, da bei kleineren Organisationen das Management des Personals relativ einfach zu handhaben ist und, wenn überhaupt, dann nur sehr wenige Kennzahlen für die Steuerungsaufgabe notwendig sind (Hoffmann 2013, S. 4).

6.2.1 Grundlagen und Anforderungen

Der Aufbau des Kennzahlensystems orientiert sich an etablierten Vorgehensweisen aus der Literatur. Die damit einhergehenden Grundlagen werden in den beiden nachfolgenden Unterkapiteln kurz dargestellt. Insbesondere werden die spezifischen Anforderungen an Kennzahlensysteme beleuchtet, da diese bei der Implementierung und der anschließenden qualitativen Evaluation des Artefakts angemessen zu berücksichtigen sind.

---

[58] Auf der Grundlage der recherchierten und analysierten Literaturbeiträge.

6.2.1.1 Kennzahlen

Kennzahlen sind Zahlen, die in konzentrierter Form über einen zahlenmäßig erfassbaren betriebswirtschaftlichen Tatbestand bzw. Sachverhalt informieren (Hafner und Polanski 2015, S. 31). Der Zahlenwert liefert also eine quantitative Aussage über die geplante oder tatsächliche Ausprägung eines Merkmals eines spezifischen Steuerungsobjekts (Kütz 2006, S. 17). Kennzahlen stellen eine spezifische Klasse von Indikatoren dar (Kütz 2006, S. 18). Diese können im Gegensatz zu Kennzahlen z. B. mit grafischen Signalen dargestellt werden. Bedeutende Merkmale von Kennzahlen sind deren Informationscharakter, die spezifische Form der Information und die Quantifizierbarkeit (Heinrich und Stelzer 2011, S. 350; Kütz 2008, S. 41). Kennzahlen können als absolute oder relative Zahlen dargestellt werden (Söffker et al. 2008, S. 19). Ein wichtiger Aspekt bei der Arbeit mit Kennzahlen ist die Plausibilisierung des Wirkungszusammenhangs, der durch die Kennzahl unterstellt wird, gerade bei den so genannten indirekten Kennzahlen, wo nicht der eigentliche Aspekt gemessen wird, sondern Größen, von denen angenommen wird, dass sie einen signifikanten Einfluss auf den intendierten Aspekt ausüben (Havighorst 2006, S. 15ff.). Über Personalkennzahlen werden zum einen quantitative Aspekte dargestellt, wie etwa die jährliche Fluktuationsrate in Prozent, zum anderen spielen aber auch qualitative Aspekte eine große Rolle, wie etwa die Mitarbeiterzufriedenheit, die nicht direkt in einer intervallskalierten Zahlenskala gemessen werden können (ebd.). Qualitative Kennzahlen werden oft indirekt durch Expertenbeurteilung anstelle einer Messung ermittelt (Nissen und Mladin 2009, S. 269), beispielsweise über die Anwendung einer mehrstufigen Zustimmungsskala.

6.2.1.2 Kennzahlensysteme

Horváth (2012, S. 500) definiert ein Kennzahlensystem als eine geordnete Gesamtheit von Kennzahlen, die in Beziehung zu einander stehen und somit auch als Gesamtheit über einen bestimmten Sachverhalt vollständig informieren. Kennzahlensysteme sind abstrakte Modelle von realen Steuerungsobjekten und sollen das Management bei Steuerungsaufgaben unterstützen (Kütz 2006, S. 15). Sie wirken dabei zur Erreichung eines gemeinsamen Zwecks zusammen, werden durch das Kennzahlensystem in einen ganzheitlichen Zusammenhang gestellt (Heinrich und Stelzer 2011, S. 349) und bilden somit, als eine Reihe von miteinander kombinierten Informationen, fundierte Entscheidungsgrundlagen für steuernde Maßnahmen (Hafner und Polanski 2015, S. 31). Weil Kennzahlen einzelne Merkmale von Steuerungsobjekten sind, sollte bei der Konzeption eines Kennzahlensystems im ersten Schritt eine genaue begriffliche Definition und Abgrenzung des Steuerungsobjekts erfolgen und anschließend die Auswahl der für die Steuerungsaufgabe relevanten Merkmale stattfinden als Voraussetzung dafür, die Steuerungsaufgabe erfolgreich bewältigen zu können (Kütz 2006, S. 15). In der vorliegenden Arbeit erfolgte der erste Schritt bereits im Rahmen der Konzeptualisierung (Kapitel 4). Die Auswahl der Merkmale erfolgte über die Berücksichtigung jener Kennzahlen, denen im Rahmen der durchgeführten empirischen Studie eine hohe Relevanz der Zielgruppe zugesprochen wurde.

Kennzahlensysteme erfüllen spezifische Aufgaben und Zwecke. Die Kernaufgabe ist die Steuerungsfunktion. Kennzahlen liefern ein Abbild des aktuellen Zustands des Steuerungsobjekts und bilden im Rahmen der Analysestufe des Regelkreises die Grundlage für Entscheidungen über konkrete Maßnahmen (Kütz 2006, S. 16). Kennzahlen sind auf diese Weise objektive und zuverlässige Frühwarnsysteme und verdeutlichen Schwachstellen und Fehlentwicklungen (Hafner und Polanski 2015, S. 31). Ferner lassen sich die Effektivität und die Effizienz von Maßnahmen im Personalbereich überprüfen (Hoffmann 2013, S. 4). Letztendlich ermöglichen Kennzahlen eine klare Messbarkeit und geben dem Management die Möglichkeit, Veränderungen über den Zeitverlauf zu beobachten und somit aktiv zu beeinflussen (Söffker et al. 2008, S. 19).

Kennzahlen bzw. Kennzahlensysteme müssen bestimmten Anforderungen genügen, damit die intendierte Steuerungsaufgabe adäquat erfüllt werden kann. Bestimmte Anforderungen werden in der Literatur als besonders wichtig eingestuft und werden nachfolgend in komprimierter Form dargestellt (Hanschke 2010, S. 408; Havighorst 2006, S. 15ff.; Heinrich und Stelzer

2011, S. 351f.; Kütz 2006, S. 32f.; Kütz 2008, S. 51ff.; Sasse et al. 2011, S. 6; Schwinn und Winter 2005, S. 4):

- Vollständigkeit und Richtigkeit: Das Kennzahlensystem soll möglichst alle Aspekte des Steuerungsobjekts abdecken, um damit den tatsächlich zu steuernden Sachverhalt messbar zu gestalten. Kennzahlensysteme als abstrakte Modelle bilden die komplexe Realität nur grob ab. Dabei wird zwar die Komplexität der Steuerungsaufgabe reduziert, es besteht aber das Risiko, dass wichtige und relevante Merkmale nicht adäquat bemessen oder die falschen Merkmale berücksichtigt werden. Bei indirekten Messmethoden steht und fällt die Richtigkeit der ausgewählten Kennzahlen mit der Korrektheit des unterstellten Zusammenhangs, wodurch zuerst die angenommene Ursache-Wirkungs-Beziehung auf ihre Plausibilität hin zu überprüfen ist, bevor die Aussagekraft der Kennzahl eingeschätzt werden kann. Im Personalbereich existieren viele Kennzahlen, die vom Management als steuerungsrelevant eingestuft, aber bislang nur selten erhoben werden und umgekehrt. Ferner sind Kennzahlen, die nur einmal jährlich erhoben werden können (z. B. die Abfrage der Mitarbeiterzufriedenheit per Fragebogen), untauglich für eine regelkreisbasierte Steuerung mit kürzeren Controlling-Intervallen (Kütz 2006, S. 87).
- Minimalität: Ein Kennzahlensystem sollte nur die relevantesten Kennzahlen umfassen, um die Steuerungsaufgabe adäquat erfüllen zu können. Das Kriterium der Vollständigkeit ist dabei zu beachten. Ein Kennzahlensystem sollte für seine Steuerungsaufgabe nicht mehr als 10 bis 15 Kennzahlen umfassen (Kütz 2006, S. 50). Die berüchtigten „Zahlenfriedhöfe" eines Personal-Cockpits wirken hier oft kontraproduktiv (Eitel 2017). Es sind nur die spezifischen Kennzahlen auszuwählen, aus denen ein Unternehmen den größten Nutzen ziehen kann und die am besten durch Entscheidungen oder Maßnahmen aktiv beeinflusst werden können.

- Objektivität und Reliabilität: Auf der Grundlage einer regelkreisbasierten Steuerung müssen die implementierten Verfahren der Datenermittlung und Messung möglichst standardisiert und frei von systematischen Fehlern sein, so dass die eruierten Ergebnisse einer Messung bei einer Wiederholung gleich ausfallen, wie bei der ursprünglichen Messung.
- Effiziente Ermittlung der Kennzahlenwerte: Der Aufwand für die Ermittlung der Kennzahlenwerte soll möglichst gering sein. Ein Kennzahlensystem ist für die Bewältigung der Steuerungsaufgabe umso wertvoller, je geringer der Aufwand für die Beschaffung und Bereitstellung der Messwerte ausfällt. Der Aussagewert einer Kennzahl darf im Verhältnis zum Erstellungs- und Auswertungsaufwand nicht zu gering sein (Hafner und Polanski 2015, S. 37), d. h. die anfallenden Kosten für die Erhebung der Messwerte dürfen nicht höher als der konkrete Erkenntniswert der Kennzahl sein.
- Aktualität und Zuverlässigkeit: Ein Kennzahlensystem ist für die Steuerung umso wertvoller, je schneller aktuelle Ist-Werte der Kennzahlen eruiert werden können, der Abstand zwischen Berichtszeitpunkt und Zeitpunkt oder Zeitraum der Datenerhebung sollte also möglichst minimiert werden. Neben der Geschwindigkeit muss auch die Zuverlässigkeit des Datenmaterials gewährleistet werden. Die Grundlage exakter Kennzahlen basiert auf zuverlässigem und korrekt erhobenem Datenmaterial (Hafner und Polanski 2015, S. 35). Bei der Datenbeschaffung unterstützen IT-Systeme. Die Gewinnung und Verdichtung von Daten sollte weitgehend automatisiert erfolgen, um die Kennzahlenwerte schnell und ohne hohe Kosten zur Verfügung zu haben, wobei heutzutage die hohe IT-Durchdringung in der Verwaltung positiv dazu beitragen kann (Söffker et al. 2008, S. 17).
- Zielorientierung: Die Ausgestaltung eines Kennzahlensystems setzt das Vorhandensein einer Strategie mit entsprechenden Zielsetzungen voraus. Für jede Kennzahl muss ein Zielwert bzw. Sollwert definiert

werden können. Die Auswahl geeigneter Kennzahlen sollte ein Unternehmen entsprechend des definierten Zielsystems treffen. Das implementierte Kennzahlensystem ist dahingehend regelmäßig zu überprüfen, da sich die Unternehmensziele durch Anpassungen der strategischen Ausrichtung über den Zeitverlauf ändern können.

- Rechtskonformität: Insbesondere bei der Arbeit mit Personalkennzahlen müssen Restriktionen hinsichtlich des Datenschutzes bei der Ausgestaltung des Kennzahlensystems beachtet werden. Die personenbezogenen Daten der Mitarbeiter sind zwingend zu schützen im Sinne einer Berücksichtigung der wichtigsten Regelungen des Bundesdatenschutzgesetzes und der Datenschutzgrundverordnung sowie anderer betrieblicher Vereinbarungen (Söffker et al. 2008, S. 14).
- Veränderungssensibilität: Schwachstellen und Fehlentwicklungen innerhalb der Regelstrecke müssen durch die Ausprägungen der Kennzahlenwerte im Sinne eines Frühwarnsystems deutlich erkennbar sein.

Das ausgestaltete Kennzahlensystem sollte die dargestellten Anforderungen möglichst umfassend erfüllen, um auf diese Weise einen entsprechenden Nutzen für die Zielgruppe stiften zu können. Die Anforderungen sind als Gütekriterien für die Evaluation des implementierten Kennzahlensystems adäquat zu berücksichtigen.

6.2.2 Methodische Vorgehensweise

Vor dem Aufbau eines Kennzahlensystems muss geklärt werden, welchen Zweck das Kennzahlensystem erfüllen soll (Hafner und Polanski 2015, S. 44). Das Hauptziel der vorliegenden Arbeit ist, ein aktives Management des Steuerungsobjektes „IT-Agilität im Handlungsfeld IT-Personal“ zu ermöglichen. Wie bereits dargestellt, sollte u. a. das Gütekriterium der Richtigkeit bei der Auswahl der Kennzahlen beachtet werden. Es sollte faktisch ausgeschlossen werden, dass wichtige und relevante Merkmale des Steuerungsobjekts nicht berücksichtigt werden oder man sich auf die falschen Merkmale konzentriert (Kütz 2006, S. 32). Bei indirekten Messmethoden muss außerdem die Plausibilität der angenommenen Ursache-Wirkungs-Beziehung sichergestellt werden.

Um diese elementaren Anforderungen zu gewährleisten, wird das Kennzahlensystem auf der Grundlage des evaluierten theoretisch konzeptionellen Modells aufgebaut. Die Konstruktion bzw. Auswahl der dafür relevanten Kennzahlen basiert größtenteils auf den verwendeten Items der reflektiven Messmodelle der exogenen Variablen (Determinanten), die aufgrund ihrer Ladung wesentliche Aspekte des jeweiligen Konzepts am besten repräsentieren. Die Richtigkeit der Kennzahl basiert hierbei auf der Inhaltsvalidität des Items im Rahmen der Gütebeurteilung mittels statistischer Verfahren. Ferner wurden nur spezifische Indikatoren derjenigen Determinanten berücksichtigt, die nachweislich einen statistisch signifikanten Effekt auf das Steuerungsobjekt haben und damit auch die Plausibilisierung der Kausalität für die indirekten Kennzahlen sicherstellen. Die benötigten Kennzahlen wurden entweder aus bereits etablierten Personalkennzahlen ausgewählt oder erstmalig konstruiert. Im Vorfeld wurden 26 Kennzahlen ausgewählt, die mehrheitlich mit einzelnen Items der Determinanten korrespondieren. Dabei wurden auf der Grundlage der qualitativ spezifizierten Items objektiv berechenbare Kennzahlen gebildet. Im optionalen Teil der durchgeführten Umfrage wurden die potenziellen Kennzahlen vorgestellt und die Teilnehmer um ihre Meinung und Einschätzungen gebeten. Dabei sollte einerseits die potenzielle Relevanz der Kennzahl für die aktive Steuerung der Agilität des IT-Personals auf einer Skala zwischen 0 % und 100 % beurteilt und andererseits auch ein konkreter Wert abgeschätzt werden, der sich positiv auf die IT-Agilität auswirken sollte. Mit dieser Vorgehensweise wurde die Inhaltsvalidität der Kennzahlen aufgrund der Expertenbeurteilung validiert. Damit wurde das Gütekriterium der Richtigkeit der Kennzahlen faktisch doppelt evaluiert. In wenigen Fällen wurden Kennzahlen verwendet, die zwar keinen direkten Bezug auf ein verwendetes Item aufweisen, aber wesentliche Bedeutungsinhalte der Determinanten abbilden, basierend auf deren Konzeptualisierung (vgl. Kapitel 4.1). In diesen Fällen beruht die Inhaltsvalidität auf einer Expertenbeurteilung. Die von den Teilnehmern der Studie geschätzten Referenzwerte der Kennzahlen wurden für die Normierung der Kennzahlen verwendet. Bei der Auswahl und Konstruktion der Kennzahlen wurden auch die anderen zuvor diskutierten Gütekriterien (vgl. Kapitel 6.2.1.2) adäquat berücksichtigt. Jede Kennzahl des Kennzahlensystems wird nachfolgend mit Hilfe eines separaten Kennzahlensteckbriefs vorgestellt. Diese strukturierten Kennzahlenblätter sollten möglichst alle relevanten Merkmale für die Ermittlung und Verwendung der Kennzahl beinhalten (Söffker et al. 2008, S. 19).

Abbildung 25 zeigt den schematischen Aufbau der Steckbriefe, einschließlich einer kurzen Erläuterung der verwendeten Merkmale.

Bezeichnung der Kennzahl		
Name und Kürzel der Kennzahl		
Definition und Verwendungszweck		
Thematisiert in erster Linie die Zielorientierung der Kennzahl. Dabei müssen die Zielsetzungen der gewählten Strategien im Kontext der IT-Agilität im Fokus stehen.		
Inhaltsvalidität		
Korrespondierendes Item (Ladung auf Konstrukt) und/oder Expertenbeurteilung: Von den Teilnehmern der empirischen Untersuchung zugesprochene praktische Relevanz in Prozent [Skalierung: 0 % bis 100 %]. Der Wert wird über eine reine Durchschnittsbildung der von den Teilnehmern genannten Werte berechnet. Gütekriterium zur Rechtfertigung der Adäquatheit der Nutzung.		
Kalkulation	**Kennzahlentyp**	**Pos. Trendrichtung**
Formel für die Ermittlung der Kennzahl	absolut/relativ	Aufsteigend oder absteigend
Referenzen	**Normierung**	
Quellen aus der analysierten Literatur, auf deren Basis entweder eine vorhandene Kennzahl ausgewählt oder eine neue Kennzahl konstruiert wurde.	Normierung der Kennzahlenwerte auf einer 5-stufigen Bewertungsskala. Kalkulatorische Basis für die Normierung bilden die eruierten Referenzwerte aus der empirischen Umfrage. Bildet die Grundlage für eine Einschätzung der Ist-Werte im Sinne eines Frühwarnsystems und die Aggregation zu einer Spitzenkennzahl. Der Wert „5“ repräsentiert dabei den besten Wert, und der Wert „1“ dagegen den schlechtesten Wert. Diese Festlegung wird bei allen Kennzahlen einheitlich behandelt.	

OBJEKTIVE KENNZAHLENERHEBUNG / DATENQUELLEN
Beschreibung des Potenzials einer voll automatisierten Datenbeschaffung, um eine effiziente Ermittlung der Werte zu realisieren, mit der entsprechenden Aktualität, damit eine regelkreisbasierte Steuerung in der Praxis ermöglicht werden kann. Darstellung potenzieller Datenquellen, die eine möglichst objektive und zuverlässige Beschaffung der Werte gewährleisten.

Abbildung 25: Aufbau der Kennzahlensteckbriefe

6.2.3 Ausgestaltung des Kennzahlensystems

Nachfolgend werden zunächst die endgültigen Elementarkennzahlen definiert und beschrieben. Anschließend wird durch Aggregation untergeordneter Kennzahlen eine Spitzenkennzahl ermittelt und abschließend das gesamte Kennzahlensystem hinsichtlich der in Kapitel 6.2.1.2 definierten Gütekriterien bzw. Anforderungen beurteilt. Bei der Beschreibung der Elementarkennzahlen wird insbesondere auf den Verwendungszweck und den daraus entstehenden Nutzen der Kennzahl im Kontext der IT-Agilitätsmessung abgehoben. Ergänzend werden die Möglichkeiten einer objektiven und automatisierten Kennzahlenerhebung erörtert (Anwendbarkeit), denn Nutzen und Aufwand der Kennzahlenerhebung sollten in einem angemessenen Verhältnis stehen (Söffker et al. 2008, S. 19). Die Kennzahlen werden entlang der Struktur des validierten empirischen Modells (vgl. Abbildung 23) entwickelt, denn die empirische Grundlage bildet den Kern für die Entwicklung des Kennzahlensystems. Dazu werden die Kennzahlen der jeweiligen Determinanten en bloc dargestellt. Die konkrete Zuordnung von einer Determinante zur Dimension erfolgt im Kennzahlensystem anhand der stärksten kausalen Wirkung, basierend auf den Ergebnissen der durchgeführten empirischen Studie. Eine Ausnahme bildet die IT-Weiterentwicklung, die in eine innovationsorientierte und flexibilitätsorientierte Komponente aufgeteilt wird.

6.2.3.1 Kennzahlen Flexible IT-Mitarbeiter

Die Ergebnisse der durchgeführten empirischen Untersuchung bestätigen, dass ein breites Qualifikationsspektrum (+0,427****) und eine hohe Leistungsmotivation (+0,328****) einen starken Einfluss auf die funktionale und verhaltensorientierte Flexibilität der IT-Mitarbeiter ausübt. Die flexibilitätsorientierte Weiterentwicklung (+0,313****) hat ebenso einen starken Wirkzusammenhang mit der individuellen Mitarbeiterflexibilität, welche durch das Qualifikationsspektrum mediiert wird. Auf der Grundlage dieser Erkenntnisse werden nachfolgend Elementarkennzahlen für eine aktive Steuerung der Mitarbeiterflexibilität dargestellt. Abschließend wird die von den Teilnehmern der empirischen Studie zugesprochene Relevanz für die Praxis zusammenfassend dargestellt.

BEZEICHNUNG DER KENNZAHL		
Kompetenzspektrum (KOMP)		
DEFINITION UND VERWENDUNGSZWECK		
Mit der Kennzahl wird die durchschnittliche Anzahl von Arbeitsstellen (Job-Profile) gemessen, die ein Mitarbeiter in der Unternehmens-IT auf der Grundlage seiner Kompetenzen einnehmen kann. Die Handlungsoptionen für den flexiblen Einsatz eines IT-Mitarbeiters werden wesentlich durch seine fachlichen Multikompetenzen und Metakompetenzen bestimmt.		
INHALTSVALIDITÄT / EXPERTENBEURTEILUNG DER NÜTZLICHKEIT		
Abgeleitet aus Item R_FL_1 mit einer Ladung 0,860 und Cronbachs Alpha 0,701 Expertenbeurteilung der Relevanz der Kennzahl: 65 % bei N=81		
KALKULATION	**KENN-ZAHLENTYP**	**POS. TRENDRICHTUNG**
KOMP = $\frac{\text{Anzahl Stellen die von IT-MA eingenommen werden können}}{\text{Anzahl IT-MA gesamt}}$	absolut	ansteigend
REFERENZEN	**NORMIERUNG**	
Beltrán-Martín et al. 2009; Bhattacharya 2005; Gmür und Thommen 2011; Hafner und Polanski 2015; Mesu 2013; Wright und Snell 1998	5 – 4 – 3 – 2 – 1 –	KOMP > 2,5 2 < KOMP ≤ 2,5 1,5 < KOMP ≤ 2 1 < KOMP ≤ 1,5 KOMP ≤ 1
OBJEKTIVE KENNZAHLENERHEBUNG / DATENQUELLEN		
Im bestmöglichen Fall können implementierte Kompetenzmanagementsysteme verwendet werden, um die Kennzahl direkt zu ermitteln. Dazu müssen die Job-Profile mit den zugeordneten Kompetenzen in einer DB gepflegt sein und für jeden IT-Mitarbeiter ein periodisches Assessment durchgeführt werden. Diese Tools bieten i. d. R. Auswertungsmöglichkeiten, um die Kompetenzen und Fähigkeiten der MA zu evaluieren. Alternativ können die notwendigen Daten zur Ermittlung der Kennzahl z. B. aus einem integrierten Personalmanagementsystem eruiert werden, etwa mittels der gespeicherten Performance-Beurteilungen der Mitarbeiter.		

Abbildung 26: Kennzahlensteckbrief KOMP

Diese Kennzahl verdeutlicht Schwachstellen und Fehlentwicklungen hinsichtlich der inhärenten Flexibilität der Mitarbeiter einer Unternehmens-IT und verweist damit implizit auf die Reaktionsfähigkeit hinsichtlich der funktionalen und kapazitiven Änderungen im Kontext der IT-Agilität. Wenn die Kennzahl sinkt, wäre das ein Indiz für Mängel bei der Weiterbildung oder in der Personalentwicklung im Hinblick auf eine hohe strategische Flexibilität. Auch nachlässige Personaleinstellungen könnten dafür eine Ursache sein. Von den Teilnehmern der Umfrage wurde im Schnitt ein Wert von 2,95 angegeben als Richtwert für eine ausreichend hohe MA-Flexibilität. Mit einem Variationskoeffizienten (relative Standardabweichung) von 0,36 kann dem Mittelwert eine hohe Aussagekraft unterstellt werden, da die einzelnen Messwerte relativ eng um den Mittelwert streuen. Die Normierung der Kennzahl orientiert sich an diesen Werten. Die Kennzahl ist von einer besonderen Bedeutung, wenn die Unternehmens-IT auf eine langfristige Personalstrategie ausgerichtet ist, d. h. auf der Basis individueller Mitarbeiterentwicklung und langfristiger Mitarbeiterbindung.

Die Anwendbarkeit der Kennzahl ist aber als relativ schwierig zu bewerten, insbesondere mit Blick auf die effiziente Ermittlung der Kennzahl sowie deren Aktualität und Zuverlässigkeit. Für eine effiziente Ermittlung wären entsprechende Kompetenzmanagementsysteme zwingend erforderlich, welche die Daten in adäquater Form bereitstellen. Nichtsdestotrotz müsste für jeden IT-Mitarbeiter ein periodisches Assessment durchgeführt werden, was mit sehr viel Aufwand verbunden sein könnte. Daneben könnten noch weitere Restriktionen in Bezug auf betriebliche Vereinbarungen (z. B. die Zustimmung des Betriebsrats) eine wichtige Rolle spielen. Die Kennzahl wäre aber sehr wertvoll, wenn die aufgeführten Voraussetzungen erfüllt werden könnten, da die funktionale Flexibilität der IT-Mitarbeiter in diesem Fall direkt gemessen werden kann und nicht indirekt über die Determinanten.

Bezeichnung der Kennzahl
Jährliche Anzahl fachbezogener Qualifizierungstage je MA (QUAL)

DEFINITION UND VERWENDUNGSZWECK		
Die Kennzahl informiert über die durchschnittliche jährliche Anzahl der Tage, die für fachbezogene Qualifizierungsmaßnahmen je IT-Mitarbeiter pro Jahr angefallen sind. Die Weiterentwicklung zielt im Kontext der Agilität auf eine Erhöhung der Varietät von Mitarbeitern ab.		
INHALTSVALIDITÄT / EXPERTENBEURTEILUNG DER NÜTZLICHKEIT		
Abgeleitet aus Item MK_1 mit einer Ladung 0,751 und Cronbachs Alpha 0,873. Hier geht es prinzipiell um die Erhöhung der IT-spezifischen Fachqualifikationen. Expertenbeurteilung der Relevanz der Kennzahl: 71 % bei N=76		
KALKULATION	**KENNZAHLENTYP**	**POS. TRENDRICHTUNG**
$QUAL = \frac{\text{Jährliche Anzahl Tage für fachbezogene Qualifizierung}}{\text{Anzahl IT-MA gesamt}}$	absolut	ansteigend
REFERENZEN	**NORMIERUNG**	
Havighorst 2006; Hafner und Polanski 2015; The KPI Institute 2012a	5 – 4 – 3 – 2 – 1 –	$QUAL > 10$ $7 < QUAL \leq 10$ $4 < QUAL \leq 7$ $1 < QUAL \leq 4$ $QUAL \leq 1$
OBJEKTIVE KENNZAHLENERHEBUNG/DATENQUELLEN		
Die Daten, die zur Berechnung der Kennzahl benötigt werden, können zum einen von der Präsenz sowie den Abwesenheitsstatistiken und zum anderen aus der Weiterbildungsjahresplanung der Personalabteilung bezogen werden. Die Daten sollten dazu möglichst automatisiert aus den entsprechenden Modulen der HR/HCM Systeme eruiert werden können. Wenn die Mitarbeiter der Unternehmens-IT ihre Arbeitszeit kontieren, können die Daten auch aus Buchhaltungs- bzw. Controlling-Systemen ermittelt werden (z. B. Schulungs-PSP, Kostenstellen). Werden Schulungen extern durchgeführt, können auch die elektronischen Beschaffungssysteme eine valide Datenquelle darstellen.		

Abbildung 27: Kennzahlensteckbrief QUAL

Diese Kennzahl liefert die Information darüber, wie viele Tage im Jahr ein IT-Mitarbeiter im Schnitt für Weiterbildung aufwendet, wobei es in erster Linie um den Aufbau von fachlichen Multikompetenzen geht, um damit die Ressourcenflexibilität im Kontext der strategischen Flexibilität positiv zu beeinflussen. Im Wesentlichen wird durch die Kennzahl die Entwicklung der Qualifikation der IT-Mitarbeiter beurteilt, wobei ein hoher Wert grundsätzlich als positiv anzusehen ist. Die Kennzahl (QUAL) stellt eine Alternative zur Kennzahl (KOMP) dar und kann insbesondere dann genutzt werden, wenn die Erhebung der Daten für KOMP entweder einen erheblichen Aufwand erfordern würde oder keine adäquaten Datenquellen im Unternehmen diesbezüglich zur Verfügung stünden. Der direkte positive Zusammenhang wurde durch die Ergebnisse der durchgeführten empirischen Untersuchung bestätigt. Die Kennzahl liefert nur einen quantitativen Wert und keine Aussage über die Qualität der besuchten Veranstaltungen. Um ausreichend breite Qualifikationsspektren zu erzielen, sind zehn Tage an fachbezogenen Qualifizierungsmaßnahmen notwendig. Der Mittelwert wurde aus den Angaben der Teilnehmer der durchgeführten Studie abgeleitet. Mit einem Variationskoeffizienten von 0,8 kann dem Mittelwert eine eher moderate Aussagekraft unterstellt werden, da die Meinungen der Teilnehmer relativ weit um den Mittelwert streuen. Analog zur Kennzahl KOMP ist die Kennzahl (QUAL) für die Steuerungsfunktion besonders wertvoll, wenn die Unternehmens-IT auf eine langfristige Personalstrategie ausgerichtet ist.

Der Grad der Anwendbarkeit der Kennzahl ist im Wesentlichen davon abhängig, ob die Daten automatisiert über Learning Management Systeme oder Buchhaltungs- bzw. Controlling-Systeme bezogen werden. Ansonsten könnte der Aufwand für die Ermittlung des Kennzahlenwertes in vielen Fällen vermutlich relativ hoch ausfallen, und teilweise könnten die Daten auch unvollständig sein. Werden Qualifizierungsmaßnahmen zum Teil gar nicht dokumentiert, dann kann das ebenfalls zu einer Verzerrung der Messergebnisse führen.

BEZEICHNUNG DER KENNZAHL
Job-Rotation-Quote (JOBR)
DEFINITION UND VERWENDUNGSZWECK
Die Kennzahl macht eine Aussage über den Anteil der IT-Mitarbeiter, die im Zeitraum von einem Jahr an Job-Rotation Maßnahmen teilnehmen, um eine hohe Redundanz und Varietät hinsichtlich der Qualifikationsspektren für den flexiblen Personaleinsatz zu erzielen.
INHALTSVALIDITÄT / EXPERTENBEURTEILUNG DER NÜTZLICHKEIT
Abgeleitet aus Item FL_W_4 mit einer Ladung 0,493. Item wurde aus Messmodell eliminiert, die Ladung liegt aber noch über der minimalen Untergrenze von 0,4. Expertenbeurteilung der Relevanz der Kennzahl: 54 % bei N=73

KALKULATION	KENN-ZAHLENTYP	POS. TRENDRICHTUNG
JOBR = $\frac{\text{Jährliche Teilnahme IT-MA an Job-Rotation Maßnahmen}}{\text{Anzahl IT-MA gesamt}} \cdot 100$	relativ	ansteigend
REFERENZEN	**NORMIERUNG**	
DeCenzo und Robbins 2005; Gmür und Thommen 2011; Hoffmann 2013	5 – 4 – 3 – 2 – 1 –	JOBR > 30 22 < JOBR ≤ 30 14 < JOBR ≤ 22 6 < JOBR ≤ 14 JOBR ≤ 6
OBJEKTIVE KENNZAHLENERHEBUNG/DATENQUELLEN		
Mögliche Datenquellen wären etwa die Weiterbildungsjahresplanung der Personalabteilung oder Buchhaltungs- bzw. Controlling-Systeme, wenn die IT-Mitarbeiter ihre Zeiten für diese Form der Arbeitsorganisation auf spezifischen Kostenrechnungselementen kontieren.		

Abbildung 28: Kennzahlensteckbrief JOBR

Mit dieser Kennzahl kann beurteilt werden, ob die Unternehmens-IT diese Form der innerbetrieblichen Weiterbildung in einem genügenden Maße nutzt, um möglichst viele ihrer Mitarbeiter für mehr als ein Job-Profil einsetzbar zu machen. Wenn der Wert sinkt, dann steigt damit das Risiko, dass die Reaktionsfähigkeit vor allem auf unerwartete kapazitive Änderungen abnimmt, da zu wenig Spielraum vorhanden ist, um Kapazitätsspitzen mit flexiblen Generalisten auszugleichen. Ein Wert von knapp 30 % wurde von den Teilnehmern der Umfrage als annehmbar bewertet, um dahingehend eine ausreichende Flexibilität zu schaffen. Der Mittelwert besitzt mit einem Variationskoeffizienten von 0,69 eine eher moderate Aussagekraft. Im Kennzahlensystem kann JOBR wahlweise als Ersatz für KOMP verwendet werden und ist besonders steuerungsrelevant im Zusammenhang mit einer langfristigen Personalstrategie.

Ein gewichtiger Nachteil der Kennzahl besteht darin, dass die Messwerte nur sehr schwer zu eruieren sind. Dazu müssten innerhalb der IT die Job-Rotation-Maßnahmen explizit verwaltet werden. Die Expertenbeurteilung der Nützlichkeit und die statistisch ermittelte Inhaltsvalidität liegen in einem gerade noch akzeptablen Bereich, womit die grundsätzliche Nutzbarkeit der Kennzahl begründet werden kann.

Bezeichnung der Kennzahl		
Einarbeitungszeit (EINAR)		
Definition und Verwendungszweck		
Die Kennzahl zeigt die durchschnittliche Anzahl von Arbeitstagen, die ein IT-Mitarbeiter benötigt, um sich für den flexiblen Personaleinsatz in neue Einsatz- und Aufgabengebiete einzuarbeiten.		
Inhaltsvalidität / Expertenbeurteilung der Nützlichkeit		
Abgeleitet aus Item MK_2 mit einer Ladung 0,860 und Cronbachs Alpha 0,873 Expertenbeurteilung der Relevanz der Kennzahl: 63 % bei N=77		
Kalkulation	**Kennzahlentyp**	**Pos. Trendrichtung**
$EINAR = \frac{\text{Einarbeitungszeit in Tagen gesamt}}{\text{Anzahl IT-MA zur Einarbeitung}}$	absolut	absteigend
Referenzen	**Normierung**	
Bhattacharya et al. 2005; Maurer et al. 2003	5 – EINAR ≤ 20 4 – 20 < EINAR ≤ 25 3 – 25 < EINAR ≤ 30 2 – 30 < EINAR ≤ 35 1 – EINAR ≥ 35	
Objektive Kennzahlenerhebung/Datenquellen		
Die notwendigen Daten für die Kennzahlenberechnung können aus Einarbeitungsstatistiken abgeleitet werden, wenn die verschiedenen Einarbeitungsprozesse von HCM/HR Systemen digital unterstützt werden. Auch Buchhaltungs- bzw. Controlling-Systeme wären eine objektive Datenquelle, wenn die IT-Mitarbeiter ihre Zeiten für die Einarbeitung auf spezifischen Kostenrechnungselementen kontieren.		

Abbildung 29: Kennzahlensteckbrief EINAR

Diese Kennzahl dient der Beurteilung der grundsätzlichen Fähigkeit der Mitarbeiter, ihre Qualifikationen anzupassen, also wie einfach und schnell sich die Mitarbeiter die notwendigen Kompetenzen für einen Aufgabenwechsel aneignen können. Je geringer der benötigte Zeitraum, desto höher der Grad der Ressourcenflexibilität. Die Schnelligkeit der Einarbeitung wird vornehmlich durch die Metakompetenzen der Mitarbeiter beeinflusst. Dabei spielen kognitive Fähigkeiten, aber auch soziale Kompetenzen oder die Kommunikationsfähigkeit eine wichtige Rolle. Von den Teilnehmern der durchgeführten Studie wurde ein durchschnittlicher Wert von ca. 20 Tagen als genügend für eine hohe Anpassungsfähigkeit eingeschätzt. Mit einem Variationskoeffizienten von 1,09 besitzt der berechnete Mittelwert eine geringe Aussagekraft, da die Varianz größer als der Mittelwert ist. Die Kennzahl kann auch nur dann effizient genutzt werden, wenn die Einarbeitungszeiten der IT-Mitarbeiter verwaltet werden und im Idealfall aus HCM/HR Systemen oder Buchhaltungs- bzw. Controlling-Systemen möglichst hoch automatisiert ermittelt werden können. Die Effizienz der Einarbeitung wird aber noch von anderen Faktoren bestimmt. Zum einen von der strukturellen Planung bzw. Organisation der Einarbeitung und zum anderen von den verantwortlichen Personen, die die Trainings durchführen. Die Kennzahl ist als relativ unabhängig von der gewählten Personalstrategie anzusehen, denn eine Einarbeitung in die Aufgabenstellung ist häufig auch bei externen oder neu eingestellten Mitarbeitern notwendig, speziell wenn organisationsspezifisches Wissen für die Bewältigung der Aufgaben notwendig ist.

BEZEICHNUNG DER KENNZAHL		
Nutzungsgrad von internen Kommunikationsmedien zur Kollaboration (WKOLL)		
DEFINITION UND VERWENDUNGSZWECK		
Mit der Kennzahl wird der prozentuale Anteil der IT-Mitarbeiter gemessen, die Collaboration-Tools (Intranet-Foren, Diskussionsgruppen und sonstige Groupware) zum direkten Austausch von Wissen nutzen, mit dem Ziel, die Breite ihres Qualifikationsspektrums zu erhöhen.		
INHALTSVALIDITÄT / EXPERTENBEURTEILUNG DER NÜTZLICHKEIT		
Abgeleitet aus Item KM_1 mit einer Ladung von 0,695. Item wurde aus Messmodell eliminiert, die Ladung liegt aber nur minimal unter dem Richtwert von 0,700 Expertenbeurteilung der Relevanz der Kennzahl: 71 % bei N=80		
KALKULATION	KENNZAHLENTYP	POS. TRENDRICHTUNG
$WKOLL = \frac{\text{Anzahl der Nutzer Collaboration-Tools}}{\text{Anzahl IT-MA gesamt}} * 100$	relativ	ansteigend
REFERENZEN	NORMIERUNG	
Hafner und Polanski 2015; The KPI Institute 2012b	5 – WKOLL > 70 4 – 55 < WKOLL ≤ 70 3 – 40 < WKOLL ≤ 55 2 – 25 < WKOLL ≤ 40 1 – WKOLL ≤ 25	

OBJEKTIVE KENNZAHLENERHEBUNG/DATENQUELLEN
Die Datenquelle zur Messung der Kennzahl sind die jeweiligen Collaboration-Tools selbst. Wenn sich die Nutzer im Tool registrieren müssen, kann die Kennzahl relativ leicht erhoben werden. Ansonsten müssen Protokolle und Funktionen der Applikationen als Datenquelle dienen, um den Nutzungsgrad zu ermitteln. Einige Systeme unterstützen eine „Domain Specific Language“ (DSL), um spezifische Aktionen innerhalb der Applikation zu überwachen und auswertbar zu gestalten. (Medina und Nieto-Reyes 2015). Die Gesamtanzahl der IT-Mitarbeiter ist aus den Personalsystemen zu eruieren.

Abbildung 30: Kennzahlensteckbrief WKOLL

Diese Kennzahl sagt aus, wie häufig innerbetriebliche Collaboration-Tools genutzt werden, um Kommunikation und Kooperation zwischen einzelnen Wissensträgern in der Unternehmens-IT zu ermöglichen. Somit können potenzielle Schwachstellen oder Fehlentwicklungen hinsichtlich der Interaktionsstrategie im Rahmen des WM aufgezeigt werden, denn die Nutzung von Groupware unterstützt die wesentlichen Prozesse des operativen WMs signifikant und fördert damit die Agilität durch die Distribution von Wissen. Je höher der Wert der Kennzahl, desto höher ist die Bereitschaft der IT-Mitarbeiter, ihr Wissen zu teilen. Ein Wert um die 70 % wurde von den Teilnehmern der Studie als ausreichend bewertet. Mit einem Variationskoeffizienten von 0,41 kann dem Mittelwert eine hohe Aussagekraft unterstellt werden, da die einzelnen Messwerte relativ eng um den Mittelwert streuen. Bei einem schwachen Wert sollte die Unternehmens-IT über spezifische Maßnahmen adäquat gegensteuern, etwa durch Optimierung der Aufmachung, Gestaltung, Zweckmäßigkeit oder Medienwahl. Die Kennzahl ist unabhängig von der gewählten Personalstrategie, denn der Austausch von Wissen ist in jeder der möglichen Ausprägungsformen als gleichgewichtig zu betrachten. Wenn es keine solchen Tools in dem Unternehmen gibt, dann kann die Kennzahl nicht verwendet werden. Deshalb muss bei der Konstruktion des Messinstrumentariums (Artefakt) darauf geachtet werden, dass eine ausreichend hohe Flexibilität zur individuellen Konfiguration gegeben ist. Wenn Mitarbeiter ihr Wissen auf informelle Weise teilen (z. B. bei Diskussionen am Schreibtisch), wird dieser Wissenstransfer von der Kennzahl aber nicht erfasst, was dann wiederum zu einem verzerrten Ergebnis an dieser Stelle führen könnte.

Bezeichnung der Kennzahl		
Anteil Mitarbeiter mit Beiträgen in Wissensdatenbanken (WDBR)		
Definition und Verwendungszweck		
Mit der Kennzahl wird der prozentuale Anteil der IT-Mitarbeiter gemessen, die Beiträge in Wissensdatenbanken/Repositories einstellen, die dann mit Hilfe von Discovery-Tools von anderen Mitarbeitern gefunden werden können. Primäre Zielstellung ist der Beitrag zu einem effizienten Wissensaustausch steuerbar zu gestalten.		
Inhaltsvalidität / Expertenbeurteilung der Nützlichkeit		
Abgeleitet aus Item KM_1 mit einer Ladung von 0,695. Item wurde aus Messmodell eliminiert, die Ladung liegt aber nur minimal unter dem Richtwert von 0,700 Expertenbeurteilung der Relevanz der Kennzahl: 71 % bei N=79		
Kalkulation	**Kennzahlentyp**	**Pos. Trendrichtung**
WDBR = $\frac{\text{Anzahl IT-MA mit Beiträgen in Wissens-DB}}{\text{Anzahl IT-MA gesamt}} * 100$	relativ	ansteigend
Referenzen	**Normierung**	
The KPI Institute 2012b	5 – WDBR > 70 4 – 55 < WDBR ≤ 70 3 – 40 < WDBR ≤ 55 2 – 25 < WDBR ≤ 40 1 – WDBR ≤ 25	
Objektive Kennzahlenerhebung/Datenquellen		
Die Datenquelle zur Messung der Kennzahl sind die Collaboration-Tools selbst. Aus den Metadaten der eingestellten Beiträge („angelegt von") kann die Anzahl der beisteuernden Mitarbeiter objektiv ermittelt werden. Die Werkzeuge müssen dazu über adäquate Reporting-Funktionalitäten verfügen. Die Gesamtanzahl der Mitarbeiter ist aus den Personalsystemen zu eruieren.		

Abbildung 31: Kennzahlensteckbrief WDBR

Mit dieser Kennzahl kann die Bereitschaft der IT-Mitarbeiter kontrolliert werden, ihr Wissen zu teilen. Damit wird implizit die Wirksamkeit der Kodifizierungsstrategie beeinflusst, mithilfe derer von Discovery-Tools auf die gespeicherten Dokumente zugegriffen werden kann und eine Interaktion zum ursprünglichen Wissensträger nicht mehr primär im Fokus steht. Mit der Kennzahl kann jedoch nicht die Qualität der eingestellten Dokumente beurteilt werden. Je höher der Wert der Kennzahl, desto höher ist die Bereitschaft der IT-Mitarbeiter, ihr vorhandenes Wissen mit anderen zu teilen. Im Vergleich zu WKOLL liegt der von den Teilnehmern der Umfrage empfohlene

Wert ein wenig niedriger, nämlich bei 66 %, wobei auch hier die Steuerungsrelevanz unabhängig von der Personalstrategie ist. Mit einem Variationskoeffizienten von 0,38 kann dem eruierten Mittelwert eine relativ hohe Aussagekraft unterstellt werden, da die einzelnen Messwerte relativ eng um den Mittelwert streuen. Bezüglich der Anwendbarkeit der Kennzahl gelten die gleichen Restriktionen wie bei der Kennzahl WKOLL.

Bezeichnung der Kennzahl		
Teilnahmequote an Wissensgemeinschaften (WGEM)		
Definition und Verwendungszweck		
Die Kennzahl gibt an, wieviel Prozent der IT-Mitarbeiter an innerbetrieblichen Communities, Arbeitsgemeinschaften und Erfahrungskreisen pro Jahr teilnehmen. Die Zentrale Zielsetzung ist, den abteilungsübergreifenden Austausch von Wissen zu kontrollieren.		
Inhaltsvalidität / Expertenbeurteilung der Nützlichkeit		
Abgeleitet aus Item KM_2 mit einer Ladung von 0,669. Item wurde aus Messmodell eliminiert, die Ladung liegt aber nur minimal unter dem Richtwert von 0,700 Expertenbeurteilung der Relevanz der Kennzahl: 67 % bei N=80		
Kalkulation	**Kennzahlentyp**	**Pos. Trendrichtung**
WGEM= $\frac{\text{Anzahl IT-MA in Wissensgemeinschaften}}{\text{Anzahl IT-MA gesamt}} * 100$	relativ	ansteigend
Referenzen	**Normierung**	
The KPI Institute 2012b	5 – 4 – 3 – 2 – 1 –	WGEM > 60 45 < WGEM ≤ 60 30 < WGEM ≤ 45 15 < WGEM ≤ 30 WGEM ≤ 15
Objektive Kennzahlenerhebung/Datenquellen		
Die notwendigen Daten für die Kennzahlenberechnung können aus Personalverwaltungssystemen oder elektronischen Einsatzplänen eruiert werden. Auch Buchhaltungs- bzw. Controlling Systeme wären valide Datenquellen, wenn die IT-Mitarbeiter ihre Zeiten auf spezifischen Kostenrechnungselementen kontieren.		

Abbildung 32: Kennzahlensteckbrief WGEM

Diese Kennzahl verdeutlicht mögliche Schwachstellen in der Wissensverteilung mit dem Fokus auf eine direkte Interaktion zwischen den Mitarbeitern. Durch derartige Communities können große Mehrwerte entstehen, besonders zum Aufbau neuer Inhalte und Ideen sowie durch den abteilungsübergreifenden Wissenstransfer. Je höher der Kennzahlenwert, desto mehr IT-Mitarbeiter profitieren vom Aufbau von Wissen und Kompetenzen und erhöhen dadurch auch ihre individuelle Flexibilität. Von den Teilnehmern der Umfrage wurde ein durchschnittlicher Wert von knapp 60 % als zielführend angesehen. Mit einem Variationskoeffizienten von 0,39 kann dem Mittelwert eine hohe Aussagekraft unterstellt werden, da die einzelnen Messwerte relativ eng um den Mittelwert streuen. Sinken die Werte, könnte eine stetigere Partizipation durch unterschiedliche Maßnahmen motiviert werden, etwa mit Hilfe von Anreizsystemen des strategischen Wissensmanagements (Butler 2001, Finholt und Sproull 1990). Der Indikator gibt jedoch keine Auskunft darüber, ob die Teilnehmer sich aktiv beteiligen oder gewissermaßen nur anwesend sind, ohne selbst Beiträge zu liefern oder Informationen entsprechend aufzunehmen. In der Praxis wird es bei der Kennzahl oft schwer sein, verlässliche Zahlen auf der Basis eines objektivierbaren Inputs zu beschaffen. Deshalb wäre eine optionale Beurteilung durch Experten (statt Messung) eventuell vorteilhaft. Eine derartige Möglichkeit sollte bei der Konstruktion des Messinstrumentariums demzufolge berücksichtigt werden.

Bezeichnung der Kennzahl		
Anzahl MA mit variablen Vergütungsbestandteilen (MVAR)		
Definition und Verwendungszweck		
Die Kennzahl zeigt den Anteil der IT-Mitarbeiter, die Anspruch auf eine in irgendeiner Form leistungs- bzw. ergebnisbezogene variable Vergütung haben. Das Ziel ist die Steuerbarkeit der Flexibilitätsbereitschaft der IT-Mitarbeiter auf der Grundlage von finanziellen Anreizsystemen.		
Inhaltsvalidität / Expertenbeurteilung der Nützlichkeit		
Der Einsatz finanzieller Anreizsysteme repräsentiert ein wesentliches Merkmal des konzeptionellen Rahmens der Determinante Flexibilitätsbereitschaft und wird mit dieser Kennzahl abgebildet (vgl. Tabelle 6).		
Expertenbeurteilung der Relevanz der Kennzahl: 66 % bei N=71		
Kalkulation	**Kenn-zahlentyp**	**Pos. Trendrichtung**
$MVAR=\frac{\text{IT–MA mit variablen Gehaltsbestandteilen}}{\text{Anzahl IT–MA gesamt}}\cdot 100$	relativ	ansteigend

REFERENZEN	NORMIERUNG	
Havighorst 2006; Sasse et al. 2011	5 –	MVAR > 60
	4 –	45 < MVAR ≤ 60
	3 –	30 < MVAR ≤ 45
	2 –	15 < MVAR ≤ 30
	1 –	MVAR ≤ 15

OBJEKTIVE KENNZAHLENERHEBUNG/DATENQUELLEN
Die Datenquelle für die objektive Ermittlung der Kennzahl sind Personalabrechnungssysteme der Lohnbuchhaltung.

Abbildung 33: Kennzahlensteckbrief MVAR

Mit dieser Kennzahl kann indirekt die Flexibilitätsbereitschaft von IT-Mitarbeitern beeinflusst werden. Finanzielle Anreizsysteme fördern die Leistungsmotivation der Mitarbeiter und setzen damit auch Anreize für deren Einsatzflexibilität. Eine derartige Koppelung unterstellt, dass bei steigenden Werten der Kennzahl auch die Leistungsmotivation der Mitarbeiter ansteigt. Für die Teilnehmer der Umfrage ist eine durchschnittliche Quote von 55 % ausreichend, um auf diese Weise eine hinreichende Flexibilitätsbereitschaft der gesamten IT-Workforce zu erreichen. Mit einem Variationskoeffizienten von 0,57 kann dem Mittelwert eine eher moderate Aussagekraft unterstellt werden, da die Meinungen der Teilnehmer relativ weit um den Mittelwert streuen. Die Aussagekraft der Kennzahl für sich allein ist aber beschränkt, da keine Informationen über die durchschnittliche Höhe der variablen Vergütung vorliegen. Die Steuerungsfunktion wäre daher in Kombination mit der Kennzahl AVAR sinnvoll. Die Kennzahl sollte weitgehend effizient, stets aktuell und zuverlässig aus Gehaltsabrechnungssystemen bezogen werden, was eine sehr gute Anwendbarkeit der Kennzahl einschließt.

BEZEICHNUNG DER KENNZAHL
Anteil variables Jahreseinkommen (AVAR)
DEFINITION UND VERWENDUNGSZWECK
Die Kennzahl misst den Anteil der variablen Vergütung an der Gesamtvergütung. Das Ziel ist, in Kombination mit MVAR eine Steuerbarkeit der Flexibilitätsbereitschaft der IT-Mitarbeiter auf der Grundlage von finanziellen Anreizsystemen zu ermöglichen.

INHALTSVALIDITÄT / EXPERTENBEURTEILUNG DER NÜTZLICHKEIT		
Der Einsatz finanzieller Anreizsysteme repräsentiert ein wesentliches Merkmal des konzeptionellen Rahmens der Determinante Flexibilitätsbereitschaft und wird mit dieser Kennzahl abgebildet (vgl. Tabelle 6).		
Expertenbeurteilung der Relevanz der Kennzahl: 61 % bei N=71		
KALKULATION	**KENNZAHLENTYP**	**POS. TRENDRICHTUNG**
$AVAR = \frac{\text{Summe variable Gehaltsbestandteile}}{\text{Summe aller Gehälter}} * 100$	relativ	ansteigend
REFERENZEN	**NORMIERUNG**	
Hafner und Polanski 2015; Sasse et al. 2011	5 –	AVAR > 20
	4 –	15 < AVAR ≤ 20
	3 –	10 < AVAR ≤ 15
	2 –	5 < AVAR ≤ 10
	1 –	AVAR ≤ 5
OBJEKTIVE KENNZAHLENERHEBUNG/DATENQUELLEN		
Die Datenquelle für die objektive Ermittlung der Kennzahl sind Personalabrechnungssysteme der Lohnbuchhaltung.		

Abbildung 34: Kennzahlensteckbrief AVAR

Die durchschnittliche Erfolgsbeteiligung pro Mitarbeiter sollte bei ca. 15 % liegen, um eine ausreichende Leistungsmotivation und Flexibilitätsbereitschaft bei den IT-Mitarbeitern hervorzurufen, was den Mittelwert aus den Angaben der Teilnehmer der durchgeführten Umfrage darstellt. Der Variationskoeffizient liegt mit einem Wert von 0,68 noch im moderaten Bereich und bescheinigt somit dem Mittelwert eine angemessene Aussagekraft. Die Kennzahlen MVAR und AVAR sind bei einer eher kurzfristigen Personalstrategie von besonderer Bedeutung, da je nach Aufgabenstellung das Personal immer wieder neu zusammengesetzt wird und neue Mitarbeiter mit dringend benötigten Kompetenzen sehr schnell rekrutiert werden müssen, was durch entsprechende Anreizsysteme gefördert wird, wie etwa durch hohe variable Bestandteile bei der Vergütung. Analog zur Kennzahl MVAR ist die Anwendbarkeit der Kennzahl AVAR als sehr gut einzuschätzen.

BEZEICHNUNG DER KENNZAHL
Zielvereinbarungsquote (ZIEL)

DEFINITION UND VERWENDUNGSZWECK		
Mit der Kennzahl soll gemessen werden, in welchem Umfang jährliche Zielvereinbarungen als Instrument zur Stimulierung der Leistungsmotivation von IT-Mitarbeitern eingesetzt werden.		
INHALTSVALIDITÄT / EXPERTENBEURTEILUNG DER NÜTZLICHKEIT		
Die Führung durch eine Zielvereinbarung repräsentiert ein wesentliches Merkmal des konzeptionellen Rahmens der Determinante Flexibilitätsbereitschaft und wird mit dieser Kennzahl abgebildet (vgl. Tabelle 6).		
Expertenbeurteilung der Relevanz der Kennzahl: 68 % bei N=71		
KALKULATION	KENNZAHLENTYP	POS. TRENDRICHTUNG
ZIEL = $\frac{\text{Anzahl IT-MA mit Zielvereinbarungen}}{\text{Anzahl IT-MA gesamt}} * 100$	relativ	ansteigend
REFERENZEN	NORMIERUNG	
Hafner und Polanski 2015; Havighorst 2006	5 – ZIEL > 70 4 – 55 < ZIEL ≤ 70 3 – 40 < ZIEL ≤ 55 2 – 25 < ZIEL ≤ 40 1 – ZIEL ≤ 25	
OBJEKTIVE KENNZAHLENERHEBUNG/DATENQUELLEN		
Die Datenquelle sind Personalsysteme, die den Prozess der Leistungsbeurteilung und Zielvereinbarung technisch abbilden. Die Daten können dann aus zentral gespeicherten Performance-Beurteilungen und Vereinbarungen aus Mitarbeitergesprächen eruiert werden.		

Abbildung 35: Kennzahlensteckbrief ZIEL

Mit dieser Kennzahl soll gemessen werden, in welchem Umfang Zielvereinbarungen als Instrument des Motivationsaufbaus eingesetzt werden, um positive Effekte auf die Flexibilitätsbereitschaft der IT-Mitarbeiter zu erzielen aufgrund einer starken Identifikation mit den Zielen der Organisation. Zielvereinbarungen werden in der Regel jährlich durchgeführt. Auf der Grundlage der Ergebnisse der durchgeführten Umfrage wäre hier ein Wert von 63 % maßgebend, um insgesamt eine ausreichend hohe Leistungsmotivation der IT-Workforce zu erlangen. Der Variationskoeffizient mit einem Wert von 0,51 zeigt eine moderate Streuung um den Mittelwert. Die Aussagekraft der Kennzahl ist dahingehend begrenzt, da nur eine mengenmäßige Beurteilung der Quote erfolgt und keinerlei Informationen über die Qualität der vereinbarten Ziele liefert. Wenn eine Unternehmens-IT keine Zielvereinbarungen mit ihren IT-Mitarbeitern trifft, dann kann die Kennzahl nicht verwendet werden.

Die nachfolgenden Abbildungen zeigen zusammenfassend jeweils die von den Teilnehmern der empirischen Studie zugesprochene Relevanz (zwischen 0 und 100 %) für die einzelnen Kennzahlen zwecks einer adäquaten Vergleichbarkeit.

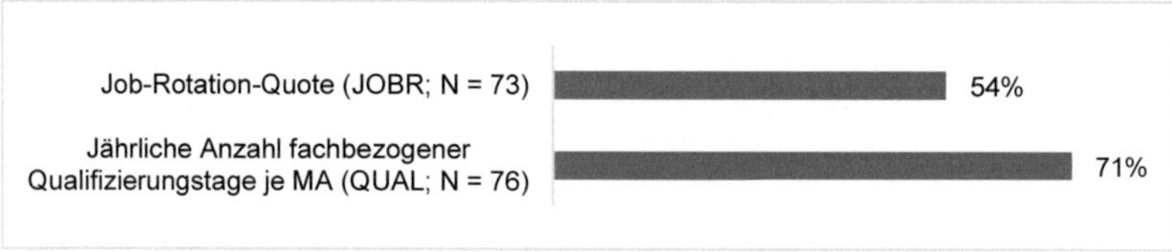

Abbildung 36: Relevanzbeurteilung Kennzahlen Weiterentwicklung

Im Kontext der flexibilitätsorientierten Weiterbildung wurde von den Teilnehmern der Umfrage[59] die Relevanz von fachbezogenen Weiterbildungsmaßnahmen deutlich höher bewertet – im direkten Vergleich zu innerbetrieblichen Job-Rotation-Maßnahmen.

---

[59] In der Umfrage war die Angabe der Einschätzungen der Teilnehmer zu den einzelnen Kennzahlen optional. Deshalb variiert ggf. die Anzahl der Nennungen (N) pro Kennzahl. Dadurch wurde sichergestellt, dass die Teilnehmer nur Aussagen über Kennzahlen machen mussten, zu denen sie auch eine Meinung hatten, so dass einer Verzerrung der Umfrageergebnisse entgegengewirkt wurde.

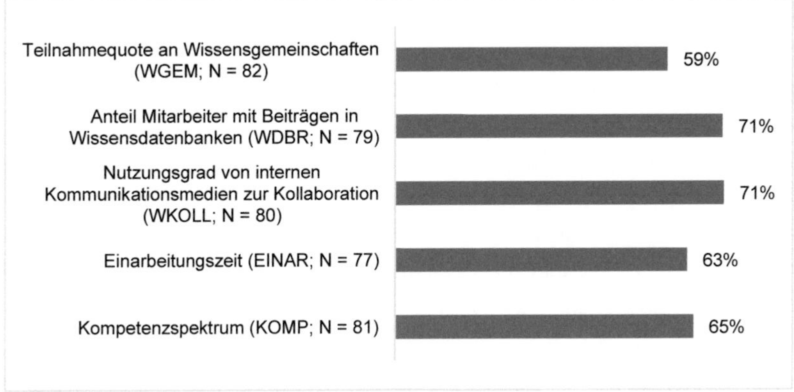

Abbildung 37: Relevanzbeurteilung Kennzahlen Qualifikationsspektrum

Für die aktive Steuerung des Qualifikationsspektrums der IT-Mitarbeiter wurden den Kennzahlen WDBR und WKOLL eine leicht höhere Relevanz zugesprochen, welche eine Aussage über die Bereitschaft der IT-Mitarbeiter treffen, ihr Wissen im Rahmen einer Interaktions- und Kodifizierungsstrategie zu teilen.

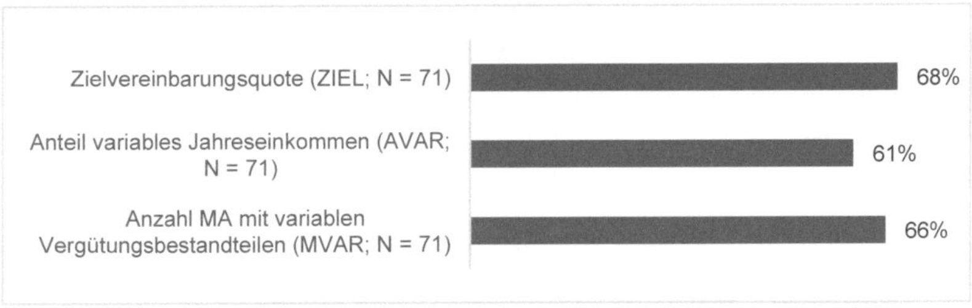

Abbildung 38: Relevanzbeurteilung Kennzahlen Flexibilitätsbereitschaft

Die Kennzahlen für die Steuerung der Flexibilitätsbereitschaft wurden annähernd als gleich relevant von den Teilnehmern eingestuft. Dies korrespondiert mit der Einschätzung, dass die Steuerungsfunktion der Kennzahlen

AVAR und MVAR nur in der Kombination sinnvoll erscheint. Wenn die variablen Bestandteile wesentlich an individuelle Ziele gekoppelt sind, dann wäre die Kombination von allen drei Kennzahlen besonders zielführend.

6.2.3.2 Kennzahlen Agiles IT-Workforce Management

Die Auswertung der empirischen Studie belegt eine starke direkte Wirkbeziehung der IT-Personalplanung (0,461****) auf das agile Workforce Management einer IT-Funktion. Personalentwicklungs-, Personalbedarfs- und Personaleinsatzplanung stellen inhärente Bestandteile der IT-Personalplanung dar. Zusätzlich bestätigen die empirischen Daten einerseits eine höchst signifikante indirekte Beziehung der Determinante Mitarbeiterbindung (0,173****), welche durch die Personalplanung mediiert wird und anderseits eine signifikante direkte Beziehung der Determinante IT-Personalbeschaffung (0,153**) auf das agile Workforce Management. Die Wirkbeziehung der Determinante Weiterentwicklung IT-Mitarbeiter ist dagegen nur schwach ausgeprägt und deshalb werden keine Kennzahlen aus diesem Bereich zur indirekten Messung und Steuerung des agilen Workforce Managements berücksichtigt. Mit den nachfolgenden Kennzahlen sollen mögliche Schwachstellen und Risiken in der Akquirierung und Nutzung flexibler Ressourcen transparent gemacht werden, letztendlich, um mit Sicherheit zu gewährleisten, dass zu jeder Zeit die richtige Anzahl von IT-Mitarbeitern mit der richtigen Qualifikation und Motivationen zur richtigen Zeit am richtigen Ort zur Verfügung steht, was als ein zentraler Aspekt der IT-Agilität im Handlungsfeld IT-Personal anzusehen ist.

BEZEICHNUNG DER KENNZAHL
Anteil IT-Arbeitsplätze mit Qualifikationsanforderungsprofil (ARPR)
DEFINITION UND VERWENDUNGSZWECK
Mit der Kennzahl wird der prozentuale Anteil der IT-Arbeitsplätze mit Qualifikationsanforderungsprofil gemessen und soll aufzeigen, in welchen Maße Personalplanungen durch ein agiles Workforce Management unterstützt werden können.
INHALTSVALIDITÄT / EXPERTENBEURTEILUNG DER NÜTZLICHKEIT
Abgeleitet aus Item P_P_4 mit einer Ladung 0,730 und Cronbachs Alpha 0,845 Expertenbeurteilung der Relevanz der Kennzahl: 67 % bei N=73

KALKULATION	KENNZAHLENTYP	POS. TRENDRICHTUNG
$ARPR = \frac{\text{Anzahl Stellen mit Qualifikationsprofil}}{\text{Anzahl Stellen gesamt}} * 100$	relativ	ansteigend
REFERENZEN	**NORMIERUNG**	
Havighorst 2006	5 – ARPR > 80 4 – 65 < ARPR ≤ 80 3 – 50 < ARPR ≤ 65 2 – 35 < ARPR ≤ 50 1 – ARPR ≤ 35	
OBJEKTIVE KENNZAHLENERHEBUNG/DATENQUELLEN		
Eine mögliche Datenquelle sind Personalverwaltungssysteme, die u. a. die Organisationsstruktur mit den entsprechenden Stellen (ggf. auch mit Zuordnung der jeweiligen Stelleninhaber) abbilden, in Verbindung mit den dazugehörigen Stellenbeschreibungen. Ferner können die Daten alternativ aus speziellen Stellenplan-Software-Systemen objektiv ermittelt werden. Die Gesamtanzahl der Mitarbeiter wäre aus den Personalsystemen zu eruieren.		

Abbildung 39: Kennzahlensteckbrief ARPR

Die Beschreibung der Arbeitsplätze ist die Grundvoraussetzung für viele Verfahren der Personalplanung und der Personalbeschaffung. Die Kennzahl soll als eine Art Frühwarnsystem fungieren, wenn diese Grundsätzlichkeit nicht mehr in einem ausreichenden Maße gegeben ist und dadurch die Effizienz und die Qualität der Personalplanungen negativ beeinflusst werden könnten. Aus Sicht der Teilnehmer der durchgeführten Umfrage sollte für mind. 72 % der existierenden Stellen ein Qualifikationsprofil vorhanden sein, um die Personalplanungen im Rahmen eines agilen IT-Workforce Managements adäquat zu unterstützen. Die Aussagekraft des berechneten Mittelwertes kann als relativ hoch eingeschätzt werden, da sich hier die Teilnehmer in ihrer Meinung recht einig waren, was der Variationskoeffizient von 0,31 belegt. Die Kennzahl macht aber keine Aussage über die Qualität und Gegenwartsbezogenheit der Profile. Gerade aufgrund der Dynamik im IT-Bereich können existierende Profile schnell veralten und sind damit vergleichsweise wertlos als Input für Personalplanungen. Beispielsweise könnte es passieren, dass im Rahmen der Personalentwicklung aufgrund veralteter bzw. qualitativ unzureichender Anforderungsprofile falsche Qualifizierungsmaßnahmen geplant werden. Die Werte der Kennzahl ARPR können nur dann effizient ermittelt werden, wenn eine zentrale Verwaltung der Anforderungsprofile im Unternehme erfolgt. In der Praxis könnte es auftreten, dass diese Transparenz abteilungsübergreifend nicht gegeben ist.

BEZEICHNUNG DER KENNZAHL		
Anteil IT-Mitarbeiter mit Qualifikationsprofil (MAPR)		
DEFINITION UND VERWENDUNGSZWECK		
Mit der Kennzahl wird der prozentuale Anteil der IT-Mitarbeiter mit einem auswertbaren Qualifikationsprofil ermittelt. Die Kennzahl soll aufzeigen, in welchen Maße Personalplanungen im Rahmen eines agilen Workforce Managements unterstützt werden können.		
INHALTSVALIDITÄT / EXPERTENBEURTEILUNG DER NÜTZLICHKEIT		
Abgeleitet aus Item P_P_3 mit einer Ladung 0,721 und Cronbachs Alpha 0,845 Expertenbeurteilung der Relevanz der Kennzahl: 70 % bei N=72		
KALKULATION	KENNZAHLENTYP	POS. TRENDRICHTUNG
MAPR = $\frac{\text{Anzahl IT-MA mit Qualifikationsprofil}}{\text{Anzahl IT-MA gesamt}} * 100$	relativ	ansteigend
REFERENZEN	NORMIERUNG	
Havighorst 2006	5 – 4 – 3 – 2 – 1 –	MAPR > 80 65 < MAPR ≤ 80 50 < MAPR ≤ 65 35 < MAPR ≤ 50 MAPR ≤ 35
OBJEKTIVE KENNZAHLENERHEBUNG/DATENQUELLEN		
Im bestmöglichen Fall können implementierte Kompetenzmanagementsysteme verwendet werden, um die Kennzahl direkt zu ermitteln, wenn die MA ihre Profile dort stetig verwalten. Alternativ können die notwendigen Daten zur Ermittlung der Kennzahl aus Personalmanagementsystemen eruiert werden. Auch aus den Metadaten von DMS können die notwendigen Parameter eruiert werden. Die Gesamtanzahl der IT-Mitarbeiter ist aus den Personalsystemen zu entnehmen.		

Abbildung 40: Kennzahlensteckbrief MAPR

Insbesondere für die Personalbedarfs- und Personaleinsatzplanung ist die Kenntnis der zum Planungszeitpunkt vorhandenen Kompetenzen eine Grundvoraussetzung. Die Kennzahl MAPR soll analog zu APPR als Frühwarnsystem fungieren, wenn diese Voraussetzung nicht mehr in einem ausreichenden Maße gegeben ist. Hier sollte nach Ansicht der Teilnehmer der durchgeführten Umfrage der Wert nicht unter 76 % fallen, damit die Unternehmens-IT auf Veränderungen vorbereitet ist, die mittel- und langfristig zu erwartet sind, um schnelle Reaktionen auf kapazitive und funktionale Anforderungen zu ermöglichen. Analog zu ARPR lagen die Meinungen der Teilnehmer diesbezüglich nicht weit auseinander, was der Variationskoeffizient von 0,31 dokumentiert. Die Aussagekraft der Kennzahl ist rein quantitativ und macht keine Aussage über die Qualität und Aktualität der Profile. Die Kennzahl ist für eine langfristige Personalstrategie besonders wertvoll, da die Stellen vor allem intern besetzt werden sollten. Bei externen Mitarbeitern und Bewerbern wird eine Art Qualifikationsprofil mit der eingehenden Bewerbung vom Bewerber bereitgestellt, die nicht persistiert und aktualisiert werden muss. Im bestmöglichen Fall gibt der Kandidat seine Daten strukturiert und formalisiert in eine elektronische Bewerbungsplattform ein.

<table>
<tr><th colspan="3">Bezeichnung der Kennzahl</th></tr>
<tr><td colspan="3">Dauer Bereitstellungsprozess von IT-Mitarbeitern (MABS)</td></tr>
<tr><th colspan="3">Definition und Verwendungszweck</th></tr>
<tr><td colspan="3">Die Kennzahl misst die durchschnittliche Dauer [Tage], die für eine Identifizierung und Bereitstellung eines geeigneten IT-Mitarbeiters benötigt wird. Die Kennzahl dient als Indikator für die Reaktionsfähigkeit auf kurzfristige Personalanforderungen.</td></tr>
<tr><th colspan="3">Inhaltsvalidität / Expertenbeurteilung der Nützlichkeit</th></tr>
<tr><td colspan="3">Abgeleitet aus Item P_P_1 mit einer Ladung von 0,732 und Cronbachs Alpha von 0,845
Expertenbeurteilung der Relevanz der Kennzahl: 67 % bei N=73</td></tr>
<tr><th>Kalkulation</th><th>Kennzahlentyp</th><th>Pos. Trendrichtung</th></tr>
<tr><td>$MABS = \frac{\text{Bereitstellungszeit gesamt}}{\text{Anzahl Anforderungen zur Bereitstellung}}$</td><td>absolut</td><td>absteigend</td></tr>
<tr><th>Referenzen</th><th colspan="2">Normierung</th></tr>
<tr><td>Konstruiert aus definitorischem Umfeld</td><td colspan="2">5 – MABS ≤ 25
4 – 25 < MABS ≤ 30
3 – 30 < MABS ≤ 35
2 – 35 < MABS ≤ 40
1 – MABS > 40</td></tr>
</table>

OBJEKTIVE KENNZAHLENERHEBUNG/DATENQUELLEN
Als Datenquelle kann spezifische Workforce-Management-Software beziehungsweise Personaleinsatzplanungssoftware verwendet werden, die den Bereitstellungsprozess systemtechnisch abbilden. Eine weitere Möglichkeit wären Service-Management-Systeme, wenn die Personalanforderung in Form von Tickets/Anfragen gestellt wird. Aus dem Ticketverlauf könnte man die Zeitspanne berechnen. Im Allgemeinen sind derartige inhärente Auswertungsmöglichkeiten im Funktionsumfang bereits inkludiert.

Abbildung 41: Kennzahlensteckbrief MABS

Mit der Kennzahl kann die Effektivität des gesamten Prozesses der Zuordnung von IT-Mitarbeitern auf konkrete Personalanforderungen überwacht werden. Vor allem wird der durchschnittliche zeitliche Aufwand kontrolliert, der benötigt wird, um die Personalressourcen von einer Aufgabenstellung zur anderen zu transferieren. Damit wird ein wesentlicher Aspekt der Koordinationsflexibilität im Rahmen eines agilen Workforce-Managements steuerbar gemacht. Bezogen auf die Schnelligkeit sollte nach Ansicht der Teilnehmer der durchgeführten Umfrage der Wert nicht höher als 29 Tage betragen. Die Aussagekraft des Mittelwertes kann allerdings als eher gering beurteilt werden, da diesbezüglich die Einschätzungen der Teilnehmer weit auseinander gingen. Der Variationskoeffizient beträgt 1,15 und folglich liegt die durchschnittliche Varianz wertmäßig über dem Mittelwert. Die Kennzahl fokussiert die Schnelligkeit des Transfers bzw. der Bereitstellung von IT-Mitarbeitern. Es wird aber keine Aussage über die Kongruenz zwischen den erforderlichen Qualifikationen der Stelle bzw. Aufgabe und den Kompetenzen des zugeordneten IT-Mitarbeiters als eines qualitativen Gütekriteriums für den effizienten Personaleinsatz getroffen. Ferner wird die Bereitstellungsdauer auch von der Effektivität der Personalbeschaffung oder Personalweiterbildung beeinflusst, weil die Mitarbeiter erst neu akquiriert oder die Kompetenzen vor dem Transfer zunächst erweitert werden müssen. Eine schnelle und zuverlässige Erhebung der Kennzahl kann nur dann erreicht werden, wenn entsprechende WFM-Systeme oder Service-Management-Systeme im Unternehmen zu diesem Zweck genutzt werden.

Bezeichnung der Kennzahl		
Mehrarbeitsquote (MEAR)		
Definition und Verwendungszweck		
Die Kennzahl berechnet die durchschnittlich geleisteten Überstunden der IT-Mitarbeiter, indem die effektiv erfasste Arbeitszeit mit der Soll-Arbeitszeit in Beziehung gesetzt wird. Mit der Kennzahl wird kontrolliert, ob mit dem vorhandenen Mitarbeiterbestand das anfallende Arbeitsvolumen dauerhaft oder zeitweilig bewältigt werden kann.		
Inhaltsvalidität / Expertenbeurteilung der Nützlichkeit		
Die Überstundenquote ist ein Gradmesser für die Planungseffizienz und repräsentiert damit ein wesentliches Merkmal des konzeptionellen Rahmens der Determinante IT-Personalplanung und wird mit dieser Kennzahl abgebildet (vgl. Tabelle 8). Expertenbeurteilung der Relevanz der Kennzahl: 67% bei N=75		
Kalkulation	**Kennzahlentyp**	**Pos. Trendrichtung**
MEAR = $\frac{\text{Ist-Arbeitszeit}}{\text{Soll-Arbeitszeit}} \cdot 100 - 100$	relativ	absteigend
Referenzen	**Normierung**	
Hafner und Polanski 2015; Havighorst 2006; Söffker et al. 2008; Sasse et al. 2011	5 – MEAR ≤ 15 4 – 15 < MEAR ≤ 20 3 – 20 < MEAR ≤ 25 2 – 25 < MEAR ≤ 30 1 – MEAR > 30	
Objektive Kennzahlenerhebung/Datenquellen		
Die Quelle für die objektive Beschaffung der Daten bilden Lohnbuchhaltungssysteme, wenn die Überstunden vergütet werden. Ferner können elektronische Einsatzpläne oder Zeiterfassungssysteme als Datenquelle dienen. Wenn die Mitarbeiter der Unternehmens-IT ihre Arbeitszeit kontieren, können die Daten auch aus Controlling Systemen eruiert werden.		

Abbildung 42: Kennzahlensteckbrief MEAR

Die Kennzahl informiert darüber, wie effizient und gut organisiert in Unternehmen bzw. in den einzelnen funktionalen Bereichen gearbeitet wird. Insbesondere kann die Kennzahl als Gradmesser für die Qualität der Personalplanungsprozesse einer Organisation dienen. Dabei wird die Überschreitung von Kapazitätsgrenzen bzw. die durchschnittliche Belastung der IT-Mitarbeiter mit Mehrarbeit angezeigt. Bei hohen Werten über einen längeren Zeitraum entsteht konkreter Handlungsbedarf, entweder aufgrund ungenügender personeller Kapazitäten oder ineffizienter Organisation (z. B. durch falsch aufgestellte Teams, überforderte Mitarbeiter etc.). Nach Ansicht der Teilnehmer der durchgeführten Umfrage sollte hier ein Wert von 19 % langfristig nicht überschritten werden. Mit einem Variationskoeffizienten von 0,69 kann dem Mittelwert eine eher moderate Aussagekraft unterstellt werden, da die Meinungen der Teilnehmer relativ weit um den Mittelwert streuen. Kurzfristige Erhöhungen können toleriert werden, mittel- und langfristig sollte sich der Kennzahlenwert auf dem Zielwert einpendeln. Der Wert der Kennzahl kann aber auch von anderen Gegebenheiten im Unternehmenskontext beeinflusst werden, die nicht direkt mit der Planungseffizienz in Verbindung gebracht werden können. Beispielsweise können Überkapazitäten dann nicht durch genügende Neueinstellungen aufgefangen werden, wenn ein Arbeitskräftemangel herrscht. Ferner berücksichtigt die Kennzahl keine Überstunden, die systemtechnisch nicht dokumentiert werden. Dies kann einerseits an einer fehlenden Zeiterfassung im Allgemeinen liegen oder einzelne Mitarbeiter erfassen viele Überstunden aus diversen Gründen nicht. Das kann dann zu einer Verzerrung der Messergebnisse führen.

<table>
<tr><th colspan="4">BEZEICHNUNG DER KENNZAHL</th></tr>
<tr><td colspan="4">Eigenkündigungsquote (FLUK)</td></tr>
<tr><th colspan="4">DEFINITION UND VERWENDUNGSZWECK</th></tr>
<tr><td colspan="4">Die Kennzahl zeigt, welcher Anteil an IT-Mitarbeiter die Unternehmens-IT pro Jahr ungeplant durch Eigenkündigungen verlässt.</td></tr>
<tr><th colspan="4">INHALTSVALIDITÄT / EXPERTENBEURTEILUNG DER NÜTZLICHKEIT</th></tr>
<tr><td colspan="4">Abgeleitet aus Item M_B_1 mit einer Ladung von 0,695. Item wurde aus Messmodell eliminiert, die Ladung liegt aber nur minimal unter dem Richtwert von 0,700
Expertenbeurteilung der Relevanz der Kennzahl: 73 % bei N=74</td></tr>
<tr><th>KALKULATION</th><th colspan="2">KENNZAHLENTYP</th><th>POS. TRENDRICHTUNG</th></tr>
<tr><td>$FLUK = \frac{\text{Anzahl ungeplante Kündigungen}}{\text{Anzahl IT-MA gesamt}} * 100$</td><td colspan="2">relativ</td><td>absteigend</td></tr>
<tr><th>REFERENZEN</th><th colspan="3">NORMIERUNG</th></tr>
<tr><td>Hafner und Polanski 2015; Havighorst 2006; Hoffmann 2013; Söffker et al. 2008</td><td>5 –
4 –
3 –
2 –
1 –</td><td colspan="2">FLUK ≤ 5
5 < FLUK ≤ 7
7 < FLUK ≤ 9
9 < FLUK ≤ 11
FLUK > 11</td></tr>
</table>

OBJEKTIVE KENNZAHLENERHEBUNG/DATENQUELLEN
Die notwendigen Parameter für die Berechnung der Kennzahl können aus Personalverwaltungssystemen bzw. Personalstatistiken entnommen werden.

Abbildung 43: Kennzahlensteckbrief FLUK

Die Überwachung der unerwünschten Fluktuation ist von besonderem Interesse, da sie im Regelfall die höchsten Fluktuationskosten und den größten Know-How-Verlust darstellt sowie in Beziehung zur strategischen Flexibilität den Zugriff auf ausreichend flexible Ressourcen signifikant einschränken kann. Die Kennzahl signalisiert konkrete Handlungsbedarfe bei signifikanten Abweichungen gegenüber den Vorperioden. Die Fluktuationsrate sollte nach Ansicht der Teilnehmer der durchgeführten Studie daher nicht über 7 % liegen. Der Mittelwert besitzt mit einem Variationskoeffizienten von 0,64 eine eher moderate Aussagekraft. Wenn der Wert sich verschlechtert, kann das in wirtschaftlich stabilen Zeiten auf Mängel und Fehler in der Personalauswahl und Führungsqualität hinweisen. Der Wert wird auch von Arbeitsmarktentwicklungen beeinflusst, wie etwa durch den Fachkräftemangel und dem daraus resultierenden Wettbewerb um Fachkräfte. Die Kennzahl ist insbesondere bei einer langfristigen Personalstrategie von Bedeutung, da die Kosten und der Know-How-Verlust der Fluktuation hier als besonders hoch einzuschätzen sind. Die Kennzahlenwerte sollten in vielen Unternehmen effizient und zuverlässig aus Personalverwaltungssystemen ermittelt werden können, denn Kündigungsprozesse zählen zu den Kernprozessen jeder HR-Abteilung und sollten in den meisten Fällen entsprechend digital unterstützt werden.

BEZEICHNUNG DER KENNZAHL
Talentquote (TALE)
DEFINITION UND VERWENDUNGSZWECK
Die Kennzahl zeigt den prozentualen Anteil der identifizierten Potentialträger bzw. Know-how-Träger. Im Kontext der IT-Agilität sind das die besonders flexiblen und innovativen IT-Mitarbeiter.

INHALTSVALIDITÄT / EXPERTENBEURTEILUNG DER NÜTZLICHKEIT		
Die Sicherstellung des Zugriffs auf einen ausreichend großen Pool an flexiblen und hochqualifizierten IT-Mitarbeiter (Talentquote) ist ein wesentliches Merkmal des konzeptionellen Rahmens der Determinante IT-Mitarbeiterbindung und wird mit dieser Kennzahl abgebildet (vgl. Tabelle 8).		
Determinante IT-Mitarbeiterbindung Expertenbeurteilung der Relevanz der Kennzahl: 71 % bei N=73		
KALKULATION	KENNZAHLENTYP	POS. TRENDRICHTUNG
$\text{TALE} = \frac{\text{Anzahl identifizierter Potenzialträger}}{\text{Anzahl IT-MA gesamt}} \cdot 100$	relativ	ansteigend
REFERENZEN	NORMIERUNG	
Havighorst 2006; Hoffmann 2013; Sasse et al. 2011	5 –	TALE > 45
	4 –	35 < TALE ≤ 45
	3 –	25 < TALE ≤ 35
	2 –	15 < TALE ≤ 25
	1 –	TALE ≤ 15
OBJEKTIVE KENNZAHLENERHEBUNG/DATENQUELLEN		
Die notwendigen Parameter für die Berechnung der Kennzahl können über implementierte Kompetenzmanagementsysteme eruiert werden. Alternativ können die notwendigen Daten zur Ermittlung der Kennzahl, z. B. aus einem integrierten Personalmanagementsystem ermittelt werden, etwa mittels der gespeicherten Performance-Beurteilungen der Mitarbeiter.		

Abbildung 44: Kennzahlensteckbrief TALE

Mit dieser Kennzahl wird der Anteil der flexiblen und innovativen IT-Mitarbeiter überwacht, mit der Zielsetzung, eine ausreichend hohe Agilität der IT-Workforce zu gewährleisten. Von den Teilnehmern der durchgeführten Studie wurde hier ein relativ hoher Wert von durchschnittlich 43 % angegeben. Der Variationskoeffizient mit einem Wert von 0,63 zeigt eine moderate Streuung um den Mittelwert. Die Ermittlung der Kennzahl ist nicht trivial, denn es muss zuvor definiert werden, mit welchen Kriterien ein Potenzialträger (Talent) überhaupt identifiziert werden kann. Für eine effiziente Ermittlung wären adäquate Kompetenzmanagementsysteme zwingend erforderlich. Es darf aber angenommen werden, dass viele Unternehmen diese Voraussetzung nicht erfüllen können. Deshalb wäre eine optionale Beurteilung durch Experten auch in diesem Fall vorteilhaft. Demzufolge sollte bei der Konstruktion des Messinstrumentariums eine manuelle Eingabe auf Basis einer

Expertenmeinung berücksichtigt werden. Ferner ist ein Benchmarking mit anderen Unternehmen kaum möglich, weil die Kriterien bei der Definition eines Potenzialträgers variieren. Analog FLUK ist die Kennzahl besonders relevant bei einer eher langfristig ausgelegten Personalstrategie.

BEZEICHNUNG DER KENNZAHL			
Dauer Recruiting Prozess (RECR)			
DEFINITION UND VERWENDUNGSZWECK			
Die Kennzahl misst die durchschnittliche Dauer (in Tagen) eines Recruiting-Prozesses von der Personalanforderung bis zum ersten Arbeitstag des neuen IT-Mitarbeiters.			
INHALTSVALIDITÄT / EXPERTENBEURTEILUNG DER NÜTZLICHKEIT			
Abgeleitet aus Item P_B_1 mit einer Ladung 0,740 und Cronbachs Alpha 0,733 Expertenbeurteilung der Relevanz der Kennzahl: 69 % bei N=74			
KALKULATION	KENNZAHLENTYP		POS. TRENDRICHTUNG
$\text{RECR} = \frac{\text{Dauer aller erfolgreichen Recruiting-Prozesse}}{\text{Anzahl eingestellter IT-MA}}$	absolut		absteigend
REFERENZEN	NORMIERUNG		
Hoffmann 2013; Sasse et al. 2011; The KPI Institute 2012a	5 –	RECR ≤ 90	
	4 –	90 < RECR ≤ 105	
	3 –	105 < RECR ≤ 120	
	2 –	120 < RECR ≤ 135	
	1 –	RECR > 135	
OBJEKTIVE KENNZAHLENERHEBUNG/DATENQUELLEN			
Mögliche Datenquellen zur automatisierten Datenbeschaffung sind Personalsysteme insbesondere E-Recruiting Systeme.			

Abbildung 45: Kennzahlensteckbrief RECR

Die Kennzahl dient der Effizienzmessung des Personalbeschaffungsprozesses für neu eingestellte Mitarbeiter, insbesondere die Geschwindigkeit der Akquirierung von Fachkräften steht hier im Fokus aufgrund ihrer zentralen Bedeutung für die Agilität einer IT-Workforce. Im Schnitt sollte der Recruiting-Prozess nach Ansicht der Teilnehmer der durchgeführten Umfrage nicht länger als 95 Tage dauern. Mit einem Variationskoeffizienten von knapp 0,45 kann dem Mittelwert eine hohe Aussagekraft unterstellt werden, da die einzelnen Messwerte relativ eng um den Mittelwert streuen. Der Kennzahlenwert wird hauptsächlich von der Effizienz des Personalmanagements beeinflusst. Die externe Arbeitgeberattraktivität spielt hier aber auch eine wichtige Rolle. Bei einem ansteigenden Wert sollten adäquate Gegenmaßnahmen eingeleitet werden, wie beispielsweise die Karrierewebsite ansprechender zu gestalten oder etwa die Einbindung externer Dienstleister für das Recruiting in Erwägung zu ziehen. Die Kennzahlenwerte sollten in vielen Fällen effizient und zuverlässig aus Personalverwaltungssystemen ermittelt werden können, denn Prozesse für die Besetzung vakanter Planstellen zählen zu den Kernprozessen jeder HR-Abteilung und sollten in den meisten Fällen entsprechend digital unterstützt werden.

BEZEICHNUNG DER KENNZAHL		
Stellenbesetzungsquote (STELL)		
DEFINITION UND VERWENDUNGSZWECK		
Die Kennzahl berechnet den Personaldeckungsgrad einer Unternehmens-IT.		
INHALTSVALIDITÄT / EXPERTENBEURTEILUNG DER NÜTZLICHKEIT		
Abgeleitet aus Item P_B_1 mit einer Ladung 0,740 und Cronbachs Alpha 0,733 Expertenbeurteilung der Relevanz der Kennzahl: 70 % bei N=73		
KALKULATION	KENNZAHLENTYP	POS. TRENDRICHTUNG
$STELL = \frac{\text{Anzahl besetzter IT-Stellen}}{\text{Anzahl IT-Stellen gesamt}} \cdot 100$	relativ	ansteigend
REFERENZEN	NORMIERUNG	
Hafner und Polanski 2015; The KPI Institute 2012a	5 – STELL > 95 4 – 90 < STELL ≤ 95 3 – 85 < STELL ≤ 90 2 – 80 < STELL ≤ 85 1 – STELL ≤ 80	
OBJEKTIVE KENNZAHLENERHEBUNG/DATENQUELLEN		
Die Daten für die Berechnung der Kennzahl kann aus Personalsystemen ermittelt werden. Beispielsweise könnte man über die Organisationsstruktur auswerten, welche Planstellen keinen konkreten Mitarbeiter (intern/extern) zugeordnet haben.		

Abbildung 46: Kennzahlensteckbrief STELL

Diese Kennzahl fungiert als Maßstab für den mengenmäßigen Personalbestand, der zwingend notwendig ist, um eine hohe Agilität der IT-Workforce gewährleisten zu können. Im Hinblick auf die Ergebnisse der durchgeführten Umfrage sollte hier ein Wert von über 90 % angestrebt werden. Mit einem Variationskoeffizienten von 1,09 besitzt der berechnete Mittelwert aber eine eher geringe Aussagekraft, da die Varianz annähernd so groß wie der Mittelwert selbst ist. Sinkt der Kennzahlenwert, kann das einerseits auf eine erhöhte Fluktuation oder andererseits auf spezifische Probleme bei der Personalrekrutierung hinweisen. Bei stark sinkenden Werten kann nicht nur die Agilität einer Unternehmens-IT negativ beeinflusst werden, sondern generell könnte die gesamte operative Handlungsfähigkeit gefährdet sein. Der Kennzahlenwert sollte relativ mühelos aus Personalverwaltungssystemen eruiert werden können.

BEZEICHNUNG DER KENNZAHL		
Anzahl Bewerbungen pro Stelle (BEWER)		
DEFINITION UND VERWENDUNGSZWECK		
Die Kennzahl informiert über die durchschnittliche Anzahl geeigneter Bewerbungen proausgeschriebener Stelle der Unternehmens-IT in einem definierten Zeitraum.		
INHALTSVALIDITÄT / EXPERTENBEURTEILUNG DER NÜTZLICHKEIT		
Im Rahmen des Personalmarketings soll die Attraktivität als Arbeitgeber maximiert werden, um einen großen Pool an qualifizierten Bewerbern zu erreichen. Diese ist ein wesentliches Merkmal des konzeptionellen Rahmens der Determinante IT-Personalbeschaffung und wird mit dieser Kennzahl erfasst (vgl. Tabelle 8).		
Expertenbeurteilung der Relevanz der Kennzahl: 71 % bei N=70		
KALKULATION	**KENNZAHLENTYP**	**POS. TRENDRICHTUNG**
$BEWER = \frac{\text{Anzahl Bewerbungen gesamt}}{\text{Anzahl ausgeschriebener Stellen}}$	absolut	ansteigend
REFERENZEN	**NORMIERUNG**	
Hafner und Polanski 2015; Hoffmann 2013; Sasse et al. 2011	5 –	BEWER > 25
	4 –	20 < BEWER ≤ 25
	3 –	15 < BEWER ≤ 20
	2 –	10 < BEWER ≤ 15
	1 –	BEWER ≤ 10

OBJEKTIVE KENNZAHLENERHEBUNG/DATENQUELLEN
Die Daten, die zur Berechnung der Kennzahl notwendig sind, können etwa aus E-Recruiting Systemen eruiert werden.

Abbildung 47: Kennzahlensteckbrief BEWER

Mit der Kennzahl kann vor allem die externe Arbeitgeberattraktivität kontrolliert bzw. gesteuert werden. Nur auf Basis eines ausreichenden Pools an qualifizierten Bewerbern ist eine zureichende Akquirierung flexibler Ressourcen möglich, um die erforderlichen Handlungsalternativen im Kontext der strategischen Flexibilität zu erzielen. Nach Ansicht der Teilnehmer der durchgeführten Studie wären hier im Schnitt 21 Bewerbungen pro Stelle anzustreben. Mit einem Variationskoeffizienten von 1,89 kann dem Mittelwert lediglich eine schwache Aussagekraft unterstellt werden, da die Meinungen der Teilnehmer extrem weit um den Mittelwert streuen.

Im Vergleich zu allen anderen Kennzahlen liegt hier die größte Unstimmigkeit vor. Bei zu geringen Werten wäre es die Aufgabe des Personalmarketings, gegensteuernde Maßnahmen zu ergreifen. Die Kennzahl liefert Hinweise auf die Wirkung von Stellenausschreibungen, hat aber wenig Aussagekraft über die Qualität der Bewerbungen. E-Recruiting-Systeme bzw. Stellenausschreibungen im Internet sind heute in vielen Unternehmen Standard und demzufolge sollte die Ermittlung der Kennzahlenwerte effizient und zuverlässig bewerkstelligt werden können.

BEZEICHNUNG DER KENNZAHL
Jobannahmequote (JOBA)
DEFINITION UND VERWENDUNGSZWECK
Mit der Kennzahl wird der prozentuale Anteil der Zusagen von Bewerbern auf konkrete Vertragsangebote der Unternehmens-IT in einem definierten Zeitraum berechnet und dient als Maßstab zur Steuerung der externen Arbeitgeberattraktivität.
INHALTSVALIDITÄT / EXPERTENBEURTEILUNG DER NÜTZLICHKEIT
Abgeleitet aus Item P_B_2 mit einer Ladung von 0,696. Item wurde aus Messmodell eliminiert, die Ladung liegt aber nur minimal unter dem Richtwert von 0,700 Expertenbeurteilung der Relevanz der Kennzahl: 73% bei N=70

Kalkulation	Kennzahlentyp	Pos. Trendrichtung
JOBA = $\frac{\text{Anzahl Zusagen auf Vertragsangebote}}{\text{Anzahl Vertragsangebote gesamt}} \cdot 100$	relativ	ansteigend
Referenzen	**Normierung**	
The KPI Institute 2012a	5 – JOBA > 75 4 – 70 < JOBA ≤ 75 3 – 65 < JOBA ≤ 70 2 – 60 < JOBA ≤ 65 1 – JOBA ≤ 60	
Objektive Kennzahlenerhebung/Datenquellen		
Personalsysteme sind eine mögliche Datenquelle zur automatisierten Datenbeschaffung.		

Abbildung 48: Kennzahlensteckbrief JOBA

Im Vergleich zu BEWER ist diese Kennzahl ein maßgebender Indikator zur Messung der Arbeitgeberattraktivität, da hier die Wirkungsweisen von Stellenanzeigen eine relativ geringe Geltung haben. Auch qualitativ ungeeignete Bewerber beeinflussen die Kennzahl nicht. Um als attraktiver Arbeitgeber zu gelten, ist nach Ansicht der Teilnehmer der durchgeführten Umfrage eine Quote von mindestens 72 % zu erzielen. Damit können im Rahmen eines agilen IT-Workforce Managements die benötigten Kompetenzen in ausreichender Qualität schnell akquiriert werden. Die Aussagekraft des berechneten Mittelwertes kann als relativ hoch eingeschätzt werden, da sich hier die Teilnehmer in ihrer Meinung recht einig waren, was der Variationskoeffizient von 0,35 belegt. Bei eher schwachen Werten sollte sich ein Unternehmen fragen, wie potenzielle Kandidaten besser überzeugt werden können und welche Rahmenbedingungen diesbezüglich im Unternehmen zu schaffen bzw. anzupassen wären. Analog zu BEWER ist die Kennzahl vor allem für kurzfristige Personalstrategien von besonderer Bedeutung, da die Agilität einer IT-Funktion in diesem Fall entscheidend auf der kurzfristigen Akquirierung von Kompetenzen vom externen Markt beruht.

BEZEICHNUNG DER KENNZAHL		
Dauer Akquirierung von externen IT-Mitarbeiter (EXTM)		
DEFINITION UND VERWENDUNGSZWECK		
Die Kennzahl misst die durchschnittliche Dauer (in Tagen) einer Akquirierung von externen IT-Mitarbeitern von der Personalanforderung bis zum ersten Arbeitstag in einem definierten Zeitraum.		
INHALTSVALIDITÄT / EXPERTENBEURTEILUNG DER NÜTZLICHKEIT		
Abgeleitet aus Item P_B_4 mit einer Ladung von 0,740 und Cronbachs Alpha von 0,733 Expertenbeurteilung der Relevanz der Kennzahl: 70 % bei N=72		
KALKULATION	**KENNZAHLENTYP**	**POS. TRENDRICHTUNG**
$\text{EXTM} = \frac{\text{Dauer aller Akquirierungen von ext.MA}}{\text{Anzahl akquirierter ext.MA gesamt}}$	absolut	absteigend
REFERENZEN	**NORMIERUNG**	
Konstruiert aus definitorischem Umfeld	5 –	EXTM ≤ 40
	4 –	40< EXTM ≤ 50
	3 –	50 < EXTM ≤ 60
	2 –	60 < EXTM ≤ 70
	1 –	EXTM > 70
OBJEKTIVE KENNZAHLENERHEBUNG/DATENQUELLEN		
Personalsysteme oder spezifische Workforce-Management-Systeme sind potenzielle Datenquellen zur objektiven und automatisierten Datenbeschaffung.		

Abbildung 49: Kennzahlensteckbrief EXTM

Diese Kennzahl dient der Effizienzmessung des Personalbeschaffungsprozesses für externe Mitarbeiter, insbesondere die Geschwindigkeit der Akquirierung, um damit die externe Mitarbeiterflexibilität wesentlich zu unterstützen. Die durchschnittliche Dauer des Prozesses sollte im Vergleich zum Recruiting Prozess (RECR) wesentlich geringer sein. Nach Ansicht der Teilnehmer der durchgeführten Umfrage sollte der Wert der Kennzahl 41 Tage nicht überschreiten, um die kurzfristig benötigten Kompetenzen im Rahmen eines agilen IT-Workforce Managements rechtzeitig vom externen Markt beziehen zu können. Mit einem Variationskoeffizienten von 1,33 besitzt der berechnete Mittelwert eine geringe Aussagekraft, da die Varianz größer als der Mittelwert ist. Die Akquirierung von externen IT-Mitarbeitern sollte in den meisten Unternehmen systemtechnisch unterstützt werden, so dass in vielen Fällen die Kennzahlenwerte effizient aus Personalverwaltungssystemen ermittelt werden können. Die Kennzahl ist besonders relevant im Kontext einer kurzfristigen Personalstrategie.

Die nachfolgenden Abbildungen zeigen jeweils die von den Teilnehmern (N = Anzahl) der empirischen Studie zugesprochene Relevanz (zwischen 0 und 100 %) für die vorgestellten Kennzahlen.

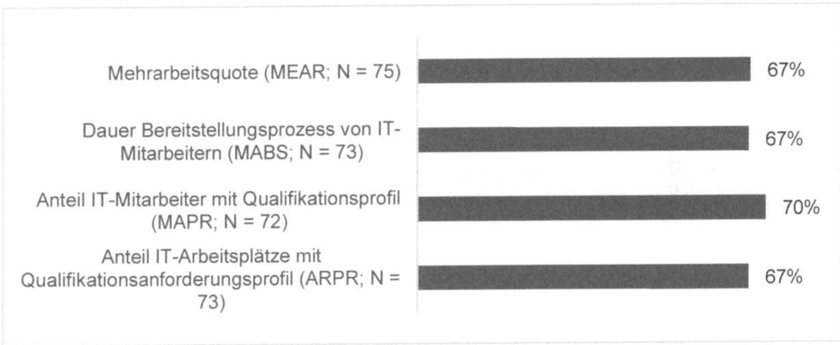

Abbildung 50: Relevanzbeurteilung Kennzahlen IT-Personalplanung

Die Kennzahlen für die Steuerung der IT-Personalplanung wurden annähernd als gleich relevant von den Teilnehmern eingestuft.

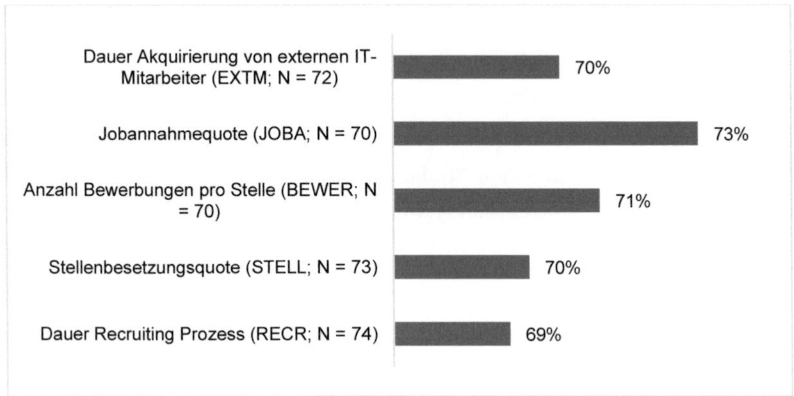

Abbildung 51: Relevanzbeurteilung Kennzahlen IT-Personalbeschaffung

In Bezug auf die Steuerung der externen Arbeitgeberattraktivität wurde die Kennzahl JOBA von den Teilnehmern mit einer höheren Relevanz bewertet, was auf die bereits angeführten Vorteile zurückzuführen ist.

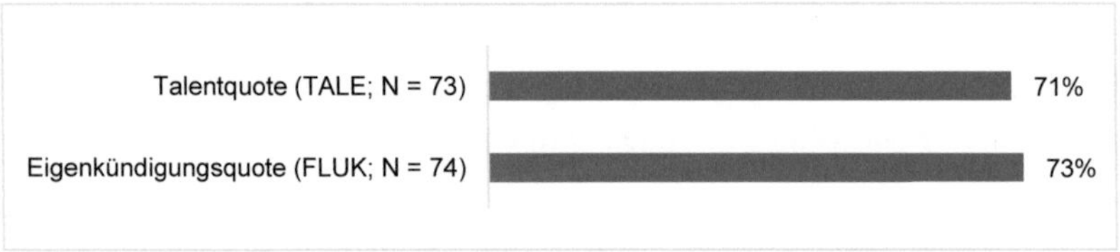

Abbildung 52: Relevanzbeurteilung Kennzahlen IT-Mitarbeiterbindung

Für die aktive Steuerung der IT-Mitarbeiterbindung wurde der Kennzahl FLUK eine deutlich höhere Relevanz zugesprochen im Vergleich zu TALE.

6.2.3.3 Kennzahlen Innovatives IT-Personal

Die Ergebnisse der durchgeführten empirischen Studie bestätigen jeweils eine starke positive Wirkbeziehung zwischen den Determinanten Weiterentwicklung der IT-Mitarbeiter (0,529****) und innovativer Unternehmenskultur (0,372****) auf die Dimension Innovatives IT-Personal. Dagegen hat sich die Wirkbeziehung der IT-Personalbeschaffung auf das innovative IT-Personal (0,089*) nicht als höchst signifikant erwiesen, und daher werden keine Kennzahlen aus diesem Bereich in das Kennzahlensystem aufgenommen. Mit den nachfolgenden Kennzahlen sollen insbesondere die Innovationsfähigkeit und die Innovationsbereitschaft der IT-Belegschaft beurteilbar und steuerbar werden.

BEZEICHNUNG DER KENNZAHL		
Jährliche Anzahl innovationsorientierter Qualifizierungstage je IT-MA (INNO)		
DEFINITION UND VERWENDUNGSZWECK		
Die Kennzahl informiert über die durchschnittliche jährliche Anzahl der Tage, die für innovationsorientierte Qualifizierungsmaßnahmen je IT-Mitarbeiter angefallen sind. Die Weiterbildung soll die Umsetzung einer First-Mover-Strategie unterstützen, um das fachliche Geschäft mit IT-spezifischen Innovationen voranzutreiben.		
INHALTSVALIDITÄT / EXPERTENBEURTEILUNG DER NÜTZLICHKEIT		
Abgeleitet aus Item I_U_4 mit einer Ladung von 0,861 und Cronbachs Alpha von 0,830 Expertenbeurteilung der Relevanz der Kennzahl: 62 % bei N=74		
KALKULATION	KENN-ZAHLENTYP	POS. TRENDRICHTUNG
$\text{INNO} = \frac{\text{Jährliche Anzahl Tage für innovationsbezogene Qualifizierung}}{\text{Anzahl IT-MA gesamt}}$	absolut	ansteigend
REFERENZEN	NORMIERUNG	
Havighorst 2006; Hafner und Polanski 2015; Reichert 2013; The KPI Institute 2012a	5 – 4 – 3 – 2 – 1 –	INNO > 7 6 < INNO ≤ 7 5 < INNO ≤ 6 4 < INNO ≤ 5 INNO ≤ 4
OBJEKTIVE KENNZAHLENERHEBUNG/DATENQUELLEN		
Die Daten, die zur Berechnung der Kennzahl benötigt werden, können zum einen von den Anwesenheits- und Abwesenheitsstatistiken und zum anderen aus der Weiterbildungsjahresplanung der Personalabteilung bezogen werden. Die Daten sollten dazu möglichst automatisiert aus den entsprechenden Modulen der HR/HCM Systeme eruiert werden können. Wenn die Mitarbeiter der Unternehmens-IT ihre Arbeitszeit kontieren, können die Daten auch aus Buchhaltungs- bzw. Controlling Systemen ermittelt werden (z. B. Schulungs-PSP, Kostenstellen). Werden Schulungen extern durchgeführt, können auch die elektronischen Beschaffungssysteme eine valide Datenquelle darstellen.		

Abbildung 53: Kennzahlensteckbrief INNO

Diese Kennzahl fungiert in erster Linie als Maßstab für die Innovationsfähigkeit der IT-Mitarbeiter. Diese Fähigkeit ist für die Umsetzung von Innovationsstrategien von besonderer Bedeutung. Deshalb soll mit der Kennzahl u. a. kontrolliert werden, ob bei den IT-Mitarbeitern, mittels spezieller Schulungen in einem ausreichenden Maße die notwendigen Grundlagen gelegt werden, um dann auf dieser Basis ein höheres Potenzial zur Ideengenerierung zu erhalten und zukünftig potenziell relevante Technologien adäquat erfassen und beurteilen zu können. Nach Meinung der Teilnehmer der durchgeführten Umfrage wäre hier ein Richtwert von ca. 7 Tagen pro Jahr erstrebenswert. Mit einem Variationskoeffizienten von 1,06 kann dem Mittelwert eine eher schwache Aussagekraft bescheinigt werden, da die Meinungen der Teilnehmer relativ weit auseinandergehen. Die Kennzahl liefert nur einen quantitativen Wert und gibt keine Aussage über die Qualität der besuchten Veranstaltungen. Die Messbarkeit der Kennzahl INNO kann sich in der Praxis sehr schwierig gestalten. Eine Differenzierung zwischen der üblichen fachlichen Weiterbildung und der innovationsorientierten Weiterbildung kann eventuell nicht eindeutig vorgenommen werden. Entweder ist man in der Lage, die Information über entsprechende Metadaten zu eruieren oder man ist gezwungen, auf der Basis von historischen Erfahrungswerten die Gesamtzahl aller Qualifizierungstage anteilig den beiden Kennzahlen QUAL und INNO zuzurechnen. Weiterhin ist der Grad der Anwendbarkeit der Kennzahl im Wesentlichen davon abhängig, ob die Daten automatisiert über LM-Systeme oder Buchhaltungs- bzw. Controlling-Systeme effizient ermittelt werden können. Auch diesbezüglich werden die notwendigen Voraussetzungen nicht immer erfüllt sein. Deshalb wäre eine optionale Beurteilung durch Experten (statt Messung) auch in diesem Fall vorteilhaft. Demzufolge sollte bei der Konstruktion des Messinstrumentariums eine manuelle Eingabe auf Basis einer Expertenmeinung berücksichtigt werden.

Bezeichnung der Kennzahl		
Anzahl eingereichte Verbesserungsvorschläge je IT-Mitarbeiter pro Jahr (VERB)		
Definition und Verwendungszweck		
Die Kennzahl berechnet die durchschnittliche Anzahl der eingereichten Verbesserungsvorschläge pro IT-Mitarbeiter pro Jahr.		
Inhaltsvalidität / Expertenbeurteilung der Nützlichkeit		
Abgeleitet aus Item I_U_3 mit einer Ladung von 0,761 und Cronbachs Alpha von 0,830 Expertenbeurteilung der Relevanz der Kennzahl: 61 % bei N=64		
Kalkulation	**Kennzahlentyp**	**Pos. Trendrichtung**
$VERB = \frac{\text{Anzahl Verbesserungsvorschläge gesamt}}{\text{Anzahl IT-MA gesamt}}$	absolut	ansteigend
Referenzen	**Normierung**	
Havighorst 2006; Hafner und Polanski 2015; Reichert 2013	5 – VERB > 6 4 – 5 < VERB ≤ 6 3 – 4 < VERB ≤ 5 2 – 3 < VERB ≤ 4 1 – VERB ≤ 3	
Objektive Kennzahlenerhebung/Datenquellen		
Die adäquate Datenquelle wären hier Informationssysteme, welche das Ideen-Management und das betriebliche Vorschlagswesen systemtechnisch verwalten.		

Abbildung 54: Kennzahlensteckbrief VERB

Mit dieser Kennzahl lässt sich die Innovationsbereitschaft der IT-Mitarbeiter steuern und es kann beurteilt werden, ob Kreativität und Innovation ausreichend durch eine adäquate Innovationskultur gefördert werden. Erfahrungsgemäß sind gute Ideen die Voraussetzung für Innovationsprojekte, und mit einer möglichst großen Anzahl an neuen und kreativen Ideen steigt auch die Wahrscheinlichkeit, dass aussichtsreiche Konzepte entstehen, um festgelegte Innovationsstrategien erfolgreich umzusetzen. Nach Ansicht der Teilnehmer der durchgeführten Umfrage sollten pro IT-Mitarbeiter jährlich mindestens fünf Ideen bzw. Verbesserungsvorschläge eingereicht werden, um auf dieser Basis ausreichend viele Innovationen von innen heraus generieren zu können. Der Variationskoeffizient liegt mit 0,97 knapp unter dem Mittelwert. Sind die Kennzahlenwerte zu niedrig, kann das Unternehmen mit monetären und nicht-monetären Anreizsystemen entsprechend gegensteuern. Die Kennzahl macht aber keine Aussage über die Qualität der Ideen, sondern ist rein quantitativer Natur. Hier wäre ggf. eine weitere Kennzahl hilfreich, die nur die Anzahl der abschließend prämierten und realisierten Verbesserungsvorschläge berücksichtigt. Der Fokus würde dann in erster Linie auf der Beurteilung der Innovationsfähigkeit liegen.

BEZEICHNUNG DER KENNZAHL		
Freiraum für Innovation (RAUM)		
DEFINITION UND VERWENDUNGSZWECK		
Die Kennzahl zeigt die durchschnittliche Anzahl an Stunden/Jahr, die einem IT-Mitarbeiter als Freiraum für Innovationen vom Unternehmen eingeräumt werden, mit dem Ziel, Ideen und Innovationen auszuarbeiten.		
INHALTSVALIDITÄT / EXPERTENBEURTEILUNG DER NÜTZLICHKEIT		
Abgeleitet aus Item I_U_2 mit einer Ladung von 0,786 und Cronbachs Alpha von 0,830 Expertenbeurteilung der Relevanz der Kennzahl: 65% bei N=71		
KALKULATION	**KENNZAHLENTYP**	**POS. TRENDRICHTUNG**
$RAUM = \frac{\text{Anzahl Freiräume für Innovation gesamt [Jahr]}}{\text{Anzahl IT-.MA gesamt}}$	absolut	ansteigend
REFERENZEN	**NORMIERUNG**	
Reichert 2013	5 – RAUM > 70 4 – 55 < RAUM ≤ 70 3 – 40 < RAUM ≤ 55 2 – 25 < RAUM ≤ 40 1 – RAUM ≤ 25	
OBJEKTIVE KENNZAHLENERHEBUNG/DATENQUELLEN		
Die Daten, die zur Berechnung der Kennzahl benötigt werden, können zum einen von den Anwesenheits- und Abwesenheitsstatistiken und zum anderen aus der Weiterbildungsjahresplanung der Personalabteilung bezogen werden. Wenn die Mitarbeiter der Unternehmens-IT ihre Arbeitszeit kontieren, können die Daten auch aus Buchhaltungs- bzw. Controlling Systemen ermittelt werden (z. B. Weiterbildungs-PSP, Kostenstellen).		

Abbildung 55: Kennzahlensteckbrief RAUM

Diese Kennzahl dient als Maßstab, in welchem Ausmaß die Innovationsfähigkeit der IT-Mitarbeiter durch eine innovationsfreundliche Unternehmenskultur unterstützt wird und stellt gleichzeitig einen Indikator für die Bedeutung innovativ arbeitender Mitarbeiter für die Unternehmens-IT dar. Je höher der Wert der Kennzahl, desto innovationsfreundlicher ist das Arbeitsklima. Dabei werden ausreichend Zeit und Räume geschaffen, um Ideen entstehen und sich entwickeln zu lassen, mit dem Ziel, effektive Innovationsprozessen zu initiieren. Nach Ansicht der Teilnehmer der durchgeführten Umfrage sollten hier im Schnitt 66 Stunden pro Jahr eingeräumt werden. Diese Freiräume können unterschiedlich ausgeprägt werden, etwa frei verfügbare Zeit oder die Teilnahme an ausgewählten Seminaren und Workshops zum Thema Innovation. Der berechnete Mittelwert weist mit einem Variationskoeffizienten von 0,86 eine eher moderate Aussagekraft auf. Die Kennzahl macht aber keine Aussage darüber, ob die gewährten Freiräume von den IT-Mitarbeitern im Sinne der innovationsorientierten Zielsetzungen auch adäquat genutzt werden. Eine effiziente und zuverlässige Datenerhebung kann in der Praxis nur dann sichergestellt werden, wenn die IT-Mitarbeiter die dafür verwendeten Zeiten kontieren, so dass die Daten aus Buchhaltungs- bzw. Controlling Systemen eruiert werden können. Diese Voraussetzung wird nicht in allen Unternehmen gegeben sein, so dass auch bei der Kennzahl RAUM eine optionale Einschätzung von Experten vorzusehen ist.

Bezeichnung der Kennzahl		
Anzahl IT-Mitarbeiter in Innovationsprojekten (INPR)		
Definition und Verwendungszweck		
Die Kennzahl berechnet den prozentualen Anteil an IT-Mitarbeitern, die in Innovationsprojekten tätig sind.		
Inhaltsvalidität / Expertenbeurteilung der Nützlichkeit		
Die Kennzahl hebt auf ein innovationsfreundliches Arbeitsumfeld ab und ist damit ein wesentliches Merkmal des konzeptionellen Rahmens der Determinante Innovative Unternehmenskultur (vgl. Tabelle 9).		
Expertenbeurteilung der Relevanz der Kennzahl: 64 % bei N=69		
Kalkulation	**Kennzahlentyp**	**Pos. Trendrichtung**
$INPR = \frac{\text{Anzahl IT-MA in Innovationsprojekten}}{\text{Anzahl IT-MA gesamt}} \cdot 100$	relativ	ansteigend
Referenzen	**Normierung**	
Reichert 2013	5 –	$INPR > 25$
	4 –	$20 < INPR \leq 25$
	3 –	$15 < INPR \leq 20$

2 –	10 < INPR ≤ 15
1 –	INPR ≤ 10

OBJEKTIVE KENNZAHLENERHEBUNG/DATENQUELLEN

Wenn die Mitarbeiter der Unternehmens-IT ihre Arbeitszeit kontieren, können die Daten aus Buchhaltungs- bzw. Controlling-Systemen ermittelt werden (z. B. Projekt-PSP, Innenaufträge). Ansonsten wären Projektmanagementsysteme oder Personalsysteme für die Einsatzplanung valide Datenquellen zur Berechnung der Kennzahl.

Abbildung 56: Kennzahlensteckbrief INPR

Diese Kennzahl dient der Kontrolle, in welchem Maße die Innovationsfähigkeit der IT-Mitarbeiter aufgrund des Innovationsstrukturfaktors positiv beeinflusst wird. Ein Innovationsprozess wird im Wesentlichen durch kreativen Input der IT-Mitarbeiter gestaltet, wobei eine erfolgreiche Umsetzung entscheidend von der Qualität und Quantität neuer Ideen abhängt (Reichert 2013, S. 142). Je höher der Wert der Kennzahl, desto mehr IT-Mitarbeiter sind direkt mit den Innovationsprozessen der Unternehmens-IT beschäftigt. Nach Ansicht der Teilnehmer der durchgeführten Umfrage sollten ca. 23 % der IT-Mitarbeiter im Innovationsumfeld tätig sein, um ausreichend viele Innovationen von innen heraus generieren zu können. Der berechnete Mittelwert weist mit einem Variationskoeffizienten von 0,70 eine eher moderate Aussagekraft auf. Der Aussagewert der Kennzahl ist rein quantitativ und macht keine Aussage über den qualitativen Beitrag der Mitarbeiter sowie den Grad deren Einbindung. In vielen Unternehmen sollten die Werte der Kennzahl relativ einfach und zuverlässig aus Buchhaltungs- bzw. Controlling-Systemen sowie Projektmanagementsysteme ermittelt werden können.

BEZEICHNUNG DER KENNZAHL

Anteil Innovationsziele je IT-Mitarbeiter (INZI)

DEFINITION UND VERWENDUNGSZWECK

Mit der Kennzahl wird der Anteil der Innovationsziele im Verhältnis zur Gesamtzahl der formulierten Mitarbeiterziele berechnet.

INHALTSVALIDITÄT / EXPERTENBEURTEILUNG DER NÜTZLICHKEIT

Die Definition von Innovationszielen je IT-Mitarbeiter stellt ein Instrument innovationsbezogener Anreizsysteme dar und bildet damit ein wesentliches Merkmal des konzeptionellen Rahmens der Determinante Innovative Unternehmenskultur ab (vgl. Tabelle 9).

Expertenbeurteilung der Relevanz der Kennzahl: 66 % bei N=61		
KALKULATION	KENNZAHLENTYP	POS. TRENDRICHTUNG
INZI = $\frac{\text{Anzahl Innovationsziele pro IT-MA}}{\text{Anzahl Ziele gesamt pro IT-MA}} \cdot 100$	relativ	ansteigend
REFERENZEN	NORMIERUNG	
Reichert 2013; Sasse et al. 2011	5 – INZI > 25 4 – 20 < INZI ≤ 25 3 – 15 < INZI ≤ 20 2 – 10 < INZI ≤ 15 1 – INZI ≤ 10	
OBJEKTIVE KENNZAHLENERHEBUNG/DATENQUELLEN		
Die Datenquelle sind Personalsysteme, die den Prozess der Leistungsbeurteilung und Zielvereinbarung technisch abbilden. Die Daten können aus zentral gespeicherten Performance-Beurteilungen und Vereinbarungen aus Mitarbeitergesprächen eruiert werden.		

Abbildung 57: Kennzahlensteckbrief INZI

Mit der Kennzahl wird gemessen, in welchem Umfang innovationsorientierte Zielvereinbarungen als Instrument des Motivationsaufbaus eingesetzt werden, um positive Effekte auf die Innovationsbereitschaft der IT-Mitarbeiter zu erzielen. Mit der Verknüpfung von individuellen Zielvorgaben mit definierten Innovationszielen der Unternehmens-IT sollen die notwendigen Anreize geschaffen werden, so dass die Mitarbeiter mit einer hohen Motivation an innovative Projekte herangehen und Beiträge leisten wollen (Reichert 2013, S. 143). Auf der Grundlage der Ergebnisse der durchgeführten Umfrage wäre hier ein Wert von 23 % maßgebend, um insgesamt eine ausreichend hohe Innovationsbereitschaft zu erlangen. Hinsichtlich des Mittelwerts gehen die Meinungen der Umfrageteilnehmer weit auseinander, was ein Variationskoeffizient von 1,11 belegt. Werden keinerlei Zielvereinbarungen mit den IT-Mitarbeitern im Unternehmen getroffen, dann kann eine Erhebung der Kennzahl nicht durchgeführt werden, auch nicht über eine Experteneinschätzung.

Abbildung 58 zeigt die jeweils von den Teilnehmern der Umfrage zugesprochene Relevanz für die Kennzahlen im Kontext der Dimension Innovative IT-Mitarbeiter.

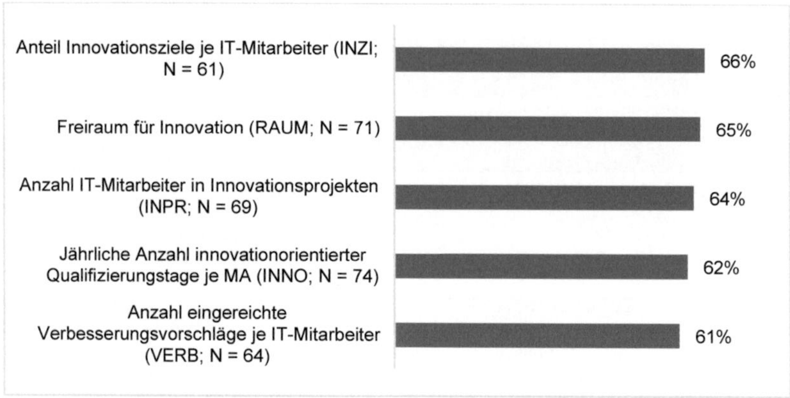

Abbildung 58: Relevanzbeurteilung Kennzahlen Innovative IT-Mitarbeiter

Die Kennzahlen zur Steuerung der Innovationsbereitschaft und -fähigkeit der IT-Mitarbeiter wurden von den Teilnehmern als annähernd gleich relevant eingestuft.

6.2.3.4 Aggregation zu einer Spitzenkennzahl

Innerhalb von Kennzahlensystemen kann generell nach logischen, empirischen und hierarchischen Beziehungen zwischen den Kennzahlen differenziert werden. (Küpper 2001, S. 343). Logische Beziehungen basieren etwa auf begrifflichen Abgrenzungen oder mathematischen Umformungen. Dagegen basieren empirische Beziehungen auf gesetzmäßigen Zusammenhängen und hierarchische Beziehungen auf sachlich begründeten Rangordnungen oder auf spezifischen Präferenzen der Entscheidungsträger (Küpper 2001, S. 343).

Die Hierarchie des vorliegenden Kennzahlensystems wird auf Basis empirischer Beziehungen konstruiert. Hierarchische Kennzahlensysteme (HKS) werden über zwei oder mehrere Hierarchieebenen gebildet. Zwischen den Kennzahlen liegen Über- bzw. Unterordnungsbeziehungen vor. Dabei weisen die Kennzahlen höherer Hierarchieebenen eine höhere Wertung[60] auf als Kennzahlen unterer Hierarchieebenen, so dass sich Kennzahlen erster bis n-ter Ordnung ergeben (Wirtschaftslexikon 2016). HKS stellen ein wesentliches Instrument zur Überwachung betrieblicher Abläufe dar, unterstützt von Management-IS, die eine Analyse sehr umfassender Kennzahlensysteme erlauben (Vetschera 1993, S. 1). In der vorliegenden Arbeit erfolgt die Aggregation der Kennzahlen entlang der in Kapitel 5.6 empirisch bestätigten Ursache-Wirkungs-Zusammenhänge in Bezug auf das in Kapitel 4.3 vorgestellte theoretisch-konzeptionelle Modell der IT-Agilität im Handlungsfeld IT-Personal. Entsprechend der empirischen Beziehungen werden die Kennzahlen bis zu einer Spitzenkennzahl aggregiert. Als Ergebnis erhält man schließlich eine Kennzahlenpyramide mit einer Spitzenkennzahl, was einen Spezialfall eines hierarchischen Kennzahlensystems darstellt. Die Aggregation erfolgt über vier Ebenen: Die unterste Ebene bilden die in Kapitel 6.2.3 definierten Elementarkennzahlen. Die zweite Ebene bilden die relevanten Determinanten, deren Kennzahl sich jeweils aus den untergeordneten Kennzahlen zusammensetzt. Die dritte Ebene bilden die Dimensionen der Komponente höherer Ordnung (HOC), deren Kennzahl sich jeweils aus den untergeordneten Kennzahlen der miteinander in Beziehung stehenden Determinanten zusammensetzt. Die Spitzenkennzahl bildet die vierte Ebene und setzt sich aus den untergeordneten Kennzahlen der LOC zusammen. Die aggregierten Kennzahlen folgen der gleichen Aggregationsregel. Ausgehend von den untergeordneten Kennzahlen wird über eine gewichtete additive Aggregation die übergeordnete Kennzahl konstruiert. Der Wertebereich der einzelnen Gewichtungsfaktoren der untergeordneten Kennzahlen liegt zwischen 0 und 1. Die Summe der Gewichtungsfaktoren hat immer den Wert 1. Über diesen Mechanismus werden die untergeordneten Kennzahlen in Relation zueinander gewichtet. Die Skala der übergeordneten Kennzahlen liegt somit auch

---

[60] Wenn alle Kennzahlen den gleichen Stellenwert haben, dann handelt es sich um ein Kennzahlen-Netz als reines Ordnungssystem. Eine Kennzahlen-Hierarchie ist ein Spezialfall des Netzes (Wirtschaftslexikon 2016).

immer im Wertebereich von 1 bis 5. Im Hinblick auf die Elementarkennzahlen können Unternehmen spezifische Kennzahlen ausschließen, die nicht objektiv und weitestgehend automatisiert eruiert werden können oder im Rahmen der verfolgten Personalstrategie nicht relevant sind. Allgemein besteht die Möglichkeit, bei der Verwendung des Kennzahlensystems spezifische Schwerpunkte bei Kennzahlen zu setzen, die als besonders signifikant erachtet werden. Aufgrund der reflektiven Spezifikation der Kennzahlen wurde diese Eventualität geschaffen.

Nachstehend werden die aggregierten Kennzahlen auf der Ebene der Determinanten dargestellt, die sich aus den abgeleiteten Elementarkennzahlen zusammensetzen.

BEZEICHNUNG DER KENNZAHL	
Qualifikationsspektrum (QUALSPEC)	
DEFINITION UND VERWENDUNGSZWECK	
Mit der Kennzahl wird die durchschnittliche Breite des Qualifikationsspektrums der IT-Workforce gemessen. Mithilfe der Kennzahl kann die generelle Fähigkeit zur Einsatzflexibilität der IT-Mitarbeiter beurteilt werden.	
KALKULATION	NORMIERUNG
$QUALSPEC = w_{KOMP} \cdot KOMP + w_{EINAR} \cdot EINAR + W_{KOLL} \cdot KOLL + w_{WDBR} \cdot WDBR + w_{WGEM} \cdot WGEM$	Analog zu den Elementarkennzahlen liegen die Werte zwischen 1 und 5.
PARAMETER FÜR KALKULATION	
KOMP = Kompetenzspektrum EINAR = Einarbeitungszeit WKOLL = Nutzungsgrad von internen Kommunikationsmedien zur Kollaboration WDBR = Anteil Mitarbeiter mit Beiträgen in Wissensdatenbanken WGEM = Teilnahmequote an Wissensgemeinschaften w_x = Jeweiliger Gewichtungsfaktor mit einem Wert zwischen 0 und 1 Es gilt: $\sum w_x = 1$	

Abbildung 59: Kennzahlensteckbrief QUALSPEC

BEZEICHNUNG DER KENNZAHL	
Flexibilitätsbereitschaft der IT-Mitarbeiter (FLEXBER)	
DEFINITION UND VERWENDUNGSZWECK	
Die Kennzahl informiert über die Flexibilitätsbereitschaft der IT-Mitarbeiter als Commitment zur Einsatzflexibilität.	
KALKULATION	NORMIERUNG
$FLEXBER = w_{MVAR} * MVAR + w_{AVAR} * AVAR + w_{ZIEL} * ZIEL$	Analog zu den Elementarkennzahlen liegen die Werte zwischen 1 und 5.
PARAMETER FÜR KALKULATION	
MVAR = Anzahl MA mit variablen Vergütungsbestandteilen AVAR = Anteil variables Jahreseinkommen ZIEL = Zielvereinbarungsquote w_x = Jeweiliger Gewichtungsfaktor mit einem Wert zwischen 0 und 1 Es gilt: $\sum w_x = 1$	

Abbildung 60: Kennzahlensteckbrief FLEXBER

BEZEICHNUNG DER KENNZAHL	
Flexibilitätsorientierte Weiterentwicklung (FLEXWEIT)	
DEFINITION UND VERWENDUNGSZWECK	
Die Kennzahl macht eine Aussage über das Ausmaß der durchgeführten Maßnahmen zur Erhöhung der Varietät der IT-Workforce auf der Grundlage der Erweiterung der potenziellen Arbeitsspektren durch Mehrfachqualifikationen.	
KALKULATION	NORMIERUNG
$FLEXWEIT = w_{QUAL} * QUAL + w_{JOBR} * JOBR$	Analog zu den Elementarkennzahlen liegen die Werte zwischen 1 und 5.
PARAMETER FÜR KALKULATION	
QUAL = Jährliche Anzahl fachbezogener Qualifizierungstage je MA JOBR = Job-Rotation-Quote w_x = Jeweiliger Gewichtungsfaktor mit einem Wert zwischen 0 und 1 Es gilt: $\sum w_x = 1$	

Abbildung 61: Kennzahlensteckbrief FLEXWEIT

Die Elementarkennzahl INNO (Anzahl innovationsorientierter Qualifizierungstage je MA) wird direkt auf der Ebene der Determinanten hierarchisch integriert, da keine sinnvolle Aggregation mit anderen Elementarkennzahlen sinnvoll ist. INNO bildet somit die innovationsorientierten Anteile der Determinante Weiterentwicklung IT-Mitarbeiter. Der flexibilitätsorientierte Anteil wird mit FLEXWEIT abgebildet.

BEZEICHNUNG DER KENNZAHL	
IT-Personalplanung (ITPP)	
DEFINITION UND VERWENDUNGSZWECK	
Die Kennzahl misst die Effizienz der operativen Maßnahmen der IT-Personalplanung, um im Wesentlichen den Personalbestand in quantitativer, qualitativer und zeitlicher Hinsicht an den Personalbedarf anzupassen.	
KALKULATION	NORMIERUNG
$ITPP = w_{ARPR} * ARPR + w_{MAPR} * MAPR + w_{MABS} * MABS + w_{MEAR} * MEAR$	Analog zu den Elementarkennzahlen liegen die Werte zwischen 1 und 5.
PARAMETER FÜR KALKULATION	
ARPR = Anteil IT-Arbeitsplätze mit Qualifikationsanforderungsprofil MAPR = Anteil IT-Mitarbeiter mit Qualifikationsprofil MABS = Dauer Bereitstellungsprozess von IT-Mitarbeitern MEAR = Mehrarbeitsquote w_x = Jeweiliger Gewichtungsfaktor mit einem Wert zwischen 0 und 1 Es gilt: $\sum w_x = 1$	

Abbildung 62: Kennzahlensteckbrief ITPP

BEZEICHNUNG DER KENNZAHL	
IT-Mitarbeiterbindung (ITMAB)	
DEFINITION UND VERWENDUNGSZWECK	
Die Kennzahl beurteilt die Loyalität des IT-Mitarbeiters gegenüber dem Unternehmen und damit auch die Fähigkeit einer Unternehmens-IT Talente anzuziehen und langfristig zu binden.	
KALKULATION	NORMIERUNG
ITMAB = wFLUK * FLUK + wTALE * TALE	Analog zu den Elementarkennzahlen liegen die Werte zwischen 1 und 5.
PARAMETER FÜR KALKULATION	
FLUK = Eigenkündigungsquote TALE = Talentquote wx = Jeweiliger Gewichtungsfaktor mit einem Wert zwischen 0 und 1 Es gilt: $\sum$ wx = 1	

Abbildung 63: Kennzahlensteckbrief ITMAB

BEZEICHNUNG DER KENNZAHL	
Personalbeschaffung (PERSBESCH)	
DEFINITION UND VERWENDUNGSZWECK	
Mit der Kennzahl wird die Effizienz der internen und externen Stellenbesetzungsstrategien beurteilt und damit auch implizit die externe Arbeitgeberattraktivität des Unternehmens.	
KALKULATION	NORMIERUNG
$PERSBESCH = w_{RECR} * RECR + w_{STELL} * STELL + w_{BEWER} * BEWER + w_{JOBA} * JOBA + w_{EXTM} * EXTM$	Analog zu den Elementarkennzahlen liegen die Werte zwischen 1 und 5.
PARAMETER FÜR KALKULATION	
RECR = Dauer Recruiting Prozess STELL = Stellenbesetzungsquote BEWER = Anzahl Bewerbungen pro Stelle JOBA = Jobannahmequote EXTM = Dauer Akquirierung von externen IT-Mitarbeiter w_x = Jeweiliger Gewichtungsfaktor mit einem Wert zwischen 0 und 1 Es gilt: $\sum w_x = 1$	

Abbildung 64: Kennzahlensteckbrief PERSBESCH

BEZEICHNUNG DER KENNZAHL	
Innovationskultur (INNOSTRUK)	
DEFINITION UND VERWENDUNGSZWECK	
Die Kennzahl dient als Maßstab für eine innovationsfreundliche Unternehmenskultur und gibt Hinweise auf die Höhe des Innovationsstrukturfaktors der Unternehmens-IT.	
KALKULATION	NORMIERUNG
$INNOSTRUK = w_{VERB} * VERB + w_{RAUM} * RAUM + w_{INPR} * INPR + w_{INZI} * INZI$	Analog zu den Elementarkennzahlen liegen die Werte zwischen 1 und 5.
PARAMETER FÜR KALKULATION	
VERB = Anzahl eingereichte Verbesserungsvorschläge je IT-Mitarbeiter RAUM = Freiraum für Innovation INPR = Anzahl IT-Mitarbeiter in Innovationsprojekten INZI = Anteil Innovationsziele je IT-Mitarbeiter w_x = Jeweiliger Gewichtungsfaktor mit einem Wert zwischen 0 und 1 Es gilt: $\sum w_x = 1$	

Abbildung 65: Kennzahlensteckbrief INNOSTRUK

Nachstehend werden die aggregierten Kennzahlen auf der Ebene der Dimensionen dargestellt. Die hierarchische Aggregation erfolgt gemäß den empirisch bestätigten direkten und indirekten Kausalbeziehungen zwischen den Determinanten und den Dimensionen.

BEZEICHNUNG DER KENNZAHL	
Mitarbeiterflexibilität (MAFLEX)	
DEFINITION UND VERWENDUNGSZWECK	
Mit der Kennzahl wird die inhärente Flexibilität der IT-Workforce gemessen. Dadurch kann im Wesentlichen die Fähigkeit und die Bereitschaft zur Einsatzflexibilität beurteilt werden.	
KALKULATION	NORMIERUNG
$MAFLEX = w_{QUALSPEC} * QUALSPEC + w_{FLEXBER} * FLEXBER + w_{FLEXWEIT} * FLEXWEIT$	Analog zu den untergeordneten Kennzahlen liegen die Werte zwischen 1 und 5.
PARAMETER FÜR KALKULATION	
QUALSPEC = Qualifikationsspektrum FLEXBER = Flexibilitätsbereitschaft der IT-Mitarbeiter FLEXWEIT = Flexibilitätsorientierte Weiterentwicklung w_x = Jeweiliger Gewichtungsfaktor mit einem Wert zwischen 0 und 1 Es gilt: $\sum w_x = 1$	

Abbildung 66: Kennzahlensteckbrief MAFLEX

BEZEICHNUNG DER KENNZAHL	
Agilität IT-Workforce Management (AGILWFM)	
DEFINITION UND VERWENDUNGSZWECK	
Mit der Kennzahl kann die Koordinationsflexibilität in der Akquirierung und Bereitstellung sowie die Nutzung flexibler Ressourcen einer Unternehmens-IT beurteilt werden.	
KALKULATION	NORMIERUNG
$AGILWFM = w_{ITPP} * ITPP + w_{ITMAB} * ITMAB + w_{PERSBESCH} * PERSBESCH$	Analog zu den untergeordneten Kennzahlen liegen die Werte zwischen 1 und 5.
PARAMETER FÜR KALKULATION	
ITPP = IT-Personalplanung ITMAB = IT-Mitarbeiterbindung PERSBESCH = Personalbeschaffung w_x = Jeweiliger Gewichtungsfaktor mit einem Wert zwischen 0 und 1 Es gilt: $\sum w_x = 1$	

Abbildung 67: Kennzahlensteckbrief AGILWFM

Bezeichnung der Kennzahl	
Innovative IT-Mitarbeiter (INNOMA)	
Definition und Verwendungszweck	
Mit der Kennzahl kann die Innovationsfähigkeit und die Innovationsbereitschaft der IT-Workforce beurteilt werden.	
Kalkulation	**Normierung**
$INNOMA = w_{INNOSTRUK} * INNOSTRUK + w_{INNO} * INNO$	Analog zu den untergeordneten Kennzahlen liegen die Werte zwischen 1 und 5.
Parameter für Kalkulation	
INNOSTRUK = Innovationskultur INNO = Jährliche Anzahl innovationsorientierter Qualifizierungstage je MA w_x = Jeweiliger Gewichtungsfaktor mit einem Wert zwischen 0 und 1 Es gilt: $\sum w_x = 1$	

Abbildung 68: Kennzahlensteckbrief INNOMA

Die folgende Spitzenkennzahl stellt die höchste Ebene der Kennzahlenpyramide dar. Die Kennzahl reflektiert die Komponente höherer Ordnung des multidimensionalen Konstrukts und wird über die Aggregation der abgeleiteten Kennzahlen der Dimensionen gebildet.

Bezeichnung der Kennzahl	
Agilität IT-Personal (AGILPERS)	
Definition und Verwendungszweck	
Mit der Kennzahl IT-Agilität im Handlungsfeld IT-Personal gemessen.	
Kalkulation	**Normierung**
$AGILPERS = w_{INNOMA} * INNOMA + w_{AGILWFM} * AGILWFM + w_{MAFLEX} * MAFLEX$	Analog zu den untergeordneten Kennzahlen liegen die Werte zwischen 1 und 5.
Parameter für Kalkulation	
INNOMA = Innovative IT-Mitarbeiter AGILWFM = Agilität IT-Workforce Management MAFLEX = Mitarbeiterflexibilität w_x = Jeweiliger Gewichtungsfaktor mit einem Wert zwischen 0 und 1 Es gilt: $\sum w_x = 1$	

Abbildung 69: Kennzahlensteckbrief AGILPERS

Abbildung 70 zeigt die vollständige Kennzahlenpyramide im Überblick.

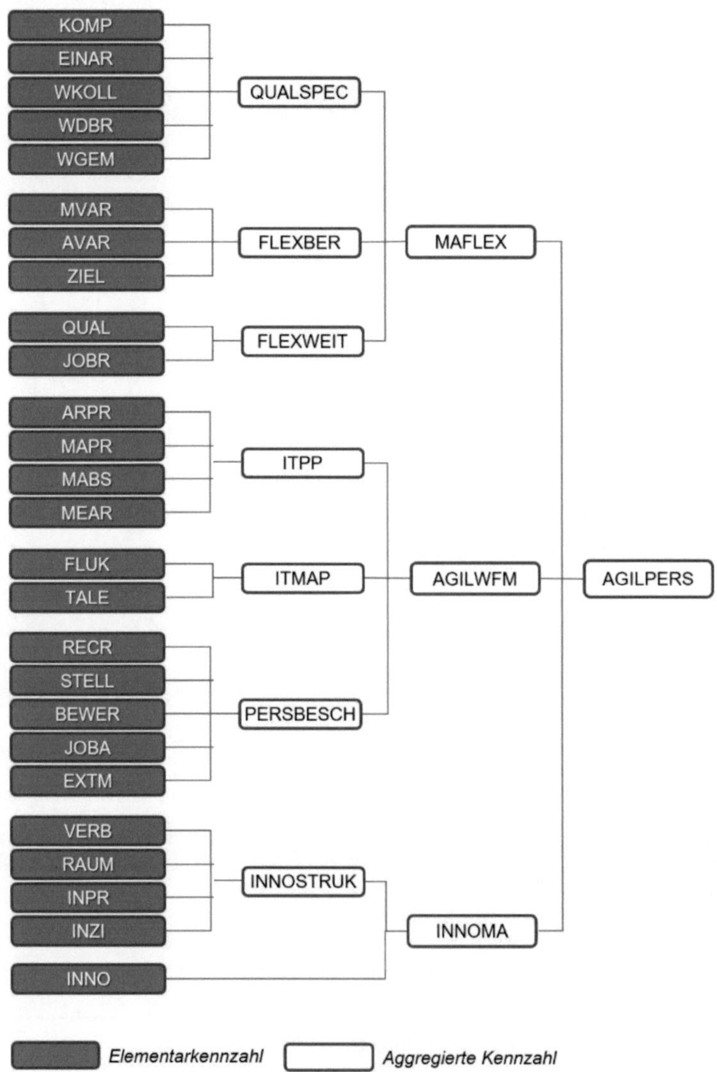

Abbildung 70: Kennzahlenpyramide

6.2.3.5 Prüfung der Qualitätsanforderungen

Im Folgenden wird die konstruierte Kennzahlenpyramide einer Güteprüfung unterzogen. Das System mit seinen Elementarkennzahlen wird dazu bezüglich der in Kapitel 6.2.1.2 definierten Anforderungen reflektiert. Die Prüfung liefert eine Aussage darüber, ob das Kennzahlensystem die intendierte Steuerungsaufgabe adäquat zu erfüllen vermag.

Das vorgestellte Kennzahlensystem wurde stringent auf der Grundlage empirischer Zusammenhänge entwickelt, als direkte Fortentwicklung des empirisch validierten konzeptionellen Modells. Da die Varianz der Zielgröße weitgehend durch die Determinanten aufgeklärt werden konnte, kann das Risiko, dass wichtige und relevante Merkmale nicht adäquat oder gar die falschen Merkmale berücksichtigt wurden, nahezu ausgeschlossen werden. Die ausgewählten Elementarkennzahlen bilden die wesentlichen Bedeutungsinhalte der empirisch bestätigten Determinanten ab und basieren auf objektivierbarem Input. Bei der Diskussion der einzelnen Kennzahlen hat sich herausgestellt, dass sich eine optionale Beurteilung durch Experten (anstelle Messung) in bestimmten Fällen als vorteilhaft erweisen könnte, insbesondere, wenn Unternehmen die technischen Voraussetzungen für die Ermittlung der Kennzahlenwerte nicht erfüllen. Deswegen sollte bei der Konstruktion des Messinstrumentariums eine manuelle Eingabe auf Basis einer Expertenmeinung mitberücksichtigt werden. Es wurden hauptsächlich Kennzahlen ausgewählt, die sich in der betrieblichen Praxis im Personalwesen bereits in anderen Zusammenhängen etabliert haben, was sich positiv auf die Anwendbarkeit des Kennzahlensystems auswirken könnte. Den Kennzahlen wurde von den Teilnehmern der Studie zudem eine ausreichend hohe praktische Relevanz zur Messung der IT-Agilität im Bereich IT-Personal zugesprochen. Ferner wurde die Inhaltvalidität für die Mehrheit der Kennzahlen auf der Basis korrespondierender Indikatoren über anerkannte statistische Verfahren bestätigt. Die Aggregation der Kennzahlen erfolgte streng nach den empirisch bestätigten Ursache-Wirkungs-Beziehungen zwischen Determinanten und Dimensionen des mehrdimensionalen Konstrukts. Alle Kennzahlen sind nachvollziehbar und verständlich beschrieben. Der Kennzahlenpyramide kann demnach eine angemessene Vollständigkeit und Richtigkeit unterstellt werden. Annähernd alle Aspekte des Steuerungsobjekts werden abgedeckt, und damit wird der zu steuernde Sachverhalt messbar gestaltet.

Die Definition der Elementarkennzahlen erfolgte so, dass die Kennzahlenwerte ausschließlich aus objektiv ermittelbaren Daten berechnet wurden. Es wurden keine über subjektive Einschätzungen ermittelten Daten verwendet, wie etwa die Bewertung des Führungsverhaltens der Führungskräfte durch die Mitarbeiter oder Einschätzungen der Mitarbeitermotivation von Seiten der Führungskräfte. Dadurch wird die Objektivität der Kennzahlen sichergestellt. Ferner wurden mögliche Verfahren der Datenermittlung vorgestellt, die eine standardisierte und fehlerfreie Messung gewährleisten. Die Input-Daten der Messung können aus unterschiedlichen Verwaltungssystemen reliabel bezogen werden. Objektivität und Reliabilität stellen sicher, dass die eruierten Ergebnisse der Messung bei einer Wiederholung zum gleichen Ergebnis führen wie bei der ursprünglichen Messung.

Die effiziente Ermittlung der Kennzahlenwerte ist bei allen Elementarkennzahlen gegeben, da diese sich größtenteils auf Daten stützen, die aus üblicherweise in Unternehmen weit verbreiteten Verwaltungssystemen eruiert werden können. Es sind keine Kennzahlen in der Kennzahlenpyramide integriert, deren Berechnung sich auf Werte stützt, die nur mittels aufwandsintensiver Umfragen (z. B. Abfrage der Mitarbeiterzufriedenheit über Fragebogen) zu ermitteln sind. Außerdem basiert die Konstruktion des Kennzahlensystems mehrheitlich auf reflektiven Indikatoren, die gemäß des Domain-Sampling-Modells für den jeweiligen Faktor zum einen austauschbar sind und zum anderen auch weggelassen werden können, ohne dass dadurch das Messergebnis verzerrt würde. Wenn der Aufwand für die Beschaffung und Bereitstellung der Messwerte für eine Kennzahl zu hoch ist, kann die Kennzahl durch eine andere substituiert oder im Ausnahmefall mittels Expertenbeurteilung ermittelt werden. Aus den angeführten Gründen kann das vorgestellte Kennzahlensystem als besonders zielführend für die Bewältigung der Steuerungsaufgabe angesehen werden, da der Aufwand für die Beschaffung und Bereitstellung der Messwerte weitestgehend gering ausfallen sollte.

Die Aktualität und Zuverlässigkeit der Daten zur Berechnung der Kennzahlen ist größtenteils per se gegeben, da die Kennzahlen so ausgewählt wurden, dass eine Vielzahl der relevanten Informationen zur Berechnung der Kennzahl aus gängigen Verwaltungssystemen (z. B. HR-Systeme, ERP Systeme) ermittelt werden können, die aufgrund der hohen IT-Durchdringung bei den Verwaltungsprozessen und des transaktionalen Charakters der Daten stets auf dem aktuellen Stand sein sollten. Das Potenzial einer weitgehend automatisierten Gewinnung und Verdichtung ist damit ebenfalls gegeben. Das konstruierte Kennzahlensystem orientiert sich im Wesentlichen an den Zielsetzungen der strategischen Flexibilität und der First-Mover-Strategie, so dass eine entsprechende Zielorientierung unterstellt werden kann. Ferner besteht die Möglichkeit, für jede Kennzahl den Zielwert an individuelle betriebliche Bedürfnisse im Kontext der IT-Agilität anzupassen. Die Kennzahlen müssen dazu inhaltlich nicht modifiziert werden. Diese Flexibilität muss über das zu implementierende Artefakt abgedeckt werden. Mit dem Kennzahlensystem wurde auch die Voraussetzung geschaffen, dass ein Unternehmen bei der Auswahl der Kennzahlen spezifische Schwerpunkte setzen kann, falls spezifische Kennzahlen als besonders erstrebenswert erachtet werden, abgestimmt mit der gewählten personalpolitischen Grundausrichtung. Dabei wird auch das Kriterium der Minimalität erfüllt, so dass eine Fokussierung auf 10 bis 15 Kennzahlen erfolgen kann. Diese Flexibilität ist ebenso im Artefakt entsprechend abzubilden. Schwachstellen und Fehlentwicklungen innerhalb der Regelstrecke müssen im Sinne der Veränderungssensibilität durch die Kennzahlenwerte deutlich erkennbar sein. Mit der Normierung der Kennzahlen wurde diesbezüglich eine notwendige Voraussetzung geschaffen. Die Normierung orientiert sich an den empirisch ermittelten Werten der durchgeführten Umfrage. Im Artefakt kann auf dieser Grundlage ein Frühwarnsystem mit der entsprechenden Visualisierung implementiert werden (z. B. als Ampelschaltung).

Abschließend lässt sich konstatieren, dass die einzelnen Elementarkennzahlen und das daraus gebildete Kennzahlensystem die erforderlichen Qualitätsanforderungen grundlegend erfüllen.

6.2.3.6 Zusammenfassung der Ergebnisse

Alle Kennzahlen wurden entlang der Struktur des empirisch bestätigten Modells entwickelt. Tabelle 47 zeigt die Zusammenhänge zur besseren Nachvollziehbarkeit in komprimierter Form mit den entsprechenden Gütemaßen.

Kennzahl	Reflektiertes Konstrukt	Pfad-koeffizient [0,1]	Indikator[61]	Ladung [0,1]	Experten-beurteilung Relevanz - [0-100 %]
KOMP	Flexible IT-Mitarbeiter	--	R_FL_1	0,860	65 %
EINAR	Qualifikations-spektrum	0,427****	MK_2	0,860	63 %
WKOLL	Qualifikations-spektrum	0,427****	KM_1	0,695	71 %
WDBR	Qualifikations-spektrum	0,427****	KM_1	0,695	71 %
WGEM	Qualifikations-spektrum	0,427****	KM_2	0,669	67 %
MVAR	Flexibilitäts-bereitschaft	0,328****	--	--	66 %
AVAR	Flexibilitäts-bereitschaft	0,328****	--	--	61 %
ZIEL	Flexibilitäts-bereitschaft	0,328****	--	--	68 %
QUAL	Weiterentwicklung IT-MA	0,313****	MK_1	0,751	71 %
JOBR	Weiterentwicklung IT-MA	0,313****	FL_W_4	0,493	54 %
ARPR	IT-Personalplanung	0,461****	P_P_4	0,730	67 %
MAPR	IT-Personalplanung	0,461****	P_P_3	0,721	70 %
MABS	IT-Personalplanung	0,461****	P_P_1	0,732	67 %
MEAR	IT-Personalplanung	0,461****	--	--	67 %

[61] Für Kennzahlen, die nicht direkt aus einem Indikator abgeleitet wurden, steht in der Spalte Indikator kein Wert. Dies gilt analog für die Tabellenspalte Ladung.

Kennzahl	Reflektiertes Konstrukt	Pfad-koeffizient [0,1]	Indikator[61]	Ladung [0,1]	Experten-beurteilung Relevanz - [0-100 %]
FLUK	IT-Mitarbeiter-bindung	0,173****	M_B_1	0,695	73 %
TALE	IT-Mitarbeiter-bindung	0,173****	--	--	71 %
RECR	IT-Personal-beschaffung	0,153**	P_B_1	0,740	69 %
STELL	IT-Personal-beschaffung	0,153**	P_B_1	0,740	70 %
BEWER	IT-Personal-beschaffung	0,153**	--	--	71 %
JOBA	IT-Personal-beschaffung	0,153**	P_B_2	0,696	73 %
EXTM	IT-Personal-beschaffung	0,153**	P_B_4	0,740	70 %
INNO	Weiterentwicklung IT-MA	0,529****	I_U_4	0,861	62 %
VERB	Innovative U-Kultur	0,372****	I_U_3	0,761	61 %
RAUM	Innovative U-Kultur	0,372****	I_U_2	0,786	65 %
INPR	Innovative U-Kultur	0,372****	--	--	64 %
INZI	Innovative U-Kultur	0,372****	--	--	66 %

Signifikanz-Level: **** = 0,001; *** = 0,01; ** = 0,05; * = 0,1; n.s. = nicht signifikant

Tabelle 47: Kennzahlen und deren empirische Zusammenhänge

6.3 Implementierung des Artefakts

Hierarchische Kennzahlensysteme stellen ein wichtiges Instrument zur Kontrolle betrieblicher Abläufe dar. Die Steuerungsfunktion wird durch IS unterstützt. Das zu konstruierende Artefakt bildet ein derartiges IS ab und soll dem Nutzer eine effiziente Kontrolle über das Steuerungsobjekt erlauben. Dazu sind grundlegende Anforderungen zu beachten, die nachfolgend kurz erläutert werden.

6.3.1 Grundlegende Anforderungen

Das Messinstrumentarium muss eine ausreichend hohe Flexibilität besitzen, um die Heterogenität der Realwirtschaft angemessen zu berücksichtigen. Ein Unternehmen soll in der Lage sein, durch die individuelle Auswahl und Gewichtung von Kennzahlen Schwerpunkte hinsichtlich der Messung der IT-Agilität zu setzen, die zum einem mit der gewählten Personalstrategie korrespondieren und zum anderen eine effiziente und zuverlässige Erhebung von Messdaten gewährleisten. Dabei wird implizit auch das Kriterium der Minimalität erfüllt. Es können die in der Literatur mengenmäßig empfohlenen max. 12 bis 15 relevanten Kennzahlen ausgewählt werden, aus denen das Unternehmen den größten Nutzen ziehen kann und welche am besten aktiv gemanagt werden können, um auf diese Weise die Steuerungsaufgabe adäquat erfüllen zu können. Es sollte aber jede Determinante gemessen werden. Bei denjenigen Determinanten, bei denen eine Auswahl an Kennzahlen besteht, kann dann individuell ausgesucht werden.

Ein Kennzahlensystem ist auch ein Träger der Kommunikation zwischen Manager und zielführender Instanz, dem Eigentümer des Steuerungsobjektes (Kütz 2006, S. 16). Dem Messinstrumentarium obliegt hier insbesondere die Aufgabe einer angemessenen Informationsbereitstellung und Informationsaufbereitung (Hafner und Polanski 2015, S. 33). Ampelschaltungen sind für die Bewertung des aktuellen Stands der Kennzahlen hilfreich, da hier Handlungsbedarfe verdeutlicht werden können. „Grün“ bedeutet in diesem Kontext, dass kein Handlungsbedarf besteht, während „Gelb“ einen erkennbaren Handlungsbedarf signalisiert und „Rot“ eine akute Gefährdung der Steuerungsaufgabe anzeigt (Kütz 2006, S. 18). Die Basis für die Implementierung einer derartigen Ampelschaltung bildet die Normierung der Kennzahlen. Ein Messinstrumentarium sollte außerdem in diesem Kontext eine gewisse Flexibilität sicherstellen, damit eine Unternehmens-IT in die Lage versetzt wird, individuelle Mechanismen bezüglich Reaktionswerten zu entwickeln. Damit kann unternehmensspezifisch festgelegt werden, bei welchen negativen oder positiven Veränderungen der Kennzahlen reagiert bzw. eingegriffen werden muss (Hafner und Polanski 2015, S. 45). Die Darstellung kann etwa in Form eines Berichts oder eines Management-Cockpits erfolgen. Hier sind die beschränkten kognitiven Informationsverarbeitungskapazitäten von Entscheidungsträgern als auch konzeptionelle Limitationen zu berücksichtigen (Röglinger et al. 2009, S. 329). Die über das Messinstrumentarium realisierte Kommunikationsfunktion hat einen erheblichen Einfluss auf die Steuerungsfunktion des Kennzahlensystems. Es unterstützt die aktive Wahrnehmung der Kennzahlen als Frühwarnsystem und kann damit Hinweise für Handlungsbedarfe geben und im Extremfall Anzeichen für krasse Fehlentwicklungen signalisieren (Hafner und Polanski 2015, S. 34).

Die Steuerungsfunktion von Kennzahlensystemen ist umso effektiver, wenn die aktuellen Werte auch mit Vergangenheitswerten im Zeitverlauf verglichen werden können. Ein Messinstrumentarium muss deshalb derartige Periodenvergleiche als immanente Funktion zur Verfügung stellen. Die Entwicklung der IT-Agilität kann damit in Form einer Zeitraumbetrachtung nachverfolgt werden, zeigt damit den Trend der einzelnen Kennzahlenwerte und gibt auf diese Weise Aufschluss über die Wirksamkeit der eingeleiteten Maßnahmen.

Ein Messinstrumentarium sollte eine effiziente Ermittlung der Kennzahlenwerte gewährleisten. Der Aufwand für die Ermittlung und Bereitstellung wird heutzutage aufgrund hoher Automation gering ausfallen, so dass das Messinstrumentarium für die Bewältigung der Steuerungsaufgabe umso wertvoller ist. Diesbezüglich wären definierte Schnittstellen und implementierte Mechanismen vorzusehen, mit deren Hilfe die Messwerte aus integrierten Verwaltungssystemen zuverlässig und effizient eruiert werden können.

6.3.2 Implementierung

Das kennzahlenbasierte Messinstrumentarium wurde mit der Software MS Access 2013 erstellt. Die konkrete Implementierung erfolgte vorwiegend über Konfiguration. VBA Programmierung wurde an spezifischen Stellen eingesetzt, bei denen die inhärenten Konfigurationsoptionen der Software nicht mehr ausreichend waren, um die grundlegenden Anforderungen adäquat umzusetzen. Das erstellte Artefakt erfüllt die in Kapitel 6.3.1 geforderten Flexibilitätseigenschaften. Ferner wurde ein Bericht implementiert, der den aktuellen Zustand der Kennzahlen samt Ampelschaltung als Frühwarnsystem widerspiegelt. Pro Kennzahl kann der Anwender Periodenvergleiche durchführen, welche mittels Diagrammen in einer ansprechenden Weise visualisiert werden. Generische Schnittstellen für die automatisierte Ermittlung der Kennzahlenwerte wurden nicht vorgesehen. Hierzu müsste das Messinstrumentarium als sogenannte Enterprise Application zur Verfügung gestellt werden, welche im Unternehmensnetzwerk integriert werden kann, unter Berücksichtigung und Einhaltung aller IT-spezifischen Richtlinien. Für die nachfolgende ansatzweise Evaluation des Nutzens des Artefakts ist eine Standard-Software wie MS Access 2013 ohne Schnittstellen absolut hinreichend. Bei der Implementierung wurden folgende Grundsätze guter Anwendungsentwicklung eingehalten (Stern 2013, S. 41f.):

- Verhinderung von Fehlbedienungen
- Systemseitige Prüfung von Muss-Daten
- „Learning by doing“ ermöglichen
- Erwartungskonformität sicherstellen
- Gleichförmigkeit beachten
- Wahrnehmungsfreundliches Layout designen (dezente Farben, bündige Ausrichtung der Bedienelemente etc.)
- Minimalismus beachten (nur absolut notwendige Funktionen implementieren)

Die Konstruktion des Artefakts bezieht sich in erster Linie auf die Beantwortung von Forschungsfrage 2. Es wurde ein Messinstrumentarium entwickelt, das eine Steuerung und Kontrolle der IT-Agilität im Bereich IT-Personal ermöglicht.

7 Demonstration und Evaluation

Nach Abschluss der Entwicklung des Artefakts erfolgt im nächsten Schritt dessen rudimentäre Demonstration und Evaluation, welche die nächsten der sequentiell zu durchlaufenden Schritte des Prozessmodells nach Peffers et al. (2007) darstellen. Die Evaluation hebt insbesondere auf die Beurteilung der Nützlichkeit, Qualität und Wirksamkeit des Artefakts ab (Hevner et al. 2004, S. 85). Die Kennzahlen und ihre Beziehungen zueinander werden in diesem Rahmen nicht noch einmal auf ihre Plausibilität geprüft, da diese Überprüfung bereits über die durchgeführte empirische Studie erfolgte. In erster Linie wird überprüft, ob die in Kapitel 6.3.1 aufgezeigten Anforderungen an ein Messinstrumentarium adäquat umgesetzt wurden und der Unternehmens-IT im Kontext der Agilitätsmessung dadurch ein angemessener Nutzen entsteht. Die Evaluation erfolgt ansatzweise, da die Demonstration in lediglich zwei Unternehmen durchgeführt wird. Ferner wird das Artefakt nicht mit anderen Verwaltungssystemen technisch integriert, um automatisiert Kennzahlenwerte ermitteln zu können. Es wird evaluiert, ob die implementierten Funktionen prinzipiell den Anforderungen der Praxis genügen, um als konzeptionelle Grundlage für eine in einem nächsten Schritt zu entwickelnde Applikation zu dienen, welche im Unternehmensnetzwerk installiert und mit andern IS integriert werden kann. Die Demonstration wird mittels einer Fallstudie durchgeführt. Die Evaluation erfolgt mit Experteninterviews. Der Einsatz der Methoden befindet sich im Einklang mit dem Trend in der Wirtschaftsinformatik zu empirischen Methoden (Österle et al. 2010, S. 5; Riedl und Roithmayr 2006, S. 50ff.), die nachfolgend kurz vorgestellt werden.

7.1 Methodische Grundlagen

Im Rahmen der Durchführung der Fallstudien mit Experteninterviews als primärer Datenerhebungsmethode wird das konstruierte Messinstrumentarium als Artefakt bezüglich der Realwelt evaluiert. Das Artefakt kommt dabei im betrieblichen Kontext zum Einsatz, um zu prüfen, ob die Problemlösung tatsächlich den ihr zugedachten Nutzen zu stiften vermag, bei gleichzeitiger Reflexion der Adäquatheit der Forschungslücke (Riege et al. 2009, S. 75). Konkret wird überprüft, ob das Realweltproblem der fehlenden Steuerbarkeit der IT-Agilität im Handlungsfeld IT-Personal durch das geschaffene Artefakt im realen Kontext einer Unternehmens-IT prinzipiell gelöst werden kann. Die Fallstudie ist als ein qualitatives Evaluationswerkzeug hauptsächlich für praxisorientierte wissenschaftliche Arbeiten von Relevanz (Maske 2012, S. 798). Fallstudien erreichen nicht die wissenschaftliche Rigorosität, wie etwa formale Experimente, sind aber sehr gut geeignet, um den Nutzen von spezifischen Technologien im Kontext einer Organisation zu beurteilen (Kitchenham et al. 1995, S. 52ff.). Die Methodik orientiert sich an den Empfehlungen von Benbasat et al. (1987, S. 369ff.), die in ihrer Studie die Anwendung der Fallstudie als qualitative Forschungsmethode speziell im IT-Bereich diskutieren. Fallstudien können sowohl in der Phase der Exploration und Hypothesenbildung genutzt werden als auch für die Erklärung oder Überprüfung von zuvor aufgestellten Hypothesensystemen (Benbasat et al. 1987, S. 382), wobei deren Anwendung insbesondere in eher unerforschten Bereichen geeignet ist (Benbasat et al. 1987, S. 369f.). Fallstudien haben grundsätzlich ein deskriptives oder kausales Erkenntnisinteresse (Kaiser 2014, S. 4). Im Rahmen einer Fallstudie werden mehrere Arten von Datenerhebungen durchgeführt, darunter Experteninterviews oder direkte Beobachtungen im Forschungsfeld, wobei idealerweise die eruierten Erkenntnisse mehrerer Quellen miteinander konvergieren, um auf dieser Grundlage die abgeleiteten Forschungsergebnisse zu fundieren (Benbasat et al. 1987, S. 372ff.). Eine Fallstudie weist nachstehende charakteristische Eigenschaften auf (Dubé und Paré 2003, S. 589ff.), die mit den Merkmalen der im Kontext der vorliegenden Arbeit durchgeführten Demonstration korrespondieren.

- Eine Fallstudie untersucht ein zeitgemäßes und komplexes Phänomen in der realen Welt.
- Das Phänomen lässt sich nicht isoliert von seinem Realwelt-Kontext untersuchen, und subjektive Einschätzungen aus der realen Welt sind erforderlich.

- Mehrere Entitäten (Personen, Gruppen, Organisationen, Technologie) werden untersucht.

Im Zuge der Demonstration werden Experteninterviews als primäre Datenquelle für die Ermittlung von Informationen genutzt, die evaluiert werden sollen. Denn das typische Einsatzgebiet qualitativer Experteninterviews ist u. a. die Fallstudie. Dabei gibt es keine ideale Anzahl von Experteninterviews oder Beobachtungen, die im Zuge einer qualitativen Evaluation durchzuführen sind; die Anzahl hängt davon ab, welche Fragestellung der Forscher mit der Evaluation beantworten will (Pratt 2009, S. 856). In spezifischen Fällen kann auch nur eine Erhebung ausreichend sein, abhängig vom Thema und dem angesprochenen Untersuchungsbereich (Malterud 2001, S. 486). Ein Experteninterview ist ein Instrument der Datenerhebung, um bei „geeigneten Personen“ zeiteffektiv erfahrungsgestütztes Experten-Wissen zu generieren (Meuser und Nagel 2009, S. 465f.). Es handelt sich dabei um ein qualitatives, systematisches und theoriegeleitetes Verfahren der Datenerhebung in Form der Befragung von Personen, die über exklusives Wissen verfügen (Kaiser 2014, S. 6). Der Gesprächspartner wird als Lieferant von Informationen befragt (Kaiser 2014, S. 2). Im Rahmen von Expertenbefragungen können i. d. R. nicht alle Personen der Grundgesamtheit berücksichtigt werden, weshalb in diesen Fällen ein Stichprobenverfahren angewendet wird. Für die Stichprobenbildung ist die Relevanz der untersuchten Subjekte für das Thema leitend (Flick 1999, S. 57). Bei Experteninterviews wird das Ziel verfolgt, Erkenntnisse zu gewinnen, die über den untersuchten Fall hinausreichen (Mayer 2008, S. 38f.). Dieser Umstand soll erreicht werden, indem die Ergebnisse so konfiguriert sind, dass diese auf andere Fälle übertragbar und damit generalisierbar sind (ebd.). Dabei muss die Verallgemeinerung immer für den untersuchten Fall begründet werden, indem Argumente angeführt werden, warum die eruierten Ergebnisse auch für andere Situationen und Zeiten gelten (ebd., S. 41; Mayring 1999, S. 23). Bei allen qualitativen Befragungen werden interpretative Verfahren der Datenanalyse genutzt, die nach systematischen Kriterien durchgeführt werden, wobei sich das Experteninterview von anderen qualitativen Befragungen unterscheidet, vorwiegend in Bezug auf die Zielsetzung der Gewinnung von Sachinformationen, wofür man einen hohen Grad der Strukturierung mittels eines Interviewleitfadens benötigt (Kaiser 2014, S. 3). Die Vorstrukturierung bewirkt, dass Informationen effizient erhoben werden können (Bogner und Menz 2005, S. 37f.). Die Inhalte des Leitfadens sollten die Aspekte umfassen, die für die Fragestellung von Wichtigkeit sind (Meuser und Nagel 2005, S. 82).

In der Regel sind die Befragten Experten auf dem Untersuchungsgebiet. Als Experte gilt jemand, der auf einem begrenzten Gebiet über ein klares und abrufbares Wissen verfügt (Mayer 2008, S. 41). Seine Ansichten basieren auf sicherem Fachwissen (ebd.). Der Experte verfügt damit über ein Wissen, das er zwar nicht notwendigerweise allein besitzt, aber doch nicht jedermann in dem relevanten Handlungsfeld zugänglich ist (Meuser und Nagel 2009, S. 466ff.). Das Wissen kann aufgrund langjähriger Erfahrung verfügbar sein (Mieg und Näf 2005, S. 3). Ferner trägt er in irgendeiner Weise die Verantwortung für den Entwurf, die Ausarbeitung, die Implementierung und/oder die Kontrolle einer Problemlösung mit privilegiertem Zugang zu Informationen (Meuser und Nagel 2009, S. 466ff.).

Im Rahmen einer qualitativen Fallstudie kommt oft eine offene Form der Expertenbefragung zum Einsatz, wobei dem Interviewer die Aufgabe zukommt, das Gespräch so zu steuern, dass die erwarteten Informationen auch tatsächlich generiert werden können (Kaiser 2014, S. 1f.). Fallstudien behandeln oft komplexe theoretische Erklärungsansätze, die im Vorfeld einer konkreten Interviewsituation häufig in die Erfahrungswelt des jeweiligen Gesprächspartners übersetzt werden müssen, denn die Experten werden nicht unmittelbar mit den Forschungsfragen konfrontiert, sondern mit Fragen, die der Realität ihres Wirkungskontextes angepasst sind (Kaiser 2014, S. 4). Für die methodische Überprüfung der durchgeführten Experteninterviews werden die nachfolgend aufgelistete Gütekriterien in Anlehnung an Kaiser (ebd., S. 6ff.) verwendet:

- Intersubjektive Nachvollziehbarkeit der Verfahren der Datenerhebung und der Datenauswertung: Die Aufgabe des Forschers besteht darin, den Prozess der Datenerhebung, ihre Analyse und Interpretation so weit offen zu legen und zu dokumentieren, dass Dritte zumindest die einzelnen Schritte der Vorgehensweise erkennen und bewerten können, was vor allem die Benennung der Kriterien der Expertenauswahl, die Offenlegung des Leitfadens, die Beschreibung der Interviewsituation und die Darstellung der Auswertungsmethode betrifft.

- Durchführung einer theoriegeleiteten Vorgehensweise: Dabei sollten eigene Untersuchungen über den Untersuchungsgegenstand an bereits vorhandenes theoretisches Wissen angeknüpft werden und auch die Ergebnisse der Analyse und Interpretation der Expertenbefragung abschließend wieder mit diesem theoretischen Kontext konfrontiert werden.
- Wahrung der Neutralität und Offenheit des Forschers gegenüber neuen Erkenntnissen sowie anderen Relevanzsystemen und Deutungsmustern: Experteninterviews dürfen nicht in einer Art und Weise genutzt werden, die lediglich dazu dient, eine Bestätigung für bereits existente eigene Annahmen zu erhalten. Die Neutralität ist somit ein wichtiges Gütekriterium insbesondere auch für die Auswahl und Formulierung der Interviewfragen.

Ähnlich wie bei der Delphi-Studie besteht auch bei Experteninterviews die Gefahr, dass ausgewiesene Experten nicht immer in der Lage sind, korrekte Aussagen über einen Sachverhalt zu treffen. Beim Experteninterview ist das Risiko einer Fehleinschätzung höher, da diesem Risiko nicht durch die Bildung eines Gruppenkonsenses entgegengesteuert wird.

7.2 Durchführung

Um die Heterogenität der Realwirtschaft bei der Evaluation des Artefakts adäquat zu berücksichtigen, wurden zwei relativ unterschiedliche Unternehmen für die Demonstration ausgewählt. Die speziellen Anforderungen an ein Messinstrumentarium können je nach Größe und einnehmender Rolle einer

Unternehmens-IT stark differieren. Auch das zu bewältigende Aufgabenspektrum wäre hier als ein Kriterium zu nennen.

Tabelle 48 zeigt die beiden Unternehmen, in deren betrieblichem Kontext das Artefakt demonstriert und evaluiert worden ist.

CHARAKTERISTIKUM	UNTERNEHMEN 1	UNTERNEHMEN 2
Branche	Industrie Konsumgüter	Dienstleistung Handel (Discounter)
Anzahl Mitarbeiter	Mittelstand: ca. 400 Mitarbeiter	Großunternehmen: über 170.000 Mitarbeiter
IT-Durchdringungsgrad	Mittel	hoch

Tabelle 48: Unternehmen für Fallstudie

Bei der Auswahl der Gesprächspartner wurde darauf geachtet, dass die in Kapitel 7.1 aufgeführten Kriterien, die im Wesentlichen einen Experten ausmachen, erfüllt werden. Für Demonstration und Experteninterview wurden ein IT-Leiter sowie zwei IT-Manager der obersten Führungsebene ausgewählt. Die Experten haben bereits an der durchgeführten Umfrage teilgenommen und die Forschungsergebnisse zuvor zugesendet bekommen. Aufgrund der Teilnahme an der Studie und den langjährigen Erfahrungen in der strategischen Steuerung einer IT-Organisation bzw. eines IT-Bereichs kann man unterstellen, dass die Experten auf dem avisierten Gebiet über ein klares und abrufbares Wissen verfügen und außerdem in irgendeiner Weise auch die Verantwortung für die Implementierung und/oder die Steuerung tragen. Im Vorfeld wurde ein Leitfaden entwickelt, um das Gespräch auf die relevanten Themen zu fokussieren. Bei der Formulierung der Interviewfragen wurde darauf geachtet, dass diese neutral formuliert werden, um die Antworten nicht in eine bestimmte Richtung zu lenken. Der Leitfaden besteht ausschließlich aus offenen Fragen, die sich auf den Nutzen des Artefakts im Unternehmenskontext konzentrieren und ebenso negative Antworten und Beurteilungen zulassen. Aufgrund der offenen Fragen können auf der Basis der Antworten im Rahmen einer Diskussion auch Nachfragen gestellt werden, um eventuell weitere wertvolle Informationen zu gewinnen. Der Leitfaden ist dem Anhang zu entnehmen. Im „Unternehmen 1" wurde der IT-Leiter befragt, während in

„Unternehmen 2“ ein Geschäftsführer und ein Bereichsleiter der Unternehmens-IT an der Demonstration und Evaluation teilgenommen haben. Den Teilnehmern wurde ungefähr eine Woche vor dem Termin eine PowerPoint-Präsentation zur Verfügung gestellt, die einen Abriss über die gesamte Forschungsarbeit und die bis dahin eruierten Ergebnisse beinhaltet. Die Teilnehmer haben diese im Vorfeld gesichtet und deshalb konnte mit dem darauf aufgebauten Kenntnisstand umgehend die Demonstration des Artefakts gestartet werden. Die Teilnehmer mussten zu dem Thema zuvor nicht nochmals instruiert werden.

Im Rahmen der Demonstration wurden im ersten Schritt die systemtechnisch verfügbaren Funktionen des Artefakts aufgezeigt, um das Kennzahlensystem nach den individuellen Bedürfnissen des Unternehmens zu konfigurieren. Pro Kennzahl kann die vorgeschlagene Normierung angepasst werden.

Abbildung 71 zeigt diese Art der Konfigurationsmöglichkeit.

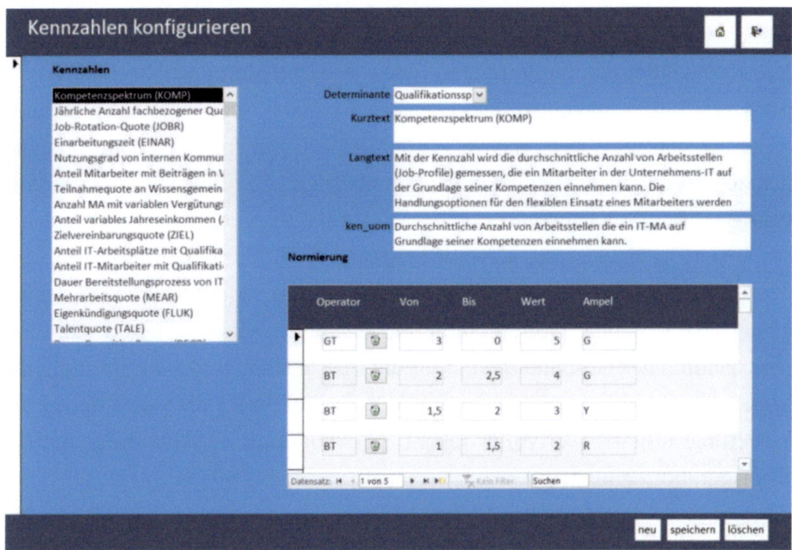

Abbildung 71: Artefakt: Konfiguration Schwellenwerte der Kennzahlen

Den Teilnehmern wurde die Möglichkeit geboten, pro Normierung die Farben für die Ampelschaltung individuell zu konfigurieren, um auf diese Weise die Kritikalität der wertmäßigen Ausprägung der jeweiligen Kennzahlen festzulegen, was u. a. die visuelle Darstellung des Frühwarnsystems steuert und damit auch beeinflusst, bei welchen negativen oder positiven Veränderungen der Kennzahlen reagiert bzw. eingegriffen werden sollte. Im Rahmen der Demonstration wurden die Default-Werte allerdings nicht angepasst, sondern lediglich Funktion und Auswirkungen erläutert. Danach wurde zusammen mit den Teilnehmern ein Kennzahlen-Set definiert. Aus der Liste aller Kennzahlen wurden diejenigen ausgewählt, die im Kontext der Unternehmens-IT als besonders relevant erachtet wurden. Dabei mussten die Teilnehmer pro Determinante mindestens zwei Kennzahlen auswählen. Es war zwingend notwendig, die ausgewählten Kennzahlen zu gewichten, um eventuelle Schwerpunkte zu setzen. Im Rahmen der Demonstration wurden der Einfachheit halber alle Kennzahlen gleich gewichtet, da es für die Evaluation des Nutzens nicht von Bedeutung ist, die strategische Relevanz einiger Kennzahlen hervorzuheben. Das Messinstrumentarium bietet zudem die Möglichkeit, mehrere Kennzahlensets zu definieren. Diese Flexibilisierungsoption kann hilfreich sein, um unterschiedliche Berichtszeitpunkte der Kennzahlen adäquat zu berücksichtigen. Beispielsweise können Kennzahlen, deren Ermittlung einen höheren Aufwand bedeutet, in einer niedrigeren Frequenz (z. B. quartalsweise) ermittelt und ausgewertet werden als andere Kennzahlen, die hoch automatisiert in einer etwas höheren Frequenz (z. B. monatlich) erhoben werden können. Im Rahmen der Demonstration wurde nur ein Kennzahlenset angelegt. Die genannte Option wurde nur diskutiert. Es bestand ein Konsens, dass dadurch der Gesamtaufwand für die Beschaffung und Bereitstellung der Messwerte optimiert werden kann, was das Artefakt für die Bewältigung der Steuerungsaufgabe wertvoller macht. In Abbildung 72 wird diese Art der Konfiguration aufgezeigt.

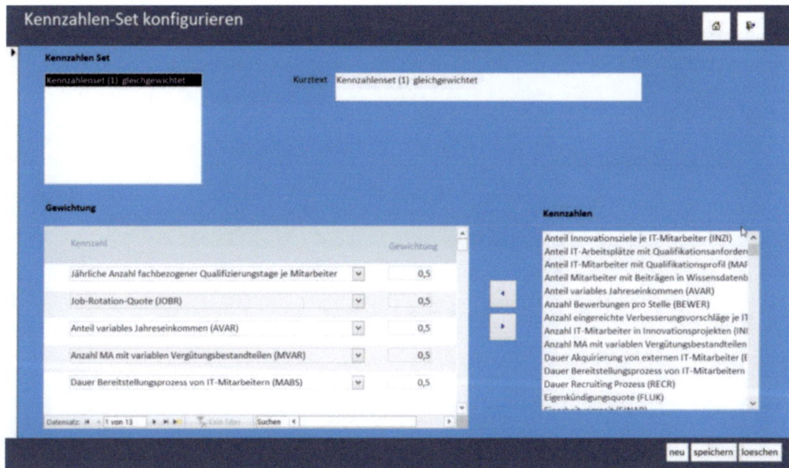

Abbildung 72: Artefakt: Konfiguration Kennzahlen-Set

Im nächsten Schritt wurde eine Erhebung der Kennzahlenwerte des ausgewählten Kennzahlensets durchgeführt. Da das Artefakt über keine Schnittstellen verfügt, wurden die Daten ausschließlich manuell eingegeben. Es wurden Schätzwerte aus dem Kontext des Unternehmens verwendet. Bei diversen Kennzahlen, zu denen die Teilnehmer keine konkreten Werte liefern konnten, wurden Durchschnittswerte aus der durchgeführten Umfrage genutzt. Abbildung 73 zeigt das Cockpit, in dem die Werte erfasst werden können.

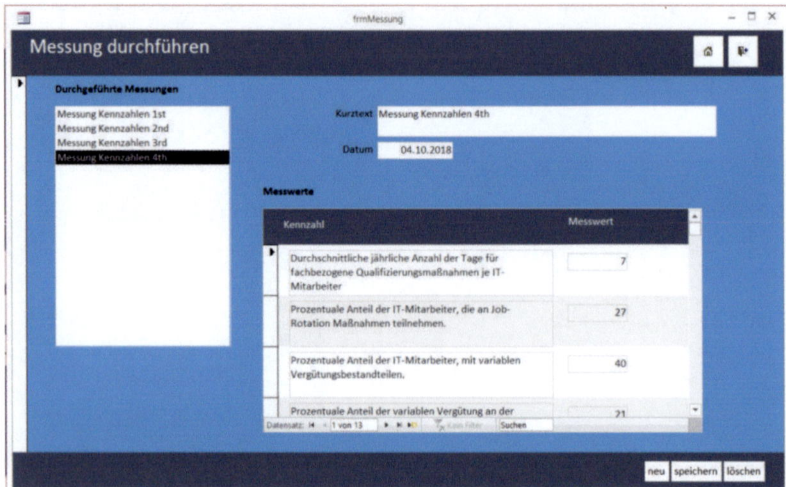

Abbildung 73: Artefakt: Erhebung der Kennzahlenwerte

Es wurde zudem aufgezeigt, dass alle Messungen in der Datenbank persistiert werden, als Datengrundlage für die Trendanalysen.

Die Demonstration des Artefakts wurde mit der Vorstellung der Analysefunktionen abgeschlossen. Die Bewertung des aktuellen Stands der ausgewählten Kennzahlen kann mit einem MS-Access-Bericht vollzogen werden. Über die konfigurierbare Ampelschaltung kann die Dringlichkeit der Handlungsbedarfe verdeutlicht werden. Abbildung 74 zeigt den entsprechenden MS-Access Bericht.

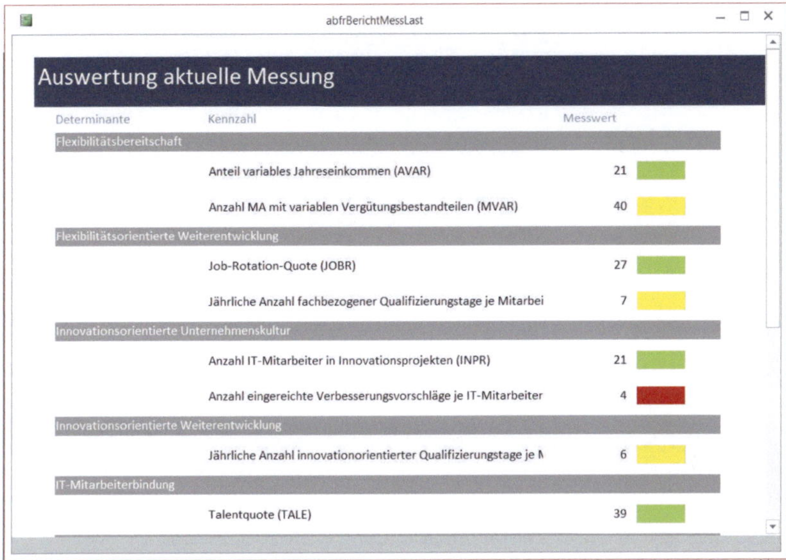

Abbildung 74: Artefakt: Auswertung mit Ampelschaltung

Mit einem MS-Access-Formular wird die Möglichkeit gegeben, für jede erhobene Kennzahl Periodenvergleiche durchzuführen. Die Entwicklung der einzelnen Werte kann damit in Form einer Zeitraumbetrachtung nachverfolgt werden und gibt u. a. Aufschluss über die Wirksamkeit zuvor eingeleiteter Maßnahmen. Abbildung 75 zeigt diese inhärente Funktion des Artefakts.

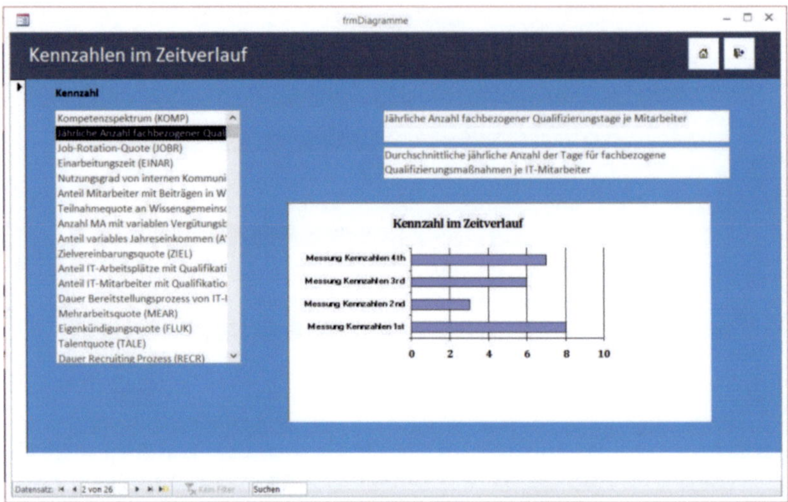

Abbildung 75: Artefakt: Zeitraumbetrachtung Kennzahlenwerte

Nach Abschluss der Demonstration wurde die ansatzweise Evaluation des Artefakts mittels Experteninterview als primäre Datenquelle durchgeführt. Das Interview wurde grundsätzlich entlang des entworfenen Leitfades durchgeführt. Mit Notizen wurden die Antworten der Gesprächsteilnehmer dokumentiert. Situationsbedingt wurde die definierte Reihenfolge einiger Fragen marginal abgewandelt, angepasst an die inhaltliche Diskussion von vorausgegangenen Fragen. Um die Antworten der Interviewten möglichst wenig zu beeinflussen, wurde bei der Demonstration des Artefakts darauf geachtet, dass nur die reine Funktionalität erläutert wurde, ohne auf spezifische Vorteile und Nachteile hinzuweisen, denn die primäre Intention des Interviews war es, den Nutzen des Artefaktes zu beurteilen. Die Interviews wurden persönlich in den Räumlichkeiten der Interviewten durchgeführt. Die Gespräche haben zwischen zwei und drei Stunden gedauert.

7.3 Interpretation der Ergebnisse

Nachstehend erfolgt die Auswertung der Interviewergebnisse. Dazu werden die erhobenen Daten zusammengefasst, verglichen und generalisiert (Meuser und Nagel 2005, S. 83ff.). Die Evaluation hebt auf die Beurteilung von Nützlichkeit, Qualität und Wirksamkeit des Artefakts ab. Die Strukturierung der Diskussion orientiert sich an der Reihenfolge der gestellten Fragen.

Das Messinstrumentarium deckt grundsätzlich alle Merkmale des Steuerungsobjekts ab. Für kleinere bis mittlere IT-Organisationen könnte das Kennzahlensystem eventuell zu mächtig sein, insbesondere wenn viele IT-Services als sogenannte Managed Services von externen Unternehmen eingekauft werden. In diesem Fall werden spezifische Aspekte der IT-Agilität auf den Dienstleister ausgelagert, und der IT-Bereich agiert mehr als ein verlängerter Arm der Fachbereiche. Dann wären nur wenige der implementierten Kennzahlen von Relevanz. Ein derartiges Szenario wird durch das Artefakt abgedeckt. Ferner wurde angemerkt, dass keine Merkmale hinsichtlich des Verhaltens der Führungskräfte im Kennzahlensystem vorhanden sind. Diese wurden explizit nicht berücksichtigt, da in diesem Kontext keine objektive und effiziente Ermittlung denkbarer Kennzahlenwerte zu gewährleisten ist. Die inhärente Flexibilität des Messinstrumentariums hinsichtlich der Auswahl und Gewichtung der Kennzahlen wurde von den Teilnehmern als vollkommen ausreichend angesehen, um individuelle Schwerpunkte zu setzen, aus denen das Unternehmen den größten Nutzen ziehen kann. Ferner wurde positiv bewertet, dass eine Definition der Schwellenwerte für das Frühwarnsystem nach eigenem Ermessen erfolgen kann. Des Weiteren wurde attestiert, dass die notwendigen Mechanismen und visuellen Darstellungen vorhanden sind, um Schwachstellen und Fehlentwicklungen innerhalb der Regelstrecke deutlich erkennbar zu machen. Es wurde kritisch angemerkt, dass man Fehlentwicklungen zwar erkennen kann, aber keine Hinweise auf mögliche Handlungsoptionen der Entschärfung gegeben werden. Passende Gestaltungsempfehlungen zu der praktischen Umsetzung von agilitätssteigernden Maßnahmen würden den Nutzen des Messinstrumentariums noch verstärken. Die Gesprächsteilnehmer zeigten sich generell vom Mehrwert des Kennzahlensystems überzeugt, da in den jeweiligen Unternehmen im Augenblick keine Auswertungen über agilitätsrelevante Merkmale implementiert sind, diese aber angesichts der stetig steigenden Innovationsgeschwindigkeit an Bedeutung gewinnen würden. Das vorgestellte Artefakt ist einfach und intuitiv zu bedienen und das Design ist visuell ansprechend, aber aus Sicht der Interviewten wäre das Artefakt lediglich als Proof-of-Concept verwendbar, denn eine manuelle Erfassung der Messdaten ist nicht zielführend. Für die automatisierte Datenbeschaffung wäre ein Integrationsprojekt zwingend notwendig. Zudem sollte die Benutzeroberfläche der Applikation browserbasiert sein, um insbesondere die Auswertungsfunktionen in bestehende Management Cockpits einzubinden.

Abschließend lässt sich konstatieren, dass, wie die Fallstudien gezeigt haben, das Artefakt in Verbindung mit dem implementierten Kennzahlensystem als nützliches Werkzeug bestätigt worden ist, welches das in FF 2 thematisierte Realweltproblem der fehlenden Steuerbarkeit der IT-Agilität im Handlungsfeld IT-Personal zu lösen vermag. Die intersubjektive Nachvollziehbarkeit der Verfahren der Datenerhebung und der Datenauswertung wurden entsprechend dargestellt.

8 Zusammenfassung und Diskussion

Im abschließenden Kapitel werden die sorgfältig hergeleiteten Ergebnisse kritisch reflektiert bzw. diskutiert, und schließlich werden daraus Schlussfolgerungen für die Forschung und die Praxis gezogen, um damit den Qualitätskriterien wissenschaftlicher Forschung zu genügen (Stelzer 2008, S. 19).

8.1 Zusammenfassung der Ergebnisse

Die einzelnen Ergebnisse des Forschungsprozesses werden nachstehend kurz dargestellt und in Kapitel 8.2 kritisch gewürdigt.

Zunächst wurde aus der Synthese führender Beiträge der WI- und IS-Forschung eine eindeutige definitorische Basis des Begriffs der IT-Agilität im Handlungsfeld IT-Personal entwickelt. Zu diesem Zweck sind die elementaren charakteristischen Eigenschaften des Phänomens der Agilität rekonstruiert und begrifflich im Kontext des IT-Personals als Ergebnis in einer Definition zusammengeführt worden. Ferner wurden auf der Grundlage der Literaturanalyse mehrere Erklärungsansätze aufgezeigt, die einen direkten und indirekten kausalen Zusammenhang zwischen IT-Agilität und Unternehmenserfolg begründen.

Ausgehend von der durchgeführten Wertbeitragsdiskussion wurde der RBV als möglicher theoretischer Rahmen für die Konzeptualisierung vorgestellt. Die Prüfung auf Passfähigkeit ergab, dass gerade flexibles und hochqualifiziertes IT-Personal als strategisch relevante Ressource im Sinne des RBV einzuordnen ist und demgemäß der RBV als theoretische Grundlage für die Forschungstätigkeiten angemessen erscheint. Ferner wurde dargelegt, dass nachhaltige Wettbewerbsvorteile nur dann entstehen können, wenn ein Unternehmen wertschöpfende Strategien implementiert. Auf dieser Grundlage wurden passende Strategien im Kontext des RBV identifiziert, mit deren Umsetzung ein Unternehmen eine hohe IT-Agilität im Bereich IT-Personal erzielen kann. Von diesen Ergebnissen wiederum wurden strategische Ressourcen und deren potenzielle Determinanten abgeleitet. Als Resultat wurde dann ein mehrfaktorielles und mehrdimensionales Konstrukt entwickelt, welches die zugrundeliegenden Konzepte adäquat repräsentiert.

Das theoretisch-konzeptionelle Modell bildet das Fundament für die Entwicklung des Untersuchungsmodells. Um dieses Modell zu entwerfen, wurden die Bestandteile weiter konzeptualisiert und Hypothesen aufgestellt, welche die kausalen Zusammenhänge zwischen den Determinanten und den strategischen Ressourcen, die wiederum die Dimensionen des mehrdimensionalen Konstrukts der IT-Agilität darstellen, begründen. Um die als plausibel angenommenen Hypothesen einer empirischen Überprüfung zu unterziehen, wurden alle Konstrukte des Untersuchungsmodells durch reflektive Indikatoren operationalisiert. Im Rahmen einer Datenerhebung mittels des zuvor entwickelten Fragebogens wurde die Korrektheit der aufgestellten Hypothesen mit der Anwendung multivariater Analysemethoden nachgewiesen. Es konnte kein signifikanter Einfluss moderierender Variablen dokumentiert werden. Auf Basis der reflektiven Indikatoren wurden objektiv ermittelbare Kennzahlen abgeleitet, die im Zuge der Umfrage einer weiteren Plausibilisierung unterzogen wurden, in Form einer Beurteilung der potenziellen Relevanz der Kennzahl für die Agilitätssteuerung des IT-Personals. Ein weiterer Nutzen entstand dadurch, dass auf der Grundlage der Erhebung pro Kennzahl eine validierte Normierung abgeleitet werden konnte.

Im Sinne einer Fortentwicklung der empirischen Ergebnisse wurde anschließend ein Kennzahlensystem entwickelt, um die IT-Agilität im Handlungsfeld IT-Personal messbar und damit steuerbar zu gestalten. Die Aggregation der Kennzahlen bis hin zu einer Spitzenkennzahl erfolgte streng nach den zuvor empirisch bestätigten Ursache-Wirkungs-Beziehungen des Untersuchungsmodells. Bei der Definition der einzelnen Elementarkennzahlen wurden die in der wissenschaftlichen Literatur als wichtig eingestuften Anforderungen in entsprechender Art und Weise respektiert und damit die intendierte Steuerungsaufgabe adäquat erfüllt. Im letzten Schritt wurde ein Artefakt in der Form einer Software-Anwendung konstruiert, welches als Ergebnis das Kennzahlensystem abbildet. Im Rahmen zweier Fallstudien wurde die Nützlichkeit, Qualität und Wirksamkeit des Artefakts bestätigt.

8.2 Kritische Würdigung der Ergebnisse

8.2.1 Theoretischer Erkenntnisbeitrag

Mit der vorliegenden Arbeit werden wertvolle Beiträge zur Weiterentwicklung der existierenden Theorie geleistet, dabei werden im Rahmen der Beschreibungs- und Erklärungsaufgabe neue Erkenntnisse gewonnen.

In der wissenschaftlichen Literatur existiert keine allgemein akzeptierte Definition des Begriffs der IT-Agilität, weder für das überlagerte abstrakte Konzept noch für die konkretisierten Handlungsfelder. Die Vieldeutigkeit und Unschärfe wirken einer akademischen Bearbeitung des Phänomens entgegen. Ein erster Erkenntnisbeitrag der vorliegenden Arbeit liegt in der Formulierung einer konsistenten definitorischen Basis für den Begriff der IT-Agilität im Handlungsfeld IT-Personal. Dadurch werden die begrifflichen Voraussetzungen für die weitere Bearbeitung des Phänomens in anschlussfähigen Forschungsarbeiten geschaffen.

Die Ableitung eines theoretischen Bezugsrahmens ist ein weiterer theoretischer Erkenntnisbeitrag der vorliegenden Arbeit. Die Angemessenheit der Verwendung wird eingehend begründet und kann daher für nachfolgende Forschungstätigkeiten als theoretische Basis dienen. Mit dem entwickelten Kennzahlensystem wird der RBV in Gestalt einer zeitpunktbezogenen Betrachtungsweise verwendet. Das Messinstrumentarium liefert zum Zeitpunkt der Messung eine Momentaufnahme über die Güte der IT-Agilität des IT-Personals und damit indirekt eine Aussage, ob das Unternehmen im ausreichenden Besitz von wertvollen Personalressourcen ist, um nachhaltige Wettbewerbsvorteile generieren zu können.

Der maßgebende theoretische Erkenntnisbeitrag der vorliegenden Arbeit liegt in der ganzheitlichen Konzeptualisierung des zu untersuchenden Phänomens. Die postulierten Kausalzusammenhänge zwischen Determinanten und Dimensionen des multidimensionalen Konstrukts der IT-Agilität im Bereich IT-Personal haben im Rahmen der empirischen Evaluation gegenüber der Realwelt standgehalten. Die Plausibilisierung des operationalisierten Untersuchungsmodells unter Verwendung einer Kausalanalyse bestätigt die Mehrheit der erklärenden Aussagen und trägt so erheblich zur Theorieentwicklung bei. Die identifizierten Determinanten erklären einen substanziellen Anteil der Varianz der Zielgröße, was im Wesentlichen eine zufriedenstellende Beantwortung der Forschungsfrage 1 impliziert. Dadurch sind fundierte Grundlagen für weiterführende Erforschungen des Phänomens der IT-Agilität gelegt worden. Auch können gestaltungsorientierte Fortentwicklungen in Form von neuen oder angepassten Kennzahlen auf der theoretischen Basis der konzeptualisierten Determinanten erfolgen.

Hinsichtlich der dargestellten theoretischen Erkenntnisbeiträge existieren aber noch verschiedene Einschränkungen, welche nachstehend beschrieben werden.

Ein Nachteil der durchgeführten internetbasierten schriftlichen Befragung ist die unkontrollierte Erhebungssituation (Bortz und Döring 2002, S. 253). Es wurden zwar alle intendierten Teilnehmer der Befragung persönlich angeschrieben, aber aufgrund der Anonymität im Internet kann nicht ausgeschlossen werden, dass die Umfrage an Dritte weitergeleitet und beantwortet wurde. Außerdem können keine Mehrfachteilnahmen ausgeschlossen werden. Die Software EFS Survey beinhaltet zwar einen technischen Mechanismus, dass die Umfrage nicht mehrfach mit dem gleichen Internet-Browser durchgeführt werden kann, was aber relativ leicht zu umgehen ist, etwa durch die Nutzung eines anderen Internet-Browsers oder durch das Löschen der temporären Internetdateien im Browser (Cookies).

Die im Rahmen der empirischen Untersuchung gewonnenen Erkenntnisse können als repräsentativ für deutsche Großunternehmen angesehen werden, legitimiert durch die Ergebnisse der deskriptiven Datenanalyse (Kapitel 5.6.3). Die Verteilung der befragten Teilnehmer anhand verschiedener Kriterien zeigt, dass die Stichprobe die Grundgesamtheit entsprechend gut abbildet. Die Repräsentativität hätte aber noch eindeutiger belegt werden können, wenn im Kontext der Umfrage noch weitere Informationen speziell über die Teilnehmer erhoben worden wären. Es wäre von Vorteil gewesen, zu prüfen, wie sich die Teilnehmer hinsichtlich Bildung, Erfahrungen, Kompetenzen, Aufgaben, Position im Unternehmen sowie Persönlichkeitsmerkmalen unterscheiden.

Bei der Erstellung des Fragebogens wurden diverse Maßnahmen durchgeführt, um einer Methodenverzerrung per se entgegenzuwirken. Insbesondere der Item-Sorting-Pretest nach Anderson und Gerbing (1991) stellt in dem Zusammenhang ein wichtiges Instrumentarium dar. Hier wäre aber eine höhere Teilnehmerzahl wünschenswert gewesen. Dasselbe gilt für den weiteren Pretest zur nochmaligen Überprüfung der Verständlichkeit und Eindeutigkeit der Indikatoren.

Abschließend lässt sich konstatieren, dass die Repräsentativität der Stichprobe aus den beschriebenen Gründen eingeschränkt sein könnte sowie eine mögliche Methodenverzerrung nicht vollkommen auszuschließen ist, weil bei allen Vorteilen, die Datenerhebungsmethode nicht als ganz unproblematisch angesehen werden kann.

8.2.2 Gestalterischer Erkenntnisbeitrag

Neben Erkenntniszielen werden mit der vorliegenden Arbeit auch Gestaltungsziele wissenschaftlicher Forschungstätigkeit erreicht, die insbesondere im Bereich der WI verankert sind. Das in der zweiten Forschungsfrage thematisierte Problem der fehlenden Steuerbarkeit der IT-Agilität im Handlungsfeld IT-Personal wird durch das im Sinne eines konstruktivistischen Ansatzes entwickelte Kennzahlensystem gelöst. Mit dem implementierten Messinstrumentarium wird eine wesentliche Forderung des Design-Science erfüllt, welche in der Entwicklung von innovativen Artefakten liegt. Das Artefakt wurde in Form eines Prototyps entwickelt. Die ansatzweise Evaluation mittels Fallstudien bestätigt, dass die Problemlösung auch tatsächlich den erwarteten Nutzen erbringt. Erstellte Artefakte müssen spezifische Merkmale erfüllen, die als Gütekriterien für die Bewertung herangezogen werden können. Im Rahmen der gestaltungsorientierten Wirtschaftsinformatik werden die vier Prinzipien Originalität, Abstraktion, Begründung und Relevanz genutzt, um im Rahmen von Forschungsarbeiten erstellte Artefakte zu evaluieren (Frank 2010, S. 37f.; Österle et al. 2010, S. 5). Diese korrespondieren im Wesentlichen mit den vorgeschlagenen sieben Leitlinien des Design-Science-Ansatzes, die bei Forschungstätigkeiten angemessen zu berücksichtigen sind (Hevner et. al 2004).

Tabelle 49 zeigt die gegenüber den vier Prinzipien reflektierten Ergebnisse der vorliegenden Arbeit bezüglich des erstellten Artefakts.

GRUNDPRINZIP	BEDEUTUNG	ERGEBNIS/AUSPRÄGUNG
Abstraktion	Das konstruierte Artefakt muss auf eine Klasse von Problemen anzuwenden sein.	Aufgrund der inhärenten Flexibilität des Messinstrumentariums bezüglich der Auswahl und Gewichtung der Kennzahlen kann das Artefakt unternehmens- und branchenübergreifend eingesetzt werden.
Originalität	Das konstruierte Artefakt muss für die Forschungsdisziplin einen innovativen Beitrag leisten.	In der Literatur existiert bis dato noch keine holistische Konzeptualisierung der IT-Agilität für den Bereich IT-Personal. Ferner wurde in diesem Kontext noch kein Artefakt im Rahmen eines konstruktivistischen Ansatzes vorgeschlagen, welches ein hierarchisches Kennzahlensystem abbildet.
Begründung	Das konstruierte Artefakt muss nachvollziehbar begründet werden unter Anwendung wissenschaftlich anerkannter Methoden für die Konstruktion und die Evaluation.	Die Relevanz der einzelnen Kennzahlen wurde auf der Basis einer empirischen Datenerhebung bestätigt. Im Rahmen zweier Fallstudien wurde die Nützlichkeit, Qualität und Wirksamkeit des Artefakts ebenso bestätigt.
Nutzen und Relevanz	Das konstruierte Artefakt muss eine konkrete Problemstellung der Realwelt lösen, mit adäquatem Nutzen für die Anspruchsgruppe.	Im Rahmen der durchgeführten Fallstudien wurde bestätigt, dass das Artefakt alle Merkmale des Steuerungsobjekts abdeckt. Des Weiteren wurde attestiert, dass die notwendigen Mechanismen und visuellen Darstellungen vorhanden sind, um Schwachstellen und Fehlentwicklungen innerhalb der Regelstrecke deutlich erkennbar zu machen. Dem Artefakt wurde bescheinigt, dass es das thematisierte Realweltproblem der fehlenden Steuerbarkeit der IT-Agilität im Handlungsfeld IT-Personal zu lösen vermag.

Tabelle 49: Reflektion der Ergebnisse gegenüber Prinzipien der WI

Abschließend lässt sich konstatieren, dass das im Rahmen der vorliegenden Arbeit konstruierte Artefakt die dargestellten Prinzipien vollumfänglich erfüllt.

Kritisch zu reflektieren sind die Demonstration und Evaluation des Artefakts in Kapitel 7. Im Kontext der Demonstration wurde lediglich eine manuelle Erfassung der Messwerte mit den Teilnehmern durchgeführt. Hier wäre es wünschenswert gewesen, im Sinne eines Integrationsprojektes einen Prototypen mit generischen Schnittstellen zur automatisierten Datenbeschaffung zu implementieren, um auf der Grundlage belastbarere Ergebnisse hinsichtlich der Problemstellung erzielen zu können. Insbesondere hätte Praktikabilität und Nutzen der vorgeschlagenen Kennzahlen im Unternehmenskontext so besser evaluiert werden können.

Die Anzahl der befragten Experten im Rahmen der Fallstudie war relativ klein. In einem Unternehmen war es lediglich eine Person, im anderen waren es zwei Personen. Deshalb kann die Evaluation bloß als rudimentär angesehen werden. Gleichzeitig haben die interviewten Personen bereits an der empirischen Umfrage teilgenommen. Das könnte ggf. zu Verzerrungen der Antworten bezogen auf die Expertenbefragung führen. Die Reliabilität und Validität der Ergebnisse der Evaluation könnten außerdem eingeschränkt sein, da andere Forschende ggf. unterschiedliche Schwerpunkte hinsichtlich des Designs der Fallstudie und der Interpretation der Daten zugrunde gelegt hätten können (Yin 2014, S. 19ff.).

8.2.3 Methodischer Erkenntnisbeitrag

Die vorliegende Arbeit leistet auch methodische Erkenntnisbeiträge. Es werden die Paradigmen sowohl der verhaltenswissenschaftlichen als auch der gestaltungsorientierten Forschung kombiniert eingesetzt, was in ein erweitertes Methodenspektrum mündet, um die gestellten Forschungsfragen zu beantworten. Es werden also die Konstruktion eines Artefakts und die Gewinnung theoretischer Erkenntnisse in einen Forschungsprozess integriert unter Beachtung der logischen Sequenz, dass das Erkenntnisziel dem Gestaltungsziel vorausgeht (Riege et al. 2009, S. 70ff.). Die Konzeptualisierung des mehrdimensionalen Konstrukts der IT-Agilität und deren Determinanten liefern einen ersten methodischen Erkenntnisbeitrag. Die entwickelten reflektiven Messmodelle hielten der Güteprüfung hinsichtlich Validität und Reliabilität stand. Diesbezüglich wurden spezifische Methoden aus der Perspektive des Behaviorismus verwendet, gekennzeichnet durch die strikte, transparente und somit die intersubjektiv nachvollziehbare Anwendung anerkannter methodischer Vorgehensweisen. Die Entwicklung des Kennzahlensystems orientierte sich an den Prinzipien der gestaltungsorientierten Wirtschaftsinformatik, mit der allgemeinen Zielsetzung, IT-Artefakte zu entwickeln und zu evaluieren. Die Konstruktion und Evaluation orientieren sich dabei stark an qualitativen Methoden wissenschaftlicher Forschung. Es werden Artefakte konstruiert, die konkrete Problemstellungen der Realwelt lösen und damit auch eine hohe Relevanz für die Praxis implizieren. Mit der vorliegenden Arbeit werden insbesondere die Schnittstellen zwischen den gestaltungsorientierten und den verhaltensorientierten methodischen Verfahren transparent gemacht. Nicht nur die Theorieentwicklung profitiert von der Nutzung verhaltenswissenschaftlicher Methoden, sondern auch das konstruierte Artefakt als direkte Fortentwicklung der empirischen Erkenntnisse. Somit hat die vorliegende Arbeit die Forderung nach einem Methodenpluralismus in der WI (Österle et al. 2010, S. 2) erfüllt.

8.2.4 Erkenntnisbeitrag für Unternehmen

Die vorliegende Arbeit leistet auch Erkenntnisbeiträge, die für Organisationen und deren IT-Funktion von praktischer Relevanz sind. Es wird ein Kennzahlensystem zur Verfügung gestellt, mit der eine Unternehmens-IT in die Lage versetzt wird, ihre IT-Agilität im Handlungsfeld IT-Personal aktiv zu steuern. Mit der inhärenten Flexibilität des konstruierten Artefakts können individuelle Schwerpunkte gesetzt werden, aus denen das Unternehmen den größten Nutzen ziehen kann. Die aus der Umfrage pro Kennzahl eruierten Richtwerte, deren wertmäßige Ausprägungen zielführende Werte im Kontext der IT-Agilität darstellen, geben den Unternehmen einen ersten Benchmark für die Definition der individuellen Soll-Werte als Basis, um damit den Managementkreislauf in dem Bereich IT-Personal zu schließen.

Neben den Erkenntnissen aus dem gestaltungsorientierten Teil der Arbeit liefern auch die theoretischen Ergebnisse wertvolle Erkenntnisse für die Unternehmen. Auf der Grundlage der empirischen Untersuchung können Unternehmen Rückschlüsse ziehen, welche der Determinanten die jeweiligen Dimensionen der IT-Agilität am stärksten positiv beeinflussen und daraus ableiten, was sinnvollerweise zu tun ist, um im Bereich IT-Personal das Ziel einer hohen Agilität effektiv zu erreichen. Damit wird letztendlich die Frage beantwortet, wie die notwendigen strategischen Ressourcen im Sinne des RBV am besten aufgebaut werden können. Eine hohe Mitarbeiterflexibilität lässt sich am effektivsten über Investitionen in Qualifikationsoptionen erzielen, mit einer einhergehenden flexibilitätsorientieren Weiterentwicklung der IT-Mitarbeiter. Eine Erhöhung der Flexibilitätsbereitschaft insbesondere über finanzielle Anreizsysteme hat in diesem Kontext eine geringere Bedeutung. Den mit Abstand bedeutendsten Einfluss auf ein agiles IT-Workforce Management hat die IT-Personalplanung. Hier wären korrigierende Maßnahmen für eine Unternehmens-IT von größtem Wert. Innovatives Personal wird am besten aufgebaut auf der Basis einer innovationsorientierten Weiterbildung, flankiert durch eine innovationsfreundliche Unternehmenskultur. Die Beschaffung von innovationsfreundlichem Personal vom externen Markt scheint hier weniger zielführend zu sein.

8.3 Implikationen für die Forschung

Mit der vorliegenden Arbeit werden erste Grundlagen geschaffen, um IT-Agilität im Bereich IT-Personal messbar zu gestalten. Aus den a priori festgelegten Abgrenzungen und den Limitationen, die im Forschungsprozess entstanden sind, ergeben sich Anknüpfungspunkte und weitere Forschungsfragen für sich anschließende Arbeiten.

Die Entwicklung einer Benchmark-Fähigkeit ist ein erster denkbarer Ansatzpunkt. Diese umfasst den Vergleich zwischen Unternehmen aus der gleichen

Branche und branchenübergreifende Gegenüberstellungen. Hierbei ist zwingend zu beachten, dass kein sinnvolles Benchmarking möglich ist, wenn die IT-Organisationen hinsichtlich Struktur, Aufgabe und Umfeld per se nicht vergleichbar sind. Mit der vorliegenden Stichprobengröße ist keine branchenspezifische Beurteilung möglich, da dann die jeweiligen Gruppengrößen für eine Evaluation zu gering sind. Ähnlich gestaltet es sich mit der potenziellen Entwicklung einer branchenspezifischen Normierung der Kennzahlen. Auch hier wären die empirischen Daten nicht aussagekräftig genug. Diesbezüglich wären weitere Studien zu initiieren, mit der Fokussierung auf bestimmte Branchen. Ein weiterer Schritt in diesem Forschungskontext wäre die Bestimmung eines bestmöglichen IT-Agilitätsgrads. Hier wirkt erschwerend, dass der Bedarf an IT-Agilität sich bei vielen Unternehmen unterscheidet, einerseits in der Höhe der wertmäßigen Ausprägungen und andererseits der individuellen Schwerpunkte, die sich u. a. an der Personalstrategie orientiert. Innovative Unternehmen mit einem hohen IT-Durchdringungsgrad haben einen wesentlich höheren Bedarf an Agilität im Vergleich zu Unternehmen, deren Geschäftsmodelle und Geschäftsprozesse nur marginal von der IT abhängen und deren Unternehmens-IT eher eine Support-Funktion einnimmt. Aufgrund des unterschiedlichen Bedarfs ergibt sich ein unterschiedliches Optimum, welches unter Berücksichtigung von Kosten-Nutzen-Gesichtspunkten als erstrebenswert zu erachten wäre. Das Optimum wäre dann das beste Resultat, was unter den gegebenen Rahmenbedingungen zu erzielen wäre (Klaus 1976, S. 569). Anhand von spezifischen Kriterien müssten angepasste Normierungen und Gewichtungen bezüglich der Kennzahlen eruiert und einer Evaluation unterzogen werden. Aufgrund der inhärenten Flexibilität ist das vorgestellte Artefakt in der Lage, unternehmensspezifisch eine bestmögliche IT-Agilität im Bereich IT-Personal zu steuern.

In der Literatur wurde bis dato für das Handlungsfeld IT-Architektur ein weiteres Kennzahlensystem zur Messung der IT-Agilität vorgeschlagen (von Rennenkampff 2015). Um das multidimensionale Konstrukt der IT-Agilität in Gänze zu erfassen, wäre die Entwicklung eines Kennzahlensystems für den Bereich „Organisation und Prozesse“ erstrebenswert. Hier wären analog der vorgelegten Arbeit spezifische Einflussgrößen zu identifizieren und daraus objektive Kennzahlen abzuleiten. Mit einer angeglichenen Normierung wäre es dann möglich, eine Zusammenführung der einzelnen Kennzahlensysteme zu bewerkstelligen, um damit die IT-Agilität eines Unternehmens als Spitzenkennzahl messbar und steuerbar zu gestalten.

Im Handlungsfeld IT-Personal ist eine mögliche Optimierung des vorgeschlagenen Kennzahlensystems ein valides Thema für anschlussfähige Arbeiten. Einige der Kennzahlen liefern lediglich einen quantitativen Wert für einen Sachverhalt und machen keine Aussage über qualitative Aspekte (wie etwa „die jährliche Anzahl fachbezogener Qualifizierungstage je MA"). Zusätzlich konnten im Rahmen der Identifizierung nicht für alle Facetten der Determinanten geeignete Kennzahlen entwickelt werden, die den definierten Anforderungen aus Kapitel 6.2.1.2 genügen (z. B. das Führungsverhalten). Hier wären noch weitergehende Forschungen sinnvoll, um eine potenzielle Optimierung herbeizuführen.

Die Erforschung der Auswirkungen der IT-Agilität auf die Geschäftsagilität wäre ein weiterer Ansatzpunkt anschlussfähiger wissenschaftlicher Arbeiten.

Literaturverzeichnis

Agarwal, Ritu; Ferratt, Thomas W. (2001): Crafting an HR strategy to meet the need for IT workers. In: *Commun. ACM* 44 (7), S. 58–64. DOI: 10.1145/379300.379314.

Aggarwal, Sumer (1997): Flexibility Management. The Ultimate Strategy. In: *Industrial Management & Data Systems* 39 (1), S. 26–30.

Agrawal, Vijay K.; Agrawal, Vipin K.; Taylor, Ross; Tenkorang, Frank (2011): Trends in IT Human Resources and its Determinants. In: Jerry Luftman (Hg.): Managing IT Human Resources: IGI Global, S. 20–36.

Albers, Sönke; Götz, Oliver (2006): Messmodelle mit Konstrukten zweiter Ordnung in der betriebswirtschaftlichen Forschung. In: *Die Betriebswirtschaft* 66 (6), S. 669–677.

Albers, Sönke; Hildebrandt, Lutz (2006): Methodische Probleme bei der Erfolgsfaktorenforschung. Messfehler, formative versus reflektive Indikatoren und die Wahl des Strukturgleichungs-Modells. In: *Zeitschrift für betriebswirtschaftliche Forschung* 58 (1), S. 2–33.

Alexopoulou, Nancy; Nikolaidou, Mara; Chamodrakas, Yannis; Martakos, Drakoulis (2008): Enabling On-the-Fly Business Process Composition through an Event-Based Approach. In: IEEE (Hg.): The 41st Annual Hawaii International Conference on System Sciences. Waikoloa, HI, USA, S. 379–389.

Alpar, Paul; Alt, Rainer; Bensberg, Frank; Grob, Heinz Lothar; Weimann, Peter; Winter, Robert (2011): Anwendungsorientierte Wirtschaftsinformatik. Strategische Planung, Entwicklung und Nutzung von Informationssystemen. 6. Auflage. Wiesbaden: Springer Fachmedien Wiesbaden (Lehrbuch).

Alvesson, Mats (2000): Social Indentity and the Problem of Loyalty in Knowledge-Intensive Companies. In: *J Management Studs* 37 (8), S. 1101–1124. DOI: 10.1111/1467-6486.00218.

Amberg, Michael; Lang, Michael (Hg.) (2012): Dynamisches IT-Management. So steigern Sie die Agilität, Flexibilität und Innovationskraft Ihrer IT. Düsseldorf: Symposion.

Amit, Raphael; Schoemaker, Paul J. H. (1993): Strategic assets and organizational rent. In: *Strat. Mgmt. J.* 14 (1), S. 33–46. DOI: 10.1002/smj.4250140105.

Ammon, Ursula (2005): Delphi-Befragung. In: Stefan Kühl, Petra Strodtholz und Andreas Taffertshofer (Hg.): Quantitative Methoden der Organisationsforschung. Ein Handbuch. Wiesbaden: VS Verlag für Sozialwissenschaften, S. 115–138.

Ammon, Ursula (2009): Delphi-Befragung. In: Stefan Kühl (Hg.): Handbuch Methoden der Organisationsforschung. Quantitative und Qualitative Methoden. Wiesbaden: VS, Verl. für Sozialwiss., S. 458–476.

Andenmatten, Martin (2017): IT4ITTM – das agile Betriebskonzept der IT der Zukunft. In: HMD 54 (2), S. 261–274. DOI: 10.1365/s40702-017-0302-9.

Anderson, James C.; Gerbing, David W. (1982): Some Methods for Respecifying Measurement Models to Obtain Unidimensional Construct Measurement. In: *Journal of Marketing Research* 19 (4), S. 453-460. DOI: 10.2307/3151719.

Anderson, James C.; Gerbing, David W. (1991): Predicting the Performance of Measures in a Confirmatory Factor Analysis with a Pretest Assessment of Their Substantive Validities. In: *Journal of Applied Psychology* 76 (5), S. 732–740.

Andrews, Kenneth Richmond (1980): The Concept of Corporate Strategy. Homewood, Ill.: Irwin.

Ang, Soon; Banker, Rajiv; Bapna, Ravi; Slaughter, Sandra; Wattal, Sunil (2011): Human Capital of IT Professionals: A Research Agenda. In: *ICIS 2011 Proceedings*. Online verfügbar unter https://aisel.aisnet.org/icis2011/proceedings/panels/5/, zuletzt geprüft am 24.02.1018.

Ang, Soon; Banker, Rajiv; Bapna, Ravi; Slaughter, Sandra; Wattal, Sunil (2011): Human Capital of IT Professionals: A Research Agenda. Hg. v. Thirty Second International Conference on Information Systems. Shanghai (Paper 5). Online verfügbar unter http://aisel.aisnet.org/icis2011/proceedings/panels/5.

Ang, Soon; Slaughter, Sandra (2004): Turnover of information technology professionals. In: *SIGMIS Database* 35 (3), S. 11–27. DOI: 10.1145/1017114.1017118.

Ansoff, H. Igor (1975): Managing Strategic Surprise by Response to Weak Signals. In: *California Management Review* Winter75 18 (2), S. 21–33.

Applegate, Lynda M.; Austin, Robert D.; MacFarlan, F. Warren (op. 2003): Corporate information strategy and management. The challenges of managing in a network economy. 6th ed. Boston, MA: McGraw-Hill/Irwin.

Ashrafi, N.; Peng Xu; Kuilboer, J.; Koehler, W. (2006): Boosting Enterprise Agility via IT Knowledge Management Capabilities. In: *Proceedings of the 39th Hawaii International Conference on System Sciences*.

Atteslander, Peter (2010): Methoden der empirischen Sozialforschung. 13., neu bearbeitete und erweiterte Auflage. Berlin: Erich Schmidt Verlag (ESV basics).

Avolio, Bruce J.; Bass, Bernard M.; Jung, Dong I. (1999): Re-examining the components of transformational and transactional leadership using the Multifactor Leadership. In: *Journal of Occupational and Organizational Psychology* 72 (4), S. 441–462. DOI: 10.1348/096317999166789.

Backhaus, Klaus; Erichson, Bernd; Weiber, Rolf (2013): Fortgeschrittene multivariate Analysemethoden. Eine anwendungsorientierte Einführung. 2., überarb. und erw. Aufl. Berlin [u. a.]: Springer Gabler (Lehrbuch).

Bagozzi, Richard P. (1996a): Measurement in Marketing Research. Basic Principles of Questionnaire Design. In: Richard P. Bagozzi (Hg.): Principles of marketing research. Reprint. Cambridge: Blackwell Business, S. 1–49.

Bagozzi, Richard P. (1996b): Structural Equation Models in Marketing Research. Basic Principles. In: Richard P. Bagozzi (Hg.): Principles of marketing research. Reprint. Cambridge: Blackwell Business, S. 317–385.

Bagozzi, Richard P.; Phillips, Lynn W. (1982): Representing and Testing Organizational Theories: A Holistic Construal. In: *Administrative Science Quarterly* 27 (3), S. 459-489. DOI: 10.2307/2392322.

Bagozzi, Richard P.; Yi, Youjae (1988): On the evaluation of structural equation models. In: *JAMS* 16 (1), S. 74–94. DOI: 10.1007/BF02723327.

Barnard, Chester I. (1938): The functions of the executive. Cambridge, Mass: Harvard University Press.

Barney, J. (1991): Firm Resources and Sustained Competitive Advantage. In: *Journal of Management* 17 (1), S. 99–120. DOI: 10.1177/014920639101700108.

Barney, Jay B.; Wright, Patrick M. (1998): On becoming a strategic partner: The role of human resources in gaining competitive advantage. In: *Human Resource Management* 37 (1) , S. 31-46.

Barroso Castro, Carmen; Villegas Periñan, Ma Mar; Casillas Bueno, Jose Carlos (2008): Transformational leadership and followers' attitudes: the mediating role of psychological empowerment. In: *The International Journal of Human Resource Management* 19 (10), S. 1842–1863. DOI: 10.1080/09585190802324601.

Bass, Bernard M. (1985): Leadership and performance beyond expectations. New York: Free Press.

Bass, Bernard M.; Riggio, Ronald E. (2006): Transformational Leadership: Psychology Press.

Baur, Nina; Blasius, Jörg (Hg.) (2019): Handbuch Methoden der empirischen Sozialforschung. Wiesbaden: Springer Fachmedien Wiesbaden.

Becker; Jörg (2010): Prozess der gestaltungsorientierten Wirtschaftsinformatik. In: Hubert Österle (Hg.): Gestaltungsorientierte Wirtschaftsinformatik. Ein Plädoyer für Rigor und Relevanz. [Nürnberg]: Infowerk, S. 13–17.

Becker, Jan-Michael; Rai, Arun; Ringle, Christian M.; Völckner, Franziska (2013): Discovering unobserved heterogeneity in structural equation models to avert validity threats. In: *MIS Quarterly* 37 (3), S. 665–694.

Becker, Jörg; Pfeiffer, Daniel (2006): Beziehungen zwischen behavioristischer und konstruktionsorientierter Forschung in der Wirtschaftsinformatik. In: Stephan Zelewski und Naciye Akca (Hg.): Fortschritt in den Wirtschaftswissenschaften: Wissenschaftstheoretische Grundlagen und exemplarische Anwendungen. Wiesbaden: Deutscher Universitäts-Verlag, S. 1–17.

Becker, Thomas E. (2005): Potential Problems in the Statistical Control of Variables in Organizational Research: A Qualitative Analysis with Recommendations. In: *Organizational Research Methods* 8 (3), S. 274–289. DOI: 10.1177/1094428105278021.

Beltran-Martin, I.; Roca-Puig, V.; Escrig-Tena, A.; Bou-Llusar, J. C. (2008): Human Resource Flexibility as a Mediating Variable Between High Performance Work Systems and Performance. In: *Journal of Management* 34 (5), S. 1009–1044. DOI: 10.1177/0149206308318616.

Beltrán-Martín, I.; Roca-Puig, V. (2013): Promoting Employee Flexibility Through HR Practices. In: *Human Resource Management* (52), S. 645–674.

Beltrán-Martín, Inmaculada; Roca-Puig, Vicente; Escrig-Tena, Ana; Bou-Llusar, J. Carlos (2009): Internal labour flexibility from a resource-based view approach. Definition and proposal of a measurement scale. In: *The International Journal of Human Resource Management* 20 (7), S. 1576–1598. DOI: 10.1080/09585190902985194.

Benbasat, Izak; Goldstein, David K.; Mead, Melissa (1987). The case research strategy in studies of information systems. In: *MIS Quarterly*, S. 369–386.

Benbasat, Izak; Zmud, Robert W. (1999): Empirical research in information systems: the practice of relevance. In: *MIS Quarterly* 23 (1), S. 3–16.

Benitez, Jose; Ray, Gautam; Henseler, Jörg (2018): Impact of information technology infrastructure flexibility on mergers and acquisitions. In: MIS Quarterly 42 (1), S. 25–43.

Bernthal, Paul R.; Wellins, Richard S. (2001): Retaining talent: A benchmarking study. In: *HR Benchmark Group*, S. 1–28.

Bharadwaj, Anandhi S. (2000): A Resource-Based Perspective on Information Technology Capability and Firm Performance: An Empirical Investigation. In: *MIS Quarterly* 24 (1), S. 169–196. DOI: 10.2307/3250983.

Bhatt, Ganesh; Gupta, Jatinder N.D.; Kitchens, Fred (2005): An exploratory study of groupware use in the knowledge management process. In: *Journal of Ent Info Management* 18 (1), S. 28–46. DOI: 10.1108/17410390510571475.

Bhattacharya, M.; Gibson, D. E.; Doty, D. H. (2005): The Effects of Flexibility in Employee Skills, Employee Behaviors, and Human Resource Practices on Firm Performance. In: *Journal of Management* 31 (4), S. 622–640. DOI: 10.1177/0149206304272347.

Bogner, Alexander; Menz, Wolfgang (2005): Das theoriegenerierende Experteninterview. In: Alexander Bogner, Beate Littig und Wolfgang Menz (Hg.): Das Experteninterview. Theorie, Methode, Anwendung. Wiesbaden: VS Verlag für Sozialwissenschaften, S. 33–70.

Böhle, Fritz (2002): Kompetenzentwicklung - Eine neue Herausforderung in der Arbeitswelt. Universität Augsburg. Online verfügbar unter http://www.isf-muenchen.de/pdf/kompetenzentwicklung041202.ppt.

Böhler, Heymo (2004): Marktforschung. 3rd ed. Stuttgart: W. Kohlhammer (Kohlhammer Edition Marketing).

Bornemann, Manfred (2003): An Illustrated Guide to Knowledge Management. Hg. v. Wissensmanagement Forum. Online verfügbar unter http://wm-forum.org/files/2014/01/An_Illustrated_Guide_to_Knowledge_Management.pdf, zuletzt geprüft am 30.09.2014.

Bortz, Jürgen; Döring, Nicola (1995): Forschungsmethoden und Evaluation für Human- und Sozialwissenschaftler. Mit 156 Abbildungen und 87 Tabellen. Berlin [u. a.]: Springer (Springer-Lehrbuch).

Bortz, Jürgen; Döring, Nicola (2002): Forschungsmethoden und Evaluation: Springer Berlin Heidelberg.

Bortz, Jürgen; Döring, Nicola (2006): Forschungsmethoden und Evaluation für Human- und Sozialwissenschaftler. Mit 156 Abbildungen und 87 Tabellen. 4., überarb. Aufl. Berlin [u. a.]: Springer (Springer-Lehrbuch).

Boßow-Thies, Silvia; Panten, Gregor (op. 2009): Analyse kausaler Wirkungszusammenhänge mit Hilfe von Partial Least Squares (PLS). In: Sönke Albers, Daniel Klapper und Udo Konradt (Hg.): Methodik der empirischen Forschung. 3., überarb. und erw. Auflage. Weisbaden: Gabler/GWW Fachverlage, S. 365–380.

Bottani, Eleonora (2009): On the assessment of enterprise agility: issues from two case studies. In: *International Journal of Logistics Research and Applications* 12 (3), S. 213–230. DOI: 10.1080/13675560802395160.

Bouchard, Thomas J. (1976): Field research methods: Interviewing, questionnaires, participant observation, systematic observation, unobtrusive measures. Handbook of industrial and organizational psychology.

Brake, Anna; Weber, Susanne Maria (2009): Internetbasierte Befragung. In: Stefan Kühl, Petra Strodtholz und Andreas Taffertshofer (Hg.): Handbuch Methoden der Organisationsforschung. Wiesbaden: VS Verlag für Sozialwissenschaften, S. 413–434.

Breu, Karin; Hemingway, Christopher J.; Strathern, Mark; Bridger, David (2002): Workforce agility. The new employee strategy for the knowledge economy. In: *Journal of Information Technology* 17 (1), S. 21–31. DOI: 10.1080/02683960110132070.

Broadbent, Marianne; Weill, Peter (1997): Management by maxim: How business and IT managers can create IT infrastructures. In: *Sloan management review* (38), S. 77–92.

Brown, E. J.; Yarberry WA Jr: IT Risk Analysis. The Missing "A". In: *ISACA Journal* 2010 (3), S. 1–5.

Brown, JohnSeely; Duguid, Paul (2000): Organizational Learning and Communities of Practice: Toward a Unified View of Working, Learning, and Innovation. In: Eric Lesser, Michael Fontaine und Jason Slusher (Hg.): Knowledge and Communities: Elsevier, S. 99–121.

Bühner, Rolf (2005): Personalmanagement. 3., überarb. und erw. Aufl. München: Oldenbourg.

Bullen, Christine V.; Abraham, Thomas; Gallagher, Kevin; Simon, Judith C.; Zwieg, Phil (2009): IT Workforce Trends: Implications for Curriculum and Hiring. In: *Communications of the Association for Information Systems* 24, (9), S. 129–140. Online verfügbar unter http://aisel.aisnet.org/cais/vol24/iss1/9.

Bundesagentur für Arbeit - Blickpunkt Arbeitsmarkt IT-Fachleute (2019): Statistik/Arbeitsmarktberichterstattung April 2019. Online verfügbar unter https://statistik.arbeitsagentur.de/Statischer-Content/Arbeitsmarktberichte/Berufe/generische-Publikationen/Broschuere-Informatik.pdf, zuletzt geprüft am 29.10.2019.

Butler, Brian S. (2001): Membership size, communication activity, and sustainability: A resource-based model of online social structures 12 (4), S. 346–362.

Byrd, T.; Turner, D. (2000): Measuring the flexibility of information technology infrastructure. Exploratory analysis of a construct. In: *Journal of Management Information Systems* 17 (1), S. 167–208.

Byrd, T. A.; Lewis, B. R.; Turner, D. E. (2004): The Impact of IT Personnel Skills on IS Infrastructure and Competitive IS. In: *Information Resources Management Journal* (17(2)), S. 38–62.

Byrd, Terry Anthony; Turner, Douglas E. (2001b): An Exploratory Analysis of the Value of the Skills of IT Personnel: Their Relationship to IS Infrastructure and Competitive Advantage. In: *Decision Sciences* 32 (1), S. 21–54. DOI: 10.1111/j.1540-5915.2001.tb00952.x.

Byrd, Terry Anthony; Turner, Douglas E. (2001a): An exploratory examination of the relationship between flexible IT infrastructure and competitive advantage. In: *Information & Management* 39 (1), S. 41–52. DOI: 10.1016/S0378-7206(01)00078-7.

Byrne, Barbara M. (2010): Structural equation modeling with AMOS. Basic concepts, applications, and programming. 2nd edition (Multivariate applications book series).

Campion, Michael A.; Cheraskin, Lisa; Stevens, Michael J. (1994): Career-related antecedents and outcomes of job rotation. In: *Academy of Management Journal* 37 (6), S. 1518–1542. DOI: 10.2307/256797.

Capgemini (2007): Global CIO Survey 2007 - IT Agility.

Capgemini (2012): Studie IT-Trends 2012.

Capgemini (2014): Studie IT-Trends 2014. IT-Kompetenz im Management steigt.

Chan, Calvin M.L.; Teoh, Say Yen; Yeow, Adrian; Pan, Gary (2019): Agility in responding to disruptive digital innovation: Case study of an SME. In: Info Systems J 29 (2), S. 436–455. DOI: 10.1111/isj.12215.

Chan, Y. E.; Sabherwal, R.; Thatcher, J. B. (2006): Antecedents and outcomes of strategic IS alignment: an empirical investigation. In: IEEE Trans. Eng. Manage. 53 (1), S. 27–47. DOI: 10.1109/TEM.2005.861804.

Chan, Yolande E. (2002): Why haven't we mastered alignment? The importance of the informal organization structure. In: *MIS Quarterly Executive* 1 (2), S. 97–112.

Chin, Wynne W. (2013): The partial least squares approach to structural equation modeling. In: George A. Marcoulides (Hg.): Modern methods for business research. New York: Psychology Press (Quantitative methodology series), S. 295–338.

Christophersen, Timo; Grape, Christian (op. 2009): Die Erfassung latenter Konstrukte mit Hilfe formativer und reflektiver Messmodelle. In: Sönke Albers, Daniel Klapper und Udo Konradt (Hg.): Methodik der empirischen Forschung. 3., überarb. und erw. Auflage. Weisbaden: Gabler/GWW Fachverlage, S. 103–118.

Christensen, Clayton M.; Rosenbloom, Richard S. (1995): Explaining the attacker's advantage: Technological paradigms, organizational dynamics, and the value network. In: Research Policy 24 (2), S. 233–257. DOI: 10.1016/0048-7333(93)00764-K.

Churchill, Gilbert A. (1979): A Paradigm for Developing Better Measures of Marketing Constructs. In: *Journal of Marketing Research* 16 (1), S. 64. DOI: 10.2307/3150876.

Churchill, Gilbert A. (1995): Marketing research. Methodological foundations. 6th ed. Forth Worth, TX: Dryden Press (The Dryden Press series in marketing).

Cohen, Jacob (1992): A power primer. In: *Psychological Bulletin* (112.1), S. 155–159.

Crossan, Mary M.; Lane, Henry W.; White, Roderick E. (1999): An organizational learning framework: From intuition to institution. In: *Academy of Management Review* 24 (3), S. 522–537.

Dämon, Kerstin (2016): Agilität: Wie Firmen in ungemütlichen Zeiten überleben. In: *Wirtschaftswoche*. Online verfügbar unter https://www.wiwo.de/erfolg/management/agilitaet-wie-firmen-in-ungemuetlichen-zeiten-ueberleben-/13825994.html, zuletzt geprüft am 12.12.2019.

De George, Richard T (2003): Business ethics and information technology. Oxford: Blackwell (Fundamentals of business ethics).

DeCenzo, David A.; Robbins, Stephen P. (2005): Fundamentals of human resource management. 8th ed. Hoboken, NJ: Wiley.

Dibbern, Jens; Chin W. W. (2010): An introduction to a permutation based procedure for multi-group PLS analysis. results of tests of differences on simulated data and a cross cultural analysis of the sourcing of information system services between Germany and the USA. In: Vincenzo Esposito Vinzi, Wynne W. Chin, Jörg Henseler und Huiwen Wang (Hg.): Handbook of Partial Least Squares. Concepts, Methods and Applications (Springer Handbooks of Computational Statistics), S. 171–193.

Dierickx, Ingemar; Cool, Karel (1989): Asset Stock Accumulation and Sustainability of Competitive Advantage. In: *Management Science* 35 (12), S. 1504–1511. DOI: 10.1287/mnsc.35.12.1504.

Diller, Hermann (2006): Probleme der Handhabung von Strukturgleichungsmodellen in der betriebswirtschaftlichen Forschung. In: *Die Betriebswirtschaft* 66 (6), S. 611–639.

Dove, Rick (2001): The business of training. The language, structure and culture of the agile enterprise. New York, Chichester: Wiley.

Drucker, Peter F. (1992): The age of discontinuity. Guidelines to our changing society. New Brunswick (U.S.A.): Transaction Pubs.

Dubé, Line; Paré, Guy (2003): Rigor in Information Systems Positivist Case Research: Current Practices, Trends, and Recommendations. In: *MIS Quarterly* 27 (4), S. 597–635. DOI: 10.2307/30036550.

Dubie, Denise (2007): What does it take to lure and retain IT talent? In: *Network World* 24 (40), S. 1-14.

Duncan, Nancy Bogucki (2015): Capturing Flexibility of Information Technology Infrastructure: A Study of Resource Characteristics and Their Measure. In: *Journal of Management Information Systems* 12 (2), S. 37–57. DOI: 10.1080/07421222.1995.11518080.

Dyer, Jeffrey H.; Singh, Harbir (1998): The Relational View: Cooperative Strategy and Sources of Interorganizational Competitive Advantage. In: AMR 23 (4), S. 660–679. DOI: 10.5465/amr.1998.1255632.

Dyer, Lee; Shafer, R. (1999): Creating organizational agility: implications for strategic human resource management. In: *Research in personnel and human resource management* (4), S. 145–174.

Dyer, L. D. & Ericksen, J. (2008): Complexity-Based Agile Enterprises. Putting Self-Organizing Emergence to Work. Cornwell University.

Dyer, Lee, Shafer, Richard A (2003): Dynamic organizations: Achieving marketplace and organizational agility with people. In: *CAHRS Working Paper Series* (03-04).

Eberl, Markus (2004): Formative und reflektive Indikatoren im Forschungsprozess: Entscheidungsregeln und die Dominanz des reflektiven Modells. LMU München. Online verfügbar unter http://www.imm.bwl.uni-muenchen.de/forschung/schriftenefo/ap_efoplan_19.pdf.

Edwards, Jeffrey R. (2001): Multidimensional Constructs in Organizational Behavior Research: An Integrative Analytical Framework. In: *Organizational Research Methods* 4 (2), S. 144–192. DOI: 10.1177/109442810142004.

Eitel, Winfried (2017): Personalkennzahlen – passend zu Ihren Unternehmenszielen. Online verfügbar unter https://amortisat.de/personalkennzahlen/, zuletzt aktualisiert am 22.10.2017, zuletzt geprüft am 12.11.2018.

Eom, Mike (2003): IS Leadership, Strategy, and the IS Unit Performance. In: *AMCIS 2003 Proceedings* (Paper 438). Online verfügbar unter http://aisel.aisnet.org/amcis2003/438.

Fantapié Altobelli, Claudia (2011): Marktforschung. Methoden, Anwendungen, Praxisbeispiele. 2. Aufl. Konstanz: UVK.

Ferratt, Thomas W.; Agarwal, Ritu; Brown, Carol V.; Moore, Jo Ellen (2005): IT Human Resource Management Configurations and IT Turnover: Theoretical Synthesis and Empirical Analysis. In: *Information Systems Research* 16 (3), S. 237–255. DOI: 10.1287/isre.1050.0057.

Ferstl, Otto K.; Sinz, Elmar J. (2001): Grundlagen der Wirtschaftsinformatik. 4. Aufl. München: Oldenbourg.

Finholt, Tom; Sproull, Lee S. (1990): Electronic Groups at Work. In: *Organization Science* 1 (1), S. 41–64. DOI: 10.1287/orsc.1.1.41.

Fink, Lior; Neumann, Seev (2007): Gaining Agility through IT Personnel Capabilities. The Mediating Role of IT Infrastructure Capabilities. In: *Journal of the Association for Information Systems* 8 (8), S. 440–462.

Fink, Lior; Neumann, Seev (2009): Exploring the perceived business value of the flexibility enabled by information technology infrastructure. In: *Information & Management* 46 (2), S. 90–99. DOI: 10.1016/j.im.2008.11.007.

Finney, R. Zachary; Lueg, Jason E.; Campbell, Noel D. (2007): Market pioneers, late movers, and the resource-based view (RBV): A conceptual model. In: *Journal of Business Research* 61 (9), S. 925–932. DOI: 10.1016/j.jbusres.2007.09.023.

Fischer, J. (2005): Flexibilität in betriebswirtschaftlichen Informations- und Kommunikationstechnologien. In: Bernd Kaluza und Stefan Behrens (Hg.): Erfolgsfaktor Flexibilität. Strategien und Konzepte für wandlungsfähige Unternehmen. Berlin: Schmidt (Technological economics, Bd. 60), S. 323–339.

Fitzgerald, Guy (1990): Achieving flexible information systems: the case for improved analysis. In: *Journal of Information Technology* 5 (1), S. 5–11. DOI: 10.1057/jit.1990.3.

Flick, Uwe (1999): Qualitative Forschung. Theorie, Methoden, Anwendung in Psychologie und Sozialwissenschaften. 5. Aufl. Reinbek b. Hamburg: Rowohlt Taschenbuch Verl. (Rowohlts Enzyklopädie, 55546).

Fornell, Claes; Bookstein, Fred L. (1982): Two Structural Equation Models: LISREL and PLS Applied to Consumer Exit-Voice Theory. In: *Journal of Marketing Research* 19 (4), S. 440-452. DOI: 10.2307/3151718.

Fornell, Claes; Cha, J. (1994): Partial Least Squares. In: Richard P. Bagozzi (Hg.): Advanced methods of marketing research. Malden, Blackwell (Business), S. 52–78.

Fornell, Claes; Larcker, David F. (1981): Evaluating Structural Equation Models with Unobservable Variables and Measurement Error. In: *Journal of Marketing Research* 18 (1), S. 39-50. DOI: 10.2307/3151312.

Forsyth, Barbara; Rothgeb, Jennifer M.; Willis, Gordon B. (2004): Does Pretesting Make a Difference? An Experimental Test. In: Stanley Presser, Jennifer M. Rothgeb, Mick P. Couper, Judith T. Lessler, Elizabeth Martin, Jean Martin et al. (Hg.): Methods for Testing and Evaluating Survey Questionnaires. Hoboken, NJ, USA: John Wiley & Sons, Inc (Wiley series in survey methodology), S. 525–546.

Fraaß, Mathias (2003): Begriffe der DIN 19226 – Regelung und Steuerung. Technische Fachhochschule Berlin.

Frank, Ulrich (2000): Die Evaluation von Artefakten: Eine zentrale Herausforderung der Wirtschaftsinformatik. In: Lutz Jürgen Heinrich (Hg.): Evaluation und Evaluationsforschung in der Wirtschaftsinformatik. Handbuch für Praxis, Lehre und Forschung. München, Wien: Oldenbourg, S. 35–44.

Frank, Ulrich (2010): Zur methodischen Fundierung der Forschung in der Wirtschaftsinformatik. In: Hubert Österle (Hg.): Gestaltungsorientierte Wirtschaftsinformatik. Ein Plädoyer für Rigor und Relevanz. [Nürnberg]: Infowerk, S. 35–45.

Frazzetto, Anna (2011): Insourcing vs. Outsourcing. In: Jerry Luftman (Hg.): Managing IT Human Resources: IGI Global, S. 100–106.

Gallagher, Kevin P.; Worrell, James L. (2008): Organizing IT to promote agility. In: *Inf Technol Manage* 9 (1), S. 71–88. DOI: 10.1007/s10799-007-0027-5.

Gallivan, Michael J.; Truex, Duane P.; Kvasny, Lynette (2004): Changing patterns in IT skill sets 1988-2003. In: *SIGMIS Database* 35 (3), S. 64–87. DOI: 10.1145/1017114.1017121.

Gensheimer, Barbara (2016): Alles, was digitalisiert werden kann, wird digitalisiert werden. BME. Online verfügbar unter https://www.bme.de/alles-was-digitalisiert-werden-kann-wird-digitalisiert-werden-1427/Neuland-CEO Karl-Heinz Land, zuletzt geprüft am 13.11.2018.

Gericke, Anke; Winter, Robert (2009): Entwicklung eines Bezugsrahmens für Konstruktionsforschung und Artefaktkonstruktion in der gestaltungsorientierten Wirtschaftsinformatik. In: Jörg Becker, Helmut Krcmar und Björn Niehaves (Hg.): Wissenschaftstheorie und gestaltungsorientierte Wirtschaftsinformatik. Heidelberg: Physica-Verlag, S. 195–210.

Gerow, J. E.; Grover, V.; Thatcher, J.; Roth, P. L. (2014): Looking Toward the Future of IT–Business Strategic Alignment through the Past. In: MIS Quarterly 38 (4), S. 1159–1186.

Giere, Jens; Wirtz, Bernd W.; Schilke, Oliver (2006): Mehrdimensionale Konstrukte. In: *Die Betriebswirtschaft* 66 (6), S. 678–695.

Gilder, George (2002): Telecosm: The wrold after bandwidth abundance: Touchstone.

Ginther, Claire (2000): Incentive Programs That Really Work. In: *HR Magazine* 45 (8), S. 117–119.

Gliem, Joseph A.; Gliem, Rosemary R. (2003): Calculating, interpreting, and reporting Cronbachs alpha reliability coefficient for Likert-type scales. Midwest Research-to-Practice Conference in Adult, Continuing, and Community Education.

Gmür, Markus; Thommen, Jean-Paul (2011): Human Resource Management. Strategien und Instrumente für Führungskräfte und das Personalmanagement in 13 Bausteinen. 3., überarbeitete und erweiterte Auflage. Zürich: Versus (Wirtschaft + Management, 7).

Golden, William; Powell, Philip (2000): Towards a definition of flexibility: in search of the Holy Grail? In: *Omega* 28 (4), S. 373–384. DOI: 10.1016/S0305-0483(99)00057-2.

Goldman, Steven L.; Nagel, Roger N. (1993): Management, technology and agility: the emergence of a new era in manufacturing. In: *International Journal of Technology Management* 8 (1/2), S. 18–38.

Goldman, Steven L.; Nagel, Roger N.; Preiss, Kenneth (1995): Agile competitors and virtual organizations. Strategies for enriching the customer. New York: Van Nostrand Reinhold.

Gong, Yiwei; Janssen, Marijn (2010): Measuring Process Flexibility and Agility. In: *Proceedings of the 4th International Conference on Theory and Practice of Electronic Governance*, S. 173–182.

Goodhue, D. L.; Chen, D. Q.; Boudreau, M. C.; Davis, A.; Cochran, J. (2009): Addressing Business Agility Challenges with Enterprise Systems. In: *MIS Quarterly Executive* 8 (2), S. 73–88.

Goodhue, Dale L.; Lewis, William; Thompson, Ron (2012): Does PLS Have Advantages for Small Sample Size or Non-Normal Data? In: *MIS Quarterly* (36), S. 981–1001.

Goodman, Claire M. (1987): The Delphi technique: a critique. In: *J Adv Nurs* 12 (6), S. 729–734. DOI: 10.1111/j.1365-2648.1987.tb01376.x.

Göthlich, Stephan E. (op. 2009): Zum Umgang mit fehlenden Daten in großzahligen empirischen Erhebungen. In: Sönke Albers, Daniel Klapper und Udo Konradt (Hg.): Methodik der empirischen Forschung. 3., überarb. und erw. Auflage. Weisbaden: Gabler/GWW Fachverlage, S. 119–135.

Grant, Robert M. (1991): The resource-based theory of competitive advantage: implications for strategy formulation. In: California Management Review 33 (3), S. 114-135.

Greving, Bert (op. 2009): Messen und Skalieren von Sachverhalten. In: Sönke Albers, Daniel Klapper und Udo Konradt (Hg.): Methodik der empirischen Forschung. 3., überarb. und erw. Auflage. Weisbaden: Gabler/GWW Fachverlage, S. 65–78.

Grimm, Philipp H. (2014): Die Rolle der Marketingabteilung im Unternehmen. Eine branchenübergreifende empirische Untersuchung. Zugl.: Freiberg (Sachsen), Techn. Univ., Diss., 2013. Wiesbaden: Springer-Gabler (Springer-Gabler Research).

Grote, Sven (2002): Der flexible Mitarbeiter. München: H. Utz (Münchner Beiträge zur Wirtschafts- und Sozialpsychologie).

Groves, R. M.; Fowler, F. J.; Couper, M. P.; Lepkowski, J. M.; Singer, E.; Tourangeau, R. (2009): Survey methodology. 2. ed. Hoboken, NJ: Wiley (Wiley series in survey methodology).

Guest, David E. (1987): HUMAN RESOURCE MANAGEMENT AND INDUSTRIAL RELATIONS [1]. In: *J Management Studies* 24 (5), S. 503–521. DOI: 10.1111/j.1467-6486.1987.tb00460.x.

Haberstroh, Gerhard (2012): Unternehmenserfolg durch Agilität. Hg. v. Computerwoche. Online verfügbar unter http://www.computerwoche.de/a/unternehmenserfolg-durch-agilitaet,2501838,2, zuletzt geprüft am 19.03.2015.

Hackman, J. Richard; Lawler, Edward E. (1971): Employee reactions to job characteristics. In: *Journal of Applied Psychology* 55 (3), S. 259–286. DOI: 10.1037/h0031152.

Häder, Michael (2000): Die Expertenauswahl bei Delphi-Befragungen. Online verfügbar unter http://www.gesis.org/fileadmin/upload/forschung/publikationen/gesis_reihen/howto/how-to5mh.pdf, zuletzt geprüft am 26.02.2018.

Häder, Michael (2014): Delphi-Befragungen. Ein Arbeitsbuch. 3. Aufl. Wiesbaden: Springer VS (Lehrbuch).

Häder, Michael; Häder, Sabine (2000): Die Delphi-Methode als Gegenstand methodischer Forschungen. In: Michael Häder (Hg.): Die Delphi-Technik in den Sozialwissenschaften: Methodische Forschungen und innovative Anwendungen: VS Verlag für Sozialwissenschaften, S. 11–31.

Hafner, Robert; Polanski, André (2009): Kennzahlen-Handbuch für das Personalwesen. Die wichtigsten Kennzahlen für die HR-Praxis, Hintergrundinformationen und Umsetzungshilfen, Interpretations- und Massnahmenvorschläge, wichtige Kennziffern auch auf Excelsheet berechenbar, Reporting und Berichtswesen-Vorlagen auf CD-ROM ; [mit Arbeitshilfen, Mustervorlagen und Excelsheets auf CD-ROM]. Zürich: Praxium-Verl. (Praxisinformationen für den beruflichen Erfolg).

Hair, Joe F.; Ringle Christian M.; Sarstedt, Marko (2011): PLS-SEM: Indeed a Silver Bullet. In: *Journal of Marketing Theory and Practice* (19), S. 139–152.

Hair, Joseph F.; Hult, G. Thomas M.; Ringle, Christian M.; Sarstedt, Marko (2014): A primer on partial least squares structural equations modeling (PLS-SEM). Los Angeles: SAGE.

Hair, Joseph F.; Hult, G. Tomas M; Ringle, Christian M.; Sarstedt, Marko; Richter, Nicole F.; Hauff, Sven (2017): Partial Least Squares Strukturgleichungsmodellierung. Eine anwendungsorientierte Einführung: Vahlen.

Hanschke, Inge (2010): Strategisches Management der IT-Landschaft. Ein praktischer Leitfaden für das Enterprise Architecture Management. 3., aktualisierte und erw. Aufl.

Hanschke, Inge (2010): Strategisches Management der IT-Landschaft. Ein praktischer Leitfaden für das Enterprise-Architecture-Management. 2., erw. Aufl. München: Hanser.

Hart, Chris (1998): Doing a literature review: Releasing the social science research imagination. London: Sage Publications.

Hattie, John (1985): Methodological Review: Assessing Unidimensionality of Tests and Items. In: *Applied Psychological Measurement* (2), S. 139–164.

Havighorst, Frank (2006): Personalkennzahlen. Düsseldorf: Hans-Böckler-Stiftung (Edition der Hans-Böckler-Stiftung, 167).

Henderson, J. C.; Venkatraman, H. (1999): Strategic alignment: Leveraging information technology for transforming organizations. In: IBM systems journal 38 (2.3), S. 472–484. DOI: 10.1147/SJ.1999.5387096.

Heinrich, Lutz J. (2005): Forschungsmethodik einer Integrationsdisziplin: Ein Beitrag zur Geschichte der Wirtschaftsinformatik. In: *N.T.M.* 13 (2), S. 104–117. DOI: 10.1007/s00048-005-0211-9.

Heinrich, Lutz J.; Riedl, René; Stelzer, Dirk (2014): Informationsmanagement. Grundlagen, Aufgaben, Methoden. 11., vollst. überarb. Aufl. 2014. München: Oldenbourg Wissenschaftsverlag.

Heinrich, Lutz J.; Stelzer, Dirk (2011): Informationsmanagement. Grundlagen, Aufgaben, Methoden: Oldenburg Wirtschaftsverlag.

Heinzl, Armin; Wolfgang König; Hack, Joachim (2001): Erkenntnisziele der Wirtschaftsinformatik in den nächsten drei und zehn Jahren. In: *Wirtschaftsinformatik* 43 (3), S. 223–233.

Henkel, Joachim; Kaiser, Ulrich (2002): Fremdvergabe von IT-Dienstleistungen aus personalwirtschaftlicher Sicht. In: *ZEW Discussion Papers* 2 (11).

Henseler, Jörg; Ringle, Christian M.; Sinkovics, Rudolf R. (2009): The use of partial least squares path modeling in international marketing. In: Rudolf R. Sinkovics und Pervez N. Ghauri (Hg.): New challenges to international marketing. Bingley: Emerald Jai (Advances in international marketing, (20), S. 277–319.

Herrmann, Andreas; Klarmann, Martin; Pflesser, Christian (2008): Konfirmatorische Faktorenanalyse. In: Andreas. Herrmann, Christian. Homburg und Martin Klarmann (Hg.): Handbuch Marktforschung. Methoden, Anwendungen, Praxisbeispiele. 3., vollst. überarb. und erw. Aufl. Wiesbaden: Springer Gabler, S. 271–303.

Herzberg, Frederick (1968): One more time: How do you motivate employees Harvard Business Review, S. 53–62.

Hess, Thomas (2010): Erkenntnisgegenstand der (gestaltungsorientierten) Wirtschaftsinformatik. In: Hubert Österle (Hg.): Gestaltungsorientierte Wirtschaftsinformatik. Ein Plädoyer für Rigor und Relevanz. Infowerk, S. 7–11.

Hevner, A. R.; March, S. T.; Park, J. (2004): Design Research in Information Systems Research. In: *MIS Quarterly* 28 (1), S. 75–105.

Hildebrandt, Lutz.; Temme, Dirk (2006): Probleme der Validierung mit Strukturgleichungsmodellen. In: *Die Betriebswirtschaft* 66 (6), S. 618–639.

Hillmer, Hans-Jürgen (1987): Planung der Unternehmensflexibilität. Eine allgemeine theoretische Konzeption und deren Anwendung zur Bewältigung strategischer Flexibilitätsprobleme. Frankfurt am Main, New York: P. Lang (Schriften zur Unternehmensplanung, Bd. 7).

Hiltrop, Jean-Marie (1999): The quest for the best. Human resource practices to attract and retain talent. In: *European Management Journal* 17 (4), S. 422–430. DOI: 10.1016/S0263-2373(99)00022-5.

Himme, Alexander (op. 2009): Gütekriterien der Messung: Reliabilität, Validität und Generalisierbarkeit. In: Sönke Albers, Daniel Klapper und Udo Konradt (Hg.): Methodik der empirischen Forschung. 3., überarb. und erw. Auflage. Weisbaden: Gabler/GWW Fachverlage, S. 485–500.

Himme, Alexander (2013): Gütekriterien der Messung. Reliabilität, Validität und Generalisierbarkeit. In: Sönke Albers, Daniel Klapper, Udo Konradt, Achim Walter und Joachim Wolf (Hg.): Methodik der empirischen Forschung. 3. Auflage. Dordrecht: Springer, S. 485–500.

Hoffmann, Thomas (2013): Handlungsempfehlung Personalkennzahlen. Hg. v. Institut der deutschen Wirtschaft Köln e.V. Online verfügbar unter https://www.kofa.de/personalarbeit-analysieren/personalbedarf-planen/personalkennzahlen, zuletzt geprüft am 12.11.2018.

Homburg, Christian; Dobratz, Andreas (1991): Iterative Modellselektion in der Kausalanalyse. In: *Zeitschrift für betriebswirtschaftliche Forschung* 43 (3), S. 213-237.

Homburg, Christian; Giering, Annette (1996): Konzeptualisierung und Operationalisierung komplexer Konstrukte. Ein Leitfaden für die Marketingforschung. In: *Marketing ZFP* 18 (1), S. 5–24. DOI: 10.15358/0344-1369-1996-1-5.

Homburg, Christian; Hildebrandt, Lutz (1998): Die Kausalanalyse: Bestandsaufnahme, Entwicklungsrichtungen, Problemfelder. In: Lutz Hildebrandt und Christian Homburg (Hg.): Die Kausalanalyse. Ein Instrument der empirischen betriebswirtschaftlichen Forschung. Stuttgart: Schäffer-Poeschel, S. 15–43.

Homburg, Christian; Klarmann, Martin (2006): Die Kausalanalyse in der empirischen betriebswirtschaftliehen Forschung. Problemfelder und Anwendungsempfehlungen. In: *Die Betriebswirtschaft* 66 (6), S. 727–748.

Homburg, Christian; Krohmer, Harley (2011): Marketingmanagement. Strategie - Instrumente - Umsetzung - Unternehmensführung. 3., überarb. und erw. Aufl., Nachdr. Wiesbaden: Gabler (Lehrbuch).

Homburg, Christian; Pflesser, Christian.; Klarmann, Martin (2008): Strukturgleichungsmodelle mit latenten Variablen. In: Andreas. Herrmann, Christian. Homburg und Martin Klarmann (Hg.): Handbuch Marktforschung. Methoden, Anwendungen, Praxisbeispiele. 3., vollst. überarb. und erw. Aufl. Wiesbaden: Springer Gabler, S. 547–577.

Hoopes, David G.; Madsen, Tammy L.; Walker, Gordon (2003): Guest editors' introduction to the special issue: why is there a resource-based view? Toward a theory of competitive heterogeneity. In: *Strat. Mgmt. J.* 24 (10), S. 889–902. DOI: 10.1002/smj.356.

Horváth, Péter (2012): Controlling. 12., vollst. bearb. Aufl. München: Vahlen (Vahlens Handbücher der Wirtschafts- und Sozialwissenschaften).

Howard, Matt C.; Melloy, Robert C. (2016): Evaluating Item-Sort Task Methods: The Presentation of a New Statistical Significance Formula and Methodological Best Practices. In: *Journal of Business and Psychology* 31 (1), S. 173–186. DOI: 10.1007/s10869-015-9404-y.

Hoyt, James; Huq, Faizul; Kreiser, Patrick (2007): Measuring organizational responsiveness: the development of a validated survey instrument. In: *Management Decision* 45 (10), S. 1573–1594. DOI: 10.1108/00251740710837979.

Huber, Frank; Meyer, Frederik; Lenzen, Johann Michael (2014): Grundlagen der Varianzanalyse. Konzeption, Durchführung, Auswertung. Wiesbaden: Springer Gabler (Lehrbuch).

Hulland, John (1999): Use of partial least squares (PLS) in strategic management research: A review of four recent studies. In: *Strategic Management Journal* 20 (2), S. 195–204.

Hunter, John E.; Hunter, Ronda F. (1984): Validity and utility of alternative predictors of job performance. In: *Psychological Bulletin* 96 (1), S. 72–98. DOI: 10.1037/0033-2909.96.1.72.

I. van Hoek, Remko; Harrison, Alan; Christopher, Martin (2001): Measuring agile capabilities in the supply chain. In: *Int Jrnl of Op & Prod Mnagemnt* 21 (1/2), S. 126–148. DOI: 10.1108/01443570110358495.

ITIL (2007): Continual service improvement. ITIL. 3. imp. London: TSO, the Stationery Office.

Jarvis, Cheryl Burke; MacKenzie, Scott B.; Podsakoff, Philip M. (2003): A Critical Review of Construct Indicators and Measurement Model Misspecification in Marketing and Consumer Research. In: *J CONSUM RES* 30 (2), S. 199–218. DOI: 10.1086/376806.

Jensen, Gunther (2013): Personalführung und Personalentwicklung: BOD GmbH.

Josefek, Robert A.; Kauffman, Robert J. (2003): Nearing the Threshold: An Economics Approach to Pressure on Information Systems Professionals to Separate from Their Employer. In: *Journal of Management Information Systems* 20 (1), S. 87–122. DOI: 10.1080/07421222.2003.11045758.

Joseph, Damian; Ng, Kok-Yee; Koh, Christine; Ang, Soon (2007): Turnover of information technology professionals: a narrative review, meta-analytic structural equation modeling, and model development. In: *MIS Quarterly* 31 (3), S. 547–577.

Joseph, Damien; Ang, Soon; Chang, Roger H. L.; Slaughter, Sandra A. (2010): Practical intelligence in IT. In: *Commun. ACM* 53 (2), S. 149-154. DOI: 10.1145/1646353.1646391.

Jost, Wolfram (2012): Die neue Rolle des CIO. In: *Harvard Business Manager* (1), S. 66–67.

Kaase, Max (1999): Qualitätskriterien der Umfrageforschung. Quality Criteria for Survey Research. Bonn: Akademie Verlag (Denkschrift Memorandum).

Kaiser, Robert (2014): Qualitative Experteninterviews. Konzeptionelle Grundlagen und praktische Durchführung: Springer (Elemente der Politik).

Kalleberg, Arne L. (2001): Organizing Flexibility. The Flexible Firm in a New Century. In: *Br J Industrial Relations* 39 (4), S. 479–504. DOI: 10.1111/1467-8543.00211.

Kappelman, Leon (2019): SIM IT Trends Study 2019. Online verfügbar unter https://higherlogicdownload.s3.amazonaws.com/SIMNET/face6240-1a51-4033-84b7-40cb7aec9edc/UploadedImages/IT_Trends_Study_Files/SIM_IT_Trends_Study_2019_Comprehensive_Report_6Nov18.pdf, zuletzt geprüft am 11.08.2020.

Karmasin, Matthias; Ribing, Rainer (2009): Die Gestaltung wissenschaftlicher Arbeiten. Ein Leitfaden für Seminararbeiten, Bachelor-, Master- und Magisterarbeiten, Diplomarbeiten und Dissertationen. 4., aktualisierte Aufl. Wien: Facultas.wuv (UTB, 2774 : Arbeitshilfen).

Keller, Wolfgang; Masak, Dieter (2008): Was jeder CIO uber IT-Alignment wissen sollte. In: *Information Management & Controlling* 23 (1), S. 29–33.

Kepper, Gabi (2008): Methoden der qualitativen Marktforschung. In: Andreas. Herrmann, Christian. Homburg und Martin Klarmann (Hg.): Handbuch Marktforschung. Methoden, Anwendungen, Praxisbeispiele. 3., vollst. überarb. und erw. Aufl. Wiesbaden: Springer Gabler, S. 175–212.

Khatri, N.; Baveja, A.; Agrawal, N. M.; Brown, G. D. (2010): HR and IT capabilities and complementarities in knowledge-intensive services. In: *The International Journal of Human Resource Management* 21 (15), S. 2889–2909.

Kidd, Paul T. (1995): Agile manufacturing. Forging new frontiers. Reprinted. Wokingham, England [u. a.]: Addison-Wesley (Addison-Wesley series in manufacturing systems).

Kießling, Matthias (2012): IT Innovation Management. Hg. v. Universität Göttingen. Online verfügbar unter https://www.uni-goettingen.de/en/123654.html, zuletzt geprüft am 19.02.2018.

Kim, Gimun; Shin, Bongsik; Kim, Kyung Kyu; Lee, Ho Geun (2011): IT Capabilities, Process-Oriented Dynamic Capabilities, and Firm Financial Performance. In: *Journal of the Association for Information Systems* 12 (7), S. 487–517.

Kitchenham, B.; Pickard, L.; Pfleeger, S. L. (1995): Case studies for method and tool evaluation. In: *IEEE Softw.* 12 (4), S. 52–62. DOI: 10.1109/52.391832.

Klaus, Georg (1976): Wörterbuch der Kybernetik. 4. Aufl. Berlin: Dietz.

Klaus, Peggy (2010): Communication breakdown. In: *California Job Journal* (28), S. 1–9.

Krafft, Manfred; Götz, Oliver; Liehr-Gobbers, Kerstin (2005): Die Validierung von Strukturgleichungsmodellen mit Hilfe des Partial-Least-Squares (PLS)-Ansatzes. In: Friedhelm Bliemel (Hg.): Handbuch PLS-Pfadmodellierung. Methode, Anwendung, Praxisbeispiele. Stuttgart: Schäffer-Poeschel, S. 71–86.

Krafft, Manfred, Oliver Götz, and Kerstin Liehr-Gobbers, Kerstin (2005): Die Validierung von Strukturgleichungsmo-dellen mit Hilfe des Partial-Least-Squares (PLS). In: Friedhelm Bliemel (Hg.): Handbuch PLS-Pfadmodellierung. Methode, Anwendung, Praxisbeispiele. Stuttgart: Schäffer-Poeschel, S. 71–86.

Kromrey, Helmut (2001): Evaluation-ein vielschichtiges Konzept: Begriff und Methodik von Evaluierung und Evaluationsforschung. Empfehlungen für die Praxis. In: *Sozialwissenschaften und Berufspraxis* 24 (2), S. 105–131.

Kromrey, Helmut (2002): Empirische Sozialforschung. Wiesbaden: VS Verlag für Sozialwissenschaften.

Küpper, Hans-Ulrich (2001): Controlling. Konzeption, Aufgaben und Instrumente. 3., überarb. und erw. Aufl. Stuttgart: Schäffer-Poeschel (Controlling-Konzepte).

Kuss, Alfred (2013): Marketing-theorie. [S.l.]: Springer Gabler.

Kuß, Alfred; Eisend, Martin (2010): Marktforschung: Grundlagen der Datenerhebung und Datenanalyse. 3. Aufl. Wiesbaden: Gabler Verlag.

Kütz, Martin (2006): IT-Steuerung mit Kennzahlensystemen. Heidelberg: Dpunkt-Verl.

Kütz, Martin (2008): Kennzahlen in der IT. Werkzeuge für Controlling und Management. 3., überarb. und erw. Aufl. Heidelberg: Dpunkt-Verl.

Lacity, Mary Cecelia; Hirschheim, Rudy (1993): Information systems outsourcing. Myths, metaphors and realities. 1. publ. Chichester u.a: Wiley & Sons (Series in information systems).

Lamnek, Siegfried (2010): Qualitative Sozialforschung. Lehrbuch; mit Online-Materialien. 5., überarb. Aufl. Weinheim: Beltz (Grundlagen Psychologie).

Law, K. S.; Mobley, W. M. (1998): Toward a taxonomy of multidimensional constructs. In: *Academy of Management Review* 23 (4), S. 741–755. DOI: 10.5465/AMR.1998.1255636.

LeCompte, Margaret Diane; Schensul, Jean J. (1999): Designing and Conducting Ethnographic Research. Walnut Creek, Calif.: Altamira Pr.

Leonhardt, Daniel; Haffke, Ingmar; Kranz, Johann; Benlian, Alexander (2017): Reinventing the IT function: the role of IT agility and IT ambidexterity in supporting digital business transformation. In: ECIS 2017 Proceedings.

LePine, Jeffrey A.; Colquitt, J. A.; Erez, Amir (2000): Adaptability to changing task contexts: Effects of general cognitive ability, conscientiousness, and openness to experience. In: *Personnel Psychology* 53 (3), S. 563–593. DOI: 10.1111/j.1744-6570.2000.tb00214.x.

Levy, Yair; Ellis, Timothy J. (2006): A Systems Approach to Conduct an Effective Literature Review in Support of Information Systems Research. In: *Informing Science Journal* (9), S. 181–212.

Ley, Philip (1972): Quantitative aspects of psychological assessment;. An introduction. New York: Barnes & Noble.

Li, Haiyang; Zhang, Yan (2002): Founding Team Comprehension and Behavioral Integration: Evidence from New Technology Ventures in China. In: *Academy of Management Proceedings* 2002 (1), S. B1. DOI: 10.5465/APBPP.2002.7516611.

Liang, Huigang; Wang, Nianxin; Xue, Yajiong; Ge, Shilun (2017): Unraveling the Alignment Paradox: How Does Business—IT Alignment Shape Organizational Agility? In: Information Systems Research 28 (4), S. 863–879. DOI: 10.1287/isre.2017.0711.

Lieberman, Marvin B.; Montgomery, David B. (1988): First-mover advantages. In: *Strat. Mgmt.* 9 (1), S. 41–58. DOI: 10.1002/smj.4250090706.

Lieberman, Marvin B.; Montgomery, David B. (1998): First-Mover (Dis)Advantages: Retrospective and Link with the Resource-Based View. In: *Strategic Management Journal* 19 (12), S. 1111–1125.

Liebowitz, J.; Suen, C. Y. (2000): Developing knowledge management metrics for measuring intellectual capital. In: *Journal of Intellectual Capital* 1 (1), S. 54–67.

Lies, Jan (2015): Soft Skills. Hg. v. Gabler Wirtschaftslexikon. Online verfügbar unter http://wirtschaftslexikon.gabler.de/Archiv/1097117094/soft-skills-v1.html, zuletzt geprüft am 23.03.2018.

Lies, Jan (2018): Unternehmenskultur. Hg. v. Gabler Wirtschaftslexikon. Online verfügbar unter https://wirtschaftslexikon.gabler.de/definition/unternehmenskultur-49642/version-272870, zuletzt geprüft am 19.08.2021.

Lin, Danming; Liang, Qiang; Xu, Zongling; Li, Runtian; Xie, Weimin (2008): Does knowledge management matter for information technology applications in China? In: *Asia Pac J Manage* 25 (3), S. 489–507. DOI: 10.1007/s10490-008-9087-2.

Linde, Frank (2004): Wissensmanagement: Ziele, Strategien, Instrumente. In: Georg Müller-Christ und Andreas Remer (Hg.): Modernisierung des Managements. Festschrift für Andreas Remer zum 60. Geburtstag. Wiesbaden: Dt. Univ.-Verl. (Gabler-Edition Wissenschaft), S. 301–342.

Lippman, S. A.; Rumelt, R. P. (1982): Uncertain Imitability: An Analysis of Interfirm Differences in Efficiency under Competition. In: *The Bell Journal of Economics* 13 (2), S. 418–438. DOI: 10.2307/3003464.

Lorenz, Sven (2012): IT zwischen Kosteneffizienz und Innovationsfähigkeit. In: Michael Amberg und Michael Lang (Hg.): Dynamisches IT-Management. So steigern Sie die Agilität, Flexibilität und Innovationskraft Ihrer IT. Düsseldorf: Symposion, S. 45–63.

Lu, Ying; Ramamurthy, Keshavamurthy (2010): Proactive or reactive IT leaders? A test of two competing hypotheses of IT innovation and environment alignment. In: *European Journal of Information Systems* 19 (5), S. 601–618. DOI: 10.1057/ejis.2010.36.

Ludwig-Mayerhofer, Wolfgang (2019): Kovarianz und Korrelation. Universität Siegen. Philosophische Fakultät. Online verfügbar unter https://www.uni-siegen.de/phil/sozialwissenschaften/soziologie/mitarbeiter/ludwig-mayerhofer/statistik/statistik_downloads/statistik_ii_5.pdf, zuletzt geprüft am 26.03.2020.

Luftman, Jerry; Ben-Zvi, Ta (2009): Key Issues for IT Executives 2009. Difficult Economy's Impact on IT. In: *MIS Quarterly Executive* 9 (1), S. 203–213.

Luftman, Jerry; Kempaiah, Rajkumar (2008): Key Issues for IT Executitives 2007. In: *MIS Quarterly Executive* 7 (2), S. 99–112.

Luftman, Jerry; Kempaiah, Rajkumar M. (2007): The IS Organization of the Future: The IT Talent Challenge. In: *Information Systems Management* 24 (2), S. 129–138. DOI: 10.1080/10580530701221023.

Lui, T.; Piccoli, G. (2007): Degrees of Agility. Implications for Information Systems Design and Firm Strategy. In: Kevin C. Desouza (Hg.): Agile information systems. Conceptualization, construction, and management. Amsterdam, Boston: Butterworth-Heinemann, S. 122–133.

Ma, Meng; Agarwal, Ritu (2007): Through a glass darkly: Information technology design, identity verification, and knowledge contribution in online communities. In: *Information Systems Research* 18 (1), S. 42–67.

MacKenzie, Scott B.; Podsakoff, Philip M.; Jarvis, Cheryl Burke (2005): The Problem of Measurement Model Misspecification in Behavioral and Organizational Research and Some Recommended Solutions. In: *Journal of Applied Psychology* 90 (4), S. 710–730. DOI: 10.1037/0021-9010.90.4.710.

MacKenzie, Scott B.; Podsakoff, Philip M.; Podsakoff, Nathan P. (2011): Construct measurement and validation procedures in MIS and behavioral research: integrating new and existing techniques. In: *MIS Quarterly* 35 (2), S. 293–334.

Madhani, Pankaj M. (2009): Resource Based View (RBV) of Competitive Advantages: Importance, Issues and Implications. In: KHOJ Journal of Indian Management Research and Practices 1 (2), S. 2–12.

Mahoney, Joseph T.; Pandian, J. Rajendran (1992): The resource-based view within the conversation of strategic management. In: *Strat. Mgmt. J.* 13 (5), S. 363–380. DOI: 10.1002/smj.4250130505.

Makhija, Mona (2003): Comparing the resource-based and market-based views of the firm: empirical evidence from Czech privatization. In: Strat. Mgmt. J. 24 (5), S. 433–451. DOI: 10.1002/smj.304.

Malterud, Kirsti (2001): Qualitative research: standards, challenges, and guidelines. In: *The Lancet* 358 (9280), S. 483–488. DOI: 10.1016/S0140-6736(01)05627-6.

March; Storey (2008): Design Science in the Information Systems Discipline: An Introduction to the Special Issue on Design Science Research. In: *MIS Quarterly* 32 (4), S. 725-730. DOI: 10.2307/25148869.

Maske, P. (2012): Multiperspektivische Evaluation des integrierten, interdisziplinären Vorgehensmodells. In: Philipp Maske (Hg.): Mobile Applikationen. Interdisziplinäre Entwicklung am Beispiel des Mobile Learning. Wiesbaden: Springer/Gabler (Research), S. 797–939.

Matell, Michael S.; Jacoby, Jacob (2016): Is There an Optimal Number of Alternatives for Likert Scale Items? Study I: Reliability and Validity. In: *Educational and Psychological Measurement* 31 (3), S. 657–674. DOI: 10.1177/001316447103100307.

Mathiassen, Lars; Pries-Heje, Jan (2017): Business agility and diffusion of information technology. In: *European Journal of Information Systems* 15 (2), S. 116–119. DOI: 10.1057/palgrave.ejis.3000610.

Maurer, Todd J.; Wrenn, Kimberly A.; Pierce, Heather R.; Tross, Stuart A.; Collins, William C. (2003): Beliefs about "improvability" of career-relevant skills: relevance to job/task analysis, competency modelling, and learning orientation. In: *The International Journal of Industrial, Occupational and Organizational Psychology and Behavior* 24 (1), S. 107–131. DOI: 10.1002/job.182.

Mayer, Horst O. (2008): Interview und schriftliche Befragung. Entwicklung, Durchführung und Auswertung. 4., überarb. und erw. Aufl. München, Wien: Oldenbourg (150 Jahre Wissen für die Zukunft).

Mayring, Philipp (1999): Einführung in die qualitative Sozialforschung. Weinheim: Beltz.

Medina, Rafael Duque; Nieto-Reyes, Alicia: Measuring the usability of groupware applications with a model-driven method for the user interaction analysis. In: Pere Ponsa und Daniel Guasch (Hg.): the XVI International Conference, S. 1–2.

Meffert, H.: Größere Unternehmensflexibilität als Unternehmungskonzept. In: *Zeitschrift für betriebswirtschaftliche Forschung* 1985 37 (2), S. 121–137.

Melarkode, Ajit; From-Poulsen, Mark; Warnakulasuriya, Sugath (2004): Delivering Agility Through IT. In: *Business Strategy Review* 15 (3), S. 45–50. DOI: 10.1111/j.0955-6419.2004.00327.x.

Melville, Nigel; Kraemer, Kenneth; Gurbaxani, Vijay (2004): Review: information technology and organizational performance: an integrative model of IT business value. In: *MIS Quarterly* 28 (2), S. 283–322.

Mensch, Gerhard: Finanz-Controlling. Finanzplanung und -kontrolle / Controlling zur finanziellen Unternehmensführung. 2., überarb. und erw. Aufl. (Managementwissen für Studium und Praxis).

Mesu, Jos; van Riemsdijk, Maarten; Sanders, Karin (2012): Labour flexibility in SMEs: the impact of leadership. In: *Employee Relations* 35 (2), S. 120–138. DOI: 10.1108/01425451311287835.

Meuser, Michael; Nagel, Ulrike (2005): ExpertInneninterviews–vielfach erprobt, wenig bedacht. In: Alexander Bogner, Beate Littig und Wolfgang Menz (Hg.): Das Experteninterview. Theorie, Methode, Anwendung. Wiesbaden: VS Verlag für Sozialwissenschaften, S. 71–93.

Meuser, Michael; Nagel, Ulrike (2009): Das Experteninterview — konzeptionelle Grundlagen und methodische Anlage. In: Susanne Pickel, Gert Pickel, Hans-Joachim Lauth und Detlef Jahn (Hg.): Methoden der vergleichenden Politik- und Sozialwissenschaft. Wiesbaden: VS Verlag für Sozialwissenschaften, S. 465–479.

Mieg, Harald A.; Näf, Matthias (2005): Experteninterviews. ETH Zürich. Institut für Mensch-Umwelt-Systeme.

Mohr, M.; Wittges, H.; Nicolescu, V.; Krcmar, H.; Schrader, H. (2006): Einbindung und Motivation informeller Multiplikatoren im IT-Training am Beispiel Education Service Providing, S. 1–22. Online verfügbar unter http://www.researchgate.net/publication/255671567_Einbindung_und_Motivation_informeller_Multiplikatoren_im_IT_Training_am_Beispiel_Education_Service_Providing, zuletzt geprüft am 11.07.2015.

Moitra, Deependra; Ganesh, Jai (2005): Web services and flexible business processes: towards the adaptive enterprise. In: *Information & Management* 42 (7), S. 921–933. DOI: 10.1016/j.im.2004.10.003.

Mooi, Erik; Sarstedt, Marko (2011): A concise guide to market research. The process, data, and methods using IBM SPSS statistics. Berlin, Heidelberg: Springer.

Moore, Jo Ellen; Burke, Lisa A. (2002): How to turn around `turnover culture' in IT. In: *Communications of the ACM* 45 (2), S. 73–78. DOI: 10.1145/503124.503126.

Moore, Jo Ellen; Williams, Clay K. (2011): Selection. In: Jerry Luftman (Hg.): Managing IT Human Resources: IGI Global, S. 46–65.

Moosbrugger, Helfried; Kelava, Augustin (2012): Testtheorie und Fragebogenkonstruktion. Berlin, Heidelberg: Springer Berlin Heidelberg (Springer-Lehrbuch).

Morgan, Robert M. (2000): Relationship marketing and marketing strategy: the evolution of relationship strategy within the organization. In: J. N. Sheth und A. Parvatiyar (Hg.): Handbook of Relationship Marketing: Sage Publications, S. 481–504.

Mowday, Richard T.; Steers, Richard M.; Porter, Lyman W. (1979): The measurement of organizational commitment. In: *Journal of Vocational Behavior* 14 (2), S. 224–247. DOI: 10.1016/0001-8791(79)90072-1.

Nissen, Volker (2008): Einige Grundlagen zum Management von IT-Agilität. Ilmenau, Ilmenau: Techn. Univ. Inst. für Wirtschaftsinformatik; Univ.-Bibliothek (Ilmenauer Beiträge zur Wirtschaftsinformatik, 2008,3). Online verfügbar unter http://nbn-resolving.de/urn:nbn:de:gbv:ilm1-2008200054.

Nissen, Volker; Mladin, Alexander (2009): Messung und Management von IT-Agilität. In: *HMD* 46 (5), S. 42–51. DOI: 10.1007/BF03340398.

Nissen, Volker; Rennenkampff, Alexander von (2013): IT-Agilität als strategische Ressource im Wettbewerb. In: M. Lang (Hg.): Erfolgreiches IT-Management in Zeiten von Social Media, Cloud & Co. Düsseldorf: Symposion Publishing, S. 57–90.

Nissen, Volker; Rennenkampff, Alexander von; Termer, Frank (2011): IS Architecture Characteristics as a Measure of IT Agility. In: *AMCIS 2011 Proceedings* (89).

Nissen, Volker; Termer, Frank; Rennenkampff, Alexander (2012): Agile IT-Anwendungslandschaften als strategische Unternehmensressource. In: *HMD* 49 (2), S. 24–33. DOI: 10.1007/BF03340679.

Nitzl, Christian; Roldan, Jose L.; Cepeda, Gabriel (2016): Mediation analysis in partial least squares path modeling. In: *Industr Mngmnt & Data Systems* 116 (9), S. 1849–1864. DOI: 10.1108/IMDS-07-2015-0302.

Nunnally, Jum C.; Bernstein, Ira H. (1994): Psychometric theory. New York, NY [u. a.]: McGraw-Hill (McGraw-Hill series in psychology).

Okoli, Chitu; Pawlowski, Suzanne D. (2004): The Delphi method as a research tool: an example, design considerations and applications. In: *Information & Management* 42 (1), S. 15–29. DOI: 10.1016/j.im.2003.11.002.

Organizational Research Methods (2005): Potential Problems in the Statistical Control of Variables in Organizational Research: A Qualitative Analysis with Recommendations. In: *Organizational Research Methods* 8 (3), S. 274–289.

Österle, Hubert (Hg.) (2010): Gestaltungsorientierte Wirtschaftsinformatik. Ein Plädoyer für Rigor und Relevanz. [Nürnberg]: Infowerk.

Overby, Eric; Bharadwaj, Anandhi; Sambamurthy, V. (2006): Enterprise agility and the enabling role of information technology. In: *European Journal of Information Systems* 15 (2), S. 120–131. DOI: 10.1057/palgrave.ejis.3000600.

Palanisamy, Ramaraj; Sushil (2003): Measurement and Enablement of Information Systems for Organizational Flexibility. An Empirical Study. In: *Journal of Services Research* 3 (2), S. 81–103.

Panda, Sukanya; Rath, Santanu Kumar (2017): The effect of human IT capability on organizational agility: an empirical analysis. In: Management Research Review 40 (7), S. 800–820. DOI: 10.1108/MRR-07-2016-0172.

Park, YoungKi; El Sawy, Omar A.; Fiss, Peer (2017): The role of business intelligence and communication technologies in organizational agility: a configurational approach. In: Journal of the Association for Information Systems 18 (9), S. 1.

Paschke, J.; Molla, A. (2011): Definition and Measurement of the Adaptive IT Capabilities Construct. Hg. v. AMCIS 2011 Proceedings - All Submissions. Online verfügbar unter http://aisel.aisnet.org/amcis2011_submissions/32, zuletzt geprüft am 07.07.2015.

Paschke, Joerg; Molla, Alemayehu; Martin, Bill (2012): The extent of IT-enable organizational flexibility: an exploration study among Australian organizations. In: *Proceedings of the 19th Australian Conference on Information Systems*.

Patten, Karen; Whitworth, Brian; Fjermestad, Jerry; Mahindra, Edward (2005): Leading IT Flexibility: Anticipation, Agility and Adaptability. In: *AMCIS 2005 Proceedings*, S. 2787–2792. Online verfügbar unter http://aisel.aisnet.org/amcis2005/361, zuletzt geprüft am 19.06.2019.

Patten, Karen P.; Fjermestad, Jerry; Whitworth, Brian (2009): How CIOs Use Flexibility to Manage Uncertainty in Dynamic Business Environments. Hg. v. AMCIS 2009 Proceedings (Paper 462). Online verfügbar unter http://aisel.aisnet.org/amcis2009/462, zuletzt geprüft am 15.02.2015.

Peffers, Ken; Tuunanen, Tuure; Rothenberger, Marcus A.; Chatterjee, Samir (2007): A Design Science Research Methodology for Information Systems Research. In: *Journal of Management Information Systems* 24 (3), S. 45–77. DOI: 10.2753/MIS0742-1222240302.

Peng, David Xiaosong; Schroeder, Roger G.; Shah, Rachna (2008): Linking routines to operations capabilities: A new perspective. In: *Journal of Operations Management* 26 (6), S. 730–748. DOI: 10.1016/j.jom.2007.11.001.

Penrose, Edith Tilton (1959): The theory of the growth of the firm. New York: Wiley.

Pfeffer, Jeffrey (2001): Fighting the war for talent is hazardous to your organization's health. In: *Organizational Dynamics* 29 (4), S. 248–259.

Piccoli, Gabriele; Ives, Blake (2005): Review: IT-dependent strategic initiatives and sustained competitive advantage: A review and synthesis of the literature. Mis Quarterly 29 (4), S. 747–776.

Pickel, Susanne; Pickel, Gert; Lauth, Hans-Joachim; Jahn, Detlef (Hg.) (2009): Methoden der vergleichenden Politik- und Sozialwissenschaft. Wiesbaden: VS Verlag für Sozialwissenschaften.

Picot, Arnold; Neuburger, Rahild (2013): Arbeit in der digitalen Welt. Ludwig-Maximilians-Universität München. Online verfügbar unter http://www.forschungsnetzwerk.at/downloadpub/arbeit-in-der-digitalen-welt.pdf, zuletzt geprüft am 11.02.1018.

Pipoli, Gina; Fuchs, Rosa María (2011): Retaining IT Professionals. In: Jerry Luftman (Hg.): Managing IT Human Resources: IGI Global, S. 130–149.

Podsakoff, Philip M.; MacKenzie, Scott B.; Lee, Jeong-Yeon; Podsakoff, Nathan P. (2003): Common method biases in behavioral research: a critical review of the literature and recommended remedies. In: *The Journal of applied psychology* 88 (5), S. 879–903. DOI: 10.1037/0021-9010.88.5.879.

Ponsa, Pere; Guasch, Daniel (Hg.): the XVI International Conference. Vilanova i la Geltr, Spain.

Pötschke, Manuela; Simonson, Julia (2001): Online-Erhebungen in der empirischen Sozialforschung. Erfahrungen mit einer Umfrage unter Sozial-, Markt- und Meinungsforschern. In: *ZA-Information / Zentralarchiv für Empirische Sozialforschung* (49), S. 6–27.

Powell, Catherine (2003): The Delphi technique: myths and realities. In: *J Adv Nurs* 41 (4), S. 376–382. DOI: 10.1046/j.1365-2648.2003.02537.x.

Pratt, M. G. (2009): From the Editors: For the Lack of a Boilerplate: Tips on Writing Up (and Reviewing) Qualitative Research. In: *Academy of Management Journal* 52 (5), S. 856–862. DOI: 10.5465/AMJ.2009.44632557.

Probst, Gilbert; Raub, Steffen; Romhardt, Kai (1999): Wissen managen. Wie Unternehmen ihre wertvollste Ressource optimal nutzen. Frankfurt am Main, Wiesbaden. 3. Aufl.

Prüfer, Peter; Rexroth, Margrit (2000): Zwei-Phasen-Pretesting. Hg. v. Zentrum für Umfragen, Methoden und Analysen -ZUMA-. Mannheim (ZUMA-Arbeitsbericht, 2000/08). Online verfügbar unter https://www.ssoar.info/ssoar/handle/document/20086.

Raab, Gerhard; Unger, Alexander; Unger, Fritz (2009): Methoden der Marketing-Forschung. Grundlagen und Praxisbeispiele. 2. Auflage. Wiesbaden: Gabler Verlag.

Raschke, Robyn L.; David Julie Smith (2005): Business Process Agility. In: *AMCIS 2005 Proceedings* (180), S. 355–360.

Ravichandran, T.; Lertwongsatien, Chalermsak (2005): Effect of Information Systems Resources and Capabilities on Firm Performance. A Resource-Based Perspective. In: *Journal of Management Information Systems* 21 (4), S. 237–276.

Ravichandran, T. (2018): Exploring the relationships between IT competence, innovation capacity and organizational agility. In: The Journal of Strategic Information Systems 27 (1), S. 22–42. DOI: 10.1016/j.jsis.2017.07.002.

Reed, R.; DeFillippi, R. J. (1990): Causal Ambiguity, Barriers to Imitation, and Sustainable Competitive Advantage. In: *Academy of Management Review* 15 (1), S. 88–102. DOI: 10.5465/AMR.1990.4308277.

Reichert, Klaus (2013): 100 Kennzahlen Innovationsmanagement. Wiesbaden: cometis Publishing.

Reinartz, Werner; Haenlein, Michael; Henseler, Jörg (2009): An empirical comparison of the efficacy of covariance-based and variance-based SEM. In: *International Journal of Research in Marketing* 26 (4), S. 332–344. DOI: 10.1016/j.ijresmar.2009.08.001.

Rennenkampff, Alexander von (2015): Management von IT-Agilität. Entwicklung eines Kennzahlensystems zur Messung der Agilität von Anwendungslandschaften. Dissertation. TU-Ilmenau.

Richey, Joanna S.; Mar, Brien W.; Horner, Richard R. (1985): The Delphi Technique in Environmental Assessment. In: *Journal of Environmental Management* 21 (2), S. 135–159.

Riedl, René; Roithmayr, Friedrich (2006): Zur Verbreitung der Fallstudie in der Wirtschaftsinformatik. In: Tagungsband Multikonferenz Wirtschaftsinformatik (Hg.). Passau.

Riedl, René; Zwettler, Eva-Maria (2010): Anforderungen an IT-Personal. In: *HMD* 47 (2), S. 81–90. DOI: 10.1007/BF03340458.

Riege, Christian; Saat, Jan; Buche, Tobias (2009): Großzahlige empirische Forschung. In: Jörg Becker, Helmut Krcmar und Björn Niehaves (Hg.): Wissenschaftstheorie und gestaltungsorientierte Wirtschaftsinformatik. Heidelberg: Physica-Verlag, S. 69–86.

Riesenhuber, Felix (op. 2009): Methodik der empirischen Forschung. In: Sönke Albers, Daniel Klapper und Udo Konradt (Hg.): Methodik der empirischen Forschung. 3., überarb. und erw. Auflage. Weisbaden: Gabler/GWW Fachverlage, S. 1–16.

Ringle, Christian M.; Götz, Oliver; Wetzels, Martin; Wilson, Bradley (2009): On the Use of Formative Measurement Specifications in Structural Equation Modeling: A Monte Carlo Simulation Study to Compare Covariance-Based and Partial Least Squares Model Estimation Methodologies. In: *SSRN Journal. DOI:* 10.2139/ssrn.2394054.

Roberts, Bill (2000): Pick Employees Brains. In: *HR Magazine*, S. 115–120.

Robey, Daniel; Boudreau, Marie-Claude; Rose, Gregory M. (2000): Information technology and organizational learning: a review and assessment of research. In: *Accounting, Management and Information Technologies* 10 (2), S. 125–155.

Robles, M. M. (2012): Executive Perceptions of the Top 10 Soft Skills Needed in Today's Workplace. In: *Business Communication Quarterly* 75 (4), S. 453–465. DOI: 10.1177/1080569912460400.

Roeglinger, Maximilian; Reinwald, Dieter; Meier, C. Marco (2009): Ein formaler Ansatz zur Auswahl von Kennzahlen auf Basis empirischer Zusammenhänge. Online verfügbar unter https://www.researchgate.net/publication/221201424_Ein_formaler_Ansatz_zur_Auswahl_von_Kennzahlen_auf_Basis_empirischer_Zusammenhange, zuletzt geprüft am 12.11.2018.

Roepke, Robert; Agarwal, Ritu; Ferratt, Thomas W. (2000): Aligning the IT Human Resource with Business Vision. The Leadership Initiative at 3M. In: *MIS Quarterly* 24 (2), S. 327–353. DOI: 10.2307/3250941.

Rohrmann, Bernd (1987): Empirische Studien zur Entwicklung von Antwortskalen für die sozialwissenschaftliche Forschung. In: *Zeitschrift für Sozialpsychologie* (9.3), S. 222–245.

Ryan, Christopher (2002): Employee Retention - What Can the Benefits Professional Do? In: *Employee Benefits Journal*, S. 18–22.

Sambamurthy, V.; Bharadwaj, A.; Grover, V. (2003): Shaping Agility Through Digital Options. Reconceptualizing the Role of Information Technology in Contemporary Firms. In: *MIS Quarterly* 27 (2), S. 237–263.

Sanchez, Ron (1995): Strategic flexibility in product competition. In: *Strat. Mgmt. J.* 16 (1), S. 135–159. DOI: 10.1002/smj.4250160921.

Sanchez, Ron (1997): Preparing for an Uncertain Future. In: *International Studies of Management & Organization* 27 (2), S. 71–94. DOI: 10.1080/00208825.1997.11656708.

Sanders, James R.; Beywl Wolfgang; Widmer, Thomas (2006): Handbuch der Evaluationsstandards. Die Standards des „Joint Committee on Standards for Educational Evaluation". 3. Auflage. Wiesbaden: VS Verlag für Sozialwissenschaften.

Sarstedt, Marko, Henseler, Jörg; Ringle Christian M. (2011): Multigroup analysis in partial least squares (PLS) path modeling: Alternative methods and empirical results. In: S. Tamer Cavusgil und Shaoming Zou (Hg.): Advances in international marketing, S. 195–218.

Sasse, Jörg; Sedlacek, Bronia; Geighardt-Knollmann, Christiane (2011): DGFP Studie: HR-Kennzahlen auf dem Prüfstand. Hg. v. Deutsche Gesellschaft für Personalführung e.V (PraxisPapier 5/2011). Online verfügbar unter https://www.dgfp.de/hr-wiki/DGFP_Studie__HR_Kennzahlen_auf_dem_Pr%C3%BCfstand.pdf, zuletzt aktualisiert am 26.02.2018.

Sathe, Vijay (1985): Culture and related corporate realities. Text, cases, and readings on organizational entry, establishment, and change. Homewood, Ill.: R.D. Irwin (The Irwin series in management and the behavioral sciences).

Schelp, Joachim; Winter, Robert (2007): Integration Management for Heterogeneous Information Systems. In: Kevin C. Desouza (Hg.): Agile information systems. Conceptualization, construction, and management. Amsterdam, Boston: Butterworth-Heinemann, S. 134–149.

Schleus (2017): Tipps für die Erstellung von Einladungen zur Befragung. Hg. v. Schleus Marktforschung GmbH. Online verfügbar unter http://www.schleus-mafo.de/assets/uploads/files/MandantenMonitor/Service/Tipps_Einladung_zur_Befragung.pdf, zuletzt geprüft am 06.03.2018.

Schlittgen, Rainer (2009): Multivariate Statistik. München: Oldenbourg (Lehr- und Handbücher der Statistik).

Schloderer, Matthias P.; Ringle, Christian M.; Sarstedt, Marko (2009): Einführung in die varianzbasierte Strukturgleichungsmodellierung. Grundlagen, Modellevaluation und Interaktionseffekte am Beispiel von SmartPLS. In: Manfred Schwaiger und Anton Meyer (Hg.): Theorien und Methoden der Betriebswirtschaft: Vahlen, S. 564–592.

Schloderer, Matthias P.; Ringle, Christian M.; Sarstedt, Marko (2011): Einführung in die varianzbasierte Strukturgleichungsmodellierung. Grundlagen, Modellevaluation und Interkationseffekte am Beispiel von SmartPLS. In: Manfred Schwaiger und Anton Meyer (Hg.): Theorien und Methoden der Betriebswirtschaft. Handbuch für Wissenschaftler und Studierende. München: Franz Vahlen, S. 573–601.

Schmidt, Frank L.; Hunter, John E.; Pearlman, Kenneth (1982): Assessing the economic impact of personnel programs on workforce productivity. In: *Personnel Psychology* 35 (2), S. 333–347. DOI: 10.1111/j.1744-6570.1982.tb02199.x.

Schneidermeyer, Phil (2011): IT Human Resources. In: Jerry Luftman (Hg.): Managing IT Human Resources: IGI Global, S. 38–45.

Schnell, Rainer; Hill, Paul Bernhard; Esser, Elke (1999): Methoden der empirischen Sozialforschung. 6. Aufl. München: Oldenbourg.

Schnell, Rainer; Hill, Paul Bernhard; Esser, Elke (2011): Methoden der empirischen Sozialforschung. 9., aktualisierte Aufl. München: Oldenbourg.

Scholderer, Joachim; Balderjahn, Ingo (2006): Was unterscheidet harte und weiche Strukturgleichungsmodelle nun wirklich? In: *Marketing ZFP* 28 (1), S. 57–70. DOI: 10.15358/0344-1369-2006-1-57.

Schrage, Michael (2004): The Struggle to Define Agility. Online verfügbar unter www.cio.com, zuletzt geprüft am 12.07.2016.

Schulte-Zurhausen, Manfred (2014): Organisation. 6th ed. München: Franz Vahlen (Vahlens Handbücher der Wirtschafts- und Sozialwissenschaften).

Schwinn, Alexander; Winter, Robert (2005): Entwicklung von Zielen und Messgrößen zur Steuerung der Applikationsintegration. In: *Wirtschaftsinformatik 2005*, S. 587–606.

Sedlack, Derek J. (2011): Producing Candidate Separation through Recruiting Technology. In: Jerry Luftman (Hg.): Managing IT Human Resources: IGI Global, S. 82–99.

Seethamraju, R. (2006): Influence of Enterprise Systems on Business Process Agility. In: ICEB+eBRF (Hg.): Global conference on emergent business phenomena in the digital economy. Tampere, Finland, S. 1–7.

Seethamraju, R.; Seethamraju, J.: Enterprise Systems and Business Process Agility - A Case Study. In: IEEE (Hg.): 2009 42nd Hawaii International Conference on System Sciences. Waikoloa, Hawaii, USA, S. 1–12.

Seo, DongBack; Desouza, Kevin; Erickson, James (2006): Opening up the Black-Box: Information Systems and Organizational Agility. AMCIS 2006 Proceedings (Paper 75). Online verfügbar unter http://aisel.aisnet.org/amcis2006/75, zuletzt geprüft am 11.07.2015.

Seo, DongBack; La Paz, Ariel I. (2008): Exploring the dark side of IS in achieving organizational agility. In: *Commun. ACM* 51 (11), S. 136–139. DOI: 10.1145/1400214.1400242.

Shaw, Jonathan (1995): A schema approach to the formal literature review in engineering theses. In: *System* 23 (3), S. 325–335. DOI: 10.1016/0346-251X(95)00020-K.

Sherehiy, Bohdana; Karwowski, Waldemar; Layer, John K. (2007): A review of enterprise agility. Concepts, frameworks, and attributes. In: *International Journal of Industrial Ergonomics* 37 (5), S. 445–460. DOI: 10.1016/j.ergon.2007.01.007.

Shipps, Belinda; Zahedi, Fatemeh (1999): Agile IT Staffing Strategies: Determinants and Impacts. Hg. v. AMCIS 1999 Proceedings (Paper 145). Online verfügbar unter http://aisel.aisnet.org/amcis1999/145, zuletzt geprüft am 10.07.2015.

Siegler, Oliver (1999): Die dynamische Organisation. Grundlagen - Gestalt - Grenzen.

Skulmoski, Gregory J.; Hartman, Francis T.; Krahn, Jennifer (2007): The Delphi Method for Graduate Research. In: *Journal of Information Technology Education* (6), S. 1–21.

Snell, S. A.; Dean, J. W. (1992): Integrated Manufacturing and Human Resource Management: A Human Capital Perspective. In: *Academy of Management Journal* 35 (3), S. 467–504. DOI: 10.2307/256484.

Snow, Charles; Snell, Scott A. (1992): Staffing as Strategy. In: Neal Schmitt und Walter C. Borman (Hg.): Personnel selection in organizations. San Francisco: Jossey-Bass Publ (Frontiers of industrial and organizational psychology).

Söffker, Christiane (2008): Leitfaden für das Personalcontrolling kleiner und mittelständischer Unternehmen. Leuphana Universität, Lüneburg. Institut für Wirtschaftsrecht. Online verfügbar unter https://www.leuphana.de/fileadmin/user_upload/Forschungseinrichtungen/ifwr/files/Arbeitpapiere/WPBL-No3.pdf, zuletzt geprüft am 12.11.2018.

Specht, Dieter; Mieke Christian; Behrens, Stefan (2005): Flexibilitätspotentiale im Unternehmen durch effektives Technologiemanagement. In: Bernd Kaluza und Stefan Behrens (Hg.): Erfolgsfaktor Flexibilität. Strategien und Konzepte für wandlungsfähige Unternehmen. Berlin: Schmidt (Technological economics, Bd. 60), S. 295–321.

Spoor, E. R.K.; Boogaard, M. (1993): Information systems flexibility: A conceptual framework. VU University Amsterdam. Faculty of Economics, Business Administration and Econometrics.

Starkweather, Jo Ann; Stevenson, Deborah H. (2011): IT Hiring Criteria vs. Valued IT Competencies. In: Jerry Luftman (Hg.): Managing IT Human Resources: IGI Global, S. 66–81.

Steffy, B. D.; Maurer, S. D. (1988): Conceptualizing and Measuring the Economic Effectiveness of Human Resource Activities. In: *Academy of Management Review* 13 (2), S. 271–286. DOI: 10.5465/AMR.1988.4306887.

Stein, Petra (2019): Forschungsdesigns für die quantitative Sozialforschung. In: Nina Baur und Jörg Blasius (Hg.): Handbuch Methoden der empirischen Sozialforschung. Wiesbaden: Springer Fachmedien Wiesbaden, S. 125–142.

Stelzer, Dirk (2008): Forschungsmethodik in der Wirtschaftsinformatik. TU Ilmenau. Fachgebiet Informations- und Wissensmanagement, zuletzt geprüft am 19.02.2018.

Stern, Andreas (2013): Keine Angst vor Microsoft Access! Datenbanken verstehen, entwerfen und entwickeln für Access 2007 bis 2013. 4. Aufl. Köln: Microsoft-Press (Microsoft-Press, 5571).

Stratman, Jeff K.; Roth, Aleda V. (2002): Enterprise Resource Planning (ERP) Competence Constructs: Two-Stage Multi-Item Scale Development and Validation. In: *Decision Sciences* 33 (4), S. 601–628. DOI: 10.1111/j.1540-5915.2002.tb01658.x.

Straub, Detmar; Boudreau, Marie-Claude; Gefen, David (2004): Validation Guidelines for IS Positivist Research. In: *Communications of the AIS* (13), S. 380–427.

Strohmaier, M.; Rollett, H. (2005): Future Research Challenges in Business Agility - Time, Control and Information Systems. In: IEEE (Hg.): Seventh IEEE International Conference on E-Commerce Technology Workshops. Munich, Germany, 19-19 July 2005, S. 109–115.

Sydow, Jörg (2010): Management von Netzwerkorganisationen. Beiträge aus der "Managementforschung". 5., aktualisierte Aufl. Wiesbaden: Gabler.

Tallon, Paul P.; Kraemer, Kenneth L.; Gurbaxani, Vijay (2000): Executives Perceptions of Business Value of Information Technology. A Process-Oriented Approach. In: *Journal of Management Information Systems* 16 (4), S. 145–173.

Tallon, Paul P.; Pinsonneault, Alain (2011): Competing perspectives on the link between strategic information technology alignment and organizational agility: insights from a mediation model. In: *MIS Quarterly* 35 (2), S. 463–484.

Tallon, Paul Patrick (2008): Inside the adaptive enterprise. An information technology capabilities perspective on business process agility. In: *Inf Technol Manage* 9 (1), S. 21–36. DOI: 10.1007/s10799-007-0024-8.

Tarnai, John; Moore, Danna L. (2004): Methods for Testing and Evaluating Computer-Assisted Questionnaires. In: Stanley Presser, Jennifer M. Rothgeb, Mick P. Couper, Judith T. Lessler, Elizabeth Martin, Jean Martin et al. (Hg.): Methods for Testing and Evaluating Survey Questionnaires. Hoboken, NJ, USA: John Wiley & Sons, Inc (Wiley series in survey methodology), S. 319–335.

Teichert, Thorsten; Trommsdorff, Volker (2011): Konsumentenverhalten. 8. Aufl. Stuttgart: Kohlhammer Verlag.

Teoh, S. Y.; Chan, C. M.; Pan, G.; Goh, M. (2016): Being agile to thrive amidst disruptive digital innovation. In: PACIS 2016 Proceedings.

Termer, Frank (2015): Determinanten der IT-Agilität. Theoretische Konzeption, empirische Analyse und Implikationen zur strategischen Steuerung der Unternehmens-IT. Dissertation. Technische Universität Ilmenau.

Termer, Frank, & Nissen, Volker (2014): Zum Begriff der Agilität: Betrachtungen und Implikationen aus etymologischer Perspektive. Online verfügbar unter https://www.db-thueringen.de/receive/dbt_mods_00024670.

Termer, Frank; Nissen, Volker; Dorn, Friedemann (2014): Grundlegende Überlegungen zur Konzeption einer multiperspektivischen Methode der Messung des IT-Wertbeitrags. In: *Tagungsband Multikonferenz Wirtschaftsinformatik*, S. 2271–2283.

The KPI Institute (2012a): Top 25 Human Resources KPIs of 2011-2012. Melbourne, Australia.

The KPI Institute (2012b): Top 25 Knowledge Management KPIs of 2011-2012. Melbourne, Australia.

Thielen, C. A.L. (1993): Management der Flexibilität. Integriertes Anforderungskonzept für eine flexible Gestaltung der Unternehmung. Bamberg: Difo-Druck GmbH.

Tiemeyer, Ernst (2013): IT-Management. Herausforderungen und Rollenverständnis heute. In: Werner Bachmann und Ernst Tiemeyer (Hg.): Handbuch IT-Management. Konzepte, Methoden, Lösungen und Arbeitshilfen für die Praxis. 5., überarb. Aufl. München: Hanser, S. 1–45.

Tsourveloudis, Nikos C.; Valavanis, Kimon P. (2002): On the Measurement of Enterprise Agility. In: *Journal of Intelligent and Robotic Systems* (33), S. 329–342.

Turner, Arthur N.; Lawrence, Paul R. (1965): Industrial jobs and the worker. In: *Harvard University Graduate School of Business*.

Ulrich, Hans (1970): Die Unternehmung als produktives soziales System. Berlin/Stuttgart: Verlag Haupt.

Valverde, Mireia; Tregaskis, Olga; Brewster, Chris (2000): Labor flexibility and firm performance. In: *International Advances in Economic Research* 6 (4), S. 649–661. DOI: 10.1007/BF02295375.

van Oosterhout, Marcel (2010): Business agility and information technology in service organizations. Reactievermogen en informatietechnologie in service organisaties. Rotterdam: ERIM (ERIM PhD series in research in management, 198).

van Oyen, M. P.; Gel, E.G.S.; Hopp, W. J. (2001): Performance opportunity for workforce agility in collaborative and noncollaborative work systems. In: *IIE Transactions* 33 (9), S. 761–777.

Vetschera, Rudolf (1993): Zur Konsistenz von Abweichungsanalysen in hierarchischen Kennzahlensystemen, Diskussionsbeiträge. Universität Konstanz, Konstanz. Fakultät für Wirtschaftswissenschaften und Statistik.

Voigt, K. (2007): Zeit und Zeitgeist in der Betriebswirtschaftslehre – dargestellt am Beispiel der betriebswirtschaftlichen Flexibilitätsdiskussion. In: *Zeitschrift für Betriebswirtschaft* 77 (6), S. 329–342.

Voigt, Kai; Schorr, S. (2007): Die Evolution des Flexibilitätsbegriffs hin zur Vision der Supra-Adaptivität. In: Willibald A. Günthner (Hg.): Neue Wege in der Automobillogistik. Die Vision der Supra-Adaptivität. Berlin, Heidelberg: Springer-Verlag Berlin Heidelberg (VDI-Buch), S. 41–52.

Wade, Michael; Hulland, John (2004): Review: The resource-based view and information systems research: Review, extension, and suggestions for future research. In: *MIS Quarterly* 28 (1), S. 107–142.

Wadhwa, S.; Rao, K.S (2003): Flexibility and Agility for Enterprise Synchronization. Knowledge and Innovation Management Towards Flexagility. In: *Studies in Informatics and Control* 12 (2), S. 111–128.

Wagner, D.; Suchan, C.; Leunig, B.; Frank, J. (2011): Towards the Analysis of Information Systems Flexibility: Proposition of a Method. In: *Wirtschaftinformatik 2011*.

Walton, Richard E. (1985): From control to commitment in the workplace. In: *Harvard Business Review* 63 (2), S. 77–84.

Weber, Christiana; Bauke, Boris; Raibulet, Virgil (2016): An Empirical Test of the Relational View in the Context of Corporate Venture Capital. In: Strat. Entrepreneurship J. 10 (3), S. 274–299. DOI: 10.1002/sej.1231.

Webster, Jane; Watson, Richard T. (2002): Analyzing the Past to Prepare for the Future: Writing a Literature Review. In: *MIS Quarterly* 26 (2), S. xiii–xxiii.

Weiber, Rolf; Mühlhaus, Daniel (2014): Strukturgleichungsmodellierung. Eine anwendungsorientierte Einführung in die Kausalanalyse mit Hilfe von AMOS, SmartPLS und SPSS. 2nd ed. Berlin: Springer (Springer-Lehrbuch).

Wernerfelt, Birger (1984): A resource-based view of the firm. In: *Strat. Mgmt. J.* 5 (2), S. 171–180. DOI: 10.1002/smj.4250050207.

Wigand, Rolf T.; Picot, Arnold; Reichwald, Ralf (1997): Information, organization, and management: Expanding markets and corporate boundaries: John Wiley & Sons Inc.

Wilde, Thomas; Hess, Thomas (2006): Methodenspektrum der Wirtschaftsinformatik. Arbeitsbericht Nr. 2. Ludwig-Maximilians-Universität, München. Institut für Wirtschaftsinformatik und Neue Medien.

Wirtschaftslexikon 2016 (2016): Kennzahlen und Kennzahlensysteme. Online verfügbar unter http://www.daswirtschaftslexikon.com/d/kennzahlen_und_kennzahlensysteme/kennzahlen_und_kennzahlensysteme.htm, zuletzt geprüft am 12.11.2018.

Wood, Stephen; Albanese, Maria Teresa (1995 Can we speak of a high commitment management on the shop floor?. In: *J Management Studies* 32 (2), S. 215–247. DOI: 10.1111/j.1467-6486.1995.tb00341.x.

Wottawa, Heinrich; Thierau, Heike (1998): Lehrbuch Evaluation. Bern: Huber.

Wright, P. M.; Snell, S. A. (1998): Toward a Unifying Framework for Exploring Fit and Flexibility in Strategic Human Resource Management Strategic Human Resource Management. In: *Academy of Management Review* 23 (4), S. 756–772. DOI: 10.5465/AMR.1998.1255637.

Wright, Patrick M.; Dunford, Benjamin B.; Snell Scott A. (2001): Human resources and the resource based view of the firm. In: *Journal of Management* 27 (6), S. 701–721. DOI: 10.1016/S0149-2063(01)00120-9.

Wright, Patrick M.; McMahan, Gary C.; McWilliams, Abagail (1994): Human resources and sustained competitive advantage: a resource-based perspective. In: *The International Journal of Human Resource Management* 5 (2), S. 301–326. DOI: 10.1080/09585199400000020.

Wu, Xiaobo; Gang, Fang; Zengyuan, Wu (2006): The dynamic IT capabilities and firm agility. A resource-based perspective. In: *International Technology and Innovation Conference 2006*, S. 666–671.

Yin, Robert K. (2014): Case study research. Design and methods. 5. ed. Los Angeles CA u.a.: SAGE Publ.

Yoon, J.; Thye, S. R. (2002): A Dual Process Model of Organizational Commitment: Job Satisfaction and Organizational Support. In: *Work and Occupations* 29 (1), S. 97–124. DOI: 10.1177/0730888402029001005.

Zawacki, R. (2008). Zawacki and Associates. Colorado Springs. Online verfügbar unter http://www.networkworld.com/careers/2000/0515man.html, zuletzt geprüft am 23.06.2017.

Zhao, Xinshu; Lynch, John G.; Chen, Qimei (2010): Reconsidering Baron and Kenny: Myths and Truths about Mediation Analysis. In: *J CONSUM RES* 37 (2), S. 197–206. DOI: 10.1086/651257.

Zhou, Jingmei; Bi, Gongbing; Liu, Hefu; Fang, Yulin; Hua, Zhongsheng (2018): Understanding employee competence, operational IS alignment, and organizational agility – An ambidexterity perspective. In: Information & Management 55 (6), S. 695–708. DOI: 10.1016/j.im.2018.02.002.

Anhang A: Literaturanalyse

In der nachstehenden Tabelle sind die verwendeten Artikel pro Journal gemäß der genannten Empfehlungsliste für die Wirtschaftsinformatik tabellarisch aufgelistet. Auf der Basis der Literaturanalyse wurden diese Beiträge als relevant hinsichtlich der Problemstellung identifiziert und deshalb in der vorliegenden Arbeit adäquat berücksichtigt.

Datenbank	Wissenschaftliches Journal (WI)	Beiträge
EBSCOhost[62]	Journal of the Association for Information Systems (JAIS)	(Fink und Neumann 2007; Kim et al. 2011; Park et al. 2017)
EBSCOhost	Journal of Management Information Systems (JMIS)	(Byrd und Turner 2000; Duncan 2015; Josefek und Kauffman 2003; Peffers et al. 2007; Ravichandran und Lertwongsatien 2005; Tallon et al. 2000)
EBSCOhost	Management Information Systems Quarterly (MISQ)	(Becker et al. 2013; Benbasat und Zmud 1999; Benitez et al. 2018; Bharadwaj 2000; Dubie 2007; Gerow et al. 2014; Goodhue et al. 2012; Hevner et al. 2004; Joseph et al. 2007; MacKenzie et al. 2011; March und Storey 2008; Melville et al. 2004; Roepke et al. 2000; Sambamurthy et al. 2003; Tallon und Pinsonneault 2011; Wade und Hulland 2004; Webster und Watson 2002)
EBSCOhost	Information Systems Research (ISR) ISSN: 1526-5536	(Ferratt et al. 2005; Liang et al. 2017)
EBSCOhost	Information Systems Journal (ISJ) ISSN: 1365-2575	(Chan et al. 2019)
ScienceDirect[63]	Information & Management (I&M) ISSN: 0378-7206	(Byrd und Turner 2001a; Fink und Neumann 2007; Moitra und Ganesh 2005; Okoli und Pawlowski 2004; Zhou et al. 2018)
SpringerLink[64]	HMD – Praxis der Wirtschaftsinformatik	(Andenmatten 2017; Nissen und Mladin 2009; Nissen et al. 2012; Riedl und Zwettler 2010)

62 https://search.EBSCOhost.com/

63 http://www.sciencedirect.com

64 http://link.springer.com

Datenbank	Wissenschaftliches Journal (WI)	Beiträge
AISeL[65]	Americas Conference on Information Systems (AMCIS)	(Eom 2003; Nissen et al. 2011; Patten et al. 2005; Raschke und Smith 2005)
AISeL	Australasian Conference on Information Systems (ACIS)	(Paschke et al. 2012)
AISeL	Communications of the Association for Information Systems (CAIS)	(Bullen et al. 2009)
AISeL	Pacific Asia Conference on Information Systems (PACIS)	(Teoh et al. 2016)
AISeL	International Conference on Information Systems (ICIS)	(Ang et al. 2011)
MISQE[66]	MIS Quarterly Executive	(Chan 2002; Goodhue et al. 2012; Luftman und Ben-Zvi 2009; Luftman und Kempaiah 2008).

Tabelle 50: Verwendete Artikel aus IS- und WI-Literatur

Analog sind nachfolgend die verwendeten Beiträge aus der HR-Literatur gemäß der genannten Empfehlungsliste aufgeführt.

Datenbank	Wissenschaftliches Journal (HR)	Beiträge
EBSCOhost	Journal of Applied Psychology	(Anderson und Gerbing 1991; Hackman und Lawler 1971; MacKenzie et al. 2005)
EBSCOhost	International Journal of Human Resource Management	(Beltrán-Martín et al. 2009; Kathri et al. 2009; Wright et al. 1994)
EBSCOhost	Human Resource Management Journal	(Barney und Wright 1998; Beltrán-Martín und Roca-Puig 2013)
EBSCOhost	Journal of Management	(Barney 1991; Beltrán-Martín et al. 2008; Bhattacharya 2005; Wright et al. 2001)

Tabelle 51: Verwendete Beiträge aus der HR-Literatur

65 http://aisel.aisnet.org

66 http://misqe.org/ojs2/index.php/misqe/index

Der Suchzeitraum der initial durchgeführten Schlagwortsuche lag zwischen 2000 und 2014. Der Zeitraum wurde so gewählt, dass ein möglichst aktueller Stand der Forschung gewährleistet werden konnte. Über die anschließenden Rückwärts- und Vorwärtssuchen wurde einzelnen Forschungssträngen bzw. Erklärungsmodellen gefolgt, um dadurch eine adäquate Vollständigkeit der Ergebnisse sicherstellen zu können. Deshalb sind auch Beiträge aus früheren Jahrgängen in Tabelle 50 und Tabelle 51 enthalten. Die Suchstrategien wurden danach in einem jährlichen Turnus wiederholt, zeitlich auf das jeweils aktuelle Jahr eingegrenzt. Damit ergibt sich ein Gesamtsuchzeitraum von 2000 bis 2019.

Anhang B: Delphi Studie

Fragebogen

Runde 1: Brainstorming mit offenen Fragen, um einzelne Vorschläge und Meinungen zu sammeln.

1 Startseite

Willkommen zur ersten Runde der Umfrage IT-Agilität im Bereich Personal und Management

Einführung:

Die Veränderungsfähigkeit von Unternehmen (Business-Agilität) hängt stark von der Veränderungsfähigkeit ihrer IT ab. Dem IT-Personal kommt hierbei eine wichtige Rolle zu. Wir wollen im Rahmen einer zweistufigen Expertenbefragung (Delphi-Studie) mögliche Gestaltungsfelder sowie konkrete Aspekte innerhalb der IT-Funktion ableiten, die den Aufbau und die Bereitstellung einer agilen IT-Belegschaft positiv beeinflussen. Dazu haben wir Sie als Experten identifiziert und wären Ihnen sehr dankbar, wenn Sie an dieser Befragung teilnehmen. Die Ergebnisse dieser Studie werden ausschließlich anonymisiert ausgewertet. Jede der beiden Befragungsrunden wird etwa 10 Minuten Zeit erfordern. Wir bieten im Gegenzug an, Ihnen die aggregierten und anonymisierten Ergebnisse dieser Studie im Anschluss an die zweite Befragungsrunde für interne Zwecke zur Verfügung zu stellen.

Noch ein paar Hinweise zum Thema: Wir verstehen IT-Agilität als die Fähigkeit der Informationsfunktion eines Unternehmens, durch proaktives und reaktives Handeln, eine schnelle Anpassungs-fähigkeit bezogen auf wechselnde Kapazitätsansprüche sowie veränderte funktionale Anforderungen zu realisieren, sowie in der Rolle eines strategischen Partners, die Möglichkeiten der Informati-onstechnologie derart einzusetzen, dass ein Mehrwert für das Unternehmen entsteht.

NR.	FRAGEN
1	Welche Disziplinen halten Sie für bedeutsam, um für den Bereich IT-Personal, eine hohe Anpassungsfähigkeit zu erzielen?
2	Welche grundlegenden Fähigkeiten bei IT-Fachkräften halten Sie dabei für besonders bedeutsam?
3	Welche grundlegenden persönlichen Eigenschaften bei IT-Fachkräften halten Sie dabei für besonders bedeutsam?
4	Wie können IT-Führungskräfte die Anpassungsfähigkeit des IT-Personals positiv beeinflussen?
5	Welche IT-HR Strategien sind aus Ihrer Sicht wesentlich, um hochqualifizierte IT-Experten anzuziehen, zu entwickeln und zu binden?

Tabelle 52: Fragestellungen der Brainstorming-Runde

Runde 2: Beurteilung in Form von geschlossenen Fragen über den Grad der Zustimmung

1 Startseite

Willkommen zur zweiten Runde der Umfrage Agilität im Bereich IT-Personal

Einführung:

In der ersten Runde der zweistufigen Expertenbefragung (Delphi-Studie) haben Sie im Rahmen der Beantwortung offener Fragestellungen wertvollen Input geliefert, in Bezug auf mögliche Gestaltungsfelder und konkrete Aspekte, die den Aufbau und die Bereitstellung einer agilen IT-Belegschaft positiv beeinflussen. Auf Basis einer Inhaltsanalyse der Antworten von Ihnen und anderer Experten, in Kombination mit den gewonnenen Erkenntnissen einer Literaturanalyse, wurden verschiedene Gestaltungsfelder und Einflussfaktoren identifiziert.

Diese sollen nun in der zweiten Runde aus Expertensicht auf ihre Wichtigkeit mit Hilfe einer Skala bewertet werden. Die Befragungsrunde wird etwa **10 Minuten** Zeit erfordern und es können auch diejenigen teilnehmen, die die erste Runde verpasst haben. Die aggregierten und anonymisierten Ergebnisse dieser Studie werden wir Ihnen im Anschluss gerne für interne Zwecke zur Verfügung stellen.

Hinweis: Wir verstehen IT-Agilität als die Fähigkeit der Informationsfunktion eines Unternehmens, durch proaktives und reaktives Handeln, eine schnelle Anpassungsfähigkeit bezogen auf wechselnde Kapazitätsansprüche sowie veränderte funktionale Anforderungen zu realisieren, sowie in der Rolle des Enablers und strategischen Partners, die Möglichkeiten der Informationstechnologie derart einzusetzen, dass ein Mehrwert für das Unternehmen entsteht.

NR.	STATEMENTS ZUM GESTALTUNGSFELD „KOMPETENZEN UND FÄHIGKEITEN VON IT-MITARBEITERN“
1	Der Aufbau von multiplen technischen Fähigkeiten steigert die Agilität des IT-Personals.
2	Der Aufbau von geschäftsspezifischem Wissen steigert die Agilität des IT-Personals.
3	Der Aufbau von organisationsspezifischem Wissen steigert die Agilität des IT-Personals.
4	Metakompetenzen (z. B. analytische Fähigkeiten) unterstützen die Fähigkeit sich auch in fachfremde Aufgabenstellungen einzuarbeiten. Der Aufbau von Metakompetenzen steigert die Agilität des IT-Personals.
5	Persönlichkeitsmerkmale, wie etwa Lernbereitschaft oder Gewissenhaftigkeit sind für die Agilität von IT-Personal von essenzieller Bedeutung.

NR.	STATEMENTS ZUM GESTALTUNGSFELD „FÜHRUNGSKRÄFTE“
6	Die Führungskultur im Allgemeinen bzw. der spezifische Führungsstil des Vorgesetzten im Speziellen beeinflusst die Agilität des IT-Personals.
7	Eine stetige Leistungsbewertung durch den Vorgesetzten hat einen positiven Einfluss auf die Agilität des IT-Personals.
8	Die individuelle Förderung auf Basis der Leistungsbewertung durch die Führungskraft hat einen positiven Einfluss auf die Agilität des IT-Personals.
9	Eine, auf Vertrauen basierende, intensive Kommunikation mit dem Vorgesetzten ist Voraussetzung für die Agilitätsbereitschaft der IT-Mitarbeiter.
NR.	**STATEMENTS ZUM GESTALTUNGSFELD „WISSENSMANAGEMENT“**
10	Strategisches Wissensmanagement subsumiert die Definition von Wissenszielen, die Schaffung einer wissensbewussten Unternehmenskultur sowie die Veränderung des Anreizsystems, um Wissensaufbau und –teilung zu motivieren. Strategisches Wissensmanagement steigert damit die Agilität des IT-Personals.
11	Das operative Wissensmanagement implementiert die Kernprozesse des Wissensmanagements, wie Wissensidentifikation, Wissenserwerb, Wissensentwicklung, Wissensbewahrung, Wissensverteilung und Wissensnutzung sowie eine unterstützende IT-Infrastruktur. Operatives Wissensmanagement steigert damit die Agilität des IT-Personals.
12	Discovery-Tools unterstützen den schnellen und zielgerichteten Zugriff auf benötigt Informationen, die in verschiedenen Wissensmanagement-Systemen gespeichert sind. Die Bereitstellung barrierefreier und intuitiv nutzbarer Discovery-Tools steigert die Agilität des IT-Personals.
13	Collaboration-Tools wie etwa Diskussionsgruppen ermöglichen die Kommunikation/Kooperation zwischen einzelnen Wissensträgern. Die Bereitstellung barrierefreier und intuitiv nutzbarer Collaboration-Tools steigert die Agilität des IT-Personals.
NR.	**STATEMENTS ZUM GESTALTUNGSFELD „HR-MANAGEMENT“**
14	Gerechte und leistungsorientierte Anreizsysteme (materiell und immateriell) erhöhen die Motivation und die Bereitschaft zur Agilität bei den IT-Mitarbeitern.
15	Eine gute Unternehmenskultur mit einer ausgewogenen Work Life Balance erhöht die Attraktivität des Arbeitgebers und damit die Bereitschaft zur Agilität bei den IT-Mitarbeitern.
16	Eine umfassende Personalentwicklung fördert den Aufbau vom Multi- und Metakompetenzen bei den IT-Mitarbeitern.
17	Interne uns Externe Stellenbesetzungsstrategien sichern den Bedarf an hochqualifizierten IT-Experten, um quantitativ und qualitativ auf funktionale und kapazitive Änderungen zu reagieren.
18	Die Fremdvergabe (Outsourcing) von personellen IT-Leistungen kompensiert Kapazitätsspitzen und erhöht die Reaktionsfähigkeit auf kurzfristige Änderungen und steigert dadurch die IT-Agilität.

Nr.	Statements zum Gestaltungsfeld „HR-Management“
19	Die Personalbedarfsplanung ist ein proaktives Mittel, um die Reaktionsfähigkeit der IT-Funktion zu erhöhen, durch Maßnahmen, mit denen die benötigten qualitativen und quantitativen Bedarfe ermittelt werden.
20	IT-Business-Alignment, als fortlaufende und gegenseitige Abstimmung von Geschäftsbereichen und IT, unterstützt die Personalbedarfsplanung und erhöht damit die Reaktionsfähigkeit auf geschäftsgetriebene Änderungen.
21	Die Personaleinsatzplanung, mit dem Ziel der optimalen Zuordnung von Arbeitskräften zu konkreten Arbeitsaufgaben im Leistungssystem, ist ein Mittel zur kurzfristigen Reaktion auf kapazitive und funktionale Änderungen.

Tabelle 53: Fragestellungen der zweiten Runde

Teilnehmer: Branchenzugehörigkeit, Rolle und Erfahrung

Die Experten, die an der Studie teilgenommen haben, repräsentieren zehn Unternehmen aus fünf unterschiedlichen Branchen. Unternehmensberatungen und IT-Dienstleister bilden dabei die Mehrheit.

Abbildung 76 zeigt die absolute und prozentuale Verteilung.

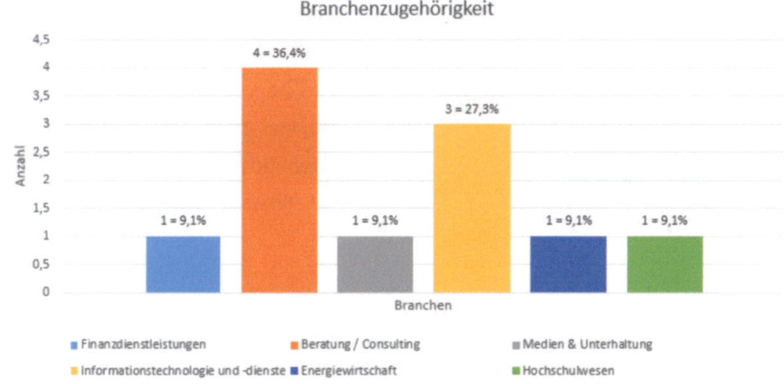

Abbildung 76: Experteninterview: Branchenzugehörigkeit der Teilnehmer

Alle Teilnehmer weisen eine langjährige Erfahrung in ihrem beruflichen Kontext auf, was aus der jeweiligen Stellung/Rolle (vgl. Abbildung 77) abgeleitet werden kann. Zwei Teilnehmer haben sich in der Vergangenheit intensiv mit Forschungen zum Phänomen der IT-Agilität im universitären Hochschulbereich beschäftigt.

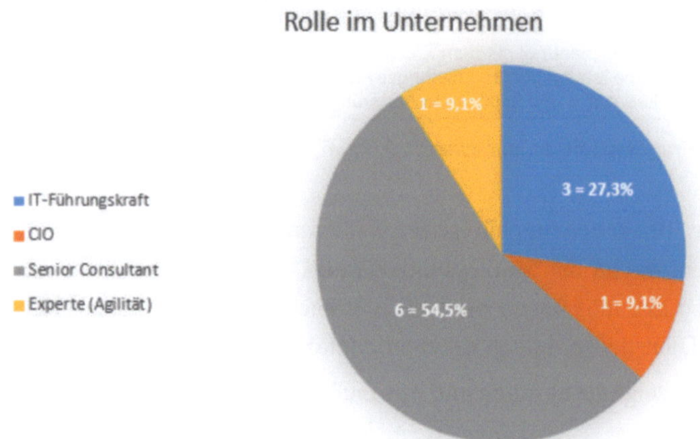

Abbildung 77: Experteninterview: Rolle der Teilnehmer im Unternehmen

Mit der spezifischen Auswahl der Experten sollte vor allem der Fehler vermieden werden, dass Personen teilnehmen, die bezüglich der IT-Agilität zwar Meinungen vertreten, aber nicht über entsprechende Erfahrungen verfügen, was wiederum einen häufigen Fehler bei Experteninterviews darstellt (Mieg und Näf 2005).

Anhang C: Fragebogen zur Hauptstudie

Management von IT-Agilität im Handlungsfeld IT-Personal

Sehr geehrte Damen und Herren,

vielen Dank für Ihr Interesse, an der Studie "Management von IT-Agilität im Handlungsfeld IT-Personal" teilzunehmen. Das ist eine nicht kommerzielle, wissenschaftliche Studie mit hoher praktischer Relevanz.

Wir würden uns freuen, wenn Sie sich zur Teilnahme ca. **10 Minuten** Zeit nehmen würden, um die Fragen zu beantworten (+ evtl. weitere 10 Minuten für den **optionalen** Teil der Umfrage).
Wir bieten im Gegenzug an, Ihnen die **aggregierten und anonymisierten Ergebnisse** der empirischen Studie für interne Zwecke zur Verfügung zu stellen.

Bevor Sie beginnen, beachten Sie bitte folgende Hinweise:

1. **Es gibt weder richtige noch falsche Aussagen**. Wichtig ist nur, dass Sie Ihre persönlichen Meinungen und Einschätzungen wahrheitsgemäß angeben
2. Bitte beantworten Sie die Fragen sorgfältig, damit die statistische Auswertung exakt erfolgen kann. **Lassen Sie bitte keine Frage aus**.
3. All Ihre Angaben und Daten werden **streng vertraulich und anonym** behandelt und ausschließlich für Forschungszwecke verwendet. Sollten Sie personenbezogene Daten angeben, werden diese **getrennt** von den Umfragedaten gespeichert.

Hinweise zum Thema: IT-Agilität im Handlungsfeld IT-Personal wird definiert als die Fähigkeit der Unternehmens-IT, auf veränderte personalbezogene kapazitive und funktionale Anforderungen der Fachbereiche sehr schnell zu reagieren, indem die richtige Anzahl von IT-Mitarbeitern mit den richtigen Qualifikationen zum richtigen Zeitpunkt am richtigen Ort über ein hohes Maß an Koordinationsflexibilität verfügbar gemacht werden, um die verbundenen Aufgaben im Leistungssystem des Unternehmens in den erwarteten Qualitätsmaßstäben zu bewältigen und das fachliche Geschäft mit IT-spezifischen Innovationen voranzutreiben.

Wir danken Ihnen für Ihre Unterstützung!

Mit freundlichen Grüßen

Univ.-Prof. Dr. Volker Nissen
Fachgebietsleiter
Wirtschaftsinformatik für Dienstleistungen

Dipl.-Wirtsch.-Ing.(FH) Karsten Rau
Externer Doktorand
karsten.rau@tu-ilmenau.de

Es folgen Fragen/Statements zum **Qualifikationsspektrum** der IT-Mitarbeiter Ihrer Unternehmens-IT

(1) Unsere IT-Mitarbeiter haben ein sehr breites Spektrum an IT-spezifischen Fachqualifikationen

trifft überhaupt nicht zu	trifft nicht zu	trifft eher nicht zu	teils/teils	trifft eher zu	trifft zu	trifft vollkommen zu	Weiß nicht
O	O	O	O	O	O	O	O

(2) Unsere IT-Mitarbeiter sind jederzeit in der Lage sich neue Kompetenzen sehr schnell anzueignen

trifft überhaupt nicht zu	trifft nicht zu	trifft eher nicht zu	teils/teils	trifft eher zu	trifft zu	trifft vollkommen zu	weiß nicht
O	O	O	O	O	O	O	O

(3) Unsere IT-Mitarbeiter verfügen über ein sehr ausgeprägtes Wissen über das fachliche Geschäft des Unternehmens, seine Geschäftsprozesse, Produkte und Geschäftsmodelle

trifft überhaupt nicht zu	trifft nicht zu	trifft eher nicht zu	teils/teils	trifft eher zu	trifft zu	trifft vollkommen zu	weiß nicht
O	O	O	O	O	O	O	O

(4) Unsere IT-Mitarbeiter verfügen über ein sehr hohes Maß an allgemeinen Problemlösefähigkeiten

trifft überhaupt nicht zu	trifft nicht zu	trifft eher nicht zu	teils/teils	trifft eher zu	trifft zu	trifft vollkommen zu	weiß nicht
O	O	O	O	O	O	O	O

(5) Unsere IT-Mitarbeiter verfügen über weitreichende Kompetenzen im Projektmanagement

trifft überhaupt nicht zu	trifft nicht zu	trifft eher nicht zu	teils/teils	trifft eher zu	trifft zu	trifft vollkommen zu	weiß nicht
O	O	O	O	O	O	O	O

(7) Unsere IT-Mitarbeiter nutzen stets die im Rahmen des Wissensmanagements bereitgestellten Werkzeuge, um die richtigen Informationen zur richtigen Zeit in der richtigen Form verfügbar zu haben

trifft überhaupt nicht zu	trifft nicht zu	trifft eher nicht zu	teils/teils	trifft eher zu	trifft zu	trifft vollkommen zu	weiß nicht
O	O	O	O	O	O	O	O

(8) Unsere IT-Mitarbeiter teilen ihre Arbeitsergebnisse und ihr Wissen breitwillig mit anderen Mitarbeitern auch über Abteilungs- und Hierarchieebenen hinweg

trifft vollkommen zu

trifft überhaupt nicht zu	trifft nicht zu	trifft eher nicht zu	teils/teils	trifft eher zu	trifft zu	trifft vollkommen zu	weiß nicht
O	O	O	O	O	O	O	O

(9) Unsere IT-Mitarbeiter können in vielen verschiedenen Einsatzbereichen im Leistungssystem des Unternehmens eingesetzt werden ohne vorherige Anpassung der Qualifikationen/Kompetenzen

trifft überhaupt nicht zu	trifft nicht zu	trifft eher nicht zu	teils/teils	trifft eher zu	trifft zu	trifft vollkommen zu	weiß nicht
O	O	O	O	O	O	O	O

(10) Unsere IT-Mitarbeiter sind stets der Lage ihr persönliches Verhalten an veränderte Situationen im Sinne des Unternehmens anzupassen

trifft überhaupt nicht zu	trifft nicht zu	trifft eher nicht zu	teils/teils	trifft eher zu	trifft zu	trifft vollkommen zu	weiß nicht
O	O	O	O	O	O	O	O

Es folgen Fragen/Statements zur **Flexibilitätsbereitschaft** der IT-Mitarbeiter Ihrer Unternehmens-IT

(11) Unsere IT-Mitarbeiter sind jederzeit bereit ihre Arbeitszeiten im Sinne des Unternehmens kurzfristig anzupassen (z.B. Überstunden)

trifft überhaupt nicht zu	trifft nicht zu	trifft eher nicht zu	teils/teils	trifft eher zu	trifft zu	trifft vollkommen zu	weiß nicht
○	○	○	○	○	○	○	○

(12) Die Bereitschaft unserer IT-Mitarbeiter zur Einsatzflexibilität in verschiedenen Arbeitsbereichen ist sehr hoch

trifft überhaupt nicht zu	trifft nicht zu	trifft eher nicht zu	teils/teils	trifft eher zu	trifft zu	trifft vollkommen zu	weiß nicht
○	○	○	○	○	○	○	○

(13) Unsere IT-Mitarbeiter sind stets bereit sich relevante neue Kompetenzen und Fähigkeiten anzueignen

trifft überhaupt nicht zu	trifft nicht zu	trifft eher nicht zu	teils/teils	trifft eher zu	trifft zu	trifft vollkommen zu	weiß nicht
○	○	○	○	○	○	○	○

Es folgen Fragen/Statements zur **IT-Personalplanung** innerhalb Ihrer Unternehmens-IT

(14) Unsere Unternehmens-IT ist jederzeit in der Lage im Rahmen der Personalplanung eine schnelle Zuordnung von IT-Mitarbeitern zu einzelnen Stellen oder betrieblichen Aufgaben im Leistungssystem des Unternehmens durchzuführen

trifft vollkommen zu

trifft überhaupt nicht zu	trifft nicht zu	trifft eher nicht zu	teils/teils	trifft eher zu	trifft zu	trifft vollkommen zu	weiß nicht
○	○	○	○	○	○	○	○

(15) Im Rahmen der Personaleinsatzplanung kann unsere Unternehmens-IT stets eine sehr hohe Kongruenz zwischen den erforderlichen Qualifikationen der Stelle oder Aufgabe und den tatsächlich vorhandenen Qualifikationen des zugeordneten IT-Mitarbeiters gewährleisten

trifft überhaupt nicht zu	trifft nicht zu	trifft eher nicht zu	teils/teils	trifft eher zu	trifft zu	trifft vollkommen zu	weiß nicht
○	○	○	○	○	○	○	○

(16) Im Rahmen der Personalplanung sind die Qualifikationen und Fähigkeiten sämtlicher IT-Mitarbeiter transparent und jederzeit abrufbar

trifft überhaupt nicht zu	trifft nicht zu	trifft eher nicht zu	teils/teils	trifft eher zu	trifft zu	trifft vollkommen zu	weiß nicht
○	○	○	○	○	○	○	○

(17) Unsere Unternehmens-IT ist jederzeit in der Lage die zukünftigen quantitativen und qualitativen IT-Personalbedarfe exakt zu prognostizieren

trifft überhaupt nicht zu	trifft nicht zu	trifft eher nicht zu	teils/teils	trifft eher zu	trifft zu	trifft vollkommen zu	weiß nicht
○	○	○	○	○	○	○	○

(18) Strategische Planungen, Visionen und Prioritäten sind zwischen der Unternehmens-IT und den Fachbereichen sehr gut abgestimmt

trifft überhaupt nicht zu	trifft nicht zu	trifft eher nicht zu	teils/teils	trifft eher zu	trifft zu	trifft vollkommen zu	weiß nicht
○	○	○	○	○	○	○	○

(19) Personalbezogene Teilplanungen basieren stets auf den Ergebnissen gemeinsamer Planungsprozesse zwischen Fachbereichen und Unternehmens-IT

trifft überhaupt nicht zu	trifft nicht zu	trifft eher nicht zu	teils/teils	trifft eher zu	trifft zu	trifft vollkommen zu	weiß nicht
○	○	○	○	○	○	○	○

Es folgen Fragen/Statements zur **Weiterentwicklung der IT-Mitarbeiter** Ihrer Unternehmens-IT

(20) Die Einsatzmöglichkeiten unserer IT-Mitarbeiter sind aufgrund stetig durchgeführter Weiterbildungsmaßnahmen sehr vielfältig

trifft überhaupt nicht zu	trifft nicht zu	trifft eher nicht zu	teils/teils	trifft eher zu	trifft zu	trifft vollkommen zu	weiß nicht
O	O	O	O	O	O	O	O

(21) Aufgrund stetig durchgeführter Weiterbildungsmaßnahmen ist die Redundanz der Fachqualifikationen zwischen den IT-Mitarbeitern sehr ausgeprägt

trifft überhaupt nicht zu	trifft nicht zu	trifft eher nicht zu	teils/teils	trifft eher zu	trifft zu	trifft vollkommen zu	weiß nicht
O	O	O	O	O	O	O	O

(22) Unsere Unternehmens-IT kann die Kompetenzen der IT-Mitarbeiter sehr schnell weiterentwickeln

trifft überhaupt nicht zu	trifft nicht zu	trifft eher nicht zu	teils/teils	trifft eher zu	trifft zu	trifft vollkommen zu	weiß nicht
O	O	O	O	O	O	O	O

(23) Der Spielraum für den flexiblen Personaleinsatz unserer IT-Mitarbeiter wird durch bestimmte Formen der Arbeitsorganisation (z.B. Job Rotation) signifikant erhöht

trifft überhaupt nicht zu	trifft nicht zu	trifft eher nicht zu	teils/teils	trifft eher zu	trifft zu	trifft vollkommen zu	weiß nicht
O	O	O	O	O	O	O	O

(24) Die personalbezogenen Weiterentwicklungsmaßnahmen leiten sich vorwiegend aus neu aufkommenden bzw. neu entstehenden Informationstechnologien ab

trifft überhaupt nicht zu	trifft nicht zu	trifft eher nicht zu	teils/teils	trifft eher zu	trifft zu	trifft vollkommen zu	weiß nicht
O	O	O	O	O	O	O	O

(25) Unsere Unternehmens-IT ist stets in der Lage potentiell relevante innovative Technologien im Rahmen eines Technologie-Screenings zu entdecken und zu beurteilen

trifft überhaupt nicht zu	trifft nicht zu	trifft eher nicht zu	teils/teils	trifft eher zu	trifft zu	trifft vollkommen zu	weiß nicht
O	O	O	O	O	O	O	O

(26) Unsere Unternehmens-IT kann jederzeit die Leistungsfähigkeit, Verfügbarkeit und die Risiken innovativer Technologien sehr gut einschätzen

trifft überhaupt nicht zu	trifft nicht zu	trifft eher nicht zu	teils/teils	trifft eher zu	trifft zu	trifft vollkommen zu	weiß nicht
O	O	O	O	O	O	O	O

Es folgen Fragen/Statements zum **Workforce Management** innerhalb Ihrer Unternehmens-IT (Ebene der Organisation)

Im Sinne des Managements der Personalressourcen wird dabei auf die Fähigkeiten in der **Akquirierung**, **Bereitstellung** und **Nutzung flexibler IT-Mitarbeiter** abgehoben. Die **Geschwindigkeit** und **Einfachheit** wie Mitarbeiter akquiriert, adaptiert und zwischen verschiedenen Arbeitsumgebungen transferiert werden können sind dabei wichtige Gütekriterien.

---

(27) Innerhalb unserer Unternehmens-IT sind die potentiellen Verwendungsmöglichkeiten aller IT-Mitarbeiter transparent und jederzeit abrufbar

trifft überhaupt nicht zu	trifft nicht zu	trifft eher nicht zu	teils/teils	trifft eher zu	trifft zu	trifft vollkommen zu	weiß nicht
○	○	○	○	○	○	○	○

---

(28) Die Fähigkeit der Identifikation und der Strukturierung von IT-Mitarbeitern als schnelle Reaktion auf veränderte personalbezogene kapazitive/funktionale Anforderungen der Fachbereiche ist in unserer Unternehmens-IT sehr stark ausgeprägt

trifft überhaupt nicht zu	trifft nicht zu	trifft eher nicht zu	teils/teils	trifft eher zu	trifft zu	trifft vollkommen zu	weiß nicht
○	○	○	○	○	○	○	○

---

(29) Unsere Unternehmens-IT ist im Rahmen des Workforce Managements jederzeit in der Lage die erforderliche Anzahl von flexiblen IT-Mitarbeitern mit den richtigen Qualifikationen zum richtigen Zeitpunkt am richtigen Ort bereitzustellen, um die verbunden Aufgaben im Leistungssystem des Unternehmens in den erwarteten Qualitätsmaßstäben zu bewältigen

trifft überhaupt nicht zu	trifft nicht zu	trifft eher nicht zu	teils/teils	trifft eher zu	trifft zu	trifft vollkommen zu	weiß nicht
○	○	○	○	○	○	○	○

---

(30) Unserer flexiblen IT-Mitarbeiter können einfach und sehr schnell zwischen verschiedenen Arbeitsumgebungen transferiert werden

trifft überhaupt nicht zu	trifft nicht zu	trifft eher nicht zu	teils/teils	trifft eher zu	trifft zu	trifft vollkommen zu	weiß nicht
○	○	○	○	○	○	○	○

(31) Die unerwünschte Fluktuation unserer flexiblen IT-Mitarbeiter ist sehr gering

trifft überhaupt nicht zu	trifft nicht zu	trifft eher nicht zu	teils/teils	trifft eher zu	trifft zu	trifft vollkommen zu	weiß nicht
○	○	○	○	○	○	○	◉

---

(32) Arbeitszufriedenheit und Leistungsmotivation sind bei unseren IT-Mitarbeitern sehr stark ausgeprägt

trifft überhaupt nicht zu	trifft nicht zu	trifft eher nicht zu	teils/teils	trifft eher zu	trifft zu	trifft vollkommen zu	weiß nicht
○	○	○	○	○	○	○	◉

---

(33) Unsere IT-Mitarbeiter haben eine sehr hohe Identifikation (Commitment) mit der Unternehmens-IT und deren Zielstellungen

trifft überhaupt nicht zu	trifft nicht zu	trifft eher nicht zu	teils/teils	trifft eher zu	trifft zu	trifft vollkommen zu	weiß nicht
○	○	○	○	○	○	○	◉

Es folgen Fragen/Statements zur **Personalbeschaffung** innerhalb Ihrer Unternehmens-IT

---

(34) Die Dauer bis offene IT-Vakanzen zufriedenstellend besetzt werden können ist sehr kurz

trifft überhaupt nicht zu	trifft nicht zu	trifft eher nicht zu	teils/teils	trifft eher zu	trifft zu	trifft vollkommen zu	weiß nicht
O	O	O	O	O	O	O	O

---

(35) Konkrete Vertragsangebote für Vakanzen unserer Unternehmens-IT werden von den Bewerbern stets angenommen

trifft überhaupt nicht zu	trifft nicht zu	trifft eher nicht zu	teils/teils	trifft eher zu	trifft zu	trifft vollkommen zu	weiß nicht
O	O	O	O	O	O	O	O

---

(36) Der Anteil der IT-Mitarbeiter die in den ersten Monaten nach der Stellenbesetzung wieder von sich aus kündigen ist sehr gering

trifft überhaupt nicht zu	trifft nicht zu	trifft eher nicht zu	teils/teils	trifft eher zu	trifft zu	trifft vollkommen zu	weiß nicht
O	O	O	O	O	O	O	O

---

(37) Der Zugriff auf externe IT-Mitarbeiter mit den erforderlichen Qualifikationen ist in sehr kurzer Zeit möglich

trifft eher nicht zu

trifft überhaupt nicht zu	trifft nicht zu	trifft eher nicht zu	teils/teils	trifft eher zu	trifft zu	trifft vollkommen zu	weiß nicht
O	O	O	O	O	O	O	O

---

(38) Die fremdvergebenen IT-Leistungen werden stets in sehr hoher zeitlicher und fachlicher Qualität erbracht

trifft überhaupt nicht zu	trifft nicht zu	trifft eher nicht zu	teils/teils	trifft eher zu	trifft zu	trifft vollkommen zu	weiß nicht
O	O	O	O	O	O	O	O

(39) IT-Hochschulabsolventen und junge IT-Talente können relativ schnell und leicht für die Unternehmens-IT gewonnen werden

trifft überhaupt nicht zu	trifft nicht zu	trifft eher nicht zu	teils/teils	trifft eher zu	trifft zu	trifft vollkommen zu	weiß nicht
O	O	O	O	O	O	O	O

---

(40) Benötigte innovative Kompetenzen können vom externen Markt sehr schnell akquiriert werden

trifft überhaupt nicht zu	trifft nicht zu	trifft eher nicht zu	teils/teils	trifft eher zu	trifft zu	trifft vollkommen zu	weiß nicht
O	O	O	O	O	O	O	O

Es folgen Fragen/Statements zur **Innovationsfähigkeit** Ihrer IT-Mitarbeiter

(41) Unsere IT-Workforce findet schnell Mittel und Wege um auf technologische Innovationen im IT-Umfeld zu reagieren

trifft überhaupt nicht zu	trifft nicht zu	trifft eher nicht zu	teils/teils	trifft eher zu	trifft zu	trifft vollkommen zu	weiß nicht
O	O	O	O	O	O	O	O

(42) Unsere IT-Mitarbeiter besitzen die Fähigkeiten IT-basierte fachliche Innovationen von innen heraus hervorzubringen

trifft überhaupt nicht zu	trifft nicht zu	trifft eher nicht zu	teils/teils	trifft eher zu	trifft zu	trifft vollkommen zu	weiß nicht
O	O	O	O	O	O	O	O

(43) Unsere IT-Mitarbeiter sind aufgrund ihrer Kompetenzen jederzeit in der Lage innovative IT-spezifische Technologien effizient einzusetzen

trifft überhaupt nicht zu	trifft nicht zu	trifft eher nicht zu	teils/teils	trifft eher zu	trifft zu	trifft vollkommen zu	weiß nicht
O	O	O	O	O	O	O	O

(44) Unsere IT-Mitarbeiter besitzen ausgeprägte Fähigkeiten das Nutzenpotenzial neuer IT-spezifischer Technologien zu erkennen und dieses für das Unternehmen wertschöpfend umzusetzen

trifft überhaupt nicht zu	trifft nicht zu	trifft eher nicht zu	teils/teils	trifft eher zu	trifft zu	trifft vollkommen zu	weiß nicht
O	O	O	O	O	O	O	O

(45) Die Aufgeschlossenheit unserer IT-Mitarbeiter gegenüber innovativen IT-basierten Technologien und Ideen ist sehr hoch

trifft überhaupt nicht zu	trifft nicht zu	trifft eher nicht zu	teils/teils	trifft eher zu	trifft zu	trifft vollkommen zu	weiß nicht
O	O	O	O	O	O	O	O

(46) Unsere IT-Mitarbeiter beteiligen sich sehr aktiv an Maßnahmen zur Innovationsgestaltung bzw. Innovationsgenerierung im IT-Bereich

trifft überhaupt nicht zu	trifft nicht zu	trifft eher nicht zu	teils/teils	trifft eher zu	trifft zu	trifft vollkommen zu	weiß nicht
O	O	O	O	O	O	O	O

(47) Unsere IT-Mitarbeiter sind stets bereit sich mit innovativen IT-basierten Technologien auseinanderzusetzen

trifft überhaupt nicht zu	trifft nicht zu	trifft eher nicht zu	teils/teils	trifft eher zu	trifft zu	trifft vollkommen zu	weiß nicht
O	O	O	O	O	O	O	O

Es folgen Fragen/Statements zur **innovativen Unternehmenskultur** Ihrer Unternehmens-IT

(48) Die Beiträge unsere IT-Mitarbeiter werden bei der Entwicklung und Umsetzung innovativer IT-Strategien stets eingefordert und mit einbezogen

trifft überhaupt nicht zu	trifft nicht zu	trifft eher nicht zu	teils/teils	trifft eher zu	trifft zu	trifft vollkommen zu	weiß nicht
O	O	O	O	O	O	O	O

(49) Unsere Unternehmens-IT gibt den IT-Mitarbeitern jederzeit die notwendigen Freiräume, um neue und kreative Lösungswege zu gehen

trifft überhaupt nicht zu	trifft nicht zu	trifft eher nicht zu	teils/teils	trifft eher zu	trifft zu	trifft vollkommen zu	weiß nicht
O	O	O	O	O	O	O	O

(50) Innovative Beiträge und Ideen unserer IT-Mitarbeiter werden stets anerkannt und belohnt

trifft überhaupt nicht zu	trifft nicht zu	trifft eher nicht zu	teils/teils	trifft eher zu	trifft zu	trifft vollkommen zu	weiß nicht
O	O	O	O	O	O	O	O

(51) Unseren IT-Mitarbeiter stehen eine Vielzahl von Möglichkeiten zur Verfügung IT-basierte fachliche Innovationen voranzutreiben

trifft überhaupt nicht zu	trifft nicht zu	trifft eher nicht zu	teils/teils	trifft eher zu	trifft zu	trifft vollkommen zu	weiß nicht
O	O	O	O	O	O	O	O

Kennzahlensystem (optionaler Teil der Umfrage)

Ziel der wissenschaftliche Studie ist es, die **Steuerbarkeit** der IT-Agilität im Bereich IT-Personal mit einem **kennzahlenbasierten** Messinstrumentarium zu realisieren.

Um eine hohe IT-Agilität erreichen zu können muss eine Unternehmens-IT dazu verschiedene strategische Ressourcen aufbauen. Im Bereich IT-Personal wären dies im Wesentlichen:

- Flexible IT-Mitarbeiter
- Agiles IT-Workforce Management
- Innovatives IT-Personal

Nachfolgend werden mögliche **Kennzahlen** vorgestellt, um IT-Agilität im Handlungsfeld IT-Personal **objektiv messbar und damit steuerbar** zu gestalten. Dazu bitten wir Sie um Ihre Meinung und Einschätzungen (Dauer ca. **10 Minuten**).

Wollen Sie am optionalen Teil der Umfrage teilnehmen?

Ja	Nein
O	O

Flexible IT-Mitarbeiter

Mitarbeiterflexibilität setzt sich aus der individuellen funktionalen Flexibilität und der Verhaltensflexibilität zusammen. Die funktionale Flexibilität kann allgemein definiert werden als die Anzahl der möglichen Einsatzbereiche (**Arbeitsstelle** mit abgegrenzten Arbeitszielen, Arbeitsinhalten, Aufgaben und Kompetenzen), die ein Mitarbeiter mit seinen Kompetenzen einnehmen kann ohne Anpassung der Qualifikationen

---

Vielseitig qualifizierte Arbeitskräfte erhöhen die **inhärente Flexibilität** der IT-Mitarbeiter einer Unternehmens-IT

---

(1) Wie hoch sollte aus Ihrer Sicht die durchschnittliche Anzahl von Arbeitsstellen/Aufgabengebieten sein, die ein Mitarbeiter in der Unternehmens-IT aufgrund seines fachlichen Qualifikationsspektrums einnehmen kann?

Anzahl Arbeitsstellen/Aufgabengebiete: ☐ Keine Meinung ☐

Relevanz der Kennzahl (in %) als Maßstab für die Messung der inhärenten Flexibilität der IT-Mitarbeiter

0 10 20 30 40 50 60 70 80 90 100

(2) Wie hoch sollte aus Ihrer Sicht die durchschnittliche Anzahl von Arbeitstagen sein, in der ein IT-Mitarbeiter in der Lage sein sollte, sich in neue Einsatz- und Aufgabengebiete mit bislang fachfremden Themenstellungen einzuarbeiten?

Anzahl Tage: ☐ Keine Meinung ☐

Relevanz der Kennzahl (in %) als Maßstab für die Geschwindigkeit sich neue Kompetenzen anzueignen und damit implizit für die Höhe der Flexibilität

0 10 20 30 40 50 60 70 80 90 100

Der **Wissensaustausch** zwischen den Mitarbeiter durch **Kommunikation** sowie die **strukturierte Bereitstellung** relevanter Informationen in Wissensdatenbanken fördern die Flexibilität des IT-Personals

---

(3) Wie hoch sollte aus Ihrer Sicht mindestens der Prozentsatz der IT-Mitarbeiter sein, die kollaborative Software (Intranet-Foren, Diskussionsgruppen etc.) zum direkten Austausch von Wissen nutzen?

Prozentsatz: ☐ Keine Meinung ☐

Relevanz der Kennzahl (in %) als Maßstab für die Güte des Wissensaustausches zwischen den IT-Mitarbeitern

0 10 20 30 40 50 60 70 80 90 100

(4) Wieviel Prozent der IT-Mitarbeiter sollten aus Ihrer Sicht mindestens Einträge in Wissensdatenbanken/Repositories einstellen, um einen effizienten Wissensaustausch zu ermöglichen?

Prozentsatz: [ ]   Keine Meinung [ ]

Relevanz der Kennzahl (in %) als Maßstab für die Güte des Wissensaustausches zwischen den IT-Mitarbeitern

0 10 20 30 40 50 60 70 80 90 100

(5) Wieviel Prozent der IT-Mitarbeiter sollten aus Ihrer Sicht mindestens an innerbetrieblichen Communities/Arbeitsgemeinschaften/Erfahrungskreisen teilnehmen, um auch abteilungsübergreifend Wissen auszutauschen?

Prozentsatz: [ ]   Keine Meinung [ ]

Relevanz der Kennzahl (in %) als Maßstab für die Güte des Wissensaustausches zwischen den IT-Mitarbeitern

0 10 20 30 40 50 60 70 80 90 100

Die **Flexibilitätsbereitschaft** als Teil der Leistungsmotivation ist eine wesentliche Einflussgröße die einen flexiblen Personaleinsatz ermöglicht. Um diese Art von Bereitschaft zu fördern hebt die Forschung die Relevanz von **Anreizsystemen** hervor, im Kontext der IT-Agilität wird hier auf die **Bereitschaft** der IT-Mitarbeiter zur **Einsatzflexibilität und Mehrarbeit** (numerische Flexibilität) abgehoben.

(6) Wie hoch sollte aus Ihrer Sicht der prozentuale Anteil der IT-Mitarbeiter mindestens sein, die Anspruch auf eine leistungsbezogene variable Vergütung haben, um eine hohe Leistungsmotivation der IT-Workforce sicherzustellen?

Prozentsatz: [ ]   Keine Meinung [ ]

Relevanz der Kennzahl (in %) als Maßstab für den zielgerichteten Einsatz von Anreizsystemen, um eine hohe Leistungsmotivation bei den IT-Mitarbeitern zu erreichen

0 10 20 30 40 50 60 70 80 90 100

(7) Wieviel Prozent des Jahreseinkommens sollten aus Ihrer Sicht aus variablen Bestandteilen bestehen, die sich an individuellen beeinflussbaren Zielen orientieren, um eine ausreichende Leistungsmotivation und Flexibilitätsbereitschaft bei den IT-Mitarbeitern hervorzurufen?

Prozentsatz: [ ]   Keine Meinung [ ]

Relevanz der Kennzahl (in %) als Maßstab für den zielgerichteten Einsatz von Anreizsystemen, um eine hohe Leistungsmotivation bei den IT-Mitarbeitern zu erreichen

0 10 20 30 40 50 60 70 80 90 100

(8) Wie hoch sollte aus Ihrer Sicht der prozentuale Anteil der IT-Mitarbeitern mit dokumentierten, messbar formulierten und individuell beeinflussbaren Zielen sein, um eine ausreichend hohe Leistungsmotivation der IT-Workforce zu erzielen?

Prozentsatz: ☐ Keine Meinung ☐

Relevanz der Kennzahl (in %) als Maßstab für den zielgerichteten Einsatz von Anreizsystemen, um eine hohe Leistungsmotivation bei den IT-Mitarbeitern zu erreichen

0 10 20 30 40 50 60 70 80 90 100

Agiles IT-Workforce Management

Ein agiles IT-Workforce Management umfasst im Wesentlichen die flexible Koordination in der **Akquirierung/Bereitstellung** und **Nutzung** von Personalressourcen.

Die operativen **Maßnahmen der IT-Personalplanung** haben im Wesentlichen den Personalbestand in **quantitativer, qualitativer** und **zeitlicher** Hinsicht an den Personalbedarf **anzupassen** und unterstützen damit ein agiles IT-Workforce Management

(9) Wie hoch sollte aus Ihrer Sicht der prozentuale Anteil der Arbeitsplätze mit einem definierten Qualifikationsanforderungsprofil mindestens sein, um Personalplanungen optimal zu unterstützen als Bestanteil eines agilen IT-Workforce Managements?

Prozentsatz: ☐ Keine Meinung ☐

Relevanz der Kennzahl (in %) als Maßstab für die Effizienz der Personalplanung als Bestandteil eines agilen IT-Workforce Managements

0 10 20 30 40 50 60 70 80 90 100

(10) Für mindestens wieviel Prozent der IT-Mitarbeiter sollte aus Ihrer Sicht ein auswertbares Qualifikationsprofil verfügbar sein, um Personalplanungen optimal zu unterstützen als Bestanteil eines agilen IT-Workforce Managements?

Prozentsatz: ☐ Keine Meinung ☐

Relevanz der Kennzahl (in %) als Maßstab für die Effizienz der Personalplanung als Bestanteil eines agilen IT-Workforce Managements

0 10 20 30 40 50 60 70 80 90 100

(11) Wie lang sollte aus Ihrer Sicht die durchschnittliche Zeitspanne maximal betragen, die für eine Identifizierung und Bereitstellung eines geeigneten IT-Mitarbeiters benötigt wird, als Reaktion auf eine kurzfristige Personalanforderung?

Anzahl Tage: [ ] Keine Meinung [ ]

Relevanz der Kennzahl (in %) als Maßstab für die Effizienz der Personalplanung als Bestanteil eines agilen IT-Workforce Managements

0 10 20 30 40 50 60 70 80 90 100

(12) Welchen Wert sollte die durchschnittliche Mehrarbeitsquote (Ist-Arbeitszeit / Soll-Arbeitszeit * 100%) des IT-Personals nicht überschreiten, als Gradmesser für die hohe Qualität der organisationsspezifischen Personalplanung?

Prozentsatz: [ ] Keine Meinung [ ]

Relevanz der Kennzahl (in %) als Maßstab für die Effizienz der Personalplanung als Bestanteil eines agilen IT-Workforce Managements

0 10 20 30 40 50 60 70 80 90 100

(13) Wie hoch sollte aus Ihrer Sicht die jährliche Anzahl der Tage für fachbezogene Qualifizierungsmaßnahmen je IT-Mitarbeiter im Durchschnitt mindestens sein, um ausreichend breite Qualifikationsspektren zu erzielen?

Anzahl Tage: [ ] Keine Meinung [ ]

Relevanz der Kennzahl (in %) als Maßstab für die Güte einer flexibilitätsorientierten Weiterentwicklung der IT-Mitarbeiter

0 10 20 30 40 50 60 70 80 90 100

(14) Wie hoch sollte aus Ihrer Sicht die jährliche Anzahl der Tage an innovationorientierten Weiterbildungsmaßnahmen je IT-Mitarbeiter im Durchschnitt mindestens sein, um eine ausreichend hohe Innovationsfähigkeit zu erzielen?

Anzahl Tage/Jahr: [ ] Keine Meinung [ ]

Relevanz der Kennzahl (in %) als Maßstab für die Güte einer Innovation orientierten Weiterentwicklung der IT-Mitarbeiter

0 10 20 30 40 50 60 70 80 90 100

(15) Wie hoch sollte aus Ihrer Sicht der prozentuale Anteil der IT-Mitarbeiter mindestens sein, die an spezifischen Formen der Arbeitsorganisation (z.B. Job Rotation) teilnehmen, um eine ausreichend hohe Redundanz und Varietät hinsichtlich Qualifikationsspektren für den flexiblen Personaleinsatz zu erzielen?

Prozentsatz: ☐ Keine Meinung ☐

Relevanz der Kennzahl (in %) für interne Maßnahmen der Arbeitsorganisation zur Flexibilitätssteigerung der IT-Mitarbeiter

0 10 20 30 40 50 60 70 80 90 100

Die **IT-Mitarbeiterbindung** ist eine weitere wichtige Determinante, um im Rahmen eines agilen IT-Workforce Managements den **Zugriff** auf einen ausreichend großen Pool von internen IT-Mitarbeitern sicherzustellen. Die Fluktuation von hochqualifizierten IT-Mitarbeitern mit breiten Qualifikationsspektren ist zu minimieren, insbesondere im Hinblick auf den derzeitigen Fachkräftemangel im IT-Umfeld.

---

(16) Wie hoch darf aus Ihrer Sicht die prozentuale Fluktuationsrate (ungeplante Eigenkündigungen) pro Jahr maximal sein, in Relation zur Gesamtzahl der IT-Mitarbeiter, um eine ausreichend hohe Agilität der IT-Workforce gewährleisten zu können?

Prozentsatz/Jahr: ☐ Keine Meinung ☐

Relevanz der Kennzahl (in %) als Maßstab für die Bindungsmotivation der IT-Workforce

0 10 20 30 40 50 60 70 80 90 100

(17) Wie hoch sollte aus Ihrer Sicht der prozentuale Anteil der flexiblen und innovativen IT-Mitarbeiter mindestens sein, um eine ausreichend hohe Agilität der IT-Workforce gewährleisten zu können?

Prozentsatz: ☐ Keine Meinung ☐

Relevanz der Kennzahl (in %) als Maßstab für eine ausreichend hohe Talentquote im Kontext der Agilität

0 10 20 30 40 50 60 70 80 90 100

Ein Unternehmen muss die potentiell flexiblen und innovativen IT-Mitarbeiter zuerst einmal vom **externen Markt akquirieren**, um die internen und externen Personalbedarfe zu decken, was die Wichtigkeit der **Personalbeschaffung** im Kontext eines agilen IT-Workforce-Managements hervorhebt.

---

(18) Wie lang sollte aus Ihrer Sicht ein Recruiting Prozess im Durchschnitt maximal dauern (von der Personalanforderung bis zum ersten Arbeitstag des neuen Arbeitnehmers), um im Zuge eines agilen Workforce-Managements benötigte Qualifikationen am Arbeitsmarkt rechtzeitig zu akquirieren?

Anzahl Tage: ☐ Keine Meinung ☐

Relevanz der Kennzahl (in %) als Maßstab für die Einstellungseffizienz

0 10 20 30 40 50 60 70 80 90 100

(19) Welcher %-Satz offener nicht besetzter IT- Stellen sollte aus Ihrer Sicht nicht überschritten werden, um eine ausreichend hohe Agilität der IT-Workforce gewährleisten zu können?

Prozentsatz: Keine Meinung

Relevanz der Kennzahl (in %) als Maßstab für den notwendigen Personalbestand

0 10 20 30 40 50 60 70 80 90 100

(20) Wie hoch sollte aus Ihrer Sicht die Anzahl (geeigneter) Bewerbungen pro ausgeschriebene Stelle mindestens sein, um als attraktiver Arbeitgeber zu gelten und damit im Rahmen eines agilen IT-Workforce Managements die benötigten Kompetenzen in aureichender Qualität schnell akquirieren zu können?

Anzahl Bewerbungen: Keine Meinung

Relevanz der Kennzahl (in %) als Maßstab für die externe Arbeitgeberattraktivität

0 10 20 30 40 50 60 70 80 90 100

(21) Wie hoch sollte aus Ihrer Sicht der prozentuale Anteil der Zusagen von Bewerbern auf konkrete Vertragsangebote mindestens sein (engl. job offer acceptance rate), um als attraktiver Arbeitgeber zu gelten und damit im Rahmen eines agilen IT-Workforce Managements die benötigten Kompetenzen in ausreichender Qualität schnell akquirieren zu können?

Prozentsatz: Keine Meinung

Relevanz der Kennzahl (in %) als Maßstab für die externe Arbeitgeberattraktivität

0 10 20 30 40 50 60 70 80 90 100

(22) Wie lang sollte der Zugriff auf geeignete externe IT-Spezialisten für Fremdvergabe von IT-Leistungen im Schnitt maximal dauern, um im Rahmen eines agilen IT-Workforce Managements die benötigten Kompetenzen kurzfristig in ausreichender Qualität vom externen Markt beziehen zu können?

Anzahl Tage: Keine Meinung

Relevanz der Kennzahl (in %) als Maßstab für die Effizienz und Schnelligkeit des Zugriffs auf externe Mitarbeiter

0 10 20 30 40 50 60 70 80 90 100

(23) Wie hoch sollte aus Ihrer Sicht die durchschnittliche Anzahl eingereichter Ideen/Verbesserungsvorschläge je IT-Mitarbeiter sein, um ausreichend viele Innovationen von innen heraus zu generieren?

Anzahl/Jahr: Keine Meinung

Relevanz der Kennzahl (in %) als Maßstab für Innovationskultur im Unternehmen, insbesondere der Innovationsfreudigkeit der Mitarbeiter

0 10 20 30 40 50 60 70 80 90 100

(24) Ideen brauchen Raum und Zeit um zu entstehen und sich weiterzuentwickeln. Ohne ausreichende Freiräume zur Ausarbeitung von Ideen und Innovationen für die Mitarbeiter können keine Innovationsprozesse angestoßen werden. Wieviel Freiraum (h/Jahr) sollte aus Ihrer Sicht durchschnittlich für jeden IT-Mitarbeiter für Innovationen geschaffen werden?

Stunden/Jahr: Keine Meinung

Relevanz der Kennzahl (in %) als Maßstab einer innovationsfreundlichen Unternehmenskultur

0 10 20 30 40 50 60 70 80 90 100

(25) Die Innovationsfähigkeit der Mitarbeiter wird wesentlich vom Innovationsstrukturfaktor beeinflusst. Wie hoch sollte aus Ihrer Sicht der prozentuale Anteil der IT-Mitarbeiter mindestens sein, die im Innovationsumfeld (z.B. Innovationsprojekte) tätig sind, um ausreichend viele Innovationen von innen heraus zu generieren?

Prozentsatz: Keine Meinung

Relevanz der Kennzahl (in %) als Maßstab über die vorhandene Innovationsstruktur im Unternehmen mit Fokus auf das IT-Personal

0 10 20 30 40 50 60 70 80 90 100

(26) Dem Mitarbeiter müssen Anreize geschaffen werden, um weiterhin motiviert an Innovationsprojekten heranzugehen und innovative Beiträge zu leisten. Wie hoch sollte aus Ihrer Sicht der prozentuale Anteil der individuellen Innovationsziele der IT-Mitarbeiter mindestens sein (an allen Mitarbeiterzielen), um ausreichend viele Innovationen von innen heraus zu generieren?

Prozentsatz: Keine Meinung

Relevanz der Kennzahl (in %) als Maßstab für Innovationskultur im Unternehmen insbesondere der Innovationsfreudigkeit der IT-Mitarbeiter

0 10 20 30 40 50 60 70 80 90 100

Anhang C: Fragebogen zur Hauptstudie

Abschlussfragen
Abschließend folgen Fragen zum Unternehmen und zur Unternehmensumwelt

Wie viele Mitarbeiter hat Ihr Unternehmen circa? Wie viele Mitarbeiter hat die IT-Abteilung?

Mitarbeiter Unternehmen | Mitarbeiter IT-Abteilung

In welcher Branche ist Ihr Unternehmen hauptsächlich tätig?

- O Automobilindustrie
- O Bankwesen
- O Beratung / Consulting
- O Bildungswesen
- O Chemieindustrie
- O Dienstleitung
- O Druck & Verlagswesen
- O Einzelhandel
- O Elektronik & Elektrotechnik
- O Energiewirtschaft
- O Finanzdienstleistungen
- O Forschung
- O Freizeit & Tourismus
- O Gesundheitswesen
- O Großhandel
- O Informationstechnologie und -dienste
- O Konsumgüter
- O Logistik & Transport
- O Luft- und Raumfahrt
- O Maschinenbau & Betriebstechnik
- O Medien & Unterhaltung
- O Öffentlicher Dienst
- O Pharmazeutische Industrie
- O Sozial- und Gesundheitswesen
- O Versicherungen
- O andere

Wie lässt sich die Marktbeschaffenheit charakterisieren, in der Ihr Unternehmen tätig ist?

sehr stabil O O O O O sehr turbulent

In welcher Wettbewerbssituation befindet sich Ihr Unternehmen?

sehr schwacher Wettbewerb O O O O O sehr starker Wettbewerb

Welche überwiegende Rolle hat die IT in Ihrem Unternehmen?

- O Support (Die IT unterstützt transaktionale Prozesse in Form von konstant stabil laufender IT-Systeme)
- O Optimierer (Die IT verbessert die Effektivität und Effizienz von IT-gestützten Geschäftsprozessen durch Integration, Automatisierung und Standardisierung)
- O Innovator (Die IT als strategischer Partner wird dazu genutzt, um neue fachliche Möglichkeiten zu schaffen und neue Absatzmärkte zu erschließen)

Die folgenden Fragen werden getrennt von Ihren bisherigen Antworten gespeichert

Wenn Sie die Ergebnisse der Umfrage erhalten möchten, so geben Sie bitte Ihren vollständigen Namen und Ihre E-Mail Adresse an

Titel Vorname Name | E-Mail

Hätten Sie Interesse Interesse einen Workshop in Ihrem Unternehmen durchzuführen, um den Prototypen des kennzahlenbasierten Messinstrumentariums im Rahmen einer Bestandsaufnahme im Kontext Ihrer Unternehmens-IT zu validieren?

O Ja O Nein

Vielen Dank, dass Sie sich an der Umfrage beteiligt haben. Mit Ihren Antworten haben Sie uns sehr geholfen in unserer Forschungsarbeit voranzukommen.

Mit freundlichen Grüßen

Univ.-Prof. Dr. Volker Nissen
Fachgebietsleiter
Wirtschaftsinformatik für Dienstleistungen
TU Ilmenau

Dipl.-Wirtsch.-Ing.(FH) Karsten Rau
Externer Doktorand
karsten.rau@tu-ilmenau.de

Anhang D: Test auf Normalverteilung

In Tabelle 54 sind für alle Variablen die Prüfergebnisse auf die Datenverteilung hinsichtlich Schiefe und Kurtosis aufgeführt. Bei beiden Gütemaßen deuten Werte größer als + 1 oder kleiner als -1 auf stark nicht normale Daten hin.

Indikator	Fehlend	Mittelwert	Standardabw.	Wölbung	Schiefe
MK_1	0	5,420	1,346	-0,531	-0,661
MK_2	0	4,977	1,270	-0,529	-0,377
MK_3	0	5,244	1,407	-0,639	-0,590
META_1	0	5,341	1,242	-0,077	-0,726
META_2	0	4,483	1,344	-0,605	-0,055
META_3	0	4,636	1,063	-0,290	-0,233
KM_1	1	4,554	1,396	-0,670	-0,221
KM_2	0	5,045	1,461	-0,429	-0,532
R_FL_1	1	4,011	1,260	-0,702	0,099
R_FL_3	0	4,523	1,211	-0,448	-0,121
FL_B_1	0	5,761	1,097	0,527	-0,840
FL_B_2	1	5,309	1,254	-0,424	-0,514
FL_B_3	0	5,545	1,107	0,170	-0,674
P_P_1	5	4,567	1,418	-0,692	-0,293
P_P_2	1	4,651	1,287	-0,822	-0,267
P_P_3	0	4,591	1,600	-0,996	-0,276
P_P_4	0	4,216	1,418	-0,935	0,083
P_P_5	1	4,589	1,474	-0,692	-0,256
P_P_6	1	4,326	1,513	-0,873	-0,187
FL_W_1	0	4,523	1,369	-0,684	-0,055
FL_W_2	0	4,011	1,373	-0,324	0,178
FL_W_3	0	4,528	1,229	-0,619	-0,020
FL_W_4	2	3,420	1,463	-0,570	0,532
FL_W_5	0	4,830	1,218	-0,097	-0,660
FL_W_6	0	4,727	1,494	-0,891	-0,277
FL_W_7	0	4,807	1,246	-0,599	-0,267

INDIKATOR	FEHLEND	MITTELWERT	STANDARDABW.	WÖLBUNG	SCHIEFE
K_FL_1	0	4,443	1,445	-0,865	-0,193
K_FL_2	2	4,207	1,382	-0,690	0,083
K_FL_3	2	3,851	1,486	-0,490	0,281
K_FL_4	5	4,006	1,344	-0,560	0,120
M_B_1	1	5,703	1,403	0,369	-1,048
M_B_2	0	5,409	1,135	0,685	-0,785
M_B_3	0	5,557	1,195	-0,176	-0,679
P_B_1	4	3,610	1,605	-0,496	0,458
P_B_2	7	4,805	1,242	-0,262	-0,409
P_B_3	3	6,052	1,260	3,255	-1,831
P_B_4	2	4,713	1,496	-0,374	-0,474
P_B_5	2	4,736	1,250	0,210	-0,502
P_B_6	3	4,104	1,439	-0,468	0,110
P_B_7	4	4,058	1,293	-0,624	0,152
I_P_1	2	4,759	1,259	-0,555	-0,336
I_P_2	0	4,676	1,249	-0,283	-0,213
I_P_3	0	4,750	1,236	-0,537	-0,296
I_P_4	0	4,722	1,219	-0,216	-0,326
I_P_5	0	5,239	1,323	-0,755	-0,329
I_P_6	0	4,688	1,434	-0,689	-0,195
I_P_7	0	5,239	1,292	-0,612	-0,438
I_U_1	0	5,097	1,309	-0,278	-0,641
I_U_2	0	4,943	1,364	-0,385	-0,384
I_U_3	1	4,680	1,373	-0,403	-0,341
I_U_4	0	4,614	1,348	-0,829	-0,111

Tabelle 54: Test auf Normalverteilung der erhobenen Daten

Für die in grau hinterlegten Indikatoren wurden die Grenzwerte für das Vorliegen einer Normalverteilung verletzt.

Anhang E: q^2-Effektstärken

Mit der q^2-Effektstärke wird der individuelle Beitrag gemessen, den ein exogenes Konstrukt zu dem Q^2-Wert eines endogenen Konstruktes beisteuert. Die einzelnen Werte müssen manuell berechnet werden, da der Forschung derzeit noch keine Vorschläge für eine simultane Berechnung sowie softwaretechnische Umsetzung vorliegen (Hair et al. 2017, S. 188).

q Quadrat Effektstärken der exogenen Konstrukte auf die endogenen Konstrukte			
	Agiles IT-Workforce Management	Innovatives IT-Personal	Mitarbeiterflexibilität
Agiles IT-Workforce Management			
Flexibilitätsbereitschaft			0,060
IT-Mitarbeiterbindung	0,002		
IT-Personalbeschaffung	0,015	0,008	
IT-Personalplanung	0,091		
Innovative Unternehmenskultur		0,100	
Innovatives IT-Personal			
Mitarbeiterflexibilität			
Qualifikationsspektrum			0,082
Weiterentwicklung IT-Mitarbeiter	0,008	0,194	-0,006
> 0,02 = klein; > 0,15= mittel; > 0,35 = hoch			

Tabelle 55: q2-Effektstärken

Mit der Software SmartPLS 3 müssen für die Berechnung mehrere Blindfolding-Schätzungen durchgeführt werden. Die Anzahl entspricht der Menge an exogenen Konstrukten im Untersuchungsmodell. Vor jeder Berechnung muss jeweils eines der exogenen Konstrukte aus dem Modell ausgeschlossen werden. Die Berechnung der q^2-Werte kann dann gemäß nachstehender Formel erfolgen (Hair et al. 2017, S. 188):

$$q^2 = \frac{Q^2_{\text{eingeschlossen}} - Q^2_{\text{ausgeschlossen}}}{1 - Q^2_{\text{eingeschlossen}}}$$

Anhang F: Vollständiges PLS-Modell

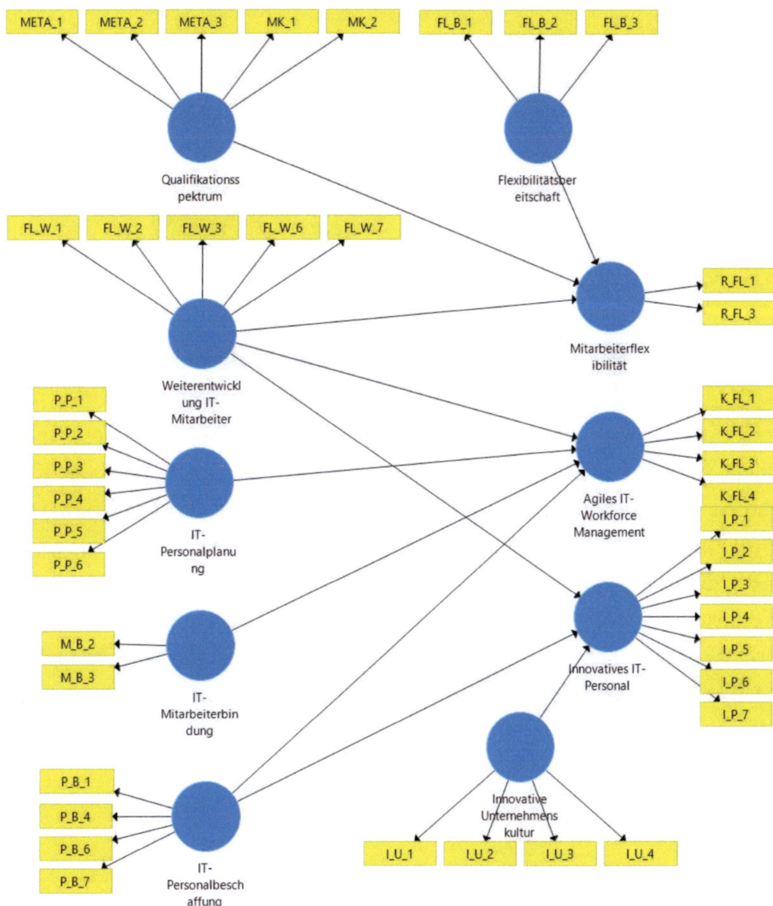

Abbildung 78: vollständiges grafisches Strukturgleichungsmodell in SmartPLS

Anhang G: Artefakt

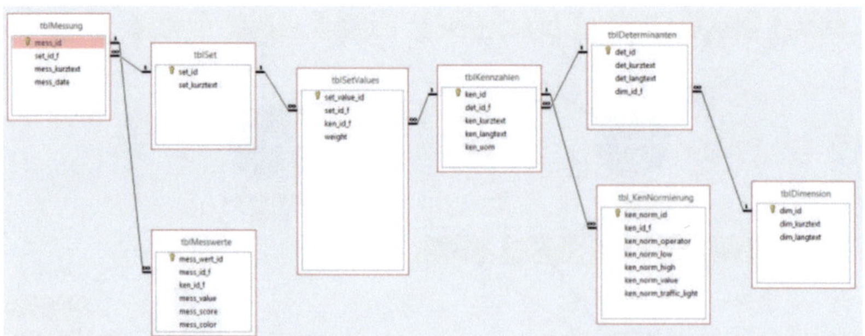

Abbildung 79: Physisches Datenmodell des Messinstrumentariums

Im Bereich *Stammdaten* hat eine Unternehmens-IT die Möglichkeit, individuelle Schwerpunkte hinsichtlich der Auswahl und Gewichtung der Kennzahlen zu setzen und individuelle Schwellenwerte für das Frühwarnsystem zu definieren. Im Bereich *Messung* können dann einzelne Erhebungen der Kennzahlenwerte erfolgen. Für die Auswertung des aktuellen Standes der Kennzahlen werden die Informationen über Ampelschaltungen aufbereitet. Pro Kennzahl kann die Entwicklung in Form einer Zeitraumbetrachtung nachverfolgt werden.

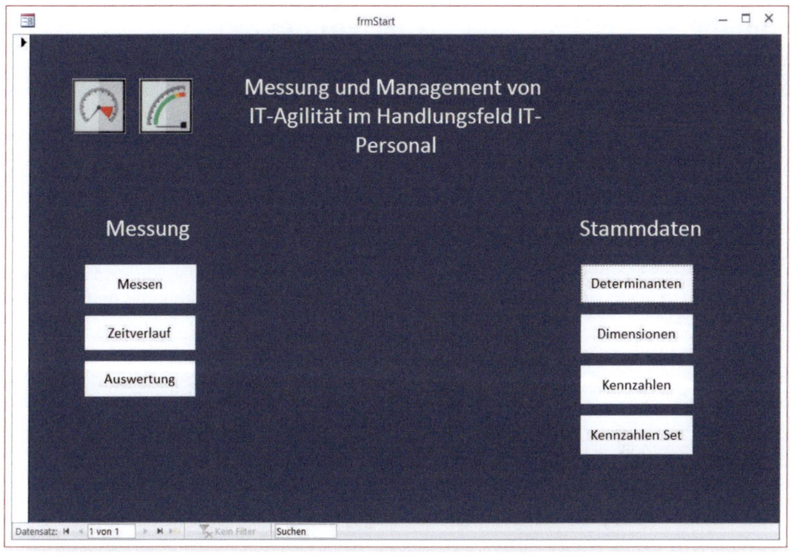

Abbildung 80: Navigationsrahmen des Messinstrumentariums

Anhang H: Leitfaden für Experteninterview

NR.	FUNKTIONALER UMFANG
1.1	Werden aus Ihrer Sicht alle Merkmale des Steuerungsobjekts durch das Messinstrumentarium abgedeckt, um damit den zu steuernden Sachverhalt messbar zu gestalten?
1.2	Wie bewerten Sie die inhärente Flexibilität des Messinstrumentariums hinsichtlich der Auswahl und Gewichtung der Kennzahlen, um Schwerpunkte zu setzen, aus denen das Unternehmen den größten Nutzen ziehen kann?
1.3	Können aus Ihrer Sicht mögliche Schwachstellen und Fehlentwicklungen innerhalb der Regelstrecke durch das Messinstrumentarium deutlich erkennbar gemacht werden?
1.4	Wo sehen Sie eventuell Verbesserungsbedarf?
ERFÜLLUNG	
2.1	Wie sehr hat das vorgestellte Messinstrumentarium Ihre ursprüngliche Erwartungshaltung erfüllt?
2.2	Welche ihrer Erwartungen wurden nicht erfüllt?
2.3	Wie bewerten Sie den Mehrwert des vorgestellten Messinstrumentariums?
2.4	Worin sehen Sie den größten Nachteil?
USABILITY	
3.1	Wie bewerten Sie die Benutzerfreundlichkeit der Lösung?
3.2	Wie bewerten Sie das Erscheinungsbild und das Design der Lösung?

Abbildung 81: Fragebogen für Leitfadeninterview